AF542721

The Michigan Historical Reprint Series

Reprints from the collection of the University of Michigan University Library

This volume is produced from digital images created through the University of Michigan University Library's preservation reformatting program. The Library seeks to preserve the intellectual content of items in a manner that facilitates and promotes a variety of uses. The digital reformatting process results in an electronic version of the text that can both be accessed online and used to create new print copies. This book and thousands of others can be found in the digital collections of the University of Michigan Library. The University Library also understands and values the utility of print, and makes reprints available through its Scholarly Publishing Office.

For access to the University of Michigan Library's digital collections, please see http://www.lib.umich.edu.

The Scholarly Publishing Office seeks to disseminate high-quality, cost-effective scholarly content through both print and electronic publishing. Information about the Scholarly Publishing Office can be found at http://spo.umdl.umich.edu.

The Scholarly Publishing Office
the University of Michigan
University Library

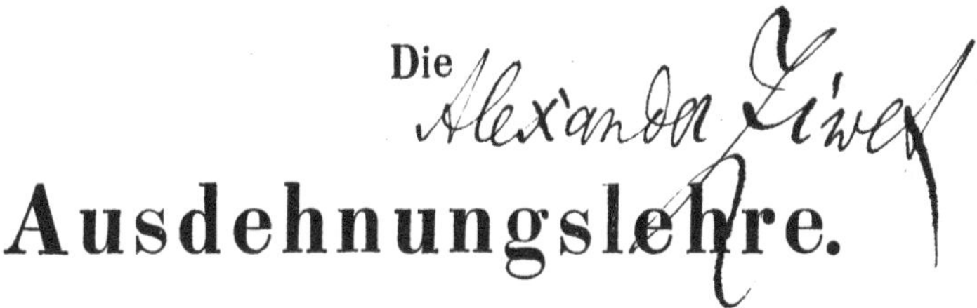

Die Ausdehnungslehre.

Vollständig und in strenger Form

bearbeitet

von

Hermann Grassmann,

Professor am Gymnasium zu Stettin.

BERLIN, 1862.

VERLAG VON TH. CHR. FR. ENSLIN.

(ADOLPH ENSLIN.)

Vorrede.

Das vorliegende Werk umfasst die gesammte Ausdehnungslehre, eine mathematische Wissenschaft, von welcher ich schon vor 17 Jahren den ersten Theil unter dem besonderen Titel: „Die lineale Ausdehnungslehre, ein neuer Zweig der Mathematik — Leipzig 1844, Verlag von Otto Wigand" herausgegeben habe. Ausserdem habe ich in der Vorrede des genannten Werkes die wesentlichsten Gegenstände angedeutet, welche nach meinem Plane den Inhalt des zweiten Theiles ausmachen sollten. Statt nun diesen zweiten Theil als Fortsetzung jenes ersteren zu veröffentlichen, und dadurch jenem Plane gemäss das begonnene Werk abzuschliessen, habe ich es vorgezogen, den in jenem behandelten Stoff auch in dies neue Werk mit aufzunehmen, und so ein zusammenhängendes Ganze zu liefern. Der Hauptgrund, der mich dazu bewogen hat, ist die Schwierigkeit, welche nach dem Urtheile aller Mathematiker, deren Urtheil ich zu hören Gelegenheit fand, das Studium jenes Werkes wegen seiner, wie sie meinen, mehr philosophischen als mathematischen Form dem Leser bereitet. Und in der That muss diese Schwierigkeit sehr bedeutend gewesen sein, da zwar wohl die geometrischen Abhandlungen, welche ich zur Erläuterung jenes Werkes geschrieben habe (Crelle B. 36, 42, 44, 49, 52; Geometrische Analyse Leipzig 1847) mehrfach von andern Mathematikern erwähnt und benutzt sind, aber das in jenem Werk selbst verarbeitete Gebiet nirgends, wenn ich eine interessante kleine Abhandlung von Kysaeus (Bedeutung und Anwendung der Zahlen in der Geometrie, Siegen 1850) ausnehme, berührt oder zu weiteren Forschungen verwandt ist. Damit hängt auch zusammen, dass nie eine Beurtheilung des Werkes, ja nicht einmal eine Anzeige desselben, ausser im Messkatalog, oder eine Inhaltsangabe, ausser einer von mir selbst verfassten (in Grunert's Archiv B. VI.) erschienen ist. Jene Schwierigkeit nun zu heben, war daher eine wesentliche Aufgabe für mich, wenn ich wollte, dass das Buch nicht nur von mir, sondern auch von andern gelesen und verstanden werde. Es konnte aber diese

Schwierigkeit nicht gehoben werden, ohne den Plan des Ganzen wesentlich zu ändern. Denn sie liegt nicht in einer willkürlich gewählten Form, sondern in dem Plane, den ich vor Augen hatte: die Wissenschaft unabhängig von andern Zweigen der Mathematik von Grund aus aufzubauen. Die Ausführung gerade dieses Planes, wenn gleich sie für die Wissenschaft an sich die förderndste sein musste, wie sie es denn auch subjectiv gewesen ist, musste bei jeder Form der Darstellung bedeutende Schwierigkeiten bieten, zumal in einer Wissenschaft, wie die Ausdehnungslehre ist, welche die sinnlichen Anschauungen der Geometrie zu allgemeinen, logischen Begriffen erweitert und vergeistigt, und welche an abstrakter Allgemeinheit es nicht nur mit jedem andern Zweige, wie der Algebra, Kombinationslehre, Funktionenlehre, aufnimmt, sondern sie durch Vereinigung aller in diesen Zweigen zu Grunde liegenden Elemente noch weit überbietet, und so gewissermassen den Schlussstein des gesammten Gebäudes der Mathematik bildet.

Ich musste daher diesen ganzen Plan aufgeben, und habe nun für das vorliegende Werk die übrigen Zweige der Mathematik, wenigstens in ihrer elementaren Entwickelung vorausgesetzt. Ebenso habe ich in der Form der Darstellung gerade den entgegengesetzten Weg eingeschlagen, wie dort, indem ich die strengste mathematische Form, die wir überhaupt kennen, die Euklidische, für das vorliegende Werk angewandt, und alles, was zur Erläuterung oder zur Begründung des gewählten Ganges diente, in Anmerkungen verwiesen habe. Eine nothwendige Folge des so veränderten Planes war es, dass die sämmtlichen Resultate des ersten Theiles, so weit sie nicht Anwendungen auf die Physik enthielten, mit in die neue Bearbeitung aufgenommen und nach dem veränderten Plane neu abgeleitet werden mussten (wie dies in No. 1—136, 216—329 geschehen ist). Dennoch sind durch die Verschiedenheit der Methoden die beiden Bearbeitungen desselben Stoffes einander so unähnlich geworden, dass man, mit Ausnahme der abgeleiteten Resultate selbst, welche der Natur der Sache nach keine Abweichung zeigen, kaum eine Uebereinstimmung herausfinden wird. Es ist daher auch die alte Bearbeitung durch die neue durchaus nicht überflüssig gemacht. Denn auch die neue Methode ist an sich keineswegs der älteren vorzuziehen, da vielmehr die bis auf die ersten Ideen hinabsteigende und von hier aus ganz unabhängig fortschreitende Methode der ersten Bearbeitung tiefer in das Wesen der Sache hineinführt, und daher in rein wissenschaftlicher Beziehung entschiedene Vorzüge vor der letzteren hat. Diese dagegen wird auf der andern Seite für den Mathematiker, der die anderweitig gewonnenen Schätze mathematischen Wissens bei seinen Studien nicht gerne müssig liegen sieht, annehmlicher und jedenfalls leichter verständlich sein. So ergänzen und erläutern sich beide Darstellungen gegenseitig. Die hier gewählte schliesst sich am engsten an die Arithmetik an, doch in der Weiſe, dass ſie die Zahlgrösse schon als eine stetige vorausſetzt. Wie nun die Arithmetik alle übrigen Grössen aus einer einzigen, im Uebrigen willkürlichen Grösse, die als Einheit geſetzt wird, und mit e bezeichnet ſein mag, entwickelt (vergleiche mein Lehrbuch der Arithmetik, 1860 Berlin bei Enslin), ſo ſetzt die Ausdehnungslehre in der hier gegebenen Fassung mehrere ſolche Grössen, e_1, e_2, ···, von denen keine aus den übrigen ableitbar ist, z. B. e_2 ſich nicht aus e_1 dadurch entwickeln lässt, dass e_1 mit irgend einer Zahlgrösse multiplicirt wird, voraus, und betrachtet zunächst die aus jenen Einheiten durch Multiplikation mit Zahlgrössen und Addition dieſer Produkte entstandenen Grössen, welche ich extenſive Grössen (oder Ausdehnungsgrössen) genannt habe. Hieraus ergeben ſich denn leicht die in Kap. 1 vorgetragenen Geſetze der Addition, Subtraktion, Vielfachung (Multiplikation mit Zahlen) und Theilung (Diviſion durch Zahlen). Es mag auffallend erscheinen, dass dieſe ſo einfache Idee, welche im Grunde genommen in weiter nichts besteht, als dass eine Vielfachenſumme verschiedener Grössen (als welche hiernach die extenſive Grösse erscheint) als selbstständige Grösse behandelt wird, in der That zu einer neuen Wissenschaft ſich entfalten ſoll; und man hat mir denn auch, hieran anknüpfend, den Einwurf gemacht, dass die ganze Ausdehnungslehre nur eine abgekürzte Schreibart ſei, ja dass es fehlerhaft ſei, Ausdrücke als Grössen zu behandeln, welche gar keine Grössen ſeien. Allein dieſer Einwurf beruht auf einem gänzlichen Verkennen des Weſens der Mathematik und der Grössen. Auf dieſe Weiſe würde die ganze Arithmetik, ja, man kann ſagen, die ganze reine Mathematik, bloss eine abgekürzte Schreibart ſein; denn die Zahl ist nur ein abgekürzter Ausdruck für eine Summe von Einheiten, das Produkt für eine Summe gleicher Zahlen, die Potenz für ein Produkt ſolcher u. ſ. w.; dennoch würde ohne dieſe abgekürzte Schreibart, oder, um es richtiger auszudrücken, ohne dieſe Zuſammenfassung zu einer Einheit des Begriffes kein Fortschritt denkbar ſein. Es würde zum Beispiel ohne dieſe Zuſammenfassung nicht möglich ſein, zu dem Begriffe der wegnehmenden Rechnungsarten (Subtrahiren, Dividiren, Radiciren, Logarithmiren), und zu den durch ſie neu ſich entwickelnden Zahlformen: der negativen, gebrochenen, irrationalen und imaginären, zu gelangen. Es kommt überall nur darauf an, dass man auch wirklich dasjenige zuſammenfasse, was ſeinem Weſen nach eine Einheit bildet, und was daher auch zu neuen Reſultaten führen muss, zu denen man ohne jene Zuſammenfassung nicht gelangen würde. Die Ausdehnungslehre führt nun in der That zu einem unerschöpflichen Reichthum ſolcher Beziehungen, welche ohne Bildung jener Begriffseinheit, welche in der extenſiven Grösse erscheint, auf keine Weiſe aufzufassen oder abzuleiten wären. Ob man dieſem Begriffe den Namen einer Grösse zugesteht, ist an und für ſich von ſehr untergeordneter Bedeutung, da es hier auf Namen wenig ankommt. Die Frage ist nur die, ob diefer neue Begriff mit dem allgemeinen Begriffe der Grösse wirklich fo zufammenhänge, dass fie ihrem Wefen nach zu einem Gefammtbegriffe fich zufammenschliessen, und dass eine zwischen beiden Gebieten gezogene Gränzlinie das Zufammengehörige willkürlich und der Sache widersprechend zertrennen würde. Ist letzteres der Fall, fo wäre es fogar fehlerhaft, diefem neuen Begriffe nicht den Namen der Grösse beizulegen. Nun glaube ich in der That, dass zwischen dem, was ich extenfive Grösse genannt habe, und zwischen allgemeinen Zahlgrössen und namentlich der imaginären Grösse $(a+bi)$ eine fo innige Beziehung herrscht, dass es wiederfinnig wäre, die eine als Grösse zu betrachten und die andere nicht, da ja in der That die imaginäre Grösse ebenfo aus 2 Einheiten 1 und $i=\sqrt{-1}$ durch reelle Zahlkoefficienten ableitbar ist, wie die extenfiven Grössen aus 2 oder mehr Einheiten ableitbar find (f. u. No. 413 Anm.) So scheint es mir alfo vollständig gerechtfertigt, wenn ich die extenfive Grösse als Grösse bezeichne. Aber ich gehe noch weiter, indem ich fie nicht nur als Grösse überhaupt, fondern auch als einfache Grösse bezeichne. Ihr treten nämlich gegenüber andere Grössen, welche den Charakter zufammengefetzter Grössen ebenfo entschieden an fich tragen, wie jene den der einfachen, und welche erst durch Addition höherer Gebilde und befonders durch die Betrachtung der Quotienten und der Funktionen hineintreten (vergl. Nr. 77, 377 und 364). Ich fahre nun fort, den Gang der Entwickelung in dem vorliegenden Werke überfichtlich zu verfolgen. An die Addition, Subtraktion, Vielfachung und Theilung schliesst fich nun (in Kap. 2) der allgemeine Begriff der Multiplikation extenfiver Grössen an, welcher auf die Beziehung der Multiplikation zur Addition (nämlich darauf, dass man statt der Summe die Summanden multipliciren darf) gegründet ist. Hiernach führt die Multiplikation der genannten Grössen auf die ihrer Einheiten $(e_1, e_2, \cdots)$ zurück, und aus der Betrachtung der Produkte diefer Einheiten ergeben fich dann verschiedene Gattungen der Multiplikation. Es gelingt nun, aus diefen Gattungen zwei auszufondern, auf welche fich alle übrigen zurückführen lassen. Die eine derfelben fällt in ihren Gefetzen ganz zufammen mit der gewöhnlichen Multiplikation in der Algebra und ist daher von mir die algebraische genannt worden. Aber fie ist in Bezug auf die durch fie erzeugten Grössen bei weitem die verwickeltste und kann nur durch Betrachtung der Funktionen zur vollen Klarheit gebracht werden, weshalb ich fie auf den zweiten Abschnitt diefes Werkes verwiefen habe. Die Bezeichnung für diefe algebraische Multiplition muss der Natur der Sache nach mit der gewöhnlichen Bezeichnung der Multiplikation zufammenfallen, da es widerfinnig wäre, Verknüpfungen, welche in allen Beziehungen denfelben Gefetzen unterliegen, verschieden zu bezeichnen. Die zweite jener Multiplikationen, welche im dritten Kapitel behandelt ist, zeigt fich als die für die Ausdehnungslehre charakteristische, und fie wefentlich weiter fördernde, indem fie die verschiedenen Stufen einfacher Grössen liefert, welche in der Ausdehnungslehre hervortreten. Sie ist dadurch gekennzeichnet, dass zwei einfache Faktoren des Produktes nur vertauscht werden dürfen, wenn man zugleich das Vorzeichen (+ —) des Produktes umkehrt. Da zwar für diese Multiplikation die Beziehung zur Addition dieselbe ist, wie bei jeder Multiplikation, aber die übrigen Gesetze derselben wesentlich von denen der gewöhnlichen Multiplikation abweichen, so war es nothwendig, sie durch die Bezeichnung zu unterscheiden. Ich habe in diesem Werke dafür die Bezeichnung durch eckige Klammern, die das Produkt umschliessen, gewählt, so dass also [ab] = — [ba] ist, wenn a und b einfache Faktoren dieses Produktes sind. Es entfaltet sich dies Produkt zu einer ausserordentlichen Mannigfaltigkeit von Erscheinungsformen, und lässt in reicher Fülle Beziehungen hervor treten, welche auf alle Zweige der Mathematik ein unerwartet neues Licht werfen, so dass es den eigentlichen Mittelpunkt der neuen Wissenschaft bildet. Nachdem der Begriff der Grössen-Ergänzung hinzugekommen ist, tritt jenes Produkt in einer ganz neuen Eigenthümlichkeit, als inneres Produkt (Kap. 4) hervor, so dass es in dieser Form aus dem Bereiche der in der ersten Bearbeitung dargestellten Gegenstände ganz heraustritt. (Vergleiche jedoch die Vorrede zu jenem Werke p. XI.) Mit Anwendungen auf die Geometrie (Kap. 5) schliesst der erste Abschnitt des Werkes. In dem zweiten Abschnitte treten nun die zusammengesetzten Grössen hervor, welche wir im Ganzen als Funktionen einfacher Grössen charakterisiren können. Das erste Kapitel dieses Abschnittes behandelt die Funktionen im Allgemeinen, woran sich die algebraische Multiplikation und Division anschliesst, das zweite die Lehre von den Reihen, das dritte die Differenzialrechnung und das vierte endlich die Integralrechnung, und zwar alle diese nur in sofern als extensive Grössen in Betracht gezogen werden. Doch glaube ich, dass auch die entsprechenden Zweige der gewöhnlichen (auf Zahlgrössen sich beziehenden) Mathematik und namentlich die Integralrechnung durch diese Darstellung nicht nur wesentlich vereinfacht, sondern auch mannigfach ergänzt und weiter gefördert sind. Da der Stoff seit der ersten Bearbeitung bedeutend angewachsen ist, so habe ich die Anwendungen auf die Physik ganz weglassen müssen; doch hoffe ich, wenn mir Zeit und Kraft dazu gestattet ist, eine mathematische Bearbeitung der wichtigsten Zweige der Physik in selbstständigen Werken folgen zu lassen, in denen ich von der hier vorgetragenen Wissenschaft Anwendung machen werde. Ich habe mich eifrig bemüht, überflüssige Kunstausdrücke zu vermeiden und mich auf das möglichst geringste Maass neuer Kunstausdrücke zu beschränken; aber da man nun einmal ohne Worte nicht reden kann, und daher auch zu neuen Begriffen entweder neue Wortbildungen oder neue Wortverbindungen gebraucht, oder alten Worten ein neues Gepräge verleihen muss, so blieb doch noch eine ziemliche Menge unvermeidlicher Kunstausdrücke übrig. Um dass Verständniss zu erleichtern, habe ich zunächst die Kunstausdrücke ſo gewählt, dass ſie, wie ich hoffe, durch ihre Bildung ſelbst unmittelbar an den durch ſie dargestellten Begriff erinnern, und dann habe ich am Schlusse ein alphabetisches Verzeichniss derſelben mit Hinweiſung auf die Stellen, wo ſie erklärt ſind, gegeben. Es bleibt mir noch übrig, auf verwandte Bestrebungen anderer Mathematiker hinzuweiſen. Es beziehen ſich dieſe fast ohne Ausnahme auf diejenigen Gegenstände, welche ich als Anwendungen der Ausdehnungslehre auf die Geometrie bezeichnet habe (alſo auf die §§. 24, 28—30, 37—40, 56, 74—79, 91, 92, 101, 102, 114—119, 144—148, 159—170 der Ausdehnungslehre von 1844 und auf die Nrn. 216—347 des vorliegenden Werkes). Bei der ersten Bearbeitung (1844) war mir unter den hier einschlagenden Arbeiten nur das berühmte Werk des Begründers der geometrischen Analyſe: der barycentrische Calcul von Moebius, bekannt, welches die Addition der Punkte lehrte. Hingegen waren mir die Arbeiten über die geometrische Addition der Strecken (von gegebener Länge und Richtung), ſowie über die Bedeutung der imaginären Grössen unbekannt geblieben. Die letztere wurde in ihrer Vollständigkeit zuerst in einer Abhandlung von Gauss (Göttinger gelehrte Anzeiger 1831) dargestellt, auf welche mich Gauss auf Veranlassung der den gleichen Gegenstand behandelnden Stelle in der Vorrede zur Ausdehnungslehre (pag. XI bis XIV) brieflich aufmerkſam machte. Schon in dieſer Darstellung des Imaginären lag der Begriff der geometrischen Addition von Strecken in Einer Ebene. Der erste, welcher die geometrische Addition der Strecken in ihrer ganzen Allgemeinheit gelehrt hat, scheint Bellavitis geweſen zu ſein, indem er schon 1835 (Annali delle scienze de regno Lombardo-Veneto, 3⁰ volume) den hier gehörigen Calcul aufſtellte (vergl. unten p. 149 Anm.) Unabhängig davon entwickelte Möbius (1843) in ſeiner Mechanik des Himmels die Geſetze der geometrischen Addition der Strecken und wandte ſie auf die Probleme der Mechanik des Himmels an. Nach dem Erscheinen meiner Ausdehnungslehre (von 1844) mehrten ſich die Arbeiten auf dem Gebiete der geometrischen Analyſe. Ins Beſondere waren es wieder Moebius und Bellavitis, welche die Wissenschaft weſentlich weiter förderten und auch zum Verständniss und zur weiteren Verbreitung der von mir vorgetragenen geometrischen Rechnungsmethode in bedeutender Weiſe beitrugen. Dazu kamen nun noch meine eigene Arbeiten über dieſen Gegenstand, welche theils in meiner Schrift: „Geometrische Analyſe, geknüpft an die von Leibnitz erfundene Charakteristik, gekrönte Preisschrift, Leipzig 1847," welche Moebius durch eine daran angeschlossene lichtvolle Darstellung den Mathematikern zugänglicher zu machen ſuchte, theils in Crelle's Journal (Band 36, 42, 44, 49, 52) niedergelegt ſind. Ferner trat ein Jahr nach dem Erscheinen meiner linealen Ausdehnungslehre Saint-Venant mit der geometrischen Multiplikation der Strecken hervor (Comptes rendus, Tome XXI p. 620 sq., 15. Septembre 1845), welche identisch ist mit der von mir in jenem Werke dargestellten äusseren Multiplikation der Strecken (pag. 28—40). Offenbar kannte er dies Werk nicht, und ich schickte daher 2 Exemplare desſelben an Cauchy mit der Bitte, eins davon an Saint-Venant abzugeben, dessen Adresse mir unbekannt war. Späterhin veröffentlichte Cauchy in mehreren Aufſätzen, welche in den Comptes rendus von 1853 abgedruckt ſind, eine Methode, um vermittelst gewisser ſymbolischer Grössen, welche er clefs algébriques nennt, algebraische Gleichungen und verwandte Probleme zu löſen; eine Methode, welche genau mit der in meiner Ausdehnungslehre von 1844 (§. 45, 46 und 93) dargestellten übereinstimmt. Ich bin weit davon entfernt, den berühmten Mathematiker eines Plagiats beschuldigen zu wollen, doch glaubte ich es mir und der Sache schuldig zu ſein, dass ich deshalb eine Prioritätsreclamation an die Pariser Akademie richtete. Allein die Commission, welcher dieſe Reclamation im April 1854 zur Prüfung und Berichterstattung übergeben wurde (Comptes rendus Tome 38 p. 741), hat nie etwas von ſich hören lassen, und auch Cauchy hat ſeitdem über den Gegenstand nichts mehr veröffentlicht. Es ſind die erwähnten Abhandlungen Cauchy's die einzigen, welche ausserhalb des Gebietes der Geometrie einen Berührungspunkt mit meiner Ausdehnungslehre (von 1844) darbieten. Und da auch dieſe Abhandlungen einen ſelbstständigen Ursprung beanspruchen, ſo scheint es, als ob der eigentliche Kern meines Werkes, abgeſehen von dem geometrischen Beiwerk desſelben, nirgends zu verwandten Bestrebungen angeregt habe. Und dennoch bin ich an dies neue Werk, welches das alte in ſich aufnehmen und zum Abschlusse bringen ſollte, mit frischem Muthe herangegangen. Denn ich bin der festen Zuverſicht, dass die Arbeit, welche ich auf die hier vorgetragene Wissenschaft verwandt habe, und welche einen bedeutenden Zeitraum meines Lebens und in demſelben die gespannteste Anstrengung meiner Kräfte in Anspruch genommen hat, nicht verloren ſein werde. Zwar weiss ich wohl, dass die Form, die ich der Wissenschaft gegeben, eine unvollkommene ist und ſein m u s s. Aber ich weiss auch und muss es aussprechen, auch auf die Gefahr hin, für anmaassend gehalten zu werden, — ich weiss, dass wenn auch dies Werk noch neue 17 Jahre oder länger hinaus müssig liegen bleiben ſollte, ohne in die lebendige Entwickelung der Wissenschaft einzugreifen, dennoch eine Zeit kommen wird, wo es aus dem Staube der Vergessenheit hervorgezogen werden wird, und wo die darin niedergelegten Ideen ihre Frucht tragen werden. Ich weiss, dass wenn es mir auch nicht gelingt, in einer bisher vergeblich von mir ersehnten Stellung einen Kreis von Schülern um mich zu ſammeln, welche ich mit jenen Ideen befruchten und zur weiteren Entwickelung und Bereicherung derſelben anregen könnte, dennoch einst dieſe Ideen, wenn auch in veränderter Form, neu erstehen und mit der Zeitentwickelung in lebendige Wechſelwirkung treten werden. Denn die Wahrheit ist ewig, ist göttlich; und keine Entwickelungsphaſe der Wahrheit, wie geringe auch das Gebiet ſei, was ſie umfasst, kann spurlos vorübergehen; ſie bleibt bestehen, wenn auch das Gewand, in welches schwache Menschen ſie kleiden, in Staub zerfällt.

Stettin, den 29. August 1861.

Inhalt.

Erster Abschnitt.

Die einfachen Verknüpfungen extensiver Grössen.

Kap. 1. Addition, Subtraktion, Vervielfachung und Theilung extensiver Grössen.

§. 1. Begriffe und Rechnungsgesetze.

1. Erklärung. Ich sage, eine Grösse a sei aus den Grössen b, c, $\cdots$ durch die Zahlen $\beta, \gamma, \cdots$ abgeleitet, wenn

$$a = \beta b + \gamma c + \cdots$$

ist, wo $\beta, \gamma, \cdots$ reelle Zahlen sind, gleichviel ob rational oder irrational, ob gleich null oder verschieden von null. Auch sage ich, a sei in diesem Falle numerisch abgeleitet aus b, c, $\cdots$

2. Erklärung. Ferner sage ich, dass zwei oder mehrere Grössen a, b, c $\cdots$ in einer Zahlbeziehung zu einander stehen, oder dass der Verein der Grössen a, b, c, $\cdots$ einer Zahlbeziehung unterliege, wenn irgend eine derselben sich aus den übrigen numerisch ableiten lässt, also wenn sich z. B.

$$a = \beta b + \gamma c + \cdots$$

setzen lässt, wo $\beta, \gamma, \cdots$ reelle Zahlen sind. Besteht der Verein nur aus Einer Grösse a, so soll nur in dem Falle gesagt werden, der Verein unterliege einer Zahlbeziehung, wenn $a = o$ ist. Wenn zwei Grössen a und b, von denen keine null ist, in einer Zahlbeziehung zu einander stehen, so bezeichne ich dies durch

$$a \equiv b,$$

und sage a sei kongruent b.

Anmerkung. Zwei reelle Zahlen stehen also immer, zwei verschieden benannte Grössen stehen nie in einer Zahlbeziehung zu einander. Null ist aus jeder Grössenreihe numerisch ableitbar, nämlich durch die Zahlen o, o,··· Mehrere Grössen also, unter denen eine null ist, stehen stets in einer Zahlbeziehung zu einander.

Das Zeichen ($\equiv$) ist in ähnlichem Sinne von Möbius (in seinem barycentrischen Calcül) gebraucht. Die Benennung (kongruent) gründet sich auf geometrische Betrachtungen. Zur Bezeichnung abstrakter Beziehungen ist sie von Gauss gebraucht.

3. Erklärung. Einheit nenne ich jede Grösse, welche dazu dienen soll, um aus ihr eine Reihe von Grössen numerisch abzuleiten, und zwar nenne ich die Einheit eine ursprüngliche, wenn sie nicht aus einer anderen Einheit abgeleitet ist. Die Einheit der Zahlen, also die Eins, nenne ich die absolute Einheit, alle übrigen relative. Null soll nie als Einheit gelten.

4. Erklärung. Ein System von Einheiten nenne ich jeden Verein von Grössen, welche in keiner Zahlbeziehung zu einander stehen, und welche dazu dienen sollen, um aus ihnen durch beliebige Zahlen andere Grössen abzuleiten.

Anmerk. Hierher gehört auch der Fall, wo der Verein nur aus einer Einheit besteht (die jedoch nach Nr. 3 nicht null sein darf).

5. Erklärung. Extensive Grösse nenne ich jeden Ausdruck, welcher aus einem Systeme von Einheiten (welches sich jedoch nicht auf die absolute Einheit beschränkt) durch Zahlen abgeleitet ist, und zwar nenne ich diese Zahlen die zu den Einheiten gehörigen Ableitungszahlen jener Grösse; z. B. ist das Polynom

$$\alpha_1 e_1 + \alpha_2 e_2 + \cdots, \text{ oder} \sum \alpha e \text{ oder} \sum \alpha_r e_r$$

wenn $a_1, a_2, \cdots$ reelle Zahlen sind, und $e_1, e_2, \cdots$ ein System von Einheiten bilden, eine extensive Grösse, und zwar ist dieselbe aus den Einheiten $e_1, e_2, \cdots$ durch die zugehörigen Zahlen $\alpha_1, \alpha_2, \cdots$ abgeleitet. Nur wenn das System blos aus der absoluten Einheit (1) besteht, ist die abgeleitete Grösse keine extensive, sondern eine Zahlgrösse. Den Ausdruck Grösse überhaupt werde ich nur für diese beiden Gattungen derselben festhalten. Wenn die extensive Grösse aus den ursprünglichen Einheiten abgeleitet werden kann, so nenne ich jene Grösse eine extensive Grösse erster Stufe.

Anmerk. Aus der Elementarmathematik setzen wir die Rechnungsgesetze für Zahlen, und auch für die sogenannten „benannten Zahlen", d. h. für die aus Einer Einheit abgeleiteten extensiven Grössen voraus; jedoch nur für den Fall, dass jene Einheit eine ursprüngliche ist.

6. Erklärung. Zwei extensive Grössen, die aus demselben System von Einheiten abgeleitet sind, addiren, heisst, ihre zu denselben Einheiten gehörigen Ableitungszahlen addiren, d. h.

$$\sum \overline{\alpha e} + \sum \overline{\beta e} = \sum \overline{(\alpha + \beta) e}$$

7. Erklärung. Eine extensive Grösse von einer andern, aus demselben Systeme von Einheiten abgeleiteten subtrahiren, heisst die Ableitungszahlen der ersteren von den zu denselben Einheiten gehörigen Ableitungszahlen der letzteren subtrahiren, d. h.

$$\sum \overline{\alpha e} - \sum \overline{\beta e} = \sum \overline{(\alpha - \beta) e}$$

Anmerk. In Bezug auf die Klammerbezeichnung halte ich die Bestimmung fest, dass ein ohne Klammern geschriebenes Polynom oder Produkt aus mehreren Faktoren gleichbedeutend ist dem mit Klammern geschriebenen Ausdruck, in welchem alle Klammern gleich zu Anfang eintreten, also $a + b + c = (a + b) + c$, $abc = (ab) c$ u. s. w.

8. Erklärung. Für extensive Grössen a, b, c gelten die Fundamentalformeln:

$$1)\ a + b = b + a,$$
$$2)\ a + (b + c) = a + b + c,$$
$$3)\ a + b - b = a,$$
$$4)\ a - b + b = a.$$

Beweis. Es sei $a = \sum \overline{\alpha e}$, $b = \sum \overline{\beta e}$, $c = \sum \overline{\gamma e}$, so ist

$$1)\ a + b = \sum \overline{\alpha e} + \sum \overline{\beta e} = \sum \overline{(\alpha + \beta) e} \quad \text{[nach 6].}$$
$$= \sum \overline{(\beta + \alpha) e} = \sum \overline{\beta e} + \sum \overline{\alpha e} \quad \text{[6].}$$
$$= b + a.$$

$$2)\ a + (b + c) = \sum \overline{\alpha e} + (\sum \overline{\beta e} + \sum \overline{\gamma e})$$
$$= \sum \overline{\alpha e} + \sum \overline{(\beta + \gamma) e} \quad \text{[6].}$$
$$= \sum \overline{(\alpha + (\beta + \gamma)) e} \quad \text{[6].}$$
$$= \sum \overline{(a + \beta + \gamma) e}$$
$$= \sum \overline{(\alpha + \beta) e} + \sum \overline{\gamma e} \quad \text{[6].}$$
$$= \sum \overline{\alpha e} + \sum \overline{\beta e} + \sum \overline{\gamma e} \quad \text{[6].}$$
$$= a + b + c$$

$$3)\ a + b - b = \sum\overline{\alpha e} + \sum\overline{\beta e} - \sum\overline{\beta e}$$
$$= \sum\overline{(\alpha + \beta) e} - \sum\overline{\beta e} \qquad [6].$$
$$= \sum\overline{(\alpha + \beta - \beta) e} \qquad [7].$$
$$= \sum\overline{\alpha e} = a$$
$$4)\ a - b + b = \sum\overline{\alpha e} - \sum\overline{\beta e} + \sum\overline{\beta e}$$
$$= \sum\overline{(\alpha - \beta) e} + \sum\overline{\beta e} \qquad [7].$$
$$= \sum\overline{(\alpha - \beta + \beta) e} \qquad [6].$$
$$= \sum\overline{\alpha e} = a$$

9. Für extensive Grössen gelten die sämmtlichen Gesetze algebraischer Addition und Subtraktion.

Beweis. Denn diese Gesetze können, wie bekannt, aus den 4 Fundamentalformeln in No. 8 abgeleitet werden.

10. Erklärung. Eine extensive Grösse mit einer Zahl multipliciren heisst ihre sämmtlichen Ableitungszahlen mit dieser Zahl multipliciren, d. h.

$$\sum\overline{\alpha e} \cdot \beta = \beta \cdot \sum\overline{\alpha e} = \sum\overline{(\alpha\beta) \cdot e}$$

11. Erklärung. Eine extensive Grösse durch eine Zahl, die nicht gleich null ist, dividiren, heisst ihre sämmtlichen Ableitungszahlen durch diese Zahl dividiren, d. h.

$$\sum\overline{\alpha e} : \beta = \sum\overline{\frac{\alpha}{\beta} e}$$

12. Für die Multiplikation und Division extensiver Grössen (a, b) durch Zahlen (β, γ) gelten die Fundamentalformeln:

1) $a\beta = \beta a$,
2) $a\beta\gamma = a(\beta\gamma)$,
3) $(a + b)\gamma = a\gamma + b\gamma$,
4) $a(\beta + \gamma) = a\beta + a\gamma$,
5) $a \cdot 1 = a$,
6) $a\beta = 0$ dann und nur dann, wenn entweder $a = 0$, oder $\beta = 0$,
7) $a : \beta = a \frac{1}{\beta}$, wenn $\beta \gtrless 0$ ist *).

Beweis. Es sei $a = \sum\overline{\alpha e}$, $b = \sum\overline{\beta e}$, wo die Summe sich auf das System der Einheiten $e_1 \ldots e_n$ bezieht, so ist

*) Das Zeichen $\gtrless$ zusammengesetzt aus $>$ und $<$ soll ungleich bedeuten.

1) $a\beta = \beta a$ nach der Definition [s. Formel in No. 10].

2) $a\beta\gamma = \sum \overline{\alpha e}\ \beta\gamma = \sum \overline{(\alpha\beta) e}\ \gamma$ [10].

$= \sum \overline{(\alpha\beta\gamma) e}$ [10].

$= \sum \overline{\alpha(\beta\gamma)\cdot e} = \sum \overline{\alpha e}\,(\beta\gamma)$ [10].

$= a(\beta\gamma)$

3) $(a+b)\gamma = (\sum \overline{\alpha e} + \sum \overline{\beta e})\,\gamma = \sum \overline{(\alpha + \beta) e}\ \gamma$ [6].

$= \sum \overline{(\alpha + \beta)\gamma \cdot e}$ [10].

$= \sum \overline{(\alpha\gamma + \beta\gamma)\cdot e} = \sum \overline{(\alpha\gamma) e} + \sum \overline{(\beta\gamma) e}$ [6].

$= \sum \overline{\alpha e}\cdot\gamma + \sum \overline{\beta e}\cdot\gamma$ [10].

$= a\gamma + b\gamma$

4) $a(\beta+\gamma) = \sum \overline{\alpha e}(\beta + \gamma) = \sum \overline{\alpha(\beta + \gamma)\cdot e}$ [10].

$= \sum \overline{(\alpha\beta + \alpha\gamma) e} = \sum \overline{\alpha\beta \cdot e} + \sum \overline{\alpha\gamma \cdot e}$ [6].

$= \sum \overline{\alpha e}\cdot\beta + \sum \overline{\alpha e}\cdot\gamma$ [10].

$= a\beta + a\gamma$

5) $a\cdot 1 = \sum \overline{\alpha e}\cdot 1 = \sum \overline{\alpha e}$ [10].

$= a$

6) a) wenn $a = 0$ ist, so ist

$a\beta = 0\cdot\beta = 0$

b) wenn $\beta = 0$ ist, so ist

$a\beta = a\cdot 0 = \sum \overline{\alpha e}\cdot 0 = \sum \overline{0\cdot e}$ [10].

$= \sum \overline{0}$ [5. Anm.]

$= 0$

c) wenn $a\beta = 0$, so hat man

$0 = a\beta = \sum \overline{\alpha e}\ \beta = \sum \overline{\alpha\beta\cdot e}$ [10].

Hieraus folgt nun, dass alle Podukte $\alpha\beta$ d. h. $\alpha_1\beta$, $\alpha_2\beta$, $\cdots \alpha_n\beta$ null sein müssen. Denn gesetzt, es wäre eins derselben, z. B. $\alpha_1\beta$ nicht null, so hätte man aus der Gleichung

$$0 = \alpha_1\beta\ e_1 + \alpha_2\beta e_2 + \cdots\cdots \alpha_n\beta\ e_n$$

durch Mult. mit $\frac{1}{\alpha_1\beta}$ die Gleichung

$$0 = e_1 + \frac{\alpha_2\beta}{\alpha_1\beta} e_2 + \cdots \frac{\alpha_n\beta}{\alpha_1\beta}\, e_n \text{ oder}$$

$$e_1 = \left(-\frac{\alpha_2\beta}{\alpha_1\beta}\right) e_2 + \cdots + \left(-\frac{\alpha_n\beta}{\alpha_1\beta}\right) e_n$$

d. h. e_1 wäre aus $e_2 \cdots\cdots e_n$ numerisch ableitbar, oder zwischen den Einheiten $e_1 \cdots\cdots e_n$ bestände eine Zahlbeziehung, was gegen die Annahme ist, da e_1, $e_2, \cdots e_n$ ein System von Einheiten bilden sollen. Somit ist

$$0 = \alpha_1\beta = \alpha_2\beta = \cdots \alpha_n\beta,$$

also entweder $\beta = 0$, oder wenn $\beta \gtrless 0$ ist,

$$0 = \alpha_1 = \alpha_2 = \cdots \alpha_n$$

also $a = \overline{\sum \alpha e} = \overline{\sum 0 e} = \overline{\sum 0}$ [5. Anm.]

$$= 0$$

d. h. wenn $a\beta = 0$ ist, so muss entweder β oder a gleich null sein.

7) $a : \beta = \overline{\sum \alpha e} : \beta = \overline{\sum \frac{\alpha}{\beta} e}$ [11], da β nicht null ist.

$$= \overline{\sum \left(\alpha \frac{1}{\beta}\right) \cdot e} = \overline{\sum \alpha e} \frac{1}{\beta} \qquad [10].$$

$$= a \frac{1}{\beta}$$

13. Für die Multiplikation und Division extensiver Grössen durch Zahlen gelten die algebraischen Gesetze der Multiplikation und Division.

Beweis. Denn aus den Fundamentalformeln (1 bis 6) des vorhergehenden Satzes folgen in bekannter Weise die sämmtlichen algebraischen Gesetze der Multiplikation, und durch Formel (7) desselben Satzes wird die Division, ebenso wie in der Algebra, auf die Multiplikation zurückgeführt. Also gelten auch die algebraischen Gesetze der Division für die Division extensiver Grössen durch Zahlen.

§. 2. Zusammenhang zwischen den aus einem System von Einheiten ableitbaren Grössen.

14. Erklärung. Die Gesammtheit der Grössen, welche aus einer Reihe von Grössen a_1, $a_2, \cdots a_n$ numerisch ableitbar sind, nenne ich das aus jenen Grössen ableitbare Gebiet (das Gebiet der Grössen $a_1, \cdots a_n$), und zwar nenne ich es ein Gebiet n-ter Stufe, wenn jene Grössen von erster Stufe (d. h. aus n ursprünglichen Einheiten numerisch ableitbar) sind, und sich das Gebiet nicht aus weniger als n solchen Grössen ableiten lässt. Ein Gebiet, welches ausser der Null keine Grösse enthält, heisst ein Gebiet nullter Stufe.

Anmerk. Das Gebiet erster Stufe ist also die Gesammtheit der Vielfachen einer Grösse erster Stufe, wenn man nämlich unter Vielfachem einer Grösse jedes Produkt der Grösse mit einer reellen Zahlgrösse versteht.

15. Erklärung. Zwei Gebiete heissen identisch, wenn jede Grösse des ersten Gebietes zugleich Grösse des zweiten ist und umgekehrt. Wenn jede Grösse eines Gebietes (A) zugleich Grösse eines andern (B) ist (ohne dass das Umgekehrte nothwendig stattfindet), so nenne ich beide Gebiete einander incident, und sage dann, das erste Gebiet (A) sei dem zweiten untergeordnet, das zweite dem ersten übergeordnet. Die Gesammtheit der Grössen, welche zweien oder mehreren Gebieten zugleich angehören, heisst ihr gemeinschaftliches Gebiet, und die Gesammtheit der Grössen, welche sich aus den Grössen zweier oder mehrerer Gebiete numerisch ableiten lassen, ihr verbindendes Gebiet.

Anmerk. Ist z. B. das Gebiet A aus den Einheiten e_1, e_2, e_3 abgeleitet und das Gebiet B aus den Einheiten e_2, e_3, e_4, so ist das den Gebieten A und B gemeinschaftliche Gebiet das aus den Einheiten e_2, e_3 abgeleitete, und das A und B verbindende Gebiet das aus den Einheiten e_1, e_2, e_3, e_4 abgeleitete.

16. Erklärung. Zwischen n Grössen $a_1, \cdots a_n$ herrscht dann und nur dann eine Zahlbeziehung, wenn sich eine Gleichung

$$\alpha_1 a_1 + \cdots \alpha_n a_n = 0$$

aufstellen lässt, in welcher die Zahlen $\alpha_1, \ldots \alpha_n$ nicht alle zugleich null sind.

Beweis. Denn wenn in der Gleichung

$$\alpha_1 a_1 + \cdots \alpha_n a_n = 0$$

auch nur Eine der Zahlen $\alpha_1, \cdots \alpha_n$ von null verschieden ist, z. B. α_1, so ist die mit dieser Zahl verbundene Grösse a_1 aus den übrigen numerisch ableitbar; denn dann ist

$$a_1 = -\frac{\alpha_2}{\alpha_1} a_2 - \frac{\alpha_3}{\alpha_1} a_3 - \cdots - \frac{\alpha_n}{a_1} a_n.$$

Umgekehrt, wenn irgend eine Zahlbeziehung zwischen den Grössen $a_1 \cdots a_n$ herrscht, z. B.

$$a_1 = \beta_2 a_2 + \beta_3 a_3 + \cdots \beta_n a_n$$

so wird

$$-a_1 + \beta_2 a_2 + \beta_3 a_3 + \cdots + \beta_n a_n = 0,$$

eine Gleichung, in welcher wenigstens der Koefficient von a_1 ungleich null ist.

17. Wenn n Grössen in einer Zahlbeziehung zu einander stehen, und sie nicht alle null sind, so muss sich aus ihnen ein Verein von weniger als n Grössen aussondern lassen, welcher keiner Zahlbeziehung unterliegt, und aus dem die übrigen Grössen numerisch ableitbar sind.

Beweis. Es seien $a_1 \cdots a_n$ die in einer Zahlbeziehung zu einander stehenden Grössen, so muss [nach No. 2] sich eine derselben aus den übrigen numerisch ableiten lassen; dies sei a_n und sei etwa

$$a_n = \alpha_1 a_1 + \cdots \alpha_{n-1} a_{n-1}.$$

Herrscht nun zwischen den Grössen $a_1 \cdots a_{n-1}$ abermals eine Zahlbeziehung, so wird wieder eine derselben etwa a_{n-1} aus den übrigen $a_1, \cdots a_{n-2}$ numerisch ableitbar sein müssen. Es sei

$$a_{n-1} = \beta_1 a_1 + \cdots \beta_{n-2} a_{n-2}.$$

Führt man diesen Ausdruck für a_{n-1} in die erste Gleichung ein, so erhält man

$$a_n = (\alpha_1 + \alpha_{n-1}\beta_1) a_1 + \cdots (a_{n-2} + \alpha_{n-1}\beta_{n-2}) a_{n-2},$$

also ist dann auch a_n aus $a_1, \cdots a_{n-2}$ numerisch ableitbar.

Dies Verfahren wird man fortsetzen können, so lange als noch zwischen den jedesmal übrig bleibenden Grössen eine Zahlbeziehung stattfindet. Man wird also zuletzt entweder zu einer Schaar von mehreren Grössen kommen, die in keiner Zahlbeziehung mehr zu einander stehen, und aus denen die übrigen numerisch ableitbar sind, oder es bleibt zuletzt nur Eine Grösse, etwa a_1, übrig, aus der alle übrigen numerisch ableitbar sind. Im letztern Falle darf diese Eine Grösse a_1 nicht null sein, weil sonst alle übrigen Grössen, als numerisch daraus ableitbar, auch null sein würden, was der Annahme widerstreitet. In beiden Fällen gelangt man also (No. 2) zu einem Vereine, der keiner Zahlbeziehung mehr unterliegt und aus dem alle übrigen der n Grössen $a_1 \cdots a_n$ numerisch ableitbar sind.

18. Erklärung. Wenn in einem Verein von Grössen $a_1, a_2, \cdots a_n$ die erste a_1 nicht null ist, und keine der folgenden ſich aus den vorhergehenden numeriſch ableiten läſst, ſo unterliegt der Verein keiner Zahlbeziehung.

Beweis. Denn geſetzt, er unterliege einer Zahlbeziehung, ſo müsste (nach 16) zwiſchen den Gröſsen $a_1, a_2, \cdots a_n$ eine Gleichung

$$\alpha_1 a_1 + \alpha_2 a_2 + \cdots \alpha_n a_n = 0$$

aufgeſtellt werden können, in welcher nicht alle Koefficienten $\alpha_1, \alpha_2, \cdots \alpha_n$ zugleich null ſind. Es ſei α_r der letzte unter dieſen Koefficienten, welcher von null verſchieden iſt, ſo erhält man

$$\alpha_1 a_1 + \alpha_2 a_2 + \cdots \alpha_r a_r = 0,$$

alſo, wenn r gröſser als 1 iſt,

$$a_r = -\frac{\alpha_1}{\alpha_r} a_1 - \frac{\alpha_2}{\alpha_r} a_2 \cdots - \frac{\alpha_{r-1}}{\alpha_r} a_{r-1},$$

d. h. a_r iſt aus den vorhergehenden Gröſsen $a_1 \cdots a_{n-1}$ numeriſch ableitbar, gegen die Vorausſetzung. Iſt aber $r = 1$, ſo hat man

$$\alpha_1 a_1 = 0;$$

alſo, da dann α_1 ungleich null angenommen iſt,

$$a_1 = 0,$$

was gleichfalls der Vorausſetzung widerſtreitet. Alſo kann keine Zahlbeziehung zwiſchen den Gröſsen $a_1 \cdots a_n$ herrſchen.

19. Wenn eine Gröſse a_1 aus n Gröſsen $b_1, b_2 \cdots b_n$ numeriſch ableitbar iſt, und dabei die zu b_1 gehörige Ableitungszahl ungleich null iſt, ſo iſt das aus den n Gröſsen b_1, $b_2 \cdots b_n$ ableitbare Gebiet identiſch mit dem aus den n Gröſsen $a_1, b_2, \cdots b_n$ ableitbaren.

Beweis. Es ſei $a_1 = \beta_1 b_1 + \beta_2 b_2 + \cdots \beta_n b_n$, wo β_1 ungleich null iſt, ſo iſt

$$b_1 = \frac{1}{\beta_1} a_1 - \frac{\beta_2}{\beta_1} b_2 \cdots - \frac{\beta_n}{\beta_1} b_n.$$

Iſt nun c numeriſch ableitbar aus $b_1, b_2, \cdots b_n$, etwa

$$c = \gamma_1 b_1 + \gamma_2 b_2 + \cdots + \gamma_n b_n,$$

ſo erhält man c als aus $a_1, b_2, \cdots b_n$ abgeleitet, indem man hier ſtatt b_1 den gefundenen Werth ſetzt, nämlich

$$c = \frac{\gamma_1}{\beta_1} a_1 + \left(\gamma_2 - \frac{\gamma_1 \beta_2}{\beta_1}\right) b_2 + \cdots + \left(\gamma_n - \frac{\gamma_1 \beta_n}{\beta_1}\right) b_n.$$

Umgekehrt ist c numerisch ableitbar aus a_1, b_2, $\cdots b_n$, etwa

$$c = \alpha_1 a_1 + \alpha_2 b_2 + \cdots + \alpha_n b_n,$$

so erhält man c als aus b_1, b_2, $\cdots b_n$ abgeleitet, indem man statt a_1 seinen Werth $\beta_1 b_1 + \beta_2 b_2 + \cdots \beta_n b_n$ setzt, nämlich

$$c = \alpha_1 \beta_1 b_1 + (\alpha_2 + \alpha_1 \beta_2) b_2 + \cdots + (\alpha_n + \alpha_1 \beta_n) b_n.$$

Also, jede Grösse, die einem der beiden Gebiete angehört, gehört auch dem andern an, d. h. beide Gebiete sind identisch.

20. Wenn m Grössen a_1, $\cdots a_m$, die in keiner Zahlbeziehung zu einander stehen, aus n Grössen b_1, $\cdots b_n$, numerisch ableitbar sind, so kann man stets zu den m Grössen a_1, $\cdots a_m$ noch (n-m) Grössen a_{m+1}, $\cdots a_n$ von der Art hinzufügen, dass sich die Grössen b_1, $\cdots b_n$ auch aus $a_1 \cdots a_n$ numerisch ableiten lassen, und also das Gebiet der Grössen $a_1 \cdots a_n$ identisch ist dem Gebiete der Grössen $b_1 \cdots b_n$; auch kann man jene (n-m) Grössen aus den Grössen $b_1 \cdots b_n$ selbst entnehmen.

Beweis. Nach der Annahme ist a_1 aus $b_1 \cdots b_n$ ableitbar. Von den Zahlen, durch welche diese Ableitung erfolgt, muss mindestens Eine von null verschieden sein, weil sonst a_1 selbst null wäre, also der Verein der m Grössen (nach 2) einer Zahlbeziehung unterläge.

Es sei die zu b_1 gehörige Zahl von null verschieden, und dies wird man immer annehmen können, da man ja die Indices beliebig wählen kann. Dann ist nach 19 das aus b_1, b_2, $\cdots b_n$ ableitbare Gebiet identisch dem aus a_1, b_2, $\cdots b_n$ ableitbaren. Man habe nun für irgend ein r, welches $< m$ ist, gefunden, dass das Gebiet der Grössen b_1, b_2, $\cdots b_n$ identisch sei dem Gebiete der Grössen a_1, a_2, $\cdots a_r$, b_{r+1}, $\cdots b_n$, so wird nun, da nach der Hypothesis a_{r+1} aus b_1, b_2, $\cdots b_n$ ableitbar ist, es auch (vermöge der Gebiets-Identität) aus a_1, a_2, $\cdots a_r$, $b_{r+1} \cdots b_n$ ableitbar sein. In dem Ausdrucke dieser Ableitung $a_{r+1} = \alpha_1 a_1 + \cdots \alpha_r a_r + \beta_{r+1} b_{r+1} + \cdots \beta_n b_n$ muss nothwendig einer der Koefficienten, die zu b_{r+1}, $\cdots b_n$ gehören, von null verschieden sein, weil sonst zwischen den Grössen $a_1 \cdots a_{r+1}$ eine Zahlbeziehung stattfände, gegen die Hypothesis; es sei dies etwa β_{r+1}, so ist, nach 19, das aus a_1, $\cdots a_r$, $b_{r+1} \cdots b_n$ ableitbare Gebiet identisch dem aus $a_1, \cdots a_{r+1}, b_{r+2} \cdots b_n$ ableitbaren; alſo auch dies letztere Gebiet identisch dem Gebiete der Grössen $b_1 \cdots b_n$. Dieſen Schluss kann man alſo von $r = 1$ an verfolgen, bis $r = m$ wird; d. h. es wird dann das Gebiet $a_1 \cdots a_m b_{m+1} \cdots b_n$ identisch dem Gebiete $b_1 \cdots b_n$; und bezeichnet man dann die ſo übrig gebliebenen Grössen $b_{m+1}, \cdots b_n$ beziehlich mit $a_{m+1}, \cdots a_n$, ſo wird das Gebiet der Grössen $a_1 \cdots a_n$ identisch dem Gebiete der Grössen $b_1 \cdots b_n$.

21. Wenn n Grössen $(a_1, \cdots a_n)$, welche in keiner Zahlbeziehung zu einander stehen, aus n andern Grössen $(b_1, \cdots b_n)$ numerisch ableitbar ſind, ſo ist das Gebiet der ersten Grössenreihe identisch dem der letzteren.

Beweis. Man hat nur in dem vorhergehenden Satze $m = n$ zu ſetzen, ſo erfolgt der zu erweiſende Satz.

22. Wenn n Grössen $(a_1, \cdots a_n)$ aus weniger als n Grössen $(b_1, \cdots b_m)$ numerisch ableitbar ſind, ſo stehen jene n Grössen stets in einer Zahlbeziehung zu einander.

Beweis. Es ſeien $a_1, \cdots a_n$ aus $b_1 \cdots b_m$ ableitbar, wo $m < n$ ist. Nun können $a_1 \cdots a_m$ entweder in einer Zahlbeziehung zu einander stehen oder nicht. Im ersteren Falle stehen auch $a_1, \cdots a_n$, da unter ihnen die Grössen $a_1, \cdots a_m$ vorkommen, in einer Zahlbeziehung zu einander. Im zweiten Falle ist das Gebiet der Grössen $a_1 \cdots a_m$ (nach 21) identisch dem Gebiete der Grössen $b_1 \cdots b_m$, alſo ist jede aus $b_1, \cdots b_m$ numerisch ableitbare Grösse auch aus $a_1, \cdots a_m$ numerisch ableitbar, alſo ſind namentlich die Grössen $a_{m+1}, \cdots a_n$, welche nach der Hypotheſis aus $b_1, \cdots b_m$ ableitbar ſind, auch aus $a_1, \cdots a_m$ ableitbar, d. h. auch im zweiten Falle besteht zwischen $a_1 \cdots a_n$ eine Zahlbeziehung.

23. Wenn ein Gebiet n-ter Stufe aus n Grössen erster Stufe ableitbar ist, ſo stehen dieſe in keiner Zahlbeziehung zu einander, und umgekehrt: Wenn n Grössen erster Stufe in keiner Zahlbeziehung zu einander stehen, ſo ist das aus ihnen ableitbare Gebiet ein Gebiet n-ter Stufe.

Beweis. Es ſei A das aus den n Grössen erster Stufe

$a_1 \cdots a_n$ ableitbare Gebiet. Wenn nun zuerst A ein Gebiet n-ter Stufe ist, fo können $a_1 \cdots a_n$ in keiner Zahlbeziehung zu einander stehen; denn dann würde fich eine dieser Grössen aus den übrigen n — 1 numerisch ableiten lassen, alfo auch das Gebiet aus diefen n — 1 Grössen ableitbar fein, was dem Begriffe des Gebietes n-ter Stufe [nach 14] widerstreitet. Zweitens umgekehrt, wenn $a_1, \cdots a_n$ in keiner Zahlbeziehung zu einander stehen, fo können fie [nach 22] nicht aus weniger als n Grössen numerisch abgeleitet werden, alfo auch das aus $a_1, \cdots a_n$ ableitbare Gebiet nicht, alfo ist dies Gebiet [nach 14] von n-ter Stufe.

24. Jedes Gebiet n-ter Stufe kann aus n Grössen erster Stufe, die in keiner Zahlbeziehung zu einander stehen, abgeleitet werden, und zwar aus beliebigen n folcher Grössen des Gebietes.

Beweis. Denn es feien $a_1, \cdots a_n$ die Grössen, aus denen ursprünglich das betrachtete Gebiet hervorgegangen ist, und feien $b_1, \cdots b_n$ n Grössen diefes Gebietes, die in keiner Zahlbeziehung zu einander stehen. Da $b_1, \cdots b_n$ dem aus $a_1, \cdots a_n$ abgeleiteten Gebiete angehören, fo werden fich [nach 14] die Grössen $b_1 \cdots b_n$ aus $a_1 \cdots a_n$ numerisch ableiten lassen, und da zugleich jene Grössen $b_1 \cdots b_n$ in keiner Zahlbeziehung zu einander stehen [Vorausfetzung], fo wird [nach 21] das aus $b_1 \cdots b_n$ ableitbare Gebiet identisch dem aus $a_1 \cdots a_n$ ableitbaren.

Anmerk. Durch diefen Satz ist jeder specifische Unterschied zwischen den ursprünglichen Einheiten und den daraus numerisch abgeleiteten Grössen aufgehoben, indem man jedes Gebiet, statt aus den ursprünglich zu Grunde gelegten n Einheiten, auch aus beliebigen n Grössen diefes Gebietes, die in keiner Zahlbeziehung zu einander stehen, ableiten, und diefe Grössen alfo statt jener ersteren als Einheiten fetzen kann. Es hätte fich diefer wichtige Satz auch direkt aus der Theorie der Elimination ableiten lassen. In der That ist unfer Satz nur eine Transformation des Satzes: Wenn n Grössen $y_1 \cdots y_n$ ganze homogene Funktionen ersten Grades von n anderen $x_1 \cdots x_n$ find, und die ersteren in keinem anderen Falle alle zugleich null werden können, als wenn auch die letzteren alle null werden, fo lassen fich auch die letzteren $(x_1 \cdots x_n)$ als ganze homogene Funktionen ersten Grades von den ersteren $(y_1 \cdots y_n)$ darstellen.

Doch ist der hier gelieferte Beweis nicht nur elementarer, fondern hat auch den Vorzug, dass dabei die wefentlichsten einfachen Beziehungen zwischen den extenfiven Grössen klarer hervortreten.

25. Die Stufenzahlen zweier Gebiete find zufammengenommen ebenfo gross als die Stufenzahlen ihres gemeinschaftlichen und ihres verbindenden Gebietes zufammengenommen, d. h. wenn m und n die Stufenzahlen der gegebenen Gebiete find, r die ihres gemeinschaftlichen, v die ihres verbindenden Gebietes, fo ist

$$m + n = r + v.$$

Beweis. Es feien A und B die beiden gegebenen Gebiete m-ter und n-ter Stufe, und fei A aus den Grössen $a_1 \cdots a_m$, B aus den Grössen $b_1 \cdots b_n$ ableitbar. Dann kann [nach 23] weder zwischen $a_1 \cdots a_m$, noch zwischen $b_1 \cdots b_n$ eine Zahlbeziehung herrschen. Ferner möge fich ein Verein von r, aber auch nicht von mehr, Grössen finden lassen, welche in keiner Zahlbeziehung zu einander stehen, und welche beiden Gebieten zugleich angehören. Diefe Annahme wird immer zulässig fein, da r auch null fein darf. Es feien $c_1 \cdots c_r$ diefe Grössen. Dann wird man [nach 20] in die Reihe der Grössen $a_1 \cdots a_m$ statt r derfelben, etwa statt $a_1 \cdots a_r$ die Grössen $c_1 \cdots c_r$ in der Art einführen können, dass das aus diefer neuen Grössenreihe ableitbare Gebiet identisch fei dem Gebiete A. Ebenfo wird man in die Reihe der Grössen $b_1 \cdots b_n$ statt r derfelben, etwa statt $b_1 \cdots b_r$ die Grössen $c_1 \cdots c_r$ in der Art einführen können, dass das aus diefer neuen Grössenreihe ableitbare Gebiet dem Gebiete B identisch fei. Dann ist also A aus den m Grössen $c_1 \cdots c_r$, $a_{r+1} \cdots a_m$ ableitbar, und B aus den n Grössen $c_1 \cdots c_r$, $b_{r+1} \cdots b_n$. Keine diefer Grössenreihen unterliegt [nach 23] einer Zahlbeziehung. Dann ist klar, dass alle aus $c_1 \cdots c_r$ ableitbaren Grössen den Gebieten A und B gemeinschaftlich find; aber auch keine andern, da es fonst, wider die Annahme, mehr als r in keiner Zahlbeziehung zu einander stehende Grössen geben würde, die beiden Gebieten A und B gemeinschaftlich wären. Das den Gebieten A und B gemeinschaftliche Gebiet ist alfo das aus $c_1 \cdots c_r$ abgeleitete Gebiet, alfo [nach 23] ein

Gebiet r-ter Stufe. Nun bilden ferner alle Grössen $c_1 \cdots c_r$, $a_{r+1} \cdots a_m$, $b_{r+1} \cdots b_n$ eine Reihe von Grössen, die in keiner Zahlbeziehung zu einander stehen. Denn gesetzt, es herrschte zwischen ihnen eine Zahlbeziehung, so müsste diese von der Form

$$a + b + c = 0$$

sein, wo a aus $a_{r+1} \cdots a_m$, b aus $b_{r+1} \cdots b_n$, c aus $c_1 \cdots c_r$ abgeleitet ist. Hier können weder a noch b null sein. Denn wäre a null, so wäre $b + c = 0$, und es bestände also eine Zahlbeziehung zwischen den Grössen $b_{r+1} \cdots b_n$, $c_1 \cdots c_r$, was, wie bewiesen, unmöglich ist; und wäre b null, so bestände eine Zahlbeziehung zwischen $a_{r+1} \cdots a_m$, $c_1 \cdots c_r$, was gleichfalls als unmöglich nachgewiesen ist. Stellen wir die obige Gleichung in der Form dar

$$a = -b - c,$$

so ist die linke Seite aus $a_{r+1} \cdots a_m$ numerisch abgeleitet, gehört also dem Gebiete A an, die rechte Seite ist aus $b_{r+1} \cdots b_n$, $c_1 \cdots c_r$ numerisch abgeleitet, gehört also dem Gebiete B an, folglich gehört a dann beiden Gebieten zugleich an. Da aber a aus $a_{r+1} \cdots a_m$ numerisch abgeleitet ist, und zwischen $a_{r+1} \cdots a_m$, $c_1 \cdots c_r$ keine Zahlbeziehung herrscht (wie oben gezeigt wurde), so ist a nicht aus $c_1 \cdots c_r$ ableitbar. Also würden dann die Gebiete A und B mehr als r in keiner Zahlbeziehung zu einander stehende Grössen gemeinschaftlich haben, was gegen die Voraussetzung ist. Somit folgt, dass der ganze Verein der Grössen $c_1 \cdots c_r$, $a_{r+1} \cdots a_m$, $b_{r+1} \cdots b_n$ keiner Zahlbeziehung unterliegt. Das aus diesen Grössen ableitbare Gebiet besteht aber aus den sämmtlichen Grössen, welche sich aus den Grössen der Gebiete A und B ableiten lassen, d. h. ist ihr verbindendes Gebiet. Die Stufenzahl desselben sei v, so ist [nach 22] v gleich der Anzahl der Grössen $c_1 \cdots c_r$, $a_{r+1} \cdots a_m$, $b_{r+1} \cdots b_n$, d. h.

$$v = m + n - r, \text{ oder}$$
$$m + n = r + v.$$

26. Zwei Gebiete (A und B), welche beziehlich von α-ter und β-ter Stufe sind und in einem Gebiete n-ter Stufe liegen, haben, wenn $\alpha + \beta > n$ ist, mindestens ein Gebiet von $(\alpha + \beta - n)$-ter Stufe gemein.

Beweis. Das A und B verbindende Gebiet ſei von v-ter Stufe, das ihnen gemeinschaftliche von r-ter Stufe, ſo ist [nach 25]

$$\alpha + \beta = r + v, \text{ oder } r = \alpha + \beta - v,$$

d. h. Da A und B in einem Gebiete n-ter Stufe liegen, ſo liegt auch ihr verbindendes Gebiet in dieſem Gebiete n-ter Stufe, alſo ist v entweder ebenſo gross oder kleiner als n, alſo $r = \alpha + \beta - v$ entweder ebenſo gross als $\alpha + \beta - n$ oder grösser.

Anmerk. Die bisher entwickelten Sätze finden ſich schon, wenn gleich meist in anderen Formen, in meiner ersten Bearbeitung der Ausdehnungslehre vom Jahre 1844, und zwar Satz 18 und 23 ſind genau in der entsprechenden Form in §. 20 jenes Werkes, Satz 24 in §. 126 enthalten, und auch die Idee des Beweiſes für dieſe Sätze ist hier und dort dieſelbe.

§. 3. Die Zahl als Quotient extensiver Grössen und Ersetzung der Gleichungen zwischen extensiven Grössen durch Zahlgleichungen.

27. Erklärung. Ich nenne zwei Vereine von Gleichungen einander erſetzend, wenn ſich jeder von beiden Vereinen aus dem andern ableiten lässt.

Anmerk. Hierbei ist auch der Fall eingeschlossen, in welchem einer der beiden Vereine oder jeder von beiden nur aus einer Gleichung besteht.

28. Eine Grösse x, welche aus n in keiner Zahlbeziehung zu einander stehenden Grössen $a_1 \cdots a_n$ abgeleitet ist, ist dann und nur dann null, wenn ihre n Ableitungszahlen null ſind, d. h. die Gleichung

$$\text{(a)} \quad x_1 a_1 + x_2 a_2 + \cdots + x_n a_n = 0$$

wird erſetzt durch die n Gleichungen:

$$\text{(b)} \quad 0 = x_1 = x_2 = \cdots = x_n.$$

Beweis. Denn wäre irgend eine der Ableitungszahlen von null verschieden, ſo würde vermöge der Gleichung (a) nach 16 zwischen $a_1 \cdots a_n$ eine Zahlbeziehung herrschen, gegen die Annahme. Gilt alſo die Gleichung (a), ſo gilt auch der Gleichungsverein (b). Umgekehrt, gilt der letzte Verein, ſo folgt daraus die Gleichung (a). Alſo wird dieſe Gleichung durch jenen Verein erſetzt.

29. Zwei Grössen eines Gebietes n-ter Stufe ſind dann und nur dann einander gleich, wenn ihre n zu denſelben Einheiten gehörigen Ableitungszahlen einander gleich ſind, d. h. die Gleichung

(a) $\alpha_1 e_1 + \alpha_2 e_2 + \cdots \alpha_n e_n = \beta_1 e_1 + \beta_2 e_2 + \cdots \beta_n e_n$

wird erſetzt durch die n Gleichungen

(b) $\alpha_1 = \beta_1, \alpha_2 = \beta_2, \cdots, \alpha_n = \beta_n$.

Beweis. Denn die Gleichung (a) wird erſetzt durch die Gleichungen

$$(\alpha_1 - \beta_1)e_1 + (\alpha_2 - \beta_2)e_2 + \cdots + (\alpha_n - \beta_n)e_n = 0,$$

und dieſe (nach 26) durch die n Gleichungen

$$0 = \alpha_1 - \beta_1 = \alpha_2 - \beta_2 = \cdots = \alpha_n - \beta_n,$$

d. h. durch die n Gleichungen

$$\alpha_1 = \beta_1, \alpha_2 = \beta_2, \quad \cdots, \alpha_n = \beta_n.$$

30. Erklärung. Wenn eine extenſive Grösse a aus einer andern b, die nicht null ist, ſich numerisch ableiten lässt, ſo verstehe ich unter $\frac{b}{a}$ die Zahl, durch welche b aus a abgeleitet werden kann, d. h.

$$\frac{\alpha a}{a} = \alpha, \text{ wenn } a \gtrless 0.$$

31. Wenn 2 Grössen (a und b) aus derſelben Grösse (c) numerisch abgeleitet ſind, und die zweite nicht null ist, ſo kann man, statt die erste durch die zweite zu dividiren, die Ableitungszahlen entsprechend dividiren, d. h.

$$\frac{\alpha c}{\beta c} = \frac{\alpha}{\beta}, \text{ wenn } \beta c \gtrless 0.$$

Beweis. Wenn $\beta c \gtrless 0$ ist, ſo ist (nach 12, 6) auch $\beta \gtrless 0$ und $c \gtrless 0$. Dann ist $\alpha c = \frac{\alpha}{\beta}(\beta c)$ nach 13, alſo

$$\frac{\alpha c}{\beta c} = \frac{\frac{\alpha}{\beta}(\beta c)}{\beta c} = \frac{\alpha}{\beta} \qquad [30].$$

32. Eine Gleichung, deren Glieder alle aus derſelben Grösse (a) numerisch ableitbar ſind, wird durch eine Gleichung erſetzt, die man erhält, indem man alle Glieder der ersteren durch eine beliebige aus jener Grösse (a) numerisch ableitbare, aber von null verschiedene Grösse dividirt, d. h. die Gleichung

(a) $\alpha a + \beta a + \cdots = \alpha_1 a + \beta_1 a + \cdots$

wird erfetzt durch die Gleichung

(b) $\frac{\alpha a}{\varrho a} + \frac{\beta a}{\varrho a} + \cdots = \frac{\alpha_1 a}{\varrho a} + \frac{\beta_1 a}{\varrho a} + \cdots$, wenn $\varrho a \gtrless 0$.

Beweis. Wenn $\varrho a \gtrless 0$, fo muss [nach 12, 6] fowohl $\varrho \gtrless 0$ als $a \gtrless 0$ fein. Somit kann man a auch, da es von null verschieden ist, als Einheit betrachten. Dann wird, nach 29, die Gleichung (a) erfetzt durch

$$\alpha + \beta + \cdots = \alpha_1 + \beta_1 + \cdots,$$

oder, wenn man durch $\varrho \gtrless 0$ dividirt, durch die Gleichung

$$\frac{\alpha}{\varrho} + \frac{\beta}{\varrho} + \cdots = \frac{\alpha_1}{\varrho_1} + \frac{\beta_1}{\varrho_1} + \cdots,$$

d. h. (nach 31) durch die Gleichung

$$\frac{\alpha a}{\varrho a} + \frac{\beta a}{\varrho a} + \cdots = \frac{\alpha_1 a}{\varrho_1 a} + \frac{\beta_1 a}{\varrho_1 a} + \cdots.$$

33. Erklärung. Wenn die Grössen $a_1 \cdots a_n$ in keiner Zahlbeziehung zu einander stehen, und die Grösse

$$a = \alpha_1 a_1 + \alpha_2 a_2 + \cdots + \alpha_n a_n$$

ist, fo nennen wir, wenn m kleiner als n ist, die Grösse

$$\alpha_1 a_1 + \alpha_2 a_2 + \cdots \alpha_m a_m$$

„die Zurückleitung der Grösse a auf das Gebiet $a_1 a_2 \cdots a_m$, unter Ausschliessung des Gebietes $a_{m+1} a_{m+2} \cdots a_n$.“ Wir fagen, die Zurückleitungen mehrerer Grössen feien in demfelben Sinne genommen, wenn die Grössen auf dasselbe Gebiet und unter Ausschliessung desselben Gebietes zurückgeleitet sind.

Anmerk. Wenn ins Befondere $a = \alpha_1 a_1 + \alpha_2 a_2 + \cdots \alpha_n a_n$ ist, fo ist z. B. $\alpha_1 a_1$ die Zurückleitung von a auf das Gebiet a_1, unter Ausschliessung des Gebietes $a_2 \cdots a_n$, ferner: wenn $a = \alpha_1 a_1 + \alpha_2 a_2$ ist, fo ist $\alpha_1 a_1$ die Zurückleitung auf das Gebiet a_1, unter Ausschliessung des Gebietes a_2.

34. Jede Gleichung, deren Glieder Produkte je einer extenfiven Grösse mit einer Zahl find, wird, wenn die extenfiven Grössen einem Gebiet n-ter Stufe angehören, erfetzt durch n Zahlengleichungen, die man erhält, indem man in der gegebenen Gleichung statt aller extenfiven Grössen ihre zu derselben Einheit gehörigen Ableitungszahlen setzt; und zwar gilt dies, welche n in keiner Zahlbeziehung stehende Grössen des Gebietes man auch als System von Einheiten annehmen mag, d. h. die Gleichung

$$\text{(a)} \quad \alpha a' + \beta b + \cdots = \varkappa k + \lambda l + \cdots$$

in welcher

$$\begin{aligned} a &= \alpha_1 e_1 + \cdots \alpha_n e_n, \quad k = \varkappa_1 e_1 + \cdots \varkappa_n e_n \\ b &= \beta_1 e_1 + \cdots \beta_n e_n, \quad l = \lambda_1 e_1 + \cdots \lambda_n e_n \\ &\vdots \qquad\qquad\qquad\qquad \vdots \end{aligned}$$

ist, wird ersetzt durch die n Gleichungen

$$\text{(b)} \begin{cases} \alpha\alpha_1 + \beta\beta_1 + \cdots = \varkappa\varkappa_1 + \lambda\lambda_1 + \cdots \\ \alpha\alpha_2 + \beta\beta_2 + \cdots = \varkappa\varkappa_2 + \lambda\lambda_2 + \cdots \\ \vdots \qquad\qquad\qquad \vdots \\ \alpha\alpha_n + \beta\beta_n + \cdots = \varkappa\varkappa_n + \lambda\lambda_n + \cdots \end{cases}$$

vorausgesetzt, dass $e_1 \cdots e_n$ in keiner Zahlbeziehung zu einander stehen.

Beweis. Setzt man in die Gleichung (a) die Ausdrücke für a, b, $\cdots$ k, l, $\cdot\cdot$ ein, so erhält man

$$(\alpha\alpha_1 + \beta\beta_1 + \cdots)e_1 + (\alpha\alpha_2 + \beta\beta_2 + \cdots)e_2 + \cdots (\alpha\alpha_n + \beta\beta_n + \cdots)e_n = (\varkappa\varkappa_1 + \lambda\lambda_1 + \cdots)e_1 + \cdots (\varkappa\varkappa_n + \lambda\lambda_n + \cdots)e_n.$$

Diese Gleichung wird (nach 29) ersetzt durch die n Gleichungen

$$\begin{aligned} \alpha\alpha_1 + \beta\beta_1 + \cdots &= \varkappa\varkappa_1 + \lambda\lambda_1 + \cdots \\ \alpha\alpha_2 + \beta\beta_2 + \cdots &= \varkappa\varkappa_2 + \lambda\lambda_2 + \cdots \\ \vdots \qquad\qquad &\quad \vdots \\ \alpha\alpha_n + \beta\beta_n + \cdots &= \varkappa\varkappa_n + \lambda\lambda_n + \cdots. \end{aligned}$$

35. Jede Gleichung, deren Glieder Produkte je einer extensiven Grösse mit einer Zahl sind, bleibt bestehen, wenn man statt aller extensiven Grössen ihre in demselben Sinne genommenen Zurückleitungen setzt.

Beweis. Man nehme an, die gegebene Gleichung sei die Gleichung (a) des vorhergehenden Satzes, in welcher a, b, $\cdots$ k, l $\cdot\cdot$ dieselbe Bedeutung haben wie vorher, so ist zu zeigen, dass diese Gleichung auch fortbesteht, wenn man statt der Grössen a, b, $\cdots$ k, l ihre Zurückleitungen auf das Gebiet $e_1 \cdots e_m$, unter Ausschliessung des Gebietes $e_{m+1} \cdots e_n$, setzt, d. h. dass auch

$$\text{(c)} \quad \alpha a' + \beta b' + \cdots = \varkappa k' + \lambda l' + \cdots$$

ſei, wo
$$a' = \alpha_1 e_1 + \cdots \alpha_m e_m, \quad k = \varkappa_1 e_1 + \cdots \varkappa_m e_m,$$
$$b' = \beta_1 e_1 + \cdots \beta_m e_m, \quad l = \lambda_1 e_1 + \cdots \lambda_m e_m$$
$$\vdots \qquad \qquad \vdots$$
ist. In der That wird die Gleichung (a) erſetzt durch die n Gleichungen (b) der vorigen Nummer. Multiplicirt man nun die ersten m dieser n Gleichungen beziehlich mit $e_1, e_2, \cdots e_m$ und addirt die ſo erhaltenen Gleichungen, ſo erhält man die zu erweiſende Gleichung (c).

Anmerk. Es liegt hierin zugleich der speciellere Satz, dass gleiche Grössen, in gleichem Sinne zurückgeleitet, auch gleiche Zurückleitungen geben, oder anders ausgedrückt, dass die Zurückleitung einer gegebenen Grösse bestimmt ist, wenn das Gebiet, auf welches, und das Gebiet, unter dessen Ausschliessung zurückgeleitet werden ſoll, gegeben ist.

36. Wenn die Zahlen $x_1 \cdots x_n$, durch welche eine extenſive Grösse x aus einem System von n Einheiten $e_1, e_2, \cdots e_n$ abgeleitet wird, einer Gleichung m-ten Grades genügen, ſo genügen auch die Zahlen $y_1 \cdots y_n$, durch welche dieſelbe Grösse aus einem System von n andern dasselbe Gebiet liefernden Einheiten $a_1, a_2 \cdots a_n$ abgeleitet wird, einer Gleichung m-ten Grades, und zwar ist die letzte homogen, wenn die erste es ist.

Beweis. Es ist nach der Annahme
$$x = x_1 e_1 + x_2 e_2 + \cdots x_n e_n,$$
und zwischen dieſen Ableitungszahlen bestehe die Gleichung
$$f(x_1, \cdots x_n) = 0,$$
in welcher f das Zeichen einer Funktion m-ten Grades ist. Nun müssen die neuen Einheiten $a_1 \cdots a_n$, da ſie dem Gebiete $e_1 \cdots e_n$ angehören, aus dieſen Einheiten $e_1, \cdots e_n$ ableitbar ſein. Es ſei
$$a_1 = \sum \overline{\alpha_{1,r} e_r} = \alpha_{1,1} e_1 + \alpha_{1,2} e_2 + \cdots \alpha_{1,n} e_n,$$
$$a_2 = \sum \overline{\alpha_{2,r} e_r} = \alpha_{2,1} e_1 + \alpha_{2,2} e_2 + \cdots \alpha_{2,n} e_n,$$
$$\vdots$$
$$a_n = \sum \overline{\alpha_{n,r} e_r} = \alpha_{n,1} e_1 + \alpha_{n,2} e_2 + \cdots \alpha_{n,n} e_n.$$
Ferner, da $y_1 \cdots y_n$ die Ableitungszahlen in Bezug auf dieſe neuen Einheiten ſein ſollen, ſo hat man auch
$$x = y_1 a_1 + y_2 a_2 + \cdots y_n a_n, \text{ also}$$

$$x_1e_1 + x_2e_2 + \cdots x_ne_n$$
$$= y_1a_1 + y_2a_2 + \cdots y_na_n,$$
$$= y_1\sum\overline{\alpha_{1,r}e_r} + y_2\sum\overline{\alpha_{2,r}e_r} + \cdots y_n\sum\overline{\alpha_{n,r}e_r},$$
$$= \sum\overline{(y_r\alpha_{r,1})e_1} + \sum\overline{(y_r\alpha_{r,2})\cdot e_2} + \cdots + \sum\overline{(y_r\alpha_{r,n})\cdot e_n}.$$

Alſo nach 29

$$x_1 = \sum\overline{\alpha_{r,1}y_r} = \alpha_{1,1}y_1 + \alpha_{2,1}y_2 + \cdots \alpha_{n,1}y_n,$$
$$x_2 = \sum\overline{\alpha_{r,2}y_r} = \alpha_{1,2}y_1 + \alpha_{2,2}y_2 + \cdots \alpha_{n,2}y_n,$$
$$\vdots$$
$$x_n = \sum\overline{\alpha_{r,n}y_r} = \alpha_{1,n}y_1 + \alpha_{2,n}y_2 + \cdots \alpha_{n,n}y_n,$$

d. h. $x_1, \cdots x_n$ ſind ganze homogene Funktionen erſten Grades von $y_1 \cdots y_n$, folglich, ſetzt man in

$$f(x_1, \cdots x_n) = 0$$

statt $x_1, \cdots x_n$ dieſe Werthe, ſo erhält man eine Funktion m-ten Grades von $y_1 \cdots y_n$ und zwar eine homogene, wenn die erstere eine ſolche war.

Kap. 2. Die Produktbildung im Allgemeinen.

§. 1. Produkt zweier Grössen.

37. Erklärung. Unter dem Produkte [ab] einer extenſiven Grösse a in eine andere b, verstehe ich diejenige extenſive Grösse (oder auch Zahlgrösse), die man erhält, indem man zuerst jede der Einheiten, aus denen die erste Grösse a numerisch abgeleitet ist, mit jeder der Einheiten, aus denen die zweite b numerisch abgeleitet ist, zu einem Produkte verknüpft, dessen erster Faktor die Einheit der ersten Grösse und dessen zweiter Faktor die Einheit der zweiten Grösse ist, dann dies Produkt mit dem Produkte derjenigen Ableitungszahlen multiplicirt, mit welchen jene Einheiten verknüpft waren, und die ſämmtlichen ſo gewonnenen Produkte addirt, d. h. es ist

$$[\sum\overline{\alpha_r e_r}\;\sum\overline{\beta_s e_s}] = \sum\overline{\alpha_r\beta_s\,[e_r e_s]},$$

wo e_r, e_s die Einheiten, aus denen die Grössen numerisch abgeleitet ſind, α_r, α_s die zugehörigen Ableitungszahlen bezeichnen, und die Summe ſich auf die verschiedenen Werthe der Indices r und s bezieht.

Anmerk. Da das Produkt extenſiver Grössen nach der Erklärung wieder entweder eine extenſive Grösse oder eine Zahlgrösse ist, ſo muss dasselbe [nach 5] aus einem System von Einheiten numerisch ableitbar ſein. Welches dies System von Einheiten ſei, und wie aus ihnen die Produkte $e_r e_s$, aus denen jenes Produkt zusammengeſetzt ist, numerisch abzuleiten ſeien, darüber ſagt die Definition nichts aus. Soll alſo der Begriff eines beſonderen Produktes genau festgestellt werden, ſo müssen noch über jenes System von Einheiten und über dieſe Ableitungen die nöthigen Bestimmungen getroffen werden. Sobald dieſe Bestimmungen getroffen ſind, ſo geht aus der allgemeinen Gattung der Produktbildungen, wie ſie oben festgestellt wurde, eine beſondere Art der Produktbildung hervor. Hat man z. B. das Produkt $P = [(x_1 e_1 + x_2 e_2)(y_1 e_1 + y_2 e_2)]$, ſo ist dasselbe [nach 37] gleich $x_1 y_1 [e_1 e_1] + x_1 y_2 [e_1 e_2] + x_2 y_1 [e_2 e_1] + x_2 y_2 [e_2 e_2]$. Beſondere Arten der Produktbildung würden nun hervorgehen, wenn noch die Einheiten festgeſetzt würden, aus denen dies Produkt numerisch abgeleitet werden ſoll, und die Art bestimmt würde, wie die vier Produkte $[e_1 e_1]$, $[e_1 e_2]$, $[e_2 e_1]$, $[e_2 e_2]$ aus jenen Einheiten numerisch abzuleiten ſind; ſo z. B. könnte festgeſetzt werden, dass dieſe vier Produkte ſelbst das System der Einheiten bildeten, aus denen P numerisch abzuleiten ist, dann ſind x_1y_1, x_1y_2, x_2y_1, x_2y_2 die Ableitungszahlen von P; und wir hätten eine beſondere Art der Produktbildung, die ſich dadurch auszeichnen würde, dass zu ihrer Feststellung keine Gleichungen erforderlich wären. Oder man könnte drei unter ihnen, etwa $[e_1e_1]$, $[e_1e_2]$, $[e_2e_2]$ als Einheiten festſetzen, und die Bestimmung hinzufügen, dass $[e_2e_1] = [e_1e_2]$ ſein ſollte; dann würden die Ableitungszahlen von P ſein x_1y_1, $(x_1y_2 + x_2y_1)$, x_2y_2; eine Art der Produktbildung, die ſich dadurch auszeichnen würde, dass ihre Geſetze mit denen der algebraischen Multiplikation identisch ſein würden. Oder man könnte eine unter ihnen, z. B. $[e_1e_2]$, als Einheit festſetzen, aus welcher das Produkt P numerisch abzuleiten ſein ſoll, und für die übrigen etwa die Bestimmungen treffen, dass $[e_1e_1] = 0$, $[e_2e_1] = -[e_1e_2]$, $[e_2e_2] = 0$ ſein ſoll. Dann würde das Produkt P nur e i n e Ableitungszahl haben, nämlich $x_1y_2 - x_2y_1$; eine Produktbildung, die ich unten kombinatorische genannt habe. Ja man könnte auch ein System von anderen Einheiten, unter denen $[e_1e_1]$, $[e_1e_2]$, $[e_2e_1]$, $[e_1e_2]$ nicht vorkämen, zu Grunde legen, und dann bestimmen, wie dieſe vier Produkte aus ihnen abzuleiten ſeien, z. B. könnte man etwa die abſolute Einheit zu Grunde legen, und etwa festſetzen, es ſolle $[e_1e_1] = 1$, $[e_1e_2] = 0$, $[e_2e_1] = 0$, $[e_2e_2] = 1$ ſein, in dieſem Falle würde P eine Zahl, nämlich $= x_1y_1 + x_2y_2$ ſein; eine Produktbildung, die ich unten innere genannt habe. Gegenwärtig werde ich nur diejenigen Geſetze behandeln, welche aus der allgemeinen Erklärung des Produktes in 37 hervorgehen, und welche alſo für alle Arten der Produkte gelten. Ich habe das Produkt durch eine Klammer umschlossen, um es von dem gewöhnlichen Produkte der Algebra zu unterscheiden.

38. Statt zu einer Grösse a einen Faktor b hinzuzufügen, kann man ihn in dem Ableitungsausdruck der ersteren jeder Einheit auf entsprechende Weiſe hinzufügen, d. h.

$$[\sum \alpha_r e_r b] = \sum \alpha_r [e_r b].$$

Beweis. Es ſei $b = \sum \beta_s e_s$ ſo ist

$$[\sum \alpha_r e_r b] = [\sum \alpha_r e_r \sum \beta_s e_s] = \sum \alpha_r \beta_s [e_r e_s] \qquad [37]$$

$$= \sum \alpha_1 \beta_s [e_1 e_s] + \sum \alpha_2 \beta_s [e_2 e_s] + \cdots \qquad [9]$$

$$= \alpha_1 [e_1 \sum \beta_s e_s] + \alpha_2 [e_2 \sum \beta_s e_s] + \cdots \qquad [37]$$

$$= \alpha_1 [e_1 b] + \alpha_2 [e_2 b] + \cdots = \sum \alpha_r [e_r b].$$

39. Ein Produkt zweier Faktoren, dessen einer Faktor eine Summe ist, ist gleich einer Summe von Produkten, die man erhält, indem man in dem ursprünglichen Produkte, statt des zerstückten Faktor's, nach und nach jedes Stück ſetzt, d. h.

$$[(a + b + \cdots)p] = [ap] + [bp] + \cdots$$

$$[p(a + b + \cdots)] = [pa] + [pb] + \cdots.$$

Insbeſondere ist

$$[(a + b)c] = [ac] + [bc]$$

$$[c(a + b)] = [ca] + [cb].$$

Beweis. Es ſei $a = \sum \alpha_r e_r$, $b = \sum \beta_r e_r + \cdots$, ſo ist

$$[(a + b + \cdots)p]$$

$$= [(\sum \alpha_r e_r + \sum \beta_r e_r + \cdots)p] = [\sum (\alpha_r + \beta_r + \cdots) e_r p] \qquad [9]$$

$$= \sum (\alpha_r + \beta_r + \cdots)[e_r p] \qquad [38]$$

$$= \sum \alpha_r [e_r p] + \sum \beta_r [e_r p] + \cdots \qquad [9]$$

$$= [\sum \alpha_r e_r p] + [\sum \beta_r e_r p] + \cdots \qquad [38]$$

$$= [ap] + [bp] + \cdots.$$

Somit ist die erste Formel bewieſen. Den Beweis der zweiten Formel erhält man aus dem der ersten, wenn man den Faktor p überall als ersten Faktor einſetzt.

40. Statt den einen Faktor eines Produktes (zweier Faktoren) mit einer Zahl zu multipliciren, kann man das ganze Produkt mit dieſer Zahl multipliciren, d. h.

$$[(\alpha a)b] = \alpha[ab]$$

$$[b(\alpha a)] = \alpha[ba].$$

Beweis. Es ſei $a = \sum \alpha_r e_r$, ſo ist

$$[(\alpha a)b] = [(\alpha\sum\overline{\alpha_r e_r})b] = [\sum\overline{\alpha\alpha_r\cdot e_r}\, b] \qquad [10]$$
$$= \sum\overline{\alpha\alpha_r[e_r b]} \qquad [38]$$
$$= \alpha\sum\overline{\alpha_r[e_r b]} \qquad [13]$$
$$= \alpha[\sum\overline{\alpha_r e_r}\, b] \qquad [38]$$
$$= \alpha[ab].$$

Der Beweis der zweiten Formel ergiebt ſich, wenn man b überall als den erſten der beiden Faktoren ſetzt.

41. Statt zu einer Grösse, die aus beliebigen Grössen a, b, ··· numerisch abgeleitet ist, einen Faktor p hinzuzufügen, kann man ihn in dem Ausdruck dieſer Ableitung zu jeder der Grössen a, b, ··· auf entſprechende Weiſe hinzufügen, d. h.

$$[(\alpha a + \beta b + \cdots)p] = \alpha[ap] + \beta[bp] + \cdots \quad \text{und}$$
$$[p(\alpha a + \beta b + \cdots)] = \alpha[pa] + \beta[pb] + \cdots.$$

B e w e i s. $[(\alpha a+\beta b+\cdots)p]=[(\alpha a)p]+[(\beta b)p]+\cdots$ [39]
$=\alpha[ap]+\beta[bp]+\cdots$ [40].

42. Das Produkt zweier Faktoren, welche aus beliebigen Grössen numerisch abgeleitet ſind, erhält man, indem man zuerst statt jedes Faktors eine der Grössen ſetzt, aus denen er abgeleitet ist, das ſo gewonnene Produkt mit dem Produkte der zu den ſubstituirten Grössen gehörigen Ableitungszahlen multiplicirt, und die ſämmtlichen Produkte, welche ſich auf dieſe Weiſe bilden lassen, addirt, d. h.

$$[\sum\overline{\alpha_r a_r}\sum\overline{\beta_s b_s}] = \sum\overline{\alpha_r\beta_s[a_r b_s]},$$

wo a_r, b_s beliebige Grössen, α_r, β_s beliebige Zahlen ſind.

B e w e i s. $[\sum\overline{\alpha_r a_r}\sum\overline{\beta_s b_s}]=\sum\overline{\alpha_r[a_r\sum\overline{\beta_s b_s}]}$ [41]
$=\sum\overline{\alpha_r(\beta_s[a_r b_s])}$ [41]
$=\sum\overline{\alpha_r\beta_s[a_r b_s]}$ [13].

§. 2. Produkt mehrerer Grössen.

43. E r k l ä r u n g. Wenn aus einem Produkte ein anderes dadurch abgeleitet werden kann, dass man statt jedes Faktors, der in dem ersten Produkte vorkommt, einen andern (ihm gleichen oder von ihm verſchiedenen) Faktor ſetzt, ſo nenne ich die beiden Produkte einander e n t s p r e c h e n d, und nenne jeden Faktor des ersten Produktes entsprechend dem für ihn ſubſtituirten des andern Produktes. Zweien Grössen oder zweien entsprechenden Produkten beziehungsweiſe zwei Faktoren in entsprechender Weiſe hinzufügen, heisst ſie ſo hinzufügen, dass die entstehenden Produkte wieder einander entsprechend werden, und zwar ſo, dass der in dem einen und der in dem andern Produkte hinzugefügte Faktor entsprechende Faktoren werden, und die bisher einander entsprechenden Faktoren auch entsprechend bleiben. Ein Produkt, in welchem die Faktoren a, b, ··· irgend wie enthalten ſind, werde ich, wo es angemessen scheint, mit $P_{a, b, \ldots}$ bezeichnen; dann drückt innerhalb derſelben Entwickelung $P_{h, i, \ldots}$ das entsprechende Produkt aus, in welchem die Faktoren h, i, ··· der Reihe nach den Faktoren a, b, ··· entsprechen.

Anmerk. Dieſe Bestimmungen ſind unentbehrlich, wenn man allen Zweideutigkeiten entgehen will. Denn da die Faktoren eines Produktes extenſiver Grössen weder unter allen Umständen vertauscht, noch zu beſonderen Produkten vereinigt werden dürfen, ſo ist die Art, wie ein Faktor in das Produkt eingeht, bestimmt zu fixiren. Als Beispiel zweier entsprechender Produkte ſeien die Produkte a(bc) und d(ef) gewählt, wo die Faktoren ſich der Reihe nach entsprechen. Sollen zu ihnen noch beziehlich die Faktoren g und h in entsprechender Weiſe hinzugefügt werden, ſo kann dies auf verschiedene Arten geschehen, z. B. ſo, dass die Produkte a(bc)g und d(ef)h hervorgehen, oder a(bgc) und d(ehf) u. ſ. w. Was die Bedeutung ausgelassener Klammern betrifft, ſo verweiſe ich auf No. 7 Anmerkung.

44. Wenn ein gegebenes Produkt einen Faktor p enthält, der aus beliebigen Grössen a, b, c, ··· durch die Zahlen q, r, s abgeleitet ist, und man ſetzt in jenem Produkte statt des Faktors p nach und nach die Grössen a, b, c, ···, multiplicirt die ſo erhaltenen Produkte beziehlich mit q, r, s, ··· und addirt dieſe Ausdrücke, ſo ist ihre Summe gleich dem gegebenen Produkte, d. h.

$$P_{qa+rb+\ldots} = qP_a + rP_b + \cdots.$$

Beweis. Wie das Produkt auch beschaffen ſei, immer kann man es ſo entstanden denken, dass zu dem Faktor p die übrigen Faktoren fortschreitend in bestimmter Weiſe hinzugetreten ſeien, nämlich ſo, dass zu p zuerst ein anderer Faktor (ſei es als erster oder als zweiter Faktor des Produkts) hinzugetreten sei, zu diesem Produkte wieder ein anderer und so fort. Statt nun aber einen Faktor zu einer numerisch abgeleiteten Grösse hinzuzufügen, kann man ihn, nach 41, in dem Ausdruck jener Ableitung zu jeder der Grössen, aus denen jene erstere abgeleitet war, auf entsprechende Weise hinzufügen. Folglich statt zu $p = qa + rb + \cdots$ die übrigen Faktoren in der genannten Weise fortschreitend hinzuzufügen, kann man sie in dem Ableitungsausdruck in entsprechender Weise zu jeder der Grössen a, b, ·· hinzufügen, d. h.

$$P_p = qP_a + rP_b + \cdots, \text{ wenn } p = qa + rb + \cdots.$$

45. Der Satz 42 gilt auch für mehr als zwei Faktoren, d. h.

$$[\overline{\sum q_r a_r} \, \overline{\sum r_s b_s} \cdots] = \overline{\sum q_r r_s \cdots [a_r b_s \cdots]}.$$

Beweis. Gilt der Satz für irgend eine Anzahl von Faktoren, z. B. für $[\overline{\sum q_r a_r} \, \overline{\sum r_s b_s} \cdots \overline{\sum \varkappa_m k_m}]$, so dass also

$$\text{(a)} \quad [\overline{\sum q_r a_r} \, \overline{\sum r_s b_s} \cdots \overline{\sum \varkappa_m k_m}] = \overline{\sum q_r b_s \cdots \varkappa_m [a_r b_s \cdots k_m]}.$$

ist, so gilt er auch, wenn noch ein Faktor, z. B. $\lambda_n l_n$, hinzutritt; denn es ist

$$[\overline{\sum q_r a_r} \, \overline{\sum r_s b_s} \cdots \overline{\sum \varkappa_m k_m} \, \overline{\sum \lambda_n l_n}]$$

$$= \overline{\sum q_r r_s \cdots \varkappa_m [a_r b_s \cdots k_m]} \, \overline{\sum \lambda_n l_n} \qquad \text{(nach a)}$$

$$= \overline{\sum q_r r_s \cdots \varkappa_m \lambda_n [a_r b_s \cdots k_m l_n]} \qquad [42].$$

Also wenn die Formel 45 für irgend eine Anzahl von Faktoren gilt, so gilt sie auch, wenn noch ein Faktor hinzutritt. Nun gilt sie aber, nach 42, für zwei Faktoren, also auch für drei, vier u. s. w., also für beliebig viele.

46. Statt die Faktoren eines Produktes mit einer Reihe von Zahlen zu multipliciren, kann man das ganze Produkt mit dem Produkte dieser Zahlen multipliciren, d. h.

$$P_{qa, rb, \ldots} = qr \cdots P_{a, b, \ldots}.$$

Beweis. Nach 44 ist $P_{qa} = qP_a$, also auch

$$P_{qa, rb, sc \ldots} = qP_{a, rb, sc, \ldots} \qquad [44]$$

$$= qrP_{a, b, sc, \ldots} \qquad [44]$$

u. s. w., endlich

$$= qrs \cdots P_{a, b, c, \ldots} \qquad [44].$$

47. Zwei in einem Produkte vorkommende Faktoren, welche in einer Zahlbeziehung zu einander stehen, kann man ohne Werthänderung des Produktes vertauschen, d. h.

$$P_{qa, ra} = P_{ra, qa}.$$

Beweis. Es ist

$$P_{qa,\,ra} = qrP_{a,\,a} \qquad [46]$$

$$= rqP_{a,\,a} = P_{ra,\,qa} \qquad [46].$$

§. 3. Die verschiedenen Arten der Produktbildung.

48. Erklärung. Wenn die Produktbildung dadurch näher bestimmt wird, dass zwischen den Produkten der Einheiten Zahlbeziehungen bestehen, fo nenne ich jede Gleichung, welche eine folche Zahlbeziehung ausdrückt, eine zu jener Art der Produktbildung gehörige Bestimmungsgleichung. Einen Verein von p Bestimmungsgleichungen, von denen keine aus den übrigen gefolgert werden kann, nenne ich, wenn zwischen den Produkten keine andere Zahlbeziehung herrscht, als die aus jenen Gleichungen gefolgert werden kann, ein zu jener Produktbildung gehöriges System von Bestimmungsgleichungen.

49. Jedes System von m Bestimmungsgleichungen zwischen den n Einheitsprodukten $E_1, \cdots E_n$ kann auf die Form gebracht werden, dass jede der Gleichungen ausdrückt, wie aus n — m jener Einheitsprodukte, z. B. aus $E_1 \cdots E_{n-m}$ die übrigen m numerisch ableitbar find. Dann bilden $E_1 \cdots E_{n-m}$ ein System von Einheiten, aus denen alle Produkte, die zu diefer Produktbildung gehören, ableitbar find.

Beweis. Nach 48 foll jede Gleichung des Systems der m Bestimmungsgleichungen eine Zahlbeziehung zwischen $E_1, \cdots E_n$ ausdrücken. Jede folche Zahlbeziehung wird fich, nach 16, auf die Form

$$\alpha_1 E_1 + \cdots \alpha_n E_n = 0$$

bringen lassen, in welcher die Zahlen $\alpha_1, \cdots \alpha_n$ nicht alle zugleich null find. Es fei eine derfelben betrachtet, und fei in ihr etwa α_n ungleich null, fo kann man E_n durch $E_1, \cdots E_{n-1}$ ausdrücken. Substituirt man diefen Ausdruck in die übrigen (m — 1) Gleichungen, fo werden fie von der Form

$$\alpha_1 E_1 + \cdots \alpha_{n-1} E_{n-1} = 0.$$

In keiner der fo erhaltenen Gleichungen dürfen die Zahlen $\alpha_1, \cdots \alpha_{n-1}$ alle zugleich null werden, weil fonst diefe Bestimmungsgleichung aus der ersten gefolgert werden könnte, was dem Begriffe eines Systems von Bestimmungsgleichungen (nach 48) widerspricht. Es sei eine der so erhaltenen Gleichungen betrachtet, und sei in ihr etwa der Koefficient von E_{n-1} ungleich null; so wird E_{n-1} sich durch $E_1 \cdots E_{n-2}$ ausdrücken lassen, und wenn dieser Ausdruck in die übrigen (m — 2) Gleichungen eingeführt wird, so erhalten sie die Form

$$\alpha_1 E_1 + \cdots \alpha_{n-2} E_{n-2} = 0.$$

Da auf diese Weise durch die Anwendung jeder neuen Gleichung immer eine neue unter den Grössen $E_1 \cdots E_n$ aus den übrigen Gleichungen verschwindet, wir wollen annehmen, jedesmal die letzte unter den bis dahin vorhandenen, so behält man zuletzt nur noch die Grösse $E_1 \cdots E_{n-m}$, durch welche sich alle übrigen $E_{n-m+1} \cdots E_n$ ausdrücken lassen.

50. Erklärung. Jede Produktbildung, deren Bestimmungsgleichungen geltend bleiben, wenn man statt der darin vorkommenden Einheiten beliebige aus ihnen numerisch abgeleitete Grössen setzt, heisst eine lineale Produktbildung (Multiplikation).

51. Für Produkte aus zwei Faktoren giebt es ausser derjenigen Produktbildung, welche gar keine Bestimmungsgleichung hat, und derjenigen, deren Produkte alle null sind, nur zwei Gattungen linealer Produktbildung, und zwar ist das System der Bedingungsgleichungen für die eine

$$(1) \quad [e_r e_s] + [e_s e_r] = 0,$$

für die andere

$$(2) \quad [e_r e_s] = [e_s e_r],$$

wo für r und s, wenn $e_1, e_2, \cdots e_n$ die Einheiten sind, nach und nach jede 2 der Zahlen $1 \cdots n$ gesetzt werden sollen.

Beweis. Jede Bestimmungsgleichung wird bei zwei Faktoren, die aus den Einheiten $e_1 \cdots e_n$ abgeleitet sind, die Form haben

$$(a) \quad \sum \overline{\alpha_{r,s}[e_r e_s]} = 0,$$

wo die Koefficienten $\alpha_{r,s}$ beliebige Zahlen sind, die aber nicht alle gleichzeitig null werden dürfen, und wo für r und s nach und nach je zwei der Werthe $1 \cdots n$ in die Summe eingeführt werden sollen. Wir nehmen an, die Produktbildung solle eine lineale fein; d. h. nach 50, es foll jede Bestimmungsgleichung noch geltend bleiben, wenn man statt der Einheiten beliebige aus ihnen numerisch abgeleitete Grössen fetzt. Man fetze in (a) $\sum \overline{x_{r,u} e_u}$ statt e_r und $\sum \overline{x_{s,v} e_v}$ statt e_s, wo die Summen fich nur auf die Indices u und v beziehen, und $x_{r,u}$ und $x_{s,v}$ beliebig zu wählende Zahlen bedeuten. Dann erhalten wir

$$0 = \sum \overline{\alpha_{r,s} [\sum x_{r,u} e_u \sum x_{s,v} e_v]}$$

$$= \sum \alpha_{r,s} \sum \overline{x_{r,u} x_{s,v} [e_u e_v]} \qquad [45]$$

alfo $$0 = \sum \overline{\alpha_{r,s} x_{r,u} x_{s,v} [e_u e_v]} \qquad [13],$$

indem fich nun die Summe auf alle vier Werthe r, s, u, v bezieht. Vertauscht man hier r mit s und u mit v, was man kann, da r, s, u, v in jedem Gliede ganz beliebige der Zahlen $1 \cdots n$ find, fo erhält man

$$0 = \sum \overline{\alpha_{s,r} x_{s,v} x_{r,u} [e_v e_u]},$$

und indem man diefe Gleichung mit der obenstehenden addirt, erhält man

$$\text{(b)} \quad 0 = \sum \overline{x_{r,u} x_{s,v} (\alpha_{r,s} [e_u e_v] + \alpha_{s,r} [e_v e_u])},$$

eine Gleichung, welche für die Anwendung bequemer ist, als die beiden vorhergehenden. Sie muss für alle Werthe, die man den Grössen $x_{r,u}$, $x_{s,v}$ geben mag, gelten. Man fetze nun in (b) irgend eine der Grössen $x_{r,u}$ etwa $x_{a,c}$ zuerst $= 1$, dann $= -1$, fubtrahire die fo erhaltenen zwei Gleichungen von einander, und dividire durch 2, fo fallen alle Glieder weg, welche $x_{a,c}$ entweder keinmal oder zweimal enthielten, und es bleibt nur

$$\sum \overline{x_{s,v} (\alpha_{a,s} [e_c e_v] + \alpha_{s,a} [e_v e_c])} = 0,$$

wobei jedoch unter den Werthpaaren von s und v dasjenige auszulassen ist, für welches zugleich $s = a$ und $v = c$ ist. Setzt man nun hierin wieder irgend eine der Grössen $x_{s,v}$, z. B. $x_{b,d}$ zuerst gleich 1 und dann gleich -1, fubtrahirt die fo erhaltenen zwei Gleichungen und dividirt durch 2, fo fallen wieder die Glieder weg, welche $x_{b,d}$ keinmal oder zweimal enthalten und es bleibt

$$\text{(c)} \quad \alpha_{a,b} [e_c e_d] + \alpha_{b,a} [e_d e_c] = 0$$

zunächst nur für je vier Indices a, b, c, d, von denen nicht gleichzeitig der erste dem zweiten, der dritte dem vierten gleich ist. Hierdurch reducirt ſich die Gleichung (b) auf

$$0 = \sum \overline{x_{r,u}\, x_{r,u}\, \alpha_{r,r}\, [e_u e_u]}.$$

Setzt man hierin für eine der Grössen $x_{r,u}$, etwa für $x_{a,c}$, nach der Reihe zwei einander nicht entgegengeſetzte Werthe, z. B. 1 und 2 ein, ſubtrahirt die ſo erhaltenen Gleichungen von einander und dividirt die Restgleichung in dieſem Falle durch 3, ſo bleibt

$$0 = \alpha_{a,a}[e_c e_c],$$

d. h. die Gleichung (c) gilt auch für den vorher ausgeschlossenen Fall, dass $a = b$, $c = d$ ist.

Somit folgt aus der Gleichung (a), wenn ſie eine lineale Bestimmungsgleichung ſein, d. h. noch geltend bleiben ſoll, welche aus den Einheiten abgeleitete Grössen man auch statt derſelben einführen mag, nothwendig die Gleichungsgruppe (c), aber auch umgekehrt, wenn die Gleichungsgruppe (c) gilt, ſo folgt aus ihr die Gleichung (b), welche ausdrückt, dass die Gleichung (a) lineal ſei.

Setzen wir in (c) die Indices c und d einander gleich, ſo geht ſie über in

$$\text{(e)}\quad (\alpha_{a,b} + \alpha_{b,a})[e_c e_c] = 0,$$

und ſetzen wir in ihr $a = b$, ſo geht ſie über in

$$\text{(f)}\quad \alpha_{a,a}([e_c e_d] + [e_d e_c]) = 0.$$

In dieſen gleich null geſetzten Produkten muss (nach 12, 6) jedesmal der eine oder der andere Faktor null ſein.

Nehmen wir zuerst an $[e_c e_c]$ ſei von null verschieden, ſo muss nothwendig für je zwei Indices a und b

$$\alpha_{a,b} + \alpha_{b,a} = 0, \text{ d. h. } -\alpha_{a,b} = \alpha_{b,a}$$

ſein. Setzen wir dies in (c) ein, ſo erhalten wir

$$\alpha_{a,b}([e_c e_d] - [e_d e_c]) = 0.$$

Sollte hier $[e_c e_d] - [e_d e_c]$ von null verschieden ſein, ſo müsste der andere Faktor $\alpha_{a,b}$ für je zwei Indices a und b null ſein, d. h. die Gleichung (a) würde identisch null gegen die Annahme. Somit muss in dieſem Falle, wo $[e_c e_c]$ von null verschieden ist,

$$[e_c e_d] - [e_d e_c] = 0, \text{ d. h. } [e_c e_d] = [e_d e_c]$$

ſein, d. h. es tritt die Gleichungsgruppe (50, 2) ein. Ist nun im zweiten Falle $[e_c e_c] = 0$, oder, indem wir a statt c ſetzen $[e_a e_a] = 0$, ſo können wir dieſe Gleichung als Bestimmungsgleichung an die Stelle der Gleichung (a) ſetzen, dann ist $\alpha_{a,a} = 1$, während alle übrigen Koefficienten null ſind, und es folgt dann, indem wir dieſen Werth $\alpha_{a,a} = 1$ in (f) einſetzen,

$$[e_c e_d] + [e_d e_c] = 0,$$

d. h. es tritt die Gruppe (50, 1) ein. Nun wäre noch möglich, dass beide Gruppen (50, 1) und (50, 2) zugleich geltend wären. Allein dann würde folgen, dass $[e_c e_d] = 0$, alſo alle Produkte null wären, ein Fall, den wir oben ausgeschlossen hatten. Es ſind alſo keine andern linealen Produktbildungen möglich, als die im Satze genannten. Dass dieſe nun in der That lineale ſind, folgt ſogleich aus der Gleichung (c), verglichen mit (a). In der That, wenn

$$\text{(g)} \quad [e_a e_b] \mp [e_b e_a] = 0$$

die Bedingungsgleichungen ſind und man ſetzt irgend eine derſelben als die Gleichung (a), ſo ist für ſie $\alpha_{a,b} = 1$, $\alpha_{b,a} = \mp 1$, und alle übrigen Koefficienten ſind null. Dann geht die Gleichungsgruppe (c) über in

$$[e_c e_d] \mp [e_d e_c] = 0,$$

welche schon in der gegebenen Gruppe (g) enthalten waren. Alſo ſind jene beiden Gattungen der Produktbildung lineal und zwar die einzig möglichen ausser der bestimmungsloſen und der verschwindenden.

Anmerk. Soll alſo das bisher ſich von ſelbst darbietende Princip, dass nämlich jedes durch eine Gleichung ausdrückbare Geſetz auch bestehen bleibt, wenn man statt der Einheiten beliebige aus ihnen abgeleitete Grössen ſetzt, auch in der nächsten Entwickelung noch fortbestehen, ſo ist kein anderer Fortschritt möglich, als der zu den beiden genannten Produktbildungen. Nehmen wir der Einfachheit wegen nur zwei Einheiten e_1 und e_2 an, ſo ist das System der Bestimmungsgleichungen für die erste Gattung gleichzeitig

$$[e_1 e_1] = [e_2 e_2] = 0 \text{ und } [e_1 e_2] = -[e_2 e_1],$$

und für die zweite $[e_1 e_2] = [e_2 e_1]$.

In Bezug auf die Operationen ist die letztere Gattung die einfachere. Ja, da die Bestimmungsgleichungen derſelben nichts weiter ausdrücken als die Vertauschbarkeit der Faktoren, ſo ist dieſe Multiplikationsgattung, was die Operationen anlangt, identisch mit der gewöhnlichen Multiplikation der Algebra, weshalb ich ſie auch die algebraische genannt habe*). Es versteht fich von felbst, dass ihr auch eine algebraische Divifion, Potenzirung u. f. w. zur Seite geht, und dass man für alle diefe Verknüpfungen extenfiver Grössen unmittelbar die algebraischen Gefetze als geltend annehmen darf. Hingegen ist diefe Multiplikation, was die durch fie erzeugten Grössen betrifft, fehr viel komplicirter als die erstere Gattung, welche ich die kombinatorische genannt habe. In der That, betrachten wir bei zwei Einheiten e_1 und e_2 das Produkt zweier Faktoren $[(q_1 e_1 + q_2 e_2)(r_1 e_1 + r_2 e_2)] = q_1 r_1 [e_1 e_1] + q_2 r_2 [e_2 e_2] + q_1 r_2 [e_1 e_2] + q_2 r_1 [e_2 e_1]$, fo reducirt fich dies bei der ersten Gattung, wo $[e_1 e_1] = [e_2 e_2] = 0$, $[e_2 e_1] = -[e_1 e_2]$ ist, auf $(q_1 r_2 - q_2 r_1)[e_1 e_2]$, alfo auf nur eine Einheit, nämlich $[e_1 e_2]$; ja, wenn in einer Entwickelungsreihe nie mehr als jene beiden ursprünglichen Einheiten e_1 und e_2 vorkommen, fo wird man, ohne der Allgemeinheit Eintrag zu thun, $[e_1 e_2] = 1$ fetzen können, und erhält dann als Refultat der Multiplikation eine Zahl. Ganz anders bei der zweiten Gattung, wo fich jenes Produkt auf $q_1 r_1 [e_1 e_1] + q_2 r_2 [e_2 e_2] + (q_1 r_2 + q_2 r_1)[e_1 e_2]$ reducirt, alfo auf nicht weniger als drei Einheiten. Da es in der Entwickelung der Wissenschaft vor allen Dingen darauf ankommt, die nach und nach hervortretenden Grössen in ihrem einfachsten Begriffe zu erfassen, fo ist hier der Uebergang zu der ersten Gattung der Multiplikation mit Nothwendigkeit geboten. Ja, da die durch algebraische Multiplikation extenfiver Grössen erzeugten Gebilde nicht mehr als einfache Grössen fich darstellen, fondern vielmehr den Funktionen der Algebra fich parallel stellen, fo werden wir diefer Multiplikation erst im zweiten Theile diefes Werkes wieder begegnen, welcher die Funktionen behandeln wird.

Ich verweife in Bezug auf die Entwickelung der verschiedenen Multiplikationsgattungen auf die vorher angeführte Abhandlung in Crelle's Journal. Dort habe ich für den obigen Satz einen zwar weitläuftigeren, aber elementareren Beweis gegeben. Die allgemeine Idee der Multiplikation, wie fie im ersten §. diefes Kapitels entwickelt ist, habe ich schon in der ersten Ausgabe meiner Ausdehnungslehre (§. 10–12) zu Grunde gelegt.

Kap. 3. Kombinatorisches Produkt.

§. 1. Allgemeine Gesetze der kombinatorischen Multiplikation.

52. Erklärung. Wenn die Faktoren eines Produktes P aus einem Systeme von Einheiten abgeleitet find, und je zwei Produkte der Einheiten, welche durch Vertauschung der

*) Crelle Journal B. 49, S. 139.

beiden letzten Faktoren auseinander hervorgehen, zur Summe null geben, jedes Produkt aber, was lauter verschiedene Einheiten als Faktoren enthält, von null verschieden ist, fo nenne ich jenes Produkt P ein kombinatorisches, und jene Faktoren desfelben feine einfachen Faktoren; d. h. find b und c Einheiten, A aber eine beliebige Reihe von Einheiten, fo wird die angegebene Bestimmung ausgedrückt durch die Formel

$$[Abc] + [Acb] = 0.$$

Anm. Warum hier gerade mit diefer befonderen Multiplikationsgattung der Anfang gemacht wird, ist No. 50 Anmerk. entwickelt.

53. Man kann in jedem kombinatorischen Produkt die beiden letzten (einfachen) Faktoren vertauschen, wenn man nur zugleich das Vorzeichen ($\mp$) in das entgegengefetzte verwandelt, d. h.

$$[Abc] + [Acb] = 0;$$

auch wenn A eine beliebige Reihe von Faktoren ist und b und c einfache Faktoren find.

Beweis 1. Es feien zuerst b und c Einheiten. Da nun A eine beliebige Reihe von Faktoren ist, und die Faktoren aus den Einheiten numerisch ableitbar find, fo erhält man, indem man statt der Faktoren von A ihre Ableitungsausdrücke fetzt, und die Klammern löst, (nach 45) einen Ausdruck, der aus den Produkten der Einheiten numerisch ableitbar ist, alfo die Form hat

$$A = \overline{\sum \alpha_r E_r},$$

wo E_r Produkte der Einheiten find. Setzt man dies ein, fo wird

$$\begin{aligned}
[Abc] + [Acb] &= [\overline{\sum \alpha_r E_r} bc] + [\overline{\sum \alpha_r E_r} cb] \\
&= \overline{\sum \alpha_r [E_r bc]} + \overline{\sum \alpha_r [E_r cb]} && [44] \\
&= \overline{\sum \alpha_r ([E_r bc] + [E_r cb])} && [12, 4] \\
&= \overline{\sum \alpha_r 0} && [52] \\
&= 0.
\end{aligned}$$

2. Es feien b und c aus den Einheiten e_1, e_2, ⋯ numerisch abgeleitet, und fei

$$b = \overline{\sum \beta_r e_r}, \quad c = \overline{\sum \gamma_r e_r},$$

fo ist

$$[Abc] + [Acb] = [A\sum\beta_r e_r \sum\gamma_r e_r] + [A\sum\gamma_r e_r \sum\beta_r e_r]$$
$$= \sum\beta_r\gamma_s[Ae_r e_s] + \sum\gamma_s\beta_r[Ae_s e_r] \qquad [46]$$
$$= \sum\beta_r\gamma_s([Ae_r e_s] + [Ae_s e_r]) \qquad [12]$$
$$= \sum\beta_r\gamma_s \cdot 0 \qquad [\text{Beweis } 1]$$
$$= 0.$$

54. In einem kombinatorischen Produkte kann man beliebige zwei aufeinander folgende einfache Faktoren vertauschen, wenn man zugleich das Zeichen ($\mp$) umkehrt, d. h.

$$[AbcD] + [AcbD] = 0,$$

wenn A und D beliebige Faktorenreihen, b und c einfache Faktoren ſind.

Beweis. Es ist

$$[AbcD] + [AcbD] = [[Abc]D] + [[Acb]D] \qquad [38]$$
$$= [([Abc] + [Acb])D] \qquad [40]$$
$$= 0 \cdot D \qquad [53]$$
$$= 0.$$

55. In einem kombinatorischen Produkte kann man beliebige zwei einfache Faktoren vertauschen, wenn man zugleich das Zeichen ($\mp$) umkehrt, d. h.

$$P_{a,b} = -P_{b,a}, \text{ oder } P_{a,b} + P_{b,a} = 0.$$

Beweis. Angenommen, zwischen a und b stehen in $P_{a,b}$ noch n einfache Faktoren. Vertauscht man jetzt b mit dem nächst vorhergehenden Faktor, d. h. rückt man b um eine Stelle nach links, ſo ändert ſich (nach 54) das Zeichen; rückt man alſo b nach und nach über die n Faktoren hinweg, welche ursprünglich zwischen a und b standen, ſo ändert ſich das Zeichen n-mal, jetzt folgt b unmittelbar auf a, vertauscht man jetzt a mit b, ſo ändert ſich das Zeichen noch einmal. Jetzt steht b auf der Stelle, wo ursprünglich a stand; um nun auch a auf die Stelle zu bringen, wo ursprünglich b stand, hat man nun noch a um n Stellen nach rechts zu rücken, wobei ſich das Zeichen noch n-mal ändert. Im Ganzen hat es ſich 2n + 1 mal geändert; durch die 2n-malige Aenderung wird das Zeichen aber wieder das ursprüngliche, und da nun noch die einmalige Aenderung hinzukommt, ſo ist das letzte Zeichen dem ursprünglichen entgegengeſetzt, alſo

$$P_{a,b} = -P_{b,a}, \text{ oder } P_{a,b} + P_{b,a} = 0.$$

56. Erklärung. Wenn von zwei Grössenreihen jede die Grössen a und b enthält, und zwar jede derſelben einmal, und in beiden Reihen a früher steht als b, oder in beiden b früher steht als a, ſo ſage ich, dieſe beiden Grössen ſeien in jenen Reihen gleich geordnet, hingegen ſie ſeien in jenen Reihen entgegengeſetzt geordnet, wenn in der einen a früher steht als b, in der andern b früher als a.

57. Zwei kombinatorische Produkte, welche dieſelben einfachen Faktoren (aber in verschiedener Folge) enthalten, ſind einander gleich oder entgegengeſetzt, je nachdem die Anzahl der in beiden Produkten einander entgegengeſetzt geordneten Faktorenpaare gerade oder ungerade ist, d. h.

$$P = (-1)^r Q,$$

wenn P und Q kombinatorische Produkte ſind, welche dieſelben einfachen Faktoren enthalten, und wenn r die Anzahl der Faktorenpaare ist, welche in P entgegengeſetzt geordnet ſind, wie in Q.

Beweis. Wenn zuerst je zwei Faktoren, welche in dem einen Produkte, etwa in Q, unmittelbar aufeinander folgen, in beiden Produkten gleich geordnet ſind, ſo leuchtet ein, dass dann beide Produkte identisch ſind, und ſie alſo kein entgegengeſetzt geordnetes Faktorenpaar enthalten können. So lange es daher in Q noch Faktorenpaare giebt, welche entgegengeſetzt geordnet ſind, wie in P, ſo giebt es auch noch mindestens zwei Faktoren, welche in Q unmittelbar aufeinander folgen, und welche in Q entgegengeſetzt geordnet ſind wie in P. Angenommen, a und b ſeien zwei ſolche Faktoren. Vertauscht man ſie untereinander, ſo erhält man ein Produkt Q_1, welches dem Produkte Q (nach 54) entgegengeſetzt bezeichnet ist, und in welchem alle Faktorenpaare, mit Ausnahme des Faktorenpaares a, b, ebenſo geordnet ſind wie in Q, während dies Faktorenpaar a, b in Q_1 entgegengeſetzt geordnet ist wie in Q, alſo ebenſo geordnet wie in P. Alſo ist die Anzahl der Faktorenpaare, welche in Q_1 und P entgegengeſetzt geordnet ſind, um 1 kleiner, als die Anzahl derer, welche in Q und P entgegengeſetzt geordnet ſind. Ist dieſe letztere Anzahl alſo r, ſo ist die erstere r — 1. Ist nun $r - 1$ noch nicht null, d. h. giebt es noch Faktorenpaare, welche in Q_1 und P entgegengefetzt geordnet find, fo kann man mit Q_1 wieder fo verfahren wie vorher mit Q; man erhalte dadurch aus Q_1 das Produkt Q_2, fo ist $Q_2 = - Q_1$, alfo $= (-1)^2 Q$, und die Anzahl der Faktorenpaare, welche in Q_2 und P entgegengefetzt geordnet find, ist $r - 2$. Fährt man in diefer Weife fort, bis man zu Q_r gelangt, fo wird $Q_r = (-1)^r Q$, und die Anzahl der Faktorenpaare, die in Q_r und P entgegengefetzt geordnet find, beträgt $r - r$, alfo null, d. h. die Faktorenpaare in Q_r und P find fämmtlich gleich geordnet, alfo $Q_r = P$, fomit $P = Q_r = (-1)^r Q$.

58. Wenn man in einem kombinatorischen Produkte eine Reihe von r einfachen Faktoren mit einer unmittelbar darauf folgenden Reihe von s einfachen Faktoren vertauscht (ohne im Uebrigen die Ordnung der Faktoren zu ändern), fo ist das fo hervorgehende Produkt dem ursprünglichen gleich oder entgegengefetzt, je nachdem rs gerade oder ungerade ist, d. h.

$$[BC] = (-1)^{rs}[CB], \quad [ABC] = (-1)^{rs}[ACB],$$

wo B eine Reihe von r, C von s einfachen Faktoren darstellt.

Beweis. Es fei $C = c_1 c_2 \cdots c_s$, alfo

$$[ABC] = [ABc_1 c_2 \cdots c_s].$$

Vertauscht man nun c_1 mit dem letzten einfachen Faktor von B, d. h. rückt man c_1 um Eine Stelle vor, fo ändert fich (nach 55) das Vorzeichen des ganzen Produktes; rückt c_1 alfo um s einfache Faktoren vor, d. h. rückt man ihn vor die Faktoren von B, fo ändert fich das Zeichen r mal, alfo wird

$$[ABc_1 c_2 \cdots c_s] = (-1)^r [Ac_1 Bc_2 c_3 \cdots c_s], \text{ alfo dies}$$
$$= (-1)^r (-1)^r [Ac_1 c_2 Bc_3 \cdots c_s]$$
$$= (-1)^{2r} [Ac_1 c_2 Bc_3 \cdots c_s]$$
$$= (-1)^{3r} [Ac_1 c_2 c_3 Bc_4 \cdots c_s] \text{ u. f. w.}$$
$$= (-1)^{sr} [Ac_1 c_2 \cdots c_s B] \text{ oder}$$
$$[ABC] = (-1)^{rs} [ACB],$$

und wenn man hierin $A = 1$ fetzt

$$[BC] = (-1)^{rs} [CB].$$

59. Wenn man in einem kombinatorischen Produkte eine Reihe von q einfachen Faktoren mit einer durch r einfache Faktoren getrennten Reihe von s einfachen Faktoren vertauscht, fo ist das fo hervorgehende Produkt dem ursprünglichen gleich oder entgegengefetzt, je nachdem $rs + sq + qr$ gerade oder ungerade ist, d. h.

$$[ABC] = (-1)^{rs+sq+qr}[CBA],$$

wo A, B, C Reihen von beziehlich q, r, s einfachen Faktoren darstellen.

Beweis. Es ist

$$[ABC] = (-1)^{(q+r)s}[CAB] \qquad [57]$$
$$= (-1)^{qs+rs}(-1)^{qr}[CBA] \qquad [57]$$
$$= (-1)^{rs+sq+qr}[CBA].$$

60. Wenn zwei einfache Faktoren eines kombinatorischen Produktes einander gleich find, fo ist das Produkt null, d. h.

$$P_{a,a} = 0.$$

Beweis. Es fei $P_{a,b}$ irgend ein kombinatorisches Produkt, welches die Faktoren a und b enthält, und $P_{b,a}$ das durch Vertauschung von a und b aus ihm hervorgehende, fo ist (nach 55)

$$P_{a,b} + P_{b,a} = 0,$$

alfo, wenn a gleich b ist,

$$P_{a,a} + P_{a,a} = 0, \text{ d. h. } 2P_{a,a} = 0,$$

fomit auch $P_{a,a} = 0$.

61. Ein kombinatorisches Produkt ist null, wenn zwischen feinen einfachen Faktoren eine Zahlbeziehung herrscht, d. h.

$$[a_1 a_2 a_3 \cdots a_m] = 0,$$

wenn eine der Grössen $a_1 \cdots a_m$ fich aus den übrigen numerisch ableiten lässt, z. B.

$$a_1 = \alpha_2 a_2 + \alpha_3 a_3 + \cdots \alpha_m a_m$$

ist.

Beweis. Man erhält, indem man den Werth von a_1 in das Produkt einfetzt

$$[a_1 a_2 a_3 \cdots a_m] = [(\alpha_2 a_2 + \alpha_3 a_3 + \cdots \alpha_m a_m) a_2 a_3 \cdots a_m], \text{ alfo (nach 44)}$$
$$= \alpha_2 [a_2 a_2 a_3 \cdots a_m] + \alpha_3 [a_3 a_2 a_3 \cdots a_m] + \cdots \alpha_m [a_m a_2 a_3 \cdots a_m]$$
$$= \alpha_2 \cdot 0 + \alpha_3 \cdot 0 + \cdots \alpha_m \cdot 0 \qquad [59]$$
$$= 0.$$

62. Erklärung. Unter der Determinante aus n Reihen von je n Zahlen versteht man, wenn man die r-te Zahl der s-ten Reihe mit $\alpha_r^{(s)}$ bezeichnet, dasjenige Polynom, welches man aus dem Produkte $\alpha_1^{(1)}\alpha_2^{(2)}\cdots\alpha_n^{(n)}$ dadurch erhält, dass man in ihm nach und nach die unteren Indices auf alle möglichen Arten verſetzt, während man die oberen unverändert lässt, dann jedes dieſer Produkte mit dem + oder — Zeichen verſieht, je nachdem die Anzahl derjenigen Paare von Indices, welche unten entgegengeſetzt geordnet ſind wie oben, gerade oder ungerade ist und dieſe ſämmtlichen Glieder addirt. Man bezeichnet dieſe Determinante mit $\sum\mp\alpha_1^{(1)}\alpha_2^{(2)}\cdots\alpha_n^{n}$, d. h. man ſetzt

$$\sum\mp\alpha_1^{(1)}\alpha_2^{(2)}\cdots\alpha_n^{(n)}=\sum(-1)^u\alpha_r^{(1)}\alpha_s^{(2)}\cdots\alpha_w^{(n)},$$

wo r, s, $\cdots$ w die Zahlen 1, 2 $\cdots$ n, in irgend einer Ordnung genommen, gleich ſind, wo die Summe ſich auf alle möglichen Ordnungen dieſer Art bezieht, und u die Anzahl der Index-Paare bezeichnet, welche unten entgegengeſetzt geordnet ſind, wie oben.

Anmerk. Der Vollständigkeit wegen habe ich dieſen Begriff der Determinante hier aufstellen zu müssen geglaubt, zumal da es zweckmässig schien, die Zeichenbestimmung in der einfachen Form, wie ſie hier dargestellt ist, festzuſetzen, während die ſonst gebräuchliche, durch Cauchy eingeführte Form der Zeichenbestimmung ein Zurückgehen auf die Permutations-Geſetze nothwendig machen würde. Dass man übrigens statt der unteren Indices auch die oberen vertauschen kann, leuchtet ein, doch ist es unangemessen, eine ſolche zwiefache Bestimmung in eine strenge Definition aufzunehmen.

63. Das kombinatorische Produkt von n einfachen Faktoren, welche aus n Grössen $a_1, a_2, \cdots a_n$ numerisch abgeleitet ſind, erhält man, indem man aus den n Reihen von Zahlen, durch welche jene Faktoren aus den n Grössen $a_1, a_2, \cdots a_n$ abgeleitet ſind, die Determinante bildet, und dieſe mit dem kombinatorischen Produkte der Grössen $a_1\cdots a_n$ multiplicirt, wobei nämlich die Zahlen, durch welche der erste jener Faktoren aus $a_1\cdots a_n$ abgeleitet ist, die erste Reihe bilden, u. ſ. f., d. h. es ist

$$[\alpha_1^{(1)}a_1+\cdots\alpha_n^{(1)}a_n)(\alpha_1^{(2)}a_1+\cdots\alpha_n^{(2)}a_n)\cdots(\alpha_1^{(n)}a_1+\cdots\alpha_n^{(n)}a_n)]$$
$$=\sum\mp\alpha_1^{(1)}\alpha_2^{(2)}\cdots\alpha_n^{(n)}\cdot[a_1a_2\cdots a_n].$$

Beweis. Es ist (nach 65) das Produkt auf der linken Seite

$$=\sum\overline{\alpha_r^{(1)}\alpha_s^{(2)}\cdots\alpha_w^{(n)}[a_r a_s\cdots a^w]},$$

wo jeder der Indices r, s, ⋯ w nach und nach jeden der Werthe 1 ⋯ n annehmen ſoll. Sind von dieſen Werthen zwei oder mehrere einander gleich, ſo enthält das Produkt $[a_r a_s \cdots a^w]$ gleiche Faktoren, ist alſo (nach 60) null. Lassen wir daher die Glieder, welche dieſe Produkte enthalten, weg, ſo bleiben nur die übrig, in denen die n Indices r, s, ⋅⋅w in irgend welcher Ordnung den Werthen 1, 2, ⋯ n gleich ſind. Es ist alſo dann (nach 57) das Produkt $[a_r a_s \cdots a^w]$ gleich $(-1)^u[a_1 a_2 \cdots a_n]$, wenn u die Anzahl der Faktorenpaare ist, welche in dem Produkte $[a_r a_s \cdots a^w]$ entgegengeſetzt geordnet ſind wie in $[a_1 a_2 \cdots a_n]$, d. h. die Anzahl derjenigen Paare von Indices, welche in dem Produkte $\alpha_r^{(1)}\alpha_s^{(2)}\cdots\alpha_w^{(n)}$ unten entgegengeſetzt geordnet ſind wie oben, ſomit ist das gegebene Produkt

$$=\sum\overline{(-1)^u\alpha_r^{(1)}\alpha_s^{(2)}\cdots\alpha_w^{(n)}}[a_1 a_2\cdots a_n], \text{ d. h. (nach 62)}$$
$$=\sum\mp\alpha_1^{(1)}\alpha_2^{(2)}\cdots\alpha_n^{n}\cdot[a_1 a_2\cdots a_n].$$

64. Erklärung. Unter multiplikativen Kombinationen aus einer Reihe von Grössen verstehe ich die Kombinationen ohne Wiederholung aus dieſen Grössen, und zwar jede Kombination aufgefasst als kombinatorisches Produkt, dessen einfache Faktoren die Elemente der Kombination ſind; ſo z. B. ſind [ab], [ac], [bc] die multiplikativen Kombinationen aus den Grössen a, b, c zur zweiten Klasse.

65. Jedes kombinatorische Produkt von m einfachen Faktoren, welche aus n in keiner Zahlbeziehung zu einander stehenden Grössen $a_1 \cdots a_n$ numerisch abgeleitet ſind, ist aus den multiplikativen Kombinationen dieſer Grössen zur m-ten Klasse numerisch ableitbar, und zwar ist die zu irgend einer dieſer Kombinationen gehörige Ableitungszahl die Determinante aus denjenigen m Ableitungszahlen jener m Faktoren, welche zu den m Elementen dieſer Kombination gehören, d. h.

$$[\sum\overline{\alpha_a a_a}\sum\overline{\beta_b a_b}\cdots] = \sum\overline{\sum\overline{\mp\alpha_r\beta_s}\cdots[a_r a_s\cdots]},$$

wo $r < s < \cdots$.

Beweis. Es ist

$$[\sum \overline{\alpha_a a_a \sum} \overline{\beta_b a_b} \cdots] = \sum \overline{(\alpha_a \beta_b \cdots)[a_a a_b \cdots]} \quad [45].$$

Da (nach 60) $[a_a a_b \cdots]$ null ist, sobald zwei der Faktoren, also hier zwei der Indices a, b, $\cdots$ gleich sind, so können wir die Bedingung hinzufügen, dass a, b, $\cdots$ alle von einander verschieden seien. Nun seien a, b, $\cdots$, nachdem sie steigend geordnet sind, $= r, s, t \cdots$, also $r < s < t \cdots$, und sei u die Anzahl der Grössenpaare, welche in der Reihe a, b, c, $\cdots$ entgegengesetzt geordnet sind, wie in r, s, t, $\cdots$, so ist $[a_a a_b \cdots] = (-1)^u [a_r a_s \cdots]$, somit ist das gegebene Produkt

$$= \sum \overline{\alpha_a \beta_b \cdots (-1)^u [a_r a_s \cdots]}.$$

Aber nach der Definition (60) ist $\sum \overline{(-1)^u \alpha_a \beta_b \cdots}$, wenn a, b, $\cdots$ in irgend einer Ordnung genommen, gleich r, s, $\cdots$ sind, gleich der Determinante $\sum \overline{\mp \alpha_r \beta_s \cdots}$, also

$$[\sum \overline{\alpha_a a_a} \sum \overline{\beta_b a_b} \cdots] = \sum \sum \overline{\mp \alpha_r \beta_s \cdots [a_r a_s \cdots]},$$

wo $r < s < \cdots$.

66. Umkehrung von 61. Wenn ein kombinatorisches Produkt null ist, so stehen seine einfachen Faktoren in einer Zahlbeziehung zu einander, d. h. wenn

$$[a_1 a_2 \cdots a_m] = 0$$

ist, so muss sich eine Gleichung

$$\alpha_1 a_1 + \alpha_2 a_2 + \cdots \alpha_m a_m = 0$$

aufstellen lassen, in welcher die Zahlen α_1, α_2, $\cdots$ α_m nicht alle zugleich null sind.

Beweis. Es sei das kombinatorische Produkt

$$[a_1 a_2 \cdots a_m] = 0.$$

Zu zeigen ist, dass a_1, a_2, $\cdots$ a_m in einer Zahlbeziehung stehen müssen.

Angenommen, sie ständen in keiner Zahlbeziehung zu einander. Bilden dann $e_1 \cdots e_n$ das System der Einheiten, aus denen $a_1 \cdots a_n$ numerisch abgeleitet sind, so kann man (nach 20) zu den m Grössen $a_1 \cdots a_m$ noch $n - m$ Grössen $a_{m+1} \cdots a_n$ annehmen, so sich aus $a_1 \cdots a_n$ die Einheiten $e_1 \cdots e_n$ numerisch ableiten lassen. Führt man die Ausdrücke dieser Ableitungen in das kombinatorische Produkt $[e_1 e_2 \cdots e_n]$ ein, und löst die Klammern auf, ſo erhält man (nach 63) eine Gleichung der Form

$$[e_1 e_2 \cdots e_n] = \alpha [a_1 a_2 \cdots a_n],$$

wo α eine Zahl ist. Nun ist aber $[a_1 a_2 \cdots a_m] = 0$, alſo auch $[a_1 a_2 \cdots a_m a_{m+1} \cdots a_n] = 0$, alſo

$$[e_1 e_2 \cdots e_n] = \alpha \cdot 0 = 0.$$

Dies widerstreitet aber der Erklärung in 52, nach welcher $[e_1 e_2 \cdots e_n]$ von null verschieden ist. Alſo ist die Annahme, dass $a_1 \cdots a_m$ in keiner Zahlbeziehung zu einander stehen, unmöglich. Sie stehen alſo in einer Zahlbeziehung zu einander.

67. Ein kombinatorisches Produkt ändert ſeinen Werth nicht, wenn man zu einem einfachen Faktor desſelben ein beliebiges Vielfaches eines andern einfachen Faktors desſelben Produktes addirt, d. h.

$$P_{a, b+qa} = P_{a, b},$$

wenn q eine Zahl ist und P ein kombinatorisches Produkt bezeichnet.

Beweis. Es ist

$$P_{a, b+qa} = P_{a, b} + qP_{a, a} \quad [44]$$
$$= P_{a, b} \quad [60].$$

68. Die ſämmtlichen Sätze kombinatorischer Multiplikation bleiben noch bestehen, wenn man statt der n ursprünglichen Einheiten, beliebige n aus ihnen abgeleitete Grössen, die in keiner Zahlbeziehung zu einander stehen, einführt.

Beweis. Erstens gelten alle in der Definition des kombinatorischen Produktes gegebenen Bestimmungen, auch wenn man statt des Systems der n ursprünglichen Einheiten n ſolche Grössen ſetzt, wie ſie der Lehrſatz bestimmt. Nämlich, es ist auch für dieſen Fall (nach 53)

$$[Abc] + [Acb] = 0,$$

und das Produkt der ſämmtlichen n Grössen ist von null verschieden, denn wäre es gleich null, ſo müsste (nach 66) zwischen den n Faktoren eine Zahlbeziehung herrschen, gegen die Vorausſetzung. Dieſe beiden Bestimmungen waren nun die einzigen in der Definition enthaltenen. Ferner gelten aber auch alle in den ersten beiden Kapiteln entwickelten Geſetze für den Fall jener Substitution. Aus jener Definition und diesen Gesetzen waren aber die sämmtlichen Gesetze der kombinatorischen Multiplikation abgeleitet. Also gelten diese Gesetze auch nach jener Substitution.

§. 2. Das kombinatorische Produkt als Grösse.

Vorbemerkung. Wenn eine Verknüpfung von Grössen wieder als Eine Grösse erkannt werden soll, so müssen die folgenden Fragen beantwortet werden: Wann sind zwei solche Verknüpfungen einander gleich oder von einander verschieden? wann stehen sie in einer Zahlbeziehung zu einander, und in welcher? Für die Vollendung des Begriffs wird es dann noch wichtig sein, die sämmtlichen verschiedenen Grössenreihen ableiten zu können, deren jede, wenn sie der fraglichen Verknüpfung unterworfen wird, dieselbe Grösse liefert, wie die andern. Diese Fragen sollen hier für das kombinatorische Produkt beantwortet werden, wobei wir den Begriff der multiplikativen Kombinationen zu Grunde legen.

69. Wenn die Grössen $a_1, a_2, \cdots a_n$ in keiner Zahlbeziehung zu einander stehen, so stehen auch ihre multiplikativen Kombinationen zu einer beliebigen Klasse in keiner Zahlbeziehung zu einander, d. h. die Gleichung

a) $\alpha A + \beta B + \cdots = 0,$

in welcher $A, B, \cdots$ die multiplikativen Kombinationen aus $a_1 \cdots a_n$ zu irgend einer Klasse sind, und $\alpha, \beta, \cdots$ Zahlen bedeuten, wird ersetzt durch die Gleichungsgruppe

b) $\alpha = 0, \beta = 0, \cdots.$

Beweis. Es sei die Gleichung (a) als geltend angenommen. Man multiplicire die ganze Gleichung kombinatorisch mit denjenigen unter den Grössen $a_1 \cdots a_n$, welche in dem Produkte A nicht vorkommen; es sei A_1 diese Faktorenreihe, so dass also das kombinatorische Produkt $[AA_1]$ die sämmtlichen Grössen $a_1 \cdots a_n$ als Faktoren enthält. Dann erhält man

$$\alpha[AA_1] + \beta[BA_1] + \cdots = 0.$$

Da nun A und B verschiedene Kombinationen sind, so muss B wenigstens einen Faktor enthalten, der nicht in A enthalten ist. Es sei a_r ein solcher; so muss a_r in A_1 enthalten sein, da A_1 von den Faktoren $a_1 \cdots a_n$ alle diejenigen enthält, die in A nicht vorkommen. Somit kommt a_r ſowohl in B als in A_1 vor, folglich ist das kombinatorische Produkt $[BA_1]$ (nach 60) null. Aus demſelben Grunde auch CA_1 u. ſ. w. Somit reducirt ſich die Gleichung auf

$$\alpha[AA_1] = 0.$$

Alſo muss (nach 12, 6) entweder α oder $[AA_1]$ null ſein. Da nun $[AA_1]$ ein kombinatorisches Produkt von n Grössen $a_1 \cdots a_n$ ist, die in keiner Zahlbeziehung zu einander stehen, ſo ist dasſelbe ungleich null (nach 66). Somit muss der andere Faktor, alſo α, null ſein. Aus demſelben Grunde ſind $\beta, \cdots$ null, d. h. zwischen den Kombinationen A, B, $\cdots$ herrscht keine Zahlbeziehung.

70. Zwei kombinatorische Produkte (A und B), die nicht null ſind, stehen dann und nur dann in einer Zahlbeziehung zu einander, wenn die aus ihren einfachen Faktoren ableitbaren Gebiete identisch ſind; d. h.

a) $A \equiv B$

dann und nur dann, wenn die einfachen Faktoren von A dasſelbe Gebiet liefern wie die von B; oder:

b) $[a_1 a_2 \cdots a_m] \equiv [b_1 b_2 \cdots b_m]$

dann und nur dann, wenn ſich jede aus $a_1 \cdots a_m$ numerisch ableitbare Grösse auch aus $b_1 \cdots b_m$ ableiten lässt, alſo wenn stets

c) $x_1 a_1 + x_2 a_2 + \cdots x_m a_m = y_1 b_1 + y_2 b_2 + \cdots y_m b_m$

geſetzt werden kann, welche Werthe auch entweder $x_1 \cdots x_m$, oder $y_1 \cdots y_m$ haben mögen.

Beweis 1. Angenommen zuerst, das Gebiet $a_1 \cdots a_m$ ſei identisch dem Gebiete $b_1 \cdots b_m$, ſo ſind die Grössen $a_1 \cdots a_m$ aus $b_1 \cdots b_m$ numerisch ableitbar. Dann ist (nach 63)

$$[a_1 a_2 \cdots a_m] = \alpha[b_1 b_2 \cdots b_m],$$

wo α eine Zahl ist (nämlich die dort beschriebene Determinante). Dieſe Gleichung drückt aus, dass die beiden kombinatorischen Produkte in Zahlbeziehung stehen und da auch keins von beiden null ist, ſo gilt (nach 2) die Kongruenz:

$$[a_1 a_2 \cdots a_m] \equiv [b_1 b_2 \cdots b_m].$$

2. Umgekehrt ſei angenommen, dieſe Kongruenz gelte, alſo die beiden kombinatorischen Produkte stehen in einer Zahlbeziehung zu einander ohne null zu ſein, und ſei

$$[a_1 a_2 \cdots a_m] = \alpha[b_1 b_2 \cdots b_m].$$

Man füge auf beiden Seiten den kombinatorischen Faktor b_1 hinzu, so erhält man

$$[a_1 a_2 \cdots a_m b_1] = \alpha[b_1 b_2 \cdots b_m b_1].$$

Aber $[b_1 b_2 \cdots b_m b_1]$ ist, da es zwei gleiche Faktoren (b_1) enthält, (nach 60) null; also ist auch

$$[a_1 a_2 \cdots a_m b_1] = 0.$$

Folglich stehen (nach 66) die einfachen Faktoren dieses Produktes, d. h. $a_1, a_2, \cdots a_m, b_1$ in einer Zahlbeziehung zu einander. Also muss sich (nach 16) eine Gleichung der Form

$$\alpha_1 a_1 + \alpha_2 a_2 + \cdots \alpha_m a_m + \beta_1 b_1 = 0$$

aufstellen lassen, in welcher die Zahlen $\alpha_1, \alpha_2, \cdots \alpha_m, \beta_1$ nicht alle zugleich null sind. In dieser Gleichung kann auch β_1 nicht null sein, weil sonst zwischen den Grössen $a_1, a_2, \cdots a_m$ (nach 16) eine Zahlbeziehung herrschen, also das kombinatorische Produkt $[a_1 a_2 \cdots a_m]$ (nach 61) null sein müsste, was der Voraussetzung widerstreitet. Wenn nun aber β_1 ungleich null ist, so kann man die obige Gleichung durch β_1 dividiren, und erhält

$$b_1 = -\frac{\alpha_1}{\beta_1} a_1 - \frac{\alpha_2}{\beta_2} a_2 - \cdots - \frac{\alpha_m}{\beta_m} a_m,$$

d. h. b_1 ist aus $a_1 \cdots a_m$ numerisch ableitbar. Aus demselben Grunde sind auch $b_2, b_3, \cdots b_m$ aus $a_1 \cdots a_m$ numerisch ableitbar. Nun stehen aber auch $b_1, \cdots b_m$ in keiner Zahlbeziehung zu einander, weil sonst das kombinatorische Produkt $[b_1 b_2 \cdots b_m]$ (nach 61) null sein müsste, was der Voraussetzung widerstreitet; also sind m Grössen $b_1 \cdots b_m$, welche in keiner Zahlbeziehung zu einander stehen, aus m Grössen $a_1 \cdots a_m$ numerisch ableitbar, folglich ist (nach 21) das aus der ersten Grössenreihe ableitbare Gebiet dem aus der zweiten ableitbaren identisch.

Anm. Da zwei gleiche Grössen immer in einer Zahlbeziehung zu einander stehen, so folgt aus dem vorhergehenden Satze unmittelbar, dass zwei gleiche kombinatorische Produkte immer ein und dasselbe Gebiet haben, dem seine einfachen Faktoren angehören, und dass daher ausser diesem Gebiete nur noch der durch eine Zahl darstellbare metrische Werth gegeben zu sein braucht, damit der ganze Werth des kombinatorischen Produktes genau bestimmt sei. Ist nämlich dann in dem Gebiete irgend ein kombinatorisches Produkt gegeben, aus dessen einfachen Faktoren dasselbe ableitbar ist, so wird jedes andere kombinatorische Produkt, aus dessen einfachen Faktoren dasſelbe Gebiet ableitbar ist, durch eine einfache Zahl bestimmt ſein, welche das Verhältniss dieſes Produktes zu jenem darstellt.

71. Erklärung. Wenn man aus einer Reihe von Grössen eine zweite Reihe dadurch ableitet, dass man zu irgend einer Grösse der Reihe ein Vielfaches der benachbarten Grösse der Reihe addirt, während man alle übrigen Grössen der Reihe ungeändert lässt, ſo ſage ich, es ſei die erste Reihe in die zweite durch eine einfache lineale Aenderung umgewandelt; leitet man aus dieſer zweiten Reihe wieder durch einfache lineale Aenderung eine dritte ab, u. ſ. f., ſo ſage ich, es ſei die erste Reihe in die letzte durch mehrfache lineale Aenderung umgewandelt. In beiden Fällen alſo ſage ich, es ſei die erste Reihe in die letzte durch lineale Aenderung umgewandelt.

Wenn alſo p und q irgend zwei aufeinander folgende Grössen der Reihe ſind, ſo lässt ſich durch einfache lineale Aenderung umwandeln die Reihe

$$\cdots p, q, \cdots \quad \text{in} \quad \cdots p + \alpha q, q \cdots$$
$$\text{oder in} \quad \cdots p, q + \alpha p, \cdots,$$

wo α eine beliebige Zahl ist.

Anm. Die Wahl des Ausdrucks bezieht ſich auf den Gegenſatz zu einer weiter unten zu behandelnden Aenderung, welche ich circuläre Aenderung nenne. Beide Ausdrücke gehen auf die Geometrie zurück und zwar auf die beiden Fundamentalgebilde der Geometrie, die gerade Linie und den Kreis, oder vielmehr auf das Lineal und den Zirkel, indem, wie ich später zeigen werde, die lineale Aenderung in der Geometrie ſich einfach mittelst des Lineals, die circuläre mittelst des Zirkels bewerkstelligen lässt.

72. Bei der linealen Aenderung einer Grössenreihe bleibt das kombinatorische Produkt dieſer Grössenreihe ungeändert.

Beweis. Nach 67 ändert ein kombinatorisches Produkt ſeinen Werth nicht, wenn man zu einem Faktor ein beliebiges Vielfaches eines andern Faktors desſelben addirt, alſo ändert es ſeinen Werth nicht bei einfacher linealer Aenderung ſeiner Faktoren, alſo auch nicht bei mehrfacher.

73. Man kann durch lineale Aenderung zwei beliebige Grössen einer Reihe beliebig im umgekehrten Verhältniss ändern; d. h. es lässt ſich durch lineale Aenderung umwandeln die Reihe

$$\cdots p \cdots q \cdots \text{ in } \cdots \alpha p \cdots \frac{q}{\alpha} \cdots .$$

Beweis. Erstens ſeien p und q zwei aufeinander folgende Grössen der Reihe, ſo lässt ſich (nach 71) durch lineale Aenderung nach und nach verwandeln:

p, q in $p, q + (\alpha - 1)p$, dies wieder in $p + q + (\alpha - 1)p, q + (\alpha - 1)p$, d. h. in $\alpha p + q, q + (\alpha - 1)p$;

dies in $\alpha p + q, q + (\alpha - 1)p - \frac{\alpha - 1}{\alpha}(\alpha p + q)$, d. h.

in $\alpha p + q, \frac{q}{\alpha}$, und dies endlich in $\alpha p + q - q, \frac{q}{\alpha}$,

d. h. in $\alpha p, \frac{q}{\alpha}$.

Zweitens: Sind p und q durch die Grössen $p_1, p_2, \cdots p_n$ getrennt, ſo verwandelt ſich durch lineale Aenderung, indem man die im ersten Theil als zulässig erwieſene Umwandlung anwendet,

$$p, p_1, p_2, \cdots p_n, q \text{ in } \alpha p, \frac{p_1}{\alpha}, p_2 \cdots p_n, q,$$

dies in $\alpha p, p_1, p_2 : \alpha, p_3 \cdots p_n, q$,

und, indem man ſo fortfährt, ſo erhält man zuletzt

$$\alpha p, p_1, p_2, \cdots p_n, \frac{q}{\alpha}, \text{ d. h.}$$

$$p \cdots q \cdots \text{ geht über in } \cdots \alpha p \cdots \frac{q}{\alpha} \cdots .$$

74. Aus einer beliebigen Grössenreihe kann man durch lineale Aenderung jede andere Reihenfolge derſelben Grössen ableiten, vorausgeſetzt, dass man für den Fall, dass das kombinatorische Produkt der abgeleiteten Grössenreihe dem der ursprünglichen entgegengeſetzt ist, das Vorzeichen von einer der Grössen der neuen Reihe ändert; d. h. wenn $a', b', c', \cdots$ dieſelben Grössen ſind wie $a, b, c, \cdots$, nur in anderer Reihenfolge, ſo lässt ſich durch lineale Aenderung umwandeln:

$a, b, c, \cdots$ in $a', b', c', \cdots$

wenn $[abc\cdots] = [a'b'c'\cdots]$

ist, hingegen

$$a, b, c, \cdots \text{ in } -a', b', c', \cdots$$
$$\text{wenn } [abc\cdots] = -[a'b'c'\cdots]$$

ist.

Beweis 1. Wenn p und q zwei beliebige Grössen jener Reihe ſind, ſo verwandeln ſich durch lineale Aenderung, indem man nämlich abwechſelnd zum ersten und zweiten Faktor beziehlich den zweiten und ersten addirt und ſubtrahirt, Schritt für Schritt

$$p, q \text{ in } p + q, q, \text{ dies in } p + q, q - (p + q),$$
$$\text{d. h. in } p + q, -p, \text{ dies in } q, -p.$$

2. Man kann alſo durch lineale Aenderung zwei aufeinander folgende Grössen der Reihe in die umgekehrte Ordnung bringen, wenn man nur das Vorzeichen der einen ändert. Somit kann man auch durch lineale Aenderung jede Grösse der Reihe auf jede Stelle bringen, bei gehöriger Zeichenänderung. Es ſeien nun $a', b', c', \cdots$ dieſelben Grössen wie $a, b, c, \cdots$ aber in anderer Reihenfolge, ſo wird man die Reihe $a, b, c, \cdots$ durch lineale Aenderung in eine Reihe umwandeln können, deren Grössen der Reihe nach mit $a', b', c' \cdots$ entweder gleich oder ihnen entgegengeſetzt ſind. Nun kann man (nach 73) durch lineale Aenderung zwei beliebige Grössen p, q einer Reihe im umgekehrten Verhältniss ändern, d. h. ſo ändern, dass, wenn die eine Grösse p in αp übergeht, dann die andere q in $\frac{q}{\alpha}$ übergehe; alſo kann man namentlich die zuletzt gefundene Reihe ſo ändern, dass jede beliebige Grösse p derſelben, welche einer der Grössen a, b, c, ⋯ entgegengeſetzt ist, in $(-1)p$, d. h. in $-p$, übergeht, während die erste Grösse jener Reihe, nämlich $\mp a'$ in $\mp \frac{a'}{-1}$, d. h. in $\pm a'$ übergeht. Wendet man dieſe Aenderung nach und nach auf jede Grösse jener Reihe an, welche einer der Grössen a, b, c, ⋯ entgegengeſetzt ist, nur nicht auf die erste Grösse $\mp a'$ jener Reihe, ſo erhält man zuletzt entweder die Reihe

$$a', b', c', \cdots \text{ oder } -a', b', c' \cdots,$$

wo noch das Vorzeichen von a′ zu bestimmen ist. Da nun

diefe Reihe aus a, b, c, $\cdots$ durch lineale Aenderung hervorgegangen ist, fo muss (nach 72) im ersten Falle

$$[abc\cdots\cdots] = [a'b'c'\cdots\cdots],$$

im zweiten

$$[abc\cdots\cdots] = [-a'b'c'\cdots\cdots] = -[a'b'c'\cdots\cdots]$$

fein.

75. Wenn man zu irgend einer Grösse (p) einer Grössenreihe ein Vielfaches einer andern Grösse (q) jener Reihe addirt, alfo statt p fetzt $p + \alpha q$, während man alle übrigen Grössen jener Reihe unverändert lässt, fo lässt fich die fo hervorgehende Reihe aus der ursprünglichen durch lineale Aenderung ableiten, d. h. es lässt fich durch lineale Aenderung umwandeln

$$p, \cdots\cdots, q \text{ in } p + \alpha q, \cdots\cdots q, \text{ oder auch}$$
$$\text{in } p, \cdots\cdots\cdots, q + \alpha p.$$

Beweis. Wenn in der gegebenen Reihe zwischen p und q keine Grösse steht, fo folgt das zu erweifende unmittelbar aus der Definition [71]. Stehen zwischen p und q die Grössen $p_1, p_2, \cdots p_n$, fo ist (nach 73) durch lineale Aenderung umzuwandeln

$$p, p_1, p_2, \cdots p_n, q \text{ in } p, q, p_1, p_2\cdots\cdots \mp p_n; \text{ und dies (nach 71)}$$
$$\text{in } p + \alpha q, q, p_1, p_2, \cdots\cdots \mp p_n; \text{ dies wieder (nach 74)}$$
$$\text{in } p + \alpha q, p_1, p_2, \cdots\cdots p_n, \mp q,$$

wo das Vorzeichen von q noch zu bestimmen ist. Da die letzte Reihe aus der ersten durch lineale Aenderung hervorgegangen ist, fo ist das kombinatorische Produkt der ersten Reihe (nach 72) dem der letzten gleich; alfo

$$[p p_1 p_2 \cdots\cdots p_n q] = [(p + \alpha q) p_1 p_2 \cdots\cdots p_n (\mp q)]$$
$$= \mp [(p + \alpha q) p_1 p_2 \cdots\cdots p_n q].$$

Aber es ist (nach 65)

$$[p p_1 p_2 \cdots p_n q] = + [(p + \alpha q) p_1 p_2 \cdots p_n q],$$

d. h. es gilt in der vorigen Formel das +Zeichen, alfo haben wir statt $\mp q$, zu fetzen q, d. h. die gewonnene Reihe ist $p + \alpha q, p_1, p_2, \cdots p_n, q$. Es verwandelt fich alfo durch lineale Aenderung

$$p\cdots\cdots q \text{ in } p + \alpha q, \cdots\cdots q,$$

und auf dieſelbe Weiſe folgt, dass ſich auch durch lineale Aenderung umwandeln lässt

$$p \cdots\cdots q \text{ in } p, \cdots\cdots q + \alpha p.$$

76. Wenn zwei von null verschiedene kombinatorische Produkte einander gleich ſind, ſo lassen ſich die einfachen Faktoren des einen aus denen des andern durch lineale Aenderung ableiten, d. h. wenn

$$\text{(a)} \quad [abc\cdots\cdots] = [ABC\cdots\cdots] \gtrless 0$$

ist, ſo lässt ſich durch lineale Aenderung die Grössenreihe

$$\text{(b)} \quad a, b, c, \cdots\cdots \text{ in } A, B, C, \cdots\cdots$$

umwandeln [Umkehrung von 72].

Beweis. Da die von null verschiedenen kombinatorischen Produkte [abc⋯] und [ABC⋯] einander gleich ſind, und ſie alſo in einer Zahlbeziehung zu einander stehen, ſo müssen (nach 70) die aus ihren einfachen Faktoren ableitbaren Gebiete identisch ſein; d. h. die aus der Grössenreihe a, b, c,⋯ numerisch ableitbaren Grössen müssen auch aus A, B, C,⋯ numerisch ableitbar ſein und umgekehrt. Alſo müssen namentlich A, B, C,⋯ ſelbst, aus a, b, c,⋯ numerisch ableitbar ſein. In den Ausdrücken dieſer Ableitung darf nicht der Koefficient von irgend einer der Grössen a, b, c, ⋯, z. B. der von a, in allen gleichzeitig null ſein; denn ſonst wären die Grössen A, B, C, ⋯, deren Anzahl n ſei, aus den n — 1 Grössen b, c, ⋯ ableitbar; alſo würde (nach 22) eine Zahlbeziehung zwischen ihnen herrschen, ihr Produkt alſo (nach 61) null ſein, gegen die Annahme. Es ſei a′ eine der Grössen A, B, C, ⋯ und zwar eine ſolche, in deren Ableitungsausdruck der Koefficient von a nicht null ſei, und ſei

$$a' = \alpha_1 a + \beta_1 b + \cdots\cdots,$$

wo alſo $\alpha_1 \gtrless 0$ ist; ſo lässt ſich durch lineale Aenderung nach und nach umwandeln

$$a, b, c, \cdots, 1 \text{ in } \alpha_1 a, b, c, \cdots\cdots, \frac{1}{\alpha_1} \qquad [72],$$

$$\text{dies in } (\alpha_1 a + \beta_1 b + \cdots\cdots), b, c, \cdots \frac{1}{\alpha_1} \quad [74],$$

$$\text{d. h. in } a', b, c, \cdots\cdots \frac{1}{\alpha_1}.$$

Nun muss aber (nach 19) das aus a′, b, c, ···· ableitbare Gebiet identisch ſein dem aus a, b, c, ··· ableitbaren, alſo müssen namentlich die Grössen A, B, C···· aus a′, b, c, ···· ableitbar ſein. Nun ist es wieder, aus demſelben Grunde wie vorher, unmöglich, dass der Koefficient von b in allen Ausdrücken dieſer Ableitung zugleich null ſei. Es ſei b′ eine der Grössen A, B, C, ··· und zwar eine ſolche, in der jener Koefficient nicht null ist, und ſei

$$b' = \alpha_2 a' + \beta_2 b + \gamma_2 c + \cdots,$$

ſo lässt ſich durch lineale Aenderung, auf dieſelbe Weiſe wie vorher, a′, b, c, $\cdots\frac{1}{\alpha_1}$ umwandeln

$$\text{in } a', b', c \cdots\cdots \frac{1}{\alpha_1\beta_2}.$$

Ebenſo ſei $c' = \alpha_3 a' + \beta_3 b' + \gamma_3 c + \delta_3 d + \cdots$, wo γ_3 ungleich null ist, ſo lässt ſich wieder durch lineale Aenderung

$a', b', c, \cdots \frac{1}{\alpha_1\beta_2}$ umwandeln

$$\text{in } a', b', c', d, \cdots\cdots \frac{1}{\alpha_1\beta_2\gamma_3}.$$

Auf dieſe Weiſe fahre man fort bis zur vorletzten Grösse. Dieſe ſei k, ſo erhält man zuletzt die Grössenreihe

$$a', b', c', \cdots, k', \frac{1}{\alpha_1\beta_2\gamma_3\cdots\varkappa_{n-1}}.$$

Da nun dieſe Grössenreihe aus der ursprünglichen a, b, c, ··· hervorgegangen ist; ſo muss (nach 72) ihr kombinatorisches Produkt gleich dem jener Grössenreihe ſein; alſo

$$\left[a'b'c'\cdots\cdots k'\frac{1}{\alpha_1\beta_2\gamma_3\cdots\varkappa_{n-1}}\right] = [abc\cdots\cdots kl].$$

Ferner ſind die n — 1 Grössen a′, b′, c′, ···· k′ aus der Reihe der n Grössen A, B, C, ···· K, L entnommen, und da a′, b′, c′, ··· k′ alle von einander verschieden ſein müssen, weil ſonst (nach 61) das kombinatorische Produkt derſelben null wäre, was vermöge der ſo eben entwickelten Gleichung mit der Vorausſetzung streitet, ſo kann von den Grössen A, B, C, ··· K, L nur noch e i n e übrig ſein, welche nicht unter den Grössen a′, b′, c′ ···· k′ enthalten ist. Dies ſei l′ und fei $l = \alpha_n a' + \beta_n b' + \cdots + \varkappa_n k' + \lambda_n l'$, fo verwandelt fich die zuletzt gewonnene Reihe durch lineale Aenderung in

$$a', b', c' \cdots k', \frac{\lambda_n l'}{\alpha_1 \beta_2 \gamma_3 \cdots \varkappa_{n-1}}.$$

Die Grössenreihe $a', b', c', \cdots k', l'$ enthält aber diefelben Grössen, wie die Reihe $A, B, C, \cdots K, L$, nur in anderer Ordnung; alfo ist (nach 74) $a', b', c', \cdots k', l'$ durch lineale Aenderung umzuwandeln in $A, B, C, \cdots K, \mp L$, alfo auch

$$a', b', c', \cdots, k', \frac{\lambda_n l'}{\alpha_1 \beta_2 \cdots \varkappa_{n+1}}$$

$$\text{in } A, B, C, \cdots, K, \mp \frac{\lambda_n L}{\alpha_1 \beta_2 \cdots \varkappa_{n-1}},$$

indem es (nach 73) gleichgültig ist, zu welcher Grösse man den Zahlfaktor $\frac{\mp \lambda_n}{\alpha_1 \beta_2 \cdots \varkappa_{n-1}}$ hinzufügt. Es fei diefer Zahlfaktor $= \varepsilon$, fo ist alfo durch lineale Aenderung aus $a, b, c, \cdots k, l$ schliesslich hervorgegangen $A, B, l, \cdots K, \varepsilon L$. Alfo ist (nach 72)

$$[abc \cdots kl] = [ABC \cdots K\varepsilon L] = \varepsilon[ABC \cdots KL].$$

Es ist aber auch nach der Hypothefis

$$[abc \cdots kl] = [ABC \cdots KL].$$

Alfo auch

$$\varepsilon[ABC \cdots KL] = [ABC \cdots KL],$$

d. h. $\varepsilon = 1$, alfo ist $\varepsilon L = L$, und fomit hat fich durch lineale Aenderung umgewandelt die Reihe:

$$a, b, c, \cdots k, l \text{ in } A, B, C, \cdots K, L,$$

eine Umwandlung, deren Möglichkeit zu erweifen war.

77. Erklärung. Die multiplikativen Kombinationen der ursprünglichen Einheiten zur m-ten Klasse, nenne ich Einheiten m-ter Stufe, eine aus diefen Einheiten numerisch abgeleitete Grösse, eine Grösse m-ter Stufe, und zwar eine einfache, wenn fie fich als kombinatorisches Produkt von m Grössen erster Stufe darstellen lässt, eine zufammengefetzte, wenn dies nicht möglich ist. Das aus den einfachen Faktoren einer einfachen Grösse ableitbare Gebiet, nenne ich das diefer Grösse zugehörige Gebiet, kurz das Gebiet diefer Grösse. Ich nenne endlich eine einfache Grösse A einer andern übergeordnet, untergeordnet, oder mit ihr **incident**, je nachdem dies von den Gebieten dieser Grössen gilt (vergl. No. 15).

77b. Zusatz. Ein kombinatorisches Produkt aus m Grössen erster Stufe ist eine **einfache** Grösse m-ter Stufe, und ist aus den Einheiten m-ter Stufe numerisch ableitbar.

Anm. Als Beispiel einer zusammengesetzten Grösse führe ich hier die Summe (ab) + (cd) an, wenn a, b, c, d vier in keiner Zahlbeziehung zu einander stehende Grössen sind. Sollte nämlich (ab) + (cd) eine einfache Grösse, etwa = (pq) sein, so müsste [(ab + cd) (ab + cd)] = [pqpq] = 0 sein (nach 60); aber [(ab + cd) (ab + cd)] = (abcd) + (cdab), da [abab] und [cdcd] null sind. Aber (nach 58) ist (abcd) = (cdab). Also [(ab + cd) (ab + cd)] = 2(abcd). Somit müsste, wenn (ab) + (cd) eine einfache Grösse wäre, (abcd) = 0 sein, also (nach 66) a, b, c, d in einer Zahlbeziehung stehen, was der Voraussetzung widerstreitet.

§. 3. Aeussere Multiplikation von Grössen höherer Stufen.

78. Erklärung. Zwei Einheiten höherer Stufe **äusserlich multipliciren**, heisst die einfachen Faktoren derselben, ohne ihre Reihenfolge zu verändern, kombinatorisch multipliciren, d. h.

$$[(e_1 e_2 \cdots e_m)(e_{m+1} \cdots e_n)] = [e_1 e_2 \cdots e_n].$$

Anm. Den Namen der äusseren Multiplikation habe ich gewählt, um zu bezeichnen, dass das Produkt nur dann geltenden Werth hat, wenn der eine Faktor ganz ausserhalb des Gebietes der andern liegt. Es steht der äusseren Multiplikation die innere (s. Kap. 4) gegenüber.

79. Statt eine einfache Grösse A mit einer andern B äusserlich zu multipliciren, kann man nach der Reihe die einfachen Faktoren der ersten mit denen der zweiten kombinatorisch multipliciren, d. h.

$$[(ab \cdots)(c \cdot d \cdots)] = [a \cdot b \cdots c \cdot d \cdots].$$

Beweis. Es seien $e_1 \cdots e_n$ die ursprünglichen Einheiten, und sei

$$a = \sum \alpha_{\mathfrak{a}} e_{\mathfrak{a}}, \quad b = \sum \beta_{\mathfrak{b}} e_{\mathfrak{b}} \cdots \quad c = \sum \gamma_{\mathfrak{c}} e_{\mathfrak{c}}, \quad d = \sum \delta_{\mathfrak{d}} e_{\mathfrak{d}}, \cdots$$

so ist

$$[(ab \cdots)(cd \cdots)]$$
$$= [(\sum \alpha_{\mathfrak{a}} e_{\mathfrak{a}} \sum \beta_{\mathfrak{b}} e_{\mathfrak{b}} \cdots)(\sum \gamma_{\mathfrak{c}} e_{\mathfrak{c}} \sum \delta_{\mathfrak{d}} e_{\mathfrak{d}} \cdots)]$$
$$= [\sum \alpha_{\mathfrak{a}} \beta_{\mathfrak{b}} \cdots [e_{\mathfrak{a}} e_{\mathfrak{b}} \cdots] \sum \gamma_{\mathfrak{c}} \delta_{\mathfrak{d}} \cdots [e_{\mathfrak{c}} e_{\mathfrak{d}} \cdots]] \qquad [45]$$

$$= \overline{\sum \alpha_a \beta_b \cdots \gamma_c \delta_c \cdots [(e_a e_b \cdots)(e_c e_b \cdots)]} \qquad [42]$$
$$= \overline{\sum \alpha_a \beta_b \cdots \gamma_c \delta_c \cdots [e_a e_b \cdots e_c e_b \cdots]} \qquad [78]$$
$$= [\sum \overline{\alpha_a e_a} \sum \overline{\beta_b e_b} \cdots \sum \overline{\gamma_c e_c} \sum \overline{\delta_b e_b} \cdots] \qquad [45]$$
$$= [ab \cdots cd \cdots].$$

79b. Zufatz. Wenn eine einfache Grösse A, welche nicht null ist, einer andern B, welche gleichfalls nicht null ist, untergeordnet ist, fo lässt fich die letztere als äusseres Produkt darstellen, dessen einer Faktor A und dessen anderer Faktor eine einfache Grösse C ist, alfo in der Form

$$B = [AC].$$

Beweis. Nach 77 ist A dem B untergeordnet, wenn das Gebiet von A dem von B untergeordnet ist, d. h. (nach 15) wenn jede Grösse des ersten Gebietes zugleich Grösse des zweiten ist. Es fei $A = [a_1 a_2 \cdots a_m]$, wo $a_1 \cdots a_m$ Grössen erster Stufe find, fo stehen diefe, da A ungleich null fein foll, in keiner Zahlbeziehung zu einander (61). Ferner fei $B = [b_1 \cdots b_n]$. Da nun die Grössen $a_1 \cdots a_m$ dem Gebiete B angehören follen, fo müssen fie aus $b_1 \cdots b_n$ numerisch ableitbar fein. Dann aber kann man (nach 20) zu den Grössen $a_1 \cdots a_m$ noch $(n - m)$ Grössen $a_{m+1} \cdots a_n$ von der Art hinzufügen, dass die Gebiete $a_1 \cdots a_n$ und $b_1 \cdots b_n$ identisch find. Ist aber dies der Fall, fo müssen (nach 70) die Produkte $[a_1 \cdots a_n]$ und $[b_1 \cdots b_n]$ in einer Zahlbeziehung zu einander stehen. Es fei

$$[b_1 \cdots b_n] = \alpha[a_1 \cdots a_n] = \alpha[(a_1 \cdots a_m \cdot a_{m+1} \cdots a_n]$$
$$= [(a_1 \cdots a_m) \cdot (\alpha a_{m+1} \cdots a_n)] \qquad [79].$$

Alfo wenn noch

$$\alpha[a_{m+1} \cdots a_n] = C$$

gefetzt wird, fo wird

$$B = [AC].$$

80. Die Klammerfetzung in einem äusseren Produkt ist gleichgültig für das Refultat, d. h.

$$[A(BC)] = [ABC].$$

Beweis 1. Es feien A, B, C einfache Grössen, $A = [a_1 \cdots a_q]$, $B = [b_1 \cdots b_r]$, $C = [c_1 \cdots c_s]$, fo ist

$$[A(BC)] = [a_1 \cdots a_q((b_1 \cdots b_r)(c_1 \cdots c_s))]$$
$$= [a_1 \cdots a_q(b_1 \cdots b_r c_1 \cdots c_s)] \qquad [79]$$

$$= [a_1 \cdots a_q b_1 \cdots b_r c_1 \cdots c_s] \qquad [79]$$
$$= [(a_1 \cdots a_q)(b_1 \cdots b_r)(c_1 \cdots c_s)] \qquad [79]$$
$$= [ABC].$$

2. Es feien A, B, C Summen einfacher Grössen, $A = \sum \overline{A_a}$, $B = \sum \overline{B_b}$, $C = \sum \overline{C_c}$, fo ist

$$[A(BC)] = [\sum \overline{A_a} (\sum \overline{B_b} \sum \overline{C_c})] = \sum \overline{A_a (B_b C_c)} \qquad [45]$$
$$= \sum \overline{A_a B_b C_c} \qquad [\text{Beweis } 1]$$
$$= [\sum \overline{A_a} \sum \overline{B_b} \sum \overline{C_c}] \qquad [45]$$
$$= [ABC].$$

81. Wenn $a_1 \cdots a_m$, $b_1 \cdots b_n$ Grössen erster Stufe find, welche in keiner Zahlbeziehung zu einander stehen, und A aus $a_1 \cdots a_m$ durch Addition und Multiplikation hervorgegangen ist und B aus $b_1 \cdots b_n$, und

$$[AB] = 0$$

ist, fo muss entweder $A = 0$ oder $B = 0$ fein.

Beweis. Es fei A von α-ter Stufe, B von β-ter Stufe, und feien $A_1, A_2, \cdots$ die multiplikativen Kombinationen aus $a_1 \cdots a_m$ zur α-ten Klasse, $B_1, B_2, \cdots$ die zur β-ten Klasse aus $b_1 \cdots b_n$, fo find (nach 77) A und B darstellbar in den Formen

$$A = \sum \overline{\alpha_a A_a}, \quad B = \sum \overline{\beta_b B_b},$$

alfo ist

$$[AB] = \sum \overline{\alpha_a \beta_b [A_a B_b]}.$$

Hier find die $[A_a B_b]$ als multiplikative Kombinationen von $a_1 \cdots a_m$, $b_1 \cdots b_n$ zu betrachten. Sie stehen alfo (nach 69) in keiner Zahlbeziehung zu einander. Alfo ist (nach 34)

$$\alpha_r \beta_s = 0$$

für jedes r und s; alfo wenn $B \gtrless 0$ ist, d. h. irgend eine der Grössen β_s ungleich null ist, fo folgt, $\alpha_r = 0$ für jedes r, d. h. $A = 0$.

82. Wenn eine Summe S einfacher Grössen mit einer von null verschiedenen Grösse erster Stufe a äusserlich multiplicirt null giebt, fo lässt fich die erstere (S) als äusseres Produkt darstellen, in welchem a ein Faktor ist, d. h. in der Form

$$S = [aP], \text{ wenn } [aS] = 0.$$

Beweis. Es fei S eine Summe von Grössen m-ter Stufe, und feien e_1, e_2, $\cdots$ e_n die ursprünglichen Einheiten, fo kann man (nach 20) zu a stets noch (n — 1) andere Grössen b, c, $\cdots$ der Art hinzufügen, dass fich die Grössen $e_1 \cdots e_n$ aus a, b, c, $\cdots$ numerisch ableiten lassen. Dann lässt fich auch jeder einfache Faktor in jeder der Grössen m-ter Stufe, deren Summe S ist, aus a, b, c, $\cdots$ numerisch ableiten. Alfo lässt fich jede diefer Grössen, und alfo auch ihre Summe S, aus den multiplikativen Kombinationen zur m-ten Klasse aus a, b, c, $\cdots$ ableiten. Es feien nun $[aB_1]$, $[aB_2]$, $\cdots$ diejenigen unter diefen Kombinationen, welche a enthalten, und C_1, C_2, $\cdots$ diejenigen unter ihnen, welche a nicht enthalten, und fei

$$S = \beta_1[aB_1] + \beta_2[aB_2] + \cdots + \gamma_1 C_1 + \gamma_2 C_2 + \cdots.$$

Da nun nach der Annahme $[aS] = 0$ fein foll, fo hat man

$$0 = [aS] = \gamma_1[aC_1] + \gamma_2[aC_2] + \cdots,$$

da $[aaB_1]$, $[aaB_2]$, $\cdots$ null find. Da nun a nicht in C_1, C_2, $\cdots$ enthalten ist, fo find $[aC_1]$, $[aC_2]$, $\cdots$ multiplikative Kombinationen, stehen alfo in keiner Zahlbeziehung zu einander. Somit folgt aus der obigen Gleichung, $0 = \gamma_1[aC_1] + \gamma_2[aC_2] + \cdots$, dass γ_1, γ_2, $\cdots$ alle null find (nach 16). Folglich ist

$$S = \beta_1[aB_1] + \beta_2[aB_2] + \cdots$$
$$= [a(\beta_1 B_1 + \beta_2 B_2 + \cdots)] = [aP], \text{ wenn}$$
$$P = \beta_1 B_1 + \beta_2 B_2 + \cdots$$

gefetzt wird.

83. Wenn eine Summe S einfacher Grössen mit jeder von m, in keiner Zahlbeziehung zu einander stehenden Grössen erster Stufe a_1, $\cdots$ a_m äusserlich multiplicirt null giebt, fo lässt fich S als äusseres Produkt darstellen, in welchem $a_1 \cdots a_m$ Faktoren find, d. h. in der Form

$$S = [a_1 a_2 \cdots a_m S_m],$$
$$\text{wenn } 0 = [a_1 S] = [a_2 S] = \cdots = [a_m S_m].$$

Beweis. Es feien $e_1 \cdots e_n$ die ursprünglichen Einheiten, fo lassen fich (nach 20) zu $a_1 \cdots a_m$ noch n — m andere Grössen $a_{m+1} \cdots a_n$ der Art hinzufügen, dass fich $e_1 \cdots e_n$ aus $a_1 \cdots a_n$ numerisch ableiten lassen. Demnach lassen fich auch alle in S vorkommenden Grössen erster Stufe aus $a_1 \cdots a_n$ numerisch ableiten. Nun ist angenommen $[a_1 S] = 0$, folglich lässt fich (nach 82) S in der Form $S = [a_1 S_1]$ darstellen. Hier ist S_1 wieder eine Summe einfacher Grössen. Stellt man die einfachen Faktoren dieser Grössen als Vielfachensumme von $a_1 \cdots a_n$ dar, so kann man, ohne den Werth der Produkte zu ändern, (nach 67) in allen diesen Vielfachensummen das Glied, was a_1 enthält, weglassen. Nachdem dies geschehen, habe sich S_1 in P_1 verwandelt, so ist

$$S = [a_1 S_1] = [a_1 P_1],$$

wo P_1 nur aus den Grössen $a_2 \cdots a_n$ hervorgegangen ist (kein a_1 enthält). Nun ist ferner $[a_2 S] = 0$, d. h.

$$0 = [a_2 a_1 P_1], \text{ oder (nach 55) } [a_1 a_2 P_1] = 0.$$

Da nun $a_2 P_1$ nur aus den Grössen $a_2 \cdots a_n$ erzeugt ist, so muss (nach 81) entweder a_1 oder $[a_2 P_1]$ null sein. Das erste ist gegen die Annahme, also $a_2 P_1 = 0$. Somit muss P_1 in der Form $[a_2 S_2]$ darstellbar sein; hier kann wieder in S_2 die Grösse a_2 fortgeschafft werden, ohne den Werth des Produktes $a_2 S_2$ zu ändern; es sei $P_1 = [a_2 S_2] = [a_2 P_2]$, wo P_2 nur noch aus $a_3 \cdots a_n$ erzeugt ist (ohne a_1 und a_2), so ist $S = [a_1 a_2 P_2]$. Dann ist $[a_3 S] = 0$, also $[a_3 a_1 a_2 P_2] = 0$, oder

$$[a_1 a_2 a_3 P_2] = 0.$$

Da nun $[a_3 P_2]$ nur aus $a_3 \cdots a_n$ erzeugt sind, so muss (nach 81) entweder $[a_1 a_2]$ null sein, oder $[a_3 P_2]$. Ersteres ist nicht möglich, weil sonst (nach 61) zwischen a_1 und a_2 eine Zahlbeziehung herrschen würde, gegen die Voraussetzung. Es muss also $[a_3 P_2] = 0$, also P_2 in der Form darstellbar $P_2 = [a_3 P_3]$, wo wieder P_3 nur aus $a_4 \cdots a_n$ erzeugbar ist u. s. f., bis endlich

$$S = [a_1 a_2 \cdots a_m S_m]$$

wird.

84. Wenn eine Summe S von Grössen m-ter Stufe mit jeder von m Grössen erster Stufe $a_1 \cdots a_m$, die in keiner Zahlbeziehung zu einander stehen, äusserlich multiplicirt null giebt, so ist S dem äusseren Produkte dieser m Grössen kongruent, d. h. wenn

$$0 = [a_1 S] = \cdots = [a_m S], \text{ so ist } S \equiv [a_1 \cdots a_m].$$

Beweis. Dann ist (nach 83) S in der Form $[a_1 \cdots a_m S_m]$ darstellbar, hier muss, da S ein Ausdruck m-ter Stufe ist,

S_m von nullter Stufe, alſo eine Zahl ſein und dann können wir (nach 2) statt $S = [a_1 \cdots a_m S_m]$ schreiben

$$S \equiv [a_1 \cdots a_m].$$

85. Wenn es $m + 1$ Grössen $a_1 \cdots a_{m+1}$ giebt, deren jede mit einer Summe S von Grössen m-ter Stufe äusserlich multiplicirt null giebt, ſo ist entweder $S = 0$ oder $[a_1 \cdots a_{m+1}] = 0$.

Beweis. Geſetzt, es ſei $[a_1 \cdots a_{m+1}]$ nicht null, alſo auch $[a_1 \cdots a_m]$ nicht null, alſo $a_1 \cdots a_m$ in keiner Zahlbeziehung zu einander stehend, ſo ist, da auch $[a_1 S] = [a_2 S] \cdots = [a_m S] = 0$ ist, (nach 84) $S = \alpha[a_1 \cdots a_m]$. Nun ſoll aber auch $[a_{m+1} S] = 0$, alſo $\alpha[a_1 \cdots a_{m+1}] = 0$, alſo, da $[a_1 \cdots a_{m+1}]$ nach der Annahme von null verschieden ist, ſo muss $\alpha = 0$, alſo auch $S = \alpha[a_1 \cdots a_m] = 0$, d. h. es ist entwender $[a_1 \cdots a_{m+1}]$ oder S null.

§. 4. Ergänzung der Grössen in Bezug auf ein Hauptgebiet.

86. Erklärung. Hauptgebiet nenne ich das Gebiet der ursprünglichen Einheiten, aus welchen alle der Betrachtung unterworfenen Grössen hervorgegangen ſind.

87. Zwei einfache Grössen A und B lassen ſich, wenn die Summe ihrer Stufenzahlen die des Hauptgebietes um γ übertrifft, in der Form darstellen

$$A = [CA_1], \quad B = [CB_1],$$

wenn C eine einfache Grösse von γ-ter Stufe ist.

Beweis. Es ſei α die Stufenzahl von A, β die von B, n die des Hauptgebietes, alſo

$$\alpha + \beta = n + \gamma.$$

Dann haben (nach 26) die Gebiete A und B mindestens ein Gebiet $(\alpha + \beta - n)$-ter, alſo γ-ter Stufe gemein. Es ſei C eine Grösse γ-ter Stufe dieſes Gebietes, ſo ist C ſowohl der Grösse A, als der Grösse B untergeordnet, alſo (nach 79b) A in der Form $[CA_1]$ und B in der Form $[CB_1]$ darstellbar.

88. Einfache Grössen $(n-1)$-ter Stufe in einem Hauptgebiete n-ter Stufe geben zur Summe wieder eine einfache Grösse $(n-1)$-ter Stufe.

Beweis. Es ſeien A und B die beiden Grössen (n — 1)-ter Stufe, welche in einem Hauptgebiete n-ter Stufe liegen; ſo müssen ſie, da die Summe (2n — 2) ihrer Stufenzahlen die des Hauptgebietes um n — 2 übertrifft, (nach 87) in der Form

$$A = [Ca], \quad B = [Cb]$$

darstellbar ſein, wo C eine Reihe von n — 2 einfachen Faktoren erster Stufe darstellt, a und b aber Faktoren erster Stufe ſind, alſo

$$A + B = [Ca] + [Cb] = [C(a + b)] \qquad [44].$$

Hier ist a + b, als Summe zweier Grössen erster Stufe, wieder eine Grösse erster Stufe, alſo ist A + B als kombinatorisches Produkt von n — 1 Grössen erster Stufe darstellbar, alſo ſelbst eine Grösse (n — 1)-ter Stufe.

Anm. Hat man in einem Hauptgebiete n-ter Stufe zwei Grössen A und B, deren Stufenzahlen grösser als 1 und kleiner als n — 1 ſind, ſo giebt ihre Summe im Allgemeinen nicht mehr eine einfache Grösse. So z. B. lässt ſich, wenn a, b, c, d vier in keiner Zahlbeziehung zu einander stehende Grössen erster Stufe ſind, die Summe S = ab + cd nicht mehr in Form eines kombinatorischen Produktes von Faktoren erster Stufe darstellen. In der That müsste dann (nach 60)

$$[SS] = 0$$

ſein, alſo

$$0 = [SS] = [(ab + cd)(ab + cd)] = [abcd] + [cdab],$$

da [abab] und [cdcd] (nach 60) null ſind. Aber da (nach 58) [cdab] = [abcd] ist, ſo hätte man dann

$$0 = 2[abcd],$$

d. h. es müsste [abcd] null ſein, alſo (nach 66) a, b, c, d in einer Zahlbeziehung zu einander stehen, gegen die Vorausſetzung. Alſo ist S dann nicht in Form eines kombinatorischen Produktes von Grössen erster Stufe darstellbar, und ist alſo dann eine zuſammengeſetzte Grösse.

89. Erklärung. Wenn in einem Hauptgebiete n-ter Stufe das kombinatorische Produkt der ursprünglichen Einheiten $e_1, e_2, \cdots e_n$ gleich 1 geſetzt ist, und E eine Einheit beliebiger Stufe, d. h. entweder eine der ursprünglichen Einheiten oder ein kombinatorisches Produkt von mehreren derſelben ist, ſo nenne ich „Ergänzung von E" diejenige Grösse, welche dem kombinatorischen Produkte E′ aller in E nicht vorkommenden Einheiten gleich oder entgegengeſetzt ist, je nachdem [EE′] der abſoluten Einheit gleich oder entgegengeſetzt ist; ich bezeichne die Ergänzung einer Grösse durch einen vor das Zeichen der Grösse geſetzten vertikalen Strich, alſo die von E durch $|E$. Die Ergänzung einer Zahl ſetze ich dieſer Zahl gleich; alſo:

$$|E = [EE']E',$$

wenn E und E′ die einfachen Faktoren $e_1 \cdots e_n$ enthalten und

$$[e_1 e_2 \cdots e_n] = 1$$

ist; und

$$|\alpha = \alpha, \text{ wenn } \alpha \text{ eine Zahl ist.}$$

Anm. Bei der Definition ist vorausgeſetzt, dass $[EE']$ nur entweder $+1$ oder -1 ſein könne. In der That, da E und E′ kombinatorische Produkte der urſprünglichen Einheiten ſind und E′ alle in E fehlenden Einheiten enthält, ſo unterſcheidet ſich $[EE']$ von $[e_1 e_2 \cdots e_n]$ nur durch die Folge ſeiner Faktoren, und beide ſind alſo (nach 57) einander entweder gleich oder entgegengeſetzt, alſo da $[e_1 e_2 \cdots e_n] = 1$ ist, ſo ist $[EE'] = \mp 1$.

90. Erklärung. Unter der Ergänzung einer beliebigen Grösse A verſtehe ich diejenige Grösse $|A$, die man erhält, wenn man in dem Ausdrucke, welcher die numeriſche Ableitung jener Grösse aus den Einheiten darstellt, statt jeder dieſer Einheiten ihre Ergänzung ſetzt, d. h.

$$|(\alpha_1 E_1 + \alpha_2 E_2 + \cdots) = \alpha_1 |E_1 + \alpha_2 |E_2 + \cdots,$$

wo $E_1, E_2, \cdots$ Einheiten beliebiger Stufen ſind.

Zuſatz. Wenn n die Stufenzahl des Hauptgebietes und α die der Grösse A ist, ſo ist $n - \alpha$ die der Ergänzung.

Anm. Der vertikale Strich erſcheint alſo nach dieſen Definitionen mit den Eigenſchaften eines Faktors. Es hat dieſer Faktor, wie ſich weiter unten zeigen wird, eine auffallende Analogie mit dem imaginären Ausdruck $\sqrt{-1}$, ſo dass man ihn unter gewiſſen Umständen dadurch erſetzen kann. Den vertikalen Strich habe ich gewählt, um darauf hinzudeuten, dass, wie ich unten zeigen werde, dieſe Ergänzung geometriſch durch das auf einem gegebenen Gebilde ſenkrecht stehende Gebilde dargeſtellt wird.

91. Das äussere Produkt einer Einheit in ihre Ergänzung ist 1, d. h.

$$[E|E] = 1.$$

Beweis. Wenn E′ das kombinatoriſche Produkt aller in E nicht enthaltenen urſprünglichen Einheiten ist, ſo ist (nach 89)

$$|E = \mp E', \text{ je nachdem } [EE'] = \mp 1.$$

Alſo wenn das untere Zeichen gilt, ſo ist

$$[E|E] = [EE'] = 1$$

und wenn das obere gilt, ſo ist

$$[E|E] = -[EE'] = -(-1) = 1.$$

92. Die Ergänzung der Ergänzung einer Grösse A ist dieſer Grösse A gleich oder entgegengeſetzt, je nachdem das Produkt der Stufenzahlen dieſer Grösse einerſeits und ihrer Ergänzung andrerſeits gerade oder ungerade ist, d. h.

$$||A = (-1)^{qr} A,$$

wenn q die Stufenzahl von A und r die von |A ist.

Beweis. Angenommen ſei zuerst, dass A ein kombinatorisches Produkt der ursprünglichen Einheiten ſei, und B = |A ſeine Ergänzung, ſo enthält nach der Definition B alle die Einheiten, welche dem A fehlen, und zwar ſo, dass A|A = 1, alſo

$$AB = 1$$

ist. Die Ergänzung von B wiederum ist, da A alle Einheiten enthält die der Grösse B fehlen, (nach 90) der Grösse A gleich oder entgegengeſetzt, je nachdem BA der abſoluten Einheit gleich oder entgegengeſetzt ist; nun ist (nach 58) $BA = (-1)^{qr} AB$, wenn q und r die Stufenzahlen von A und B ſind; alſo, da AB = 1 ist,

$$BA = (-1)^{qr},$$

ſomit auch die Ergänzung von B gleich + A oder − A, je nachdem $(-1)^{qr}$ gleich + 1 oder − 1 ist, d. h.

$$|B = (-1)^{qr} A.$$

Aber B war gleich |A angenommen, ſomit

$$||A = (-1)^{qr} A,$$

wenn A ein kombinatorisches Produkt der ursprünglichen Einheiten ist.

Es ſei zweitens A eine beliebige Grösse q-ter Stufe, ihre Ergänzung von r-ter Stufe, und ſei

$$A = \alpha_1 E_1 + \alpha_2 E_2 + \cdots,$$

wo $E_1, E_2, \cdots$ kombinatorische Produkte der ursprünglichen Einheiten, $\alpha_1, \alpha_2, \cdots$ Zahlen ſind, ſo ist (nach 90)

$$|A = \alpha_1 |E_1 + \alpha_2 |E_2 + \cdots,$$

ſomit, da $|E_1$, $|E_2$ wieder Einheitsprodukte ſind,

$$||A = \alpha_1 ||E_1 + \alpha_2 ||E_2 + \cdots.$$

Nun ſind $E_1, E_2, \cdots$ von gleicher Stufe mit A, alſo von q-ter Stufe, und ihre Ergänzungen von r-ter Stufe; alſo ist nach dem ersten Theile des Beweiſes $||E_1 = (-1)^{qr}E_1$, $||E_2 = (-1)^{qr}E_2$ u. ſ. w., ſomit

$$||A = (-1)^{qr}(\alpha_1 E_1 + \alpha_2 E_2 + \cdots)$$
$$= (-1)^{qr}A.$$

93. Ist die Stufenzahl (n) des Hauptgebietes ungerade, ſo ist

$$||A = A.$$

Ist n gerade, ſo ist

$$||A = (-1)^q A,$$

wenn q die Stufenzahl von A ist.

Beweis. Denn dann ist die Stufenzahl von $|A$ gleich $(n-q)$, alſo (nach 92) $||A = (-1)^{q(n-q)}A$. Ist nun n ungerade, ſo ist entweder q oder $n-q$ gerade, alſo $(-1)^{q(n-q)} = 1$ und alſo dann $||A = A$. Ist n gerade, ſo ist $q(n-q)$ gerade oder ungerade, je nachdem q es ist, alſo dann $(-1)^{q(n-q)} = (-1)^q$, und $||A = (-1)^q A$.

Anm. Sind q und r beide ungerade, wie z. B. wenn man die Ergänzungen von Grössen erster Stufe in einem Gebiet zweiter Stufe betrachtet, ſo wird $||A = -A$, ſo dass alſo in dieſem Falle das Zeichen | denſelben Geſetzen unterliegt wie $i = \sqrt{-1}$, und wir erhalten daher hier eine reelle Bedeutung des Imaginären. Es wird ſich bei der Anwendung auf die Geometrie zeigen, dass Strecken, d. h. Linien von bestimmter Richtung und Länge als Grössen erster Stufe zu betrachten ſind, und dass in Bezug auf ſie die Ebene als Gebiet zweiter Stufe erscheint, ſo dass alſo hier der obenerwähnte Fall, wo $||A = -A$ ist, eintritt. Ich werde zeigen, dass die Ergänzung einer Strecke, wenn man als ursprüngliche Einheiten zwei gegeneinander ſenkrechte Strecken von gleicher Länge annimmt, die auf ihr ſenkrechte Strecke ist, und man ſieht daher schon hier, dass die reelle Bedeutung, die wir hier dem Imaginären beilegen, genau der geometrischen Bedeutung desſelben, wie ſie von Gauss zuerst aufgefasst wurde, entspricht; nur dass dieſe Bedeutung hier in allgemeinerer Form hervortritt.

§. 5. Produkt in Bezug auf ein Hauptgebiet.

94. Erklärung. Wenn die Summe der Stufenzahlen zweier Einheiten kleiner oder ebenſo gross ist als die Stufenzahl n des Hauptgebietes, ſo verstehe ich unter ihrem progressiven Produkte ihr äusseres Produkt, jedoch mit der

Bestimmung, dass das progressive Produkt der n ursprünglichen Einheiten 1 ſei. Hingegen, wenn die Summe der Stufenzahlen zweier Einheiten grösser ist als die Stufenzahlen (n) des Hauptgebietes, ſo verstehe ich unter ihrem **regressiven** (eingewandten) Produkte diejenige Grösse, deren Ergänzung das progressive Produkt der Ergänzungen jener Einheiten ist. Das progressive und regressive Produkt fasse ich zuſammen unter dem Namen des auf ein Hauptgebiet **bezüglichen** Produktes. Die Bezeichnung ist für alle dieſe Produkte dieſelbe, nämlich die einer das Produkt umschliessenden Klammer. Alſo

$$|[EF] = [|E|F],$$

wenn die Summe der Stufenzahlen von E und F kleiner ist als die Stufe (n) des Hauptgebietes, und

$$[e_1 e_2 \cdots e_n] = 1,$$

wenn $e_1, e_2, \cdots e_n$ die Reihe der ursprünglichen Einheiten ist.

Anm. Auf die hier behandelte Multiplikation und auf die algebraische lassen ſich alle Multiplikationen, die überhaupt für die Wissenschaft von Interesse ſind, zurückführen. Es kommt daher nur darauf an, dieſe beiden Multiplikationsgattungen von einander durch die Bezeichnung unzweideutig zu unterscheiden. Wenn man bei der algebraischen Multiplikation alle überflüssigen Klammern vermeidet, alſo nie ein **algebraisches** Produkt, welches mit einer andern Grösse durch Addition, Subtraktion, Multiplikation, Diviſion verbunden werden ſoll, durch eine Klammer umschliesst, ſo wird eine in dieſen Fällen angewandte Klammer stets ein unzweideutiges Zeichen der **bezüglichen** Multiplikation ſein. In denjenigen Fällen, wo das algebraische Produkt ſo verknüpft wird, dass eine Klammerſetzung nöthig wird, alſo wenn das Produkt potenzirt oder logarithmirt werden ſoll, oder in ein Funktionzeichen (wozu auch Summenzeichen, Differenzialzeichen u. ſ. w. gerechnet werden können) einrückt, ſo wird wieder alle Zweideutigkeit gehoben, wenn man in dieſem Falle entweder für die bezügliche Multiplikation zwei Klammern anwendet, oder, was bequemer erscheint, für dieſe Fälle dem algebraischen Produkte stets die runde Klammer, dem bezüglichen die eckige zuweiſt, während man in den erstgenannten Fällen nach Bequemlichkeit über beide verfügt. Es ist noch zu erwähnen, dass die gewählte Bezeichnung für die verschiedenen Arten der bezüglichen Multiplikation, ſobald das Hauptgebiet bekannt ist, durchaus zureichend ist und keinen Verwechſelungen Raum giebt, und dass die Rechnungsgeſetze überall dieſelben ſind, und nur noch von den Stufenzahlen der zu verknüpfenden Grössen und von der des Hauptgebietes abhängen.

95. Wenn q und r die Stufenzahlen zweier Grössen A und B ſind, und n die des Hauptgebietes, ſo ist die Stufenzahl des Produktes [AB] erstens gleich $q+r$, wenn $q+r$ kleiner als n ist, zweitens gleich $q+r-n$, wenn $q+r$ grösser oder ebenſo gross als n ist, in beiden Fällen alſo kongruent der Summe der Stufenzahlen in Bezug auf den Modul. n, d. h. wenn

$$C=[AB], \text{ ſo ist}$$
$$s\equiv q+r \,(\text{Modul. } n),$$

wo q, r, s, n beziehlich die Stufenzahlen von A, B, C und vom Hauptgebiete ſind.

Beweis. Ist $q+r<n$ und $A=[a_1a_2\cdots a_q]$, $B=[b_1b_2\cdots b_r]$, wo $a_1\cdots a_r$, $b_1\cdots b_r$ Grössen erster Stufe ſind, ſo ist [AB] als progressives Produkt zu betrachten, alſo

$$C=[AB]=[(a_1a_2\cdots a_q)\cdot(b_1b_2\cdots b_r)]$$
$$=[a_1a_2\cdots a_q b_1b_2\cdots b_r] \qquad [79],$$

alſo (nach 77) die Stufenzahl des Produktes $=q+r$. Wenn $q+r=n$ ist, ſo wird, da (nach 94) das Produkt der n Einheiten $=1$ geſetzt ist, und alſo auch das Produkt von n Grössen erster Stufe eine Zahl wird, die Zahlen aber (nach 77) als Grössen nullter Stufe aufzufassen ſind, die Stufenzahl des Produktes gleich 0, alſo $=q+r-n$. Wenn endlich $q+r$ grösser als n ist, ſo ist (nach 94), wenn A und B Einheiten beliebiger Stufen ſind,

$$|C=[|A|B].$$

Aber (nach 90) ſind die Stufenzahlen von |A, |B, |C gleich $n-q$, $n-r$, $n-s$; nun ist $n-q+n-r=n-(q+r-n)$, alſo kleiner als n, ſomit ist (nach dem ersten Theile des Beweiſes) die Stufenzahl des Produktes [|A|B] gleich der Summe der Stufenzahlen ſeiner Faktoren, alſo

$$n-s=n-q+n-r, \text{ d. h. } s=q+r-n.$$

Somit gilt das zu erweiſende Geſetz für den Fall, dass A, B, C Einheiten beliebiger Stufen ſind. Da nun aber jede aus den Einheiten numerisch abgeleitete Grösse mit den Einheiten von gleicher Stufe ist, ſo gilt der Satz auch für beliebige Grössen.

96. Wenn n die Stufenzahl des Hauptgebietes ist, ſo ist die Stufenzahl eines beliebigen auf dies Gebiet bezüglichen

Produktes der Summe der Stufenzahlen ſeiner Faktoren kongruent, in Bezug auf den Modul. n, oder die Stufenzahl des Produktes ist gleich dem Diviſionsreste, welcher bleibt, wenn man die Summe der Stufenzahlen aller Faktoren durch die Stufenzahl des Hauptgebietes dividirt; alſo wenn

$R = [ABC \cdots]$ ist, ſo ist

$\varrho = \alpha + \beta + \gamma + \cdots$ (Mod. n),

wenn ϱ, α, β, γ, ⋯ die Stufenzahlen von R, A, B, C, ⋯ ſind und n die des Hauptgebietes ist.

Beweis. In 95 ist gezeigt, dass die Stufenzahl des Produktes zweier Grössen der Summe der Stufenzahlen dieſer Grössen kongruent ist, in Bezug auf den Modul. n. Tritt nun zu dem Produkte noch ein Faktor hinzu, ſo bleibt aus gleichem Grunde das Geſetz noch bestehen u. ſ. f., alſo gilt es für beliebig viele Faktoren. Da nun die Stufenzahl immer kleiner als n und nie negativ ist, ſo gilt der Satz auch in der zweiten Fassung.

Anm. So z. B. ist die Stufenzahl eines Produktes von 7 Faktoren 3-ter Stufe, in Bezug auf ein Hauptgebiet 4-ter Stufe, gleich 1 (ſ. Crelle Journal B. 49, p. 64).

97. Das Produkt der Ergänzungen zweier Grössen ist die Ergänzung des Produktes dieſer Grössen, d. h.

$$[|A|B] = |[AB].$$

Beweis 1. Wenn die Stufenzahlen α und β der Grössen A und B zuſammen kleiner ſind als die Stufenzahl n des Hauptgebietes, d. h. $\alpha + \beta < n$.

Dann ſei $A = \sum \overline{\alpha_r E_r}$, $B = \sum \overline{\beta_s F_s}$, wo E_r, F_s Einheiten ſind, ſo ist (nach 90)

$$|A = \sum \overline{\alpha_r |E_r} \text{ und } |B = \sum \overline{\beta_s |F_s}.$$

Alſo

$$\begin{aligned}
[|A|B] &= [\sum \overline{\alpha_r |E_r} \sum \overline{\beta_s F_s}] = \sum \overline{\alpha_r \beta_s [E_r |F_s]} && [42]\\
&= \sum \overline{\alpha_r \beta_s |[E_r F_s]} && [94]\\
&= |\sum \overline{\alpha_r \beta_s [E_r F_s]} && [90]\\
&= |[\sum \overline{\alpha_r E_r} \sum \overline{\beta_s F_s}] && [42]\\
&= |[AB].
\end{aligned}$$

2. Wenn $\alpha + \beta = n$ ist, dann gilt der Satz zunächst für die Einheiten.

Es ſeien E und F Einheiten, d. h. kombinatoriſche Produkte der urſprünglichen Einheiten $e_1 \cdots e_n$. Enthält zuerst E eine urſprüngliche Einheit, die auch in F vorkommt, ſo können in E und F, da ſie zuſammen nur n einfache Faktoren enthalten, nicht alle urſprünglichen Einheiten vorkommen; es muss alſo mindestens eine dieſer Einheiten, etwa e_1, in beiden Grössen E und F fehlen; nun enthält $|E$ alle urſprünglichen Einheiten die in E fehlen, alſo auch e_1, und $|F$ alle die in F fehlen, alſo auch e_1, ſomit enthalten $|E$ und $|F$ beide die urſprüngliche Einheit e_1, es ist alſo (nach 60) $[|E|F] = 0$, aber auch $[EF] = 0$, da E und F nach der Annahme beide ein und dieſelbe urſprüngliche Einheit enthalten, ſomit

$$[|E|F] = [EF].$$

Wenn zweitens E keine urſprüngliche Einheit enthält, die auch in F vorkommt, ſo muss, da E und F im Ganzen n Faktoren enthalten, deren jeder eine der urſprünglichen Einheiten ist, [EF] ein Produkt ſämmtlicher n Einheiten ſein. Dann aber ist (nach 90)

$$|E = [EF]F \text{ und } |F = [FE]E,$$

wo [EF] und [FE] nur entweder $+1$ oder -1 ſind. Dann ist

$$[|E|F] = [EF][FE][FE].$$

Aber [FE][FE] ist entweder $1 \cdot 1$ oder $(-1) \cdot (-1)$, alſo beidemale 1. Somit ist

$$[|E|F] = [EF],$$

wie im vorigen Falle. Da nun [EF] eine Zahl ist, ſo ist (nach 90) $[EF] = |[EF]$. Somit in beiden Fällen

$$[|E|F] = |[EF].$$

Da nun das Geſetz für Einheiten gilt, ſo folgt ganz wie in Beweis 1, dass es auch für beliebige Grössen gilt, vorausgeſetzt, dass die Summe der Stufenzahlen n ſei.

3. Wenn $\alpha + \beta > n$, dann ſei $A = |A'$ und $B = |B'$. Ist nun zuerst n ungerade, ſo ist (nach 93)

$$|A = ||A' = A' \text{ und ebenſo } |B = ||B' = B'.$$

Alſo

$$[|A|B] = [A'B'] = ||[A'B'] \qquad \text{(nach 93)}.$$

Aber da die Stufenzahl von A′ und B′ beziehlich $= n - \alpha$, $n - \beta$ ſind (90 Zuſ.), ſo ſind die Stufenzahlen von A′ und B′

zufammengenommen $= 2n - \alpha - \beta = n - (\alpha + \beta - n)$. Nun ist $\alpha + \beta - n$ pofitiv, da $\alpha + \beta$ nach der Annahme grösser als n ist, fomit ist $n - (a + \beta - n) < n$, alfo die Summe der Stufenzahlen von A′ und B′ kleiner als n. Alfo ist nach Beweis 1 $|[A'B'] = [|A'|B'] = [AB]$. Alfo

$$||[A'B'] = |[AB], \text{ aber auch } ||[A'B'] = [|A|B],$$

wie oben gezeigt, alfo

$$[|A|B] = |[AB].$$

Zufatz. Wenn das Produkt zweier Grössen ein progressives ist, fo ist das ihrer Ergänzungen ein regressives, vorausgefetzt, dass man das Produkt nullter Stufe zugleich als ein progressives und als ein regressives betrachtet.

Beweis. Denn ist [AB] ein progressives Produkt, fo ist $\alpha + \beta = < n$, wenn α und β die Stufenzahlen von A und B find. Dann find die der Ergänzungen $n - \alpha$ und $n - \beta$, aber $n - \alpha - \beta = > 0$, alfo auch $n - \alpha + n - \beta = > n$, d. h. das Produkt der Ergänzungen ein regressives.

98. Das Produkt der Ergänzungen mehrerer Grössen ist die Ergänzung des Produktes diefer Grössen, d. h.

$$[|A|B|C \cdots] = |[ABC \cdots].$$

Beweis. Es gelte der Satz für m Faktoren, d. h. es fei

$$[|A_1|A_2 \cdots |A_m] = |[A_1A_2 \cdots A_m],$$

fo gilt er auch für $m + 1$ Faktoren Denn es komme noch ein Faktor $|A_{m+1}$ auf beiden Seiten obiger Gleichung hinzu, fo ist

$$[|A_1|A_2 \cdots |A_m|A_{m+1}] = [|(A_1A_2 \cdots A_m)|A_{m+1}]$$
$$= |[A_1A_2 \cdots A_mA_{m+1}] \quad [97].$$

Gilt der Satz alfo für irgend eine Faktorenzahl, fo gilt er auch für die nächst höhere, alfo auch für jede höhere Faktorenzahl. Da er nun (nach 97) für zwei Faktoren gilt, fo gilt er auch für beliebig viele.

99. Ins Befondere ist

$$[|a|b \cdots] = |[ab \cdots],$$

wenn a, b, ·· Grössen erster Stufe find.

Zufatz. Es folgt hieraus, dass das regressive Produkt als ein kombinatorisches betrachtet werden kann, dessen einfache Faktoren von $(n - 1)$-ter Stufe find.

100. Die Ergänzung eines Polynoms erhält man, indem man, ohne die Vorzeichen der Glieder zu ändern, von jedem die Ergänzung nimmt, d. h.

$$|(A \mp B \mp \cdots) = |A \mp |B \mp \cdots.$$

Beweis. Es sei $A = \sum \alpha_r E_r$, $B = \sum \beta_r E_r$, $\cdots$ so ist

$$|(A \mp B \mp \cdots)$$
$$= |(\sum \alpha_r E_r \mp \sum \beta_r E_r \mp \cdots) = |\sum (\alpha_r \mp \beta_r \mp \cdots) E_r$$
$$= \sum (\alpha_r \mp \beta_r \mp \cdots)|E_r \qquad [90]$$
$$= \sum \alpha_r |E_r \mp \sum \beta_r |E_r \mp \cdots = |\sum \alpha_r E_r \mp |\sum \beta_r E_r \mp \cdots \qquad [90]$$
$$= |A \mp |B \mp \cdots.$$

101. Eine Gleichung, in welcher keine andern Verknüpfungen als die in Kap. 1 und 3 behandelten vorkommen, bleibt auch bestehen, wenn man statt der darin vorkommenden Grössen ihre Ergänzungen setzt, d. h. wenn

$$f(A, B, \cdots) = \varphi(A', B', \cdots)$$

ist, wo f und φ Zeichen von Verknüpfungen sind, die den genannten Kapiteln angehören, so ist

$$f(|A, |B, \cdots) = \varphi(|A', |B', \cdots).$$

Beweis. Da gleiche Grössen, derselben Verknüpfung unterworfen, Gleiches liefern, so muss, wenn

$$f(A, B, \cdots) = \varphi(A', B', \cdots)$$

ist, auch

$$|f(A, B, \cdots) = |\varphi(A', B', \cdots)$$

sein. Nun können keine andern Verknüpfungen vorkommen als Addition, Subtraktion und die bezügliche Multiplikation, zu welcher auch die Multiplikation mit Zahlen gerechnet werden darf. Für Addition und Subtraktion ist in Satz 100 bewiesen, dass man, statt von der Verknüpfung, von den Verknüpfungsgliedern die Ergänzungen nehmen kann, und dasselbe gilt (nach 99) von der bezüglichen Multiplikation, also für alle auf beiden Seiten vorkommenden Verknüpfungen.

Anm. Es tritt hierdurch die volle Reciprocität zwischen beliebigen Grössen und ihren Ergänzungen, also überhaupt zwischen Grössen m-ter und (n — m)-ter Stufe hervor, wenn das Hauptgebiet von n-ter Stufe ist, namentlich ist die Reciprocität zwischen Grössen erster und (n — 1)-ter Stufe von Interesse. Noch anschaulicher wird sich diese Reciprocität weiter unten entfalten.

102. Wenn E, F, G Einheiten ſind, deren Stufenzahlen zuſammen n (Stufenzahl des Hauptgebietes) betragen, ſo iſt

$$[EF \cdot EG] = [EFG] \cdot E.$$

Beweis. Wir können zwei Fälle unterſcheiden, entweder [EFG] enthält gleiche Faktoren oder nicht. Enthält es gleiche, ſo muss, da die Anzahl ſeiner einfachen Faktoren, nach der Vorausſetzung, gleich n, gleich der Anzahl der urſprünglichen Einheiten iſt, eine dieſer Einheiten, etwa e_1, unter den Faktoren von [EFG] fehlen.

Nun ſei $[EF] = |Q$, ſo muss (nach 89) Q dieſen auch in [EF] fehlenden Faktor e_1 enthalten; ebenſo ſei $[EG] = |R$, ſo muss R dieſen Faktor gleichfalls enthalten. Alſo iſt dann (nach 60) [QR] gleich null. Nun iſt

$$[EF \cdot EG] = [|Q|R] = |[QR] \qquad [94],$$

alſo gleich der Ergänzung von $[QR] = 0$, alſo (nach 89) ſelbſt null. Aber es iſt auch [EFG], da es nach der Annahme gleiche Faktoren enthält, null, ſomit beide Seiten der zu erweiſenden Gleichung null.

Wenn dagegen [EFG] keine gleichen Faktoren enthält, ſo muss es, da es n Faktoren enthalten ſoll und zwar keine andern als urſprüngliche Einheiten, ein Produkt der n urſprünglichen Einheiten ſein. Dann iſt (nach 89)

$$|G = [GEF][EF], \quad |F = [FEG][EG].$$

Da hier [GEF] und [FEG] als Produkte ſämmtlicher Einheiten $e_1, \cdots e_n$ gleich $\mp [e_1 e_2 \cdots e_n]$, alſo (nach 94) $= \mp 1$ ſind, und die Multiplikation ∓ 1 gleiches Reſultat mit der Diviſion durch ∓ 1 liefert, ſo können wir die obigen Gleichungen auch ſo ſchreiben:

$$[EF] = [GEF]|G, \quad [EG] = [FEG]|F.$$

Dann wird, da man überdies Zahlfaktoren beliebig ordnen darf,

$$[EF \cdot EG] = [GEF][FEG][|G|F] = [GEF][FEG]|[GF] \quad [97]$$
$$= [GEF][FEG][GFE]E \qquad [89].$$

Nun iſt $[EF] = \mp [FE]$ (nach 58). Vertauſcht man alſo in dem gewonnenen Ausdrucke zweimal E mit F, ſo bleibt ſein Werth ungeändert, und ſo wird er

$$= [GEF][EFG][GEF]E.$$

Aber da [GEF] $= \mp 1$ ist, ſo wird [GEF][GEF] $= 1$ und ſomit erhält man

$$[EF \cdot EG] = [EFG]E.$$

103. Wenn A, B, C einfache Grössen ſind und die Summe ihrer Stufenzahlen gleich der Stufenzahl n des Hauptgebietes ist, ſo ist

$$[AB \cdot AC] = [ABC]A.$$

Beweis. Angenommen, die Formel 103 gelte für den Fall, dass A, B, C keine andern Faktoren enthalte als die, welche einer gegebenen Reihe von n Grössen erster Stufe $a_1, a_2, a_3, \cdots$ angehören, ſo zeige ich, dass ſie auch noch gelte, wenn man statt einer dieſer n Grössen, etwa statt a_1, eine aus ihnen numeriſch abgeleitete ſetzt, etwa $a' = \alpha_1 a_1 + \alpha_2 a_2 + \cdots = \sum \overline{\alpha_r a_r}$. Es kann a_1 entweder in A oder B oder C enthalten ſein. Ist a_1 in B enthalten, ſo ſei $B = a_1 D$, und verwandle ſich B durch die obige Subſtitution in $B' = a'D$. Dann wird

$$\begin{aligned}[AB' \cdot AC] &= [A\sum \overline{\alpha_r a_r} D \cdot AC] = \sum \overline{\alpha_r [Aa_r D \cdot AC]} \\ &= \sum \overline{\alpha_r [Aa_r DC] \cdot A},\end{aligned}$$

da nach der Annahme Formel 103 für den Fall, dass die betrachteten Grössen nur $a_1, a_2, \cdots$ als einfache Faktoren enthalten, gelten ſoll. Alſo ist

$$\begin{aligned}[AB' \cdot AC] &= \sum \alpha_r [Aa_r DC] \cdot A = [A\sum \overline{\alpha_r a_r} DC]A \\ &= [Aa'DC]A = [AB'C]A.\end{aligned}$$

Genau dieſelben Schlüſſe gelten, wenn a_1 in C enthalten ist. Es bleibt alſo nur der Fall zu behandeln, wo a_1 in A enthalten ist. In dieſem Falle verwandle ſich zunächst a_1 in $a' = \alpha_1 a_1 + \alpha_2 a_2$, und ſei $A = [a_1 D]$, alſo

$$\begin{aligned}A' &= [a'D] = \alpha_1 [a_1 D] + \alpha_2 [a_2 D] \\ &= \alpha_1 A + \alpha_2 [a_2 D] \quad *\end{aligned}$$

Sollte a_2 noch in D enthalten ſein, ſo wäre der letzte Summand (nach 60) null; es verwandelte ſich alſo A' nur in ſein Vielfaches, alſo würde dann

$$\begin{aligned}[A'B \cdot A'C] &= \alpha^2 [AB \cdot AC] = \alpha^2 [ABC]A \\ &= [\alpha ABC]\alpha A = [A'BC]A'.\end{aligned}$$

Alſo bleibt nur noch der Fall zu betrachten, wo a_2 in B oder in C, z. B. in B, vorkommt. In dieſem Falle ſei

$B = [a_2E]$. Es war, wie oben (*) gezeigt, $A' = \alpha_1 A + \alpha_2 [a_2 D]$, und da a_2 in B als Faktor enthalten ist, und alſo $[a_2 DB]$ null wird, ſo ist $[A'B] = \alpha_1 [AB]$; ferner ist $[A'C] = [(\alpha_1 A + \alpha_2 [a_2 D])C] = \alpha_1 [AC] + \alpha_2 [a_2 DC]$, alſo

$$[A'B \cdot A'C] = \alpha_1^2 [AB \cdot AC] + \alpha_1 \alpha_2 [AB \cdot a_2 DC]$$
$$= \alpha_1^2 [ABC] \cdot A + \alpha_1 \alpha_2 [AB \cdot a_2 DC].$$

Aber $[AB \cdot a_2 DC] = [a_1 D a_2 E \cdot a_2 DC] = - [a_2 D a_1 E \cdot a_2 DC]$ (55) $= - [a_2 D a_1 EC][a_2 D]$. Letzteres nämlich ist der Fall, da die drei Grössen $[a_2 D]$, $[a_1 E]$ und C keine andern Faktoren enthalten, als ſolche, die der Grössenreihe $a_1, a_2, a_3 \cdots$ angehören, und die Summe der Stufenzahlen n ist, alſo die Bedingungen alle erfüllt ſind, unter denen die Geltung der Formel $[AB \cdot AC] = [ABC]A$ angenommen war. Somit wird

$$[A'B \cdot A'C] = \alpha_1^2 [ABC]A - \alpha_1 \alpha_2 [a_2 D a_1 EC][a_2 D]$$
$$= \alpha_1^2 [ABC]A + \alpha_1 \alpha_2 [a_1 D a_2 EC][a_2 D] \quad [55]$$
$$= \alpha_1^2 [ABC]A + \alpha_1 \alpha_2 [ABC][a_2 D]$$
$$= \alpha_1 [ABC](\alpha A + \alpha_2 [a_2 D])$$
$$= [\alpha_1 ABC] \cdot A' \quad [*]$$
$$= [A'BC]A'.$$

Dasſelbe gilt, wenn a_2 in C statt in B enthalten war. Alſo ist gezeigt, dass die Formel immer bestehen bleibt, wenn man einen Faktor a_1 in $\alpha_1 a_1 + \alpha_2 a_2$ verwandelt, alſo auch, wenn man dieſen wieder in $\alpha_1 a_1 + \alpha_2 a_2 + \alpha_3 a_3$ verwandelt u. ſ. f.

Es ist alſo jetzt vollständig erwieſen, dass, wenn die Formel 103 für irgend eine Reihe von n Grössen erster Stufe $a_1, a_2 \cdots a_n$ gilt, welche die einfachen Faktoren der Grössen A, B, C bilden, ſie auch noch bestehen bleibt, wenn man statt irgend eines dieſer Faktoren eine aus jenen Grössen $a_1 \cdots a_n$ numerisch abgeleitete ſetzt. Da ſich dasſelbe wieder auf die ſo hervorgehende Reihe von Grössen anwenden lässt, ſo folgt, dass die Formel auch noch bestehen bleibt, wenn man statt der einfachen Faktoren der Grössen A, B, C beliebige aus jenen Grössen $a_1 \cdots a_n$ numerisch abgeleitete Grössen ſetzt. In der That, es ſeien z. B. $b_1 \cdots b_n$ ſolche aus $a_1 \cdots a_n$ numerisch abgeleitete Grössen. Wie dieſe auch beschaffen ſeien, immer wird ſich (nach 17) unter ihnen ein Verein von m Grössen angeben lassen, welche in keiner Zahlbeziehung zu einander stehen, und aus denen ſich, wenn m kleiner als n ist, die übrigen numerisch ableiten lassen. Es ſeien nun $b_1 \cdots b_m$ dieſe Grössen, aus denen $b_{m+1} \cdots b_n$ numerisch ableitbar ſind; dann kann man (nach 20) statt m der Grössen $a_1 \cdots a_n$, die Grössen $b_1 \cdots b_m$ in der Art einführen, dass das Gebiet der ſo erhaltenen Grössen dem Gebiete der Grössen $a_1 \cdots a_n$ identisch wird. Es ſeien $a_1 \cdots a_m$ die Grössen, statt deren man in dieſer Weiſe $b_1 \cdots b_m$ einführen kann, ſo wird nun das Gebiet der Grössen $a_1 \cdots a_n$ identisch dem Gebiete der Grössen $b_1 \cdots b_m a_{m+1} \cdots a_n$, oder, indem man dieſelbe Schlussfolge Schritt für Schritt anwendet: Es wird das Gebiet

$a_1 a_2 \cdots a_n$ identisch dem Gebiet $b_1 a_2 \cdots a_n$,
dies wieder identisch $b_1 b_2 a_3 \cdots a_n$,
⋮
und endlich identisch $b_1 b_2 \cdots b_m a_{m+1} \cdots a_n$.

Gilt nun Formel 103 für $a_1 \cdots a_n$, ſo gilt ſie auch, wenn man statt des Faktors a_1 die aus $a_1 \cdots a_n$ abgeleitete Grösse b_1 ſetzt, alſo für $b_1, a_2 \cdots a_n$. Da nun das Gebiet $a_1 \cdots a_n$ mit dem Gebiete $b_1, a_2 \cdots a_n$ identisch ist, und b_2 nach der Annahme aus $a_1 \cdots a_n$ ableitbar ist, ſo ist es auch aus $b_1, a_2 \cdots a_n$ ableitbar, folglich bleibt Formel 103 noch bestehen, wenn man b_2 statt a_2 ſetzt, d. h für die Reihe $b_1, b_2, a_3 \cdots a_n$ u. ſ. f., endlich noch für die Reihe $b_1, b_2 \cdots b_m, a_{m+1} \cdots a_n$. Ferner, da nach der Annahme $b_{m+1} \cdots b_n$ aus $b_1, b_2, \cdots b_m$ numerisch ableitbar ſind, ſo bleibt nun 103 auch noch bestehen, wenn man nach und nach in der Reihe $b_1 \cdots b_m, a_{m+1} \cdots a_n$, statt $a_{m+1} \cdots a_n$ die Grössen $b_{m+1} \cdots b_n$ ſetzt, alſo auch für die Reihe $b_1 \cdots b_n$, d. h. für jede beliebige aus $a_1 \cdots a_n$ numerisch abgeleitete Grössenreihe. Nun gilt aber 103 für die ursprünglichen Einheiten $e_1 \cdots e_n$ (nach 102), alſo für eine beliebige Reihe von Grössen erster Stufe, welche die einfachen Faktoren von A, B, C bilden, d. h. für beliebige einfache Grössen A, B, C.

104. Auch wenn B und C zuſammengeſetzte Grössen ſind, A aber eine einfache Grösse und die Summe der Stufenzahlen von A, B, C gleich der Stufenzahl des Hauptgebietes ist, ſo ist

$$[AB \cdot AC] = [ABC]A.$$

Beweis. Es ſei

$$B = \sum \beta_r E_r,\ C = \sum \gamma_s F_s,$$

wo E_r und F_s Einheitsprodukte ſind, ſo iſt

$$[AB \cdot AC] = \sum \beta_r \gamma_s [AE_r \cdot AF_s] \qquad [45]$$
$$= \sum \beta_r \gamma_s [AE_r F_s] A \qquad [103]$$
$$= [A \sum \beta_r E_r \sum \gamma_s F_s] A \qquad [45]$$
$$= [ABC] A.$$

Anm. Dieſer Satz gilt im Allgemeinen nicht mehr, wenn A eine zuſammengeſetzte Grösse ist. Ist z. B. $A = ab + cd$, wo a, b, c, d in keiner Zahlbeziehung zu einander stehen ſollen, und ist $B = c$, $C = d$, ſo wird in Bezug auf ein Gebiet 4ter Stufe $[AB \cdot AC] = [(ab + cd)c \cdot (ab + cd)d] = [abc \cdot abd]$, da $[cdc]$ und $[cdd]$ verschwinden; aber $[abc \cdot abd] = [abcd] \cdot [ab]$. Alſo ist

$$[AB \cdot AC] = [abcd] \cdot ab.$$

Dagegen ist

$$[ABC] \cdot A = [(ab + cd) cd] \cdot [(ab) + (cd)] = [abcd]\, [(ab) + (cd)]$$
$$= [abcd] \cdot [ab] + [abcd] \cdot [cd].$$

Alſo ſind beide Ausdrücke um $[abcd] \cdot [cd]$ von einander verschieden.

105—107. Wenn A, B, C einfache Grössen ſind, und ihr Produkt von nullter Stufe iſt, ſo iſt

105. $[AB \cdot AC] = [ABC]A$

106. $[AB \cdot BC] = [ABC]B$

107. $[AC \cdot BC] = [ABC]C,$

d. h. wenn zwei Produkte (P und Q) einfacher Grössen, welche einen gemeinschaftlichen Faktor haben, zu multipliciren ſind, und dieſer gemeinschaftliche Faktor entweder in dem zweiten Produkte (Q) als erster Faktor oder in dem ersten (P) als zweiter Faktor vorkommt, ſo kann man dieſen Faktor mit dem Produkte der übrigen Faktoren multipliciren, vorausgeſetzt, dass dies letztere Produkt von nullter Stufe iſt. In beiden Fällen iſt das Geſammtprodukt von gleichem Werthe.

Beweis 1. Sind α, β, γ die Stufenzahlen von A, B, C und n die des Hauptgebietes, ſo muss, da [ABC] von nullter Stufe ſein ſoll, (nach 96) $\alpha + \beta + \gamma$ durch n theilbar ſein, alſo, da α, β, γ kleiner als n ſind, entweder gleich n oder gleich 2n ſein. Iſt $\alpha + \beta + \gamma = n$, ſo iſt die Geltung der Formel 105 schon in 103 bewieſen. Iſt dagegen $\alpha + \beta + \gamma = 2n$, ſo ſei

$$A = |A', \ B = |B', \ C = |C'$$

und feien $\alpha' + \beta' + \gamma'$ die Stufenzahlen von A', B', C', fo ist

$$\alpha' = n - \alpha, \ \beta' = n - \beta, \ \gamma' = n - \gamma \qquad [90],$$

alfo $\alpha' + \beta' + \gamma' = 3n - (\alpha + \beta + \gamma) = 3n - 2n = n.$

Somit $[AB \cdot AC] = ([|A'|B'] \cdot [|A'|C']) = |[A'B' \cdot A'C'] \quad [99]$

$$= |[A'B'C' \cdot A'] \qquad [103],$$

da nämlich $\alpha' + \beta' + \gamma' = n$ ist. Dies ist aber (nach 99)

$$= [|A'|B'|C'] \cdot |A' = [ABC]A.$$

2. Es fei $[AB] = [BD]$, fo ist D von gleicher Stufe mit A, alfo

$$[AB \cdot BC] = [BD \cdot BC] = [BDC]B \qquad [105]$$
$$= [ABC]B,$$

da $[BD] = [AB]$ ist.

3. Es fei $[BC] = [CD]$, fo ist D von gleicher Stufe mit B, alfo

$$[AC \cdot BC] = [AC \cdot CD] = [ACD] \cdot C \qquad [106]$$
$$= [ABC]C,$$

da $[CD] = [BC]$ ist.

Anm. Es lassen fich die in 105—107 aufgestellten Gefetze fo erweitern, dass fie auch für den Fall gelten, wo [ABC] nicht von nullter Stufe ist, wenn man fie nämlich in den folgenden Formen darstellt:

$$[AB \cdot AC] = [A \cdot ABC]$$
$$[AB \cdot BC] = [B \cdot ABC]$$
$$[AC \cdot BC] = [C \cdot ABC].$$

Den Beweis diefer Formeln, die ich in diefer allgemeineren Bedeutung im Folgenden nicht anwenden werde, überlasse ich dem Lefer.

108. Wenn A, B, C einfache Grössen find, und die Summe der Stufenzahlen von A und C gleich der des Hauptgebietes, und B dem A untergeordnet ist, fo ist

$$[A \cdot BC] = [AC]B$$
$$[CB \cdot A] = [CA]B.$$

Beweis. Denn dann ist (nach 79 Zufatz) A in der Form BD darstellbar, und alfo

$$[A \cdot BC] = [BD \cdot BC] = [BDC] \cdot B \qquad [105]$$
$$= [AC]B$$

und

$$[CB \cdot A] = [CB \cdot BD] = [CBD]B \qquad [106]$$
$$= [CA]B.$$

109. Ein bezügliches Produkt zweier einfacher Grössen, die nicht null ſind, ist dann, und nur dann von null verschieden, wenn die Stufenzahl ihres gemeinschaftlichen Gebietes den kleinsten, oder, was dasſelbe ist, die Stufenzahl ihres verbindenden Gebietes den grössten Werth hat, den ſie bei gegebenen Stufenzahlen der beiden Faktoren und des Hauptgebietes haben kann, d. h. wenn α und β die Stufenzahlen der Faktoren A und B, n die des Hauptgebietes ist, γ die des gemeinschaftlichen, δ die des verbindenden Gebietes, ſo ist, wenn $\alpha+\beta =< n$, d. h. das Produkt ein progressives ist,

$[AB] \gtrless 0$, dann und nur dann, wenn

$\gamma = 0$, oder, was dasſelbe ist,

$\alpha + \beta = \delta$, und

wenn $\alpha + \beta > n$, d. h. das Produkt ein regressives ist, ſo ist

$[AB] \gtrless 0$, dann und nur dann, wenn

$\gamma = \alpha + \beta - n$, oder, was dasſelbe,

$\delta = n$

ist.

Beweis 1. Wenn $\alpha + \beta =< n$ ist, ſo ist das Produkt (nach 94) progressiv, alſo (nach 61, 66) dann und nur dann null, wenn ſeine einfachen Faktoren in einer Zahlbeziehung zu einander stehen. Ist alſo $[AB]=0$, ſo lässt ſich von den einfachen Faktoren des Produktes [AB] einer aus den $\alpha + \beta - 1$ übrigen numerisch ableiten (nach 2). Alſo werden dann ſämmtliche einfache Faktoren jenes Produktes von einem Gebiete von niederer als $(\alpha + \beta)$-ter Stufe umfasst, d. h. $\delta < \alpha + \beta$. Ist hingegen $[AB] \gtrless 0$, ſo stehen die einfachen Faktoren dieſes Produktes (nach 61) in keiner Zahlbeziehung zu einander, ihr verbindendes Gebiet ist alſo von $(\alpha + \beta)$-ter Stufe, d. h. $\alpha + \beta = \delta$. Somit ist, wenn $\alpha + \beta =< n$ ist, [AB] dann und nur dann von null verschieden, wenn $\alpha + \beta = \delta$ ist.

2. Es ſei $\alpha + \beta > n$ und $a + \beta - n = \gamma$. Dann haben die Gebiete A und B, da ſie beziehlich von α-ter und β-ter Stufe ſind, (nach 26) mindestens ein Gebiet $(\alpha + \beta - n)$-ter d. h. γ-ter Stufe gemein. Es ſei C eine Grösse von γ-ter Stufe in dieſem Gebiete, ſo ſind (nach 79 Zuſ.) A und B in den Formen $A = [CA_1]$, $B = [CB_1]$ darstellbar. Somit wird

$$[AB] = [CA_1 \cdot CB_1] = [CA_1B_1] \cdot C \qquad [103],$$

weil die Summe der Stufenzahlen von C, A_1 und B_1, $=\gamma+(\alpha-\gamma)+(\beta-\gamma)=\alpha+\beta-\gamma=n$ ſind. Es ist aber $[CA_1B_1]C$, da $[CA_1B_1]$ von nullter Stufe, alſo eine Zahl ist, dann und nur dann null, wenn $[CA_1B_1]$, d. h. $[AB_1]$ null ist. Aber nach Beweis 1 ist $[AB_1]$ dann und nur dann null, wenn A und B_1 von einem Gebiet von niederer als n-ter Stufe umfasst werden, aber da C in $A=CA_1$ liegt, ſo werden dann auch A und CB_1, d. h. A und B von einem Gebiete niederer als n-ter Stufe, umfasst, d. h. $\delta < n$. Somit ist, wenn $\alpha+\beta > n$ ist, $[AB]$ dann und nur dann von null verschieden, wenn $\delta = n$ ist.

3. Nach 25 ist die Summe der Stufenzahlen zweier Gebiete gleich der Summe der Stufenzahlen ihres gemeinschaftlichen und ihres verbindenden Gebietes, d. h.

$$\alpha+\beta=\gamma+\delta.$$

Die Bedingung in Beweis 1, dass $\alpha+\beta=\delta$ ſei, ist alſo identisch mit der, dass $\gamma=0$ ſei, und die Bedingung in Beweis 2, dass $\delta=n$ ſei, ist identisch mit der, dass

$$\alpha+\beta-n=\gamma$$

ſei. Somit ist der zweite Wortausdruck unſeres Satzes bewieſen. Nun ist aber klar, dass, wenn α und $\beta \,{=}{<}\, n$ ist, die kleinste Stufenzahl, die das den Grössen A und B gemeinschaftliche Gebiet haben kann, null, und die grösste, die das verbindende Gebiet haben kann, $\alpha+\beta$ ist. Auf der andern Seite, wenn $\alpha+\beta > n$ ist, ſo ist die grösste Stufenzahl, die das verbindende Gebiet haben kann, n, alſo (nach 26) die kleinste, die das verbindende Gebiet haben, $\alpha+\beta-n$. Somit stimmt der erste Wortausdruck mit dem zweiten überein, und der Satz ist erwieſen.

110. Alle Geſetze der auf ein Hauptgebiet bezüglichen Multiplikation gelten auch noch, wenn man überall statt der ursprünglichen Einheiten eine beliebige Reihe von n Grössen ſetzt, die aus jenen numerisch abgeleitet ſind, und deren kombinatorisches Produkt 1 ist.

Beweis. Es ſeien $e_1 \cdots e_n$ die ursprünglichen Einheiten, und $a_1 \cdots a_n$ aus ihnen numerisch abgeleitet, und zwar ſo, dass

$$[a_1, a_2 \cdots a_n] = 1$$

ist.

Nach 89 wurde unter der Ergänzung |E eines Einheitsproduktes E diejenige Grösse verstanden, welche dem kombinatorischen Produkte E' aller in E nicht vorkommender Einheiten gleich oder entgegengefetzt ist, je nachdem [EE'] der abfoluten Einheit gleich oder entgegengefetzt ist, d. h. für die

$$|E = [EE']E'$$

war. Bezeichnen wir nun diejenige Grösse, welche aus einem Produkte A, in welchem nur die Grössen $a_1 \cdots a_n$ vorkommen, auf entsprechende Weife gebildet ist, für den Augenblick mit IA, d. h. bezeichnet IA diejenige Grösse, welche dem kombinatorischen Produkte A' aller derjenigen Grössen jener Reihe $[a_1 \cdots a_n]$, welche in A nicht vorkommen, gleich oder entgegengefetzt ist, je nachdem [AA'] der abfoluten Einheit gleich oder entgegengefetzt ist, d. h. fo dass

$$IA = [AA']A'$$

ist, fo haben wir zunächst zu beweifen, dass die als Definition des bezüglichen Produktes in 94 aufgestellte Bestimmung, auch bei diefer Einfetzung der Grössen $a_1 \cdots a_n$ an die Stelle der ursprünglichen Einheiten noch ihre Geltung behalte, d. h. dass

$$I[AB] = [IAIB]$$

fei, wenn A und B nur Grössen aus der Reihe $a_1 \cdots a_n$ als einfache Faktoren enthalten, und die Summe $(\alpha + \beta)$ der Stufenzahlen von A und B kleiner ist als die Stufenzahl n des Hauptgebietes.

Es fei zuerst $[AB] = 0$, fo müssen (nach 109) die Gebiete A und B ein Gebiet von höherer als nullter Stufe gemein haben; fie mögen ein Gebiet γ-ter Stufe gemein haben, alfo γ einfache Faktoren, dann werden diefe Faktoren, da IA nur diejenigen Faktoren enthält, welche in A nicht vorkommen, in IA fehlen, und aus gleichem Grunde auch in IB, alfo werden IA und IB von einem Gebiete von niederer als n-ter Stufe umfasst, fomit (nach 109)

$$[IAIB] = 0,$$

alfo, da auch [AB] null war und die Ergänzung einer Zahl (nach 89) diefer gleich, alfo die von null felbst null ist, fo ist

$$I[AB] = [IAIB].$$

Es ſei zweitens [AB] von null verschieden, ſo enthält dasſelbe $\alpha + \beta$ verschiedene einfache Faktoren der Reihe $a_1 \cdots a_n$, es ſei C das Produkt der übrigen, alſo [ABC] (nach 57) dem Produkte $[a_1 \cdots a_n]$ entweder gleich oder entgegengeſetzt, alſo da das letztere gleich 1 ist, ſo ist $[ABC] = \mp 1$. Da nun [BC] das Produkt der in A nicht vorkommenden Faktoren ist, ſo ist nach der hier angenommenen Bezeichnung

$$IA = [ABC] \cdot [BC], \text{ ebenſo}$$
$$IB = [BAC] \cdot [AC] \text{ und } I[AB] = [ABC]C \quad *.$$

Alſo, da [ABC], [BAC] Zahlen ($= \mp 1$) ſind,

$$[IAIB] = [ABC][BAC][BC \cdot AC]$$
$$= [ABC][BAC][BAC] \cdot C \qquad [107].$$

Da nun $[BAC] = \mp 1$ ist, ſo ist $[BAC][BAC] = 1$. Alſo

$$[IAIB] = [ABC] \cdot C = I[AB] \qquad [*].$$

Es gilt alſo die Bestimmung, durch welche der Begriff der bezüglichen Multiplikation festgestellt wurde, auch wenn man statt der urſprünglichen Einheiten die Grössen $a_1 \cdots a_n$ einführt, alle früheren Geſetze gelten aber, wenn man statt der n urſprünglichen Einheiten beliebige n Grössen, die in keiner Zahlbeziehung zu einander stehen, d. h. deren kombinatorisches Produkt nicht null ist, alſo auch, wenn man statt derſelben die Grössen $a_1 \cdots a_n$ ſetzt. Aus dieſen früheren Sätzen und der in der Definition festgestellten Bestimmung ſind aber alle folgenden Geſetze abgeleitet, folglich gelten auch dieſe noch bei der angegebenen Substitution.

Anm. Durch das Fortbestehen der Multiplikations-Geſetze, auch wenn man eine Reihe lineal ableitbarer Einheiten den urſprünglichen ſubstituirt, ist die Multiplikation als lineale bedingt, und erst im folgenden Kapitel werden wir zu einer Produktbildung übergehen, bei welcher das Fortbestehen der für die urſprünglichen Einheiten geltenden Geſetze, nur in einem viel beschränkteren Umfange, stattfindet. Zu bemerken ist noch, dass die oben mit IA bezeichnete Grösse im Allgemeinen nicht mit der Ergänzung von A, die wir mit |A bezeichneten, zuſammenfällt, z. B. ist in einem Gebiete dritter Stufe, wenn e_1, e_2, e_3 die urſprünglichen Einheiten ſind und $[e_1 e_2 e_3] = 1$ ist, die Ergänzung von $e_1 + e_2$, da $|e_1 = [e_2 e_3]$, $|e_2 = [e_3 e_1]$ ist, gleich $[e_2 e_3] + [e_3 e_1]$; denn (nach 90) ist

$$|(e_1 + e_2) = |e_1 + |e_2 = [e_2 e_3] + [e_3 e_1].$$

Dagegen, wenn

$$a_1 = e_1 + e_2,\ a_2 = e_2,\ a_3 = e_3$$

ist, ſo ist zwar $[a_1 a_2 a_3] = [e_1 e_2 e_3] = 1$, aber, bei Anwendung der Bezeichnung in obigem Satze,

$$Ia_1 = [a_1 a_2 a_3][a_2 a_3] = [a_2 a_3] = [e_2 e_3],$$

alſo von $|a_1$ um $[e_3 e_1]$ verschieden. Im folgenden Kapitel wird ſich ergeben, welche Beziehungen zwischen $e_1 \cdots e_n$ und $a_1 \cdots a_n$ stattfinden müssen, wenn $|A = IA$ ſein ſoll.

111. Wenn

$$1 = [a_1 \cdots a_n] = [PP'] = [AA'] = [BB'] = [CC'] \cdots$$

ist, und P, P', A, A', B, B', C, $C' \cdots$ keine andern einfachen Faktoren enthalten, als die der Reihe $a_1 \cdots a_n$ angehören und

$$P = [ABC \cdots]$$

ist, ſo ist auch

$$P' = [A'B'C' \cdots].$$

Beweis. Es ſei unter IA dasſelbe verstanden, wie im vorigen Beweiſe, ſo ist

$$IP = [PP']P' = P', \quad IA = [AA']A' = A' \text{ u. ſ. w.}$$

Nun ist, da nach dem vorigen Satze alle früheren Sätze, alſo namentlich auch Satz 98 noch gilt, wenn man überall das Zeichen I statt $|$ ſetzt,

$$I[ABC \cdots] = [IAIBIC \cdots],$$

alſo

$$IP = [IAIBIC \cdots].$$

Alſo, da $IP = P'$, $IA = A'$, $IB = B'$, $IC = C' \cdots$ ist,

$$P' = [A'B'C' \cdots].$$

112. Wenn man aus n Grössen erster Stufe, deren kombinatorisches Produkt 1 liefert, die multiplikativen Kombinationen zur $n-1$-ten Klasse bildet, und die Elemente jeder Kombination alphabetisch, die Kombinationen ſelbst lexikographisch unter der Annahme ordnet, dass die Reihe jener n Grössen als ein Alphabet betrachtet wird, ſo ist das Produkt aus den $n-m$ ersten dieſer Kombinationen gleich dem Produkt aus den m ersten jener n Grössen, d. h.

$$[A_n \cdots A_{m+1}] = [a_1 \cdots a_m],$$

wenn

$$A_r = [a_1 \cdots a_{r-1} a_{r+1} \cdots a_n]$$

und $\quad [a_1 \cdots a_n] = 1$ ist.

Beweis 1. Ich beweiſe zuerst, dass

$$[a_1 \cdots a_r A_r] = [a_1 \cdots a_{r-1}]$$

ſei. Es ist nach der gewählten Beichnung

$$A_r = [a_1 \cdots a_{r-1} a_{r+1} \cdots a_n].$$

Alſo

$$[a_1 \cdots a_r A_r] = [a_1 \cdots a_r (a_1 \cdots a_{r-1} a_{r+1} \cdots a_n)]$$
$$= [a_1 \cdots a_r a_{r+1} \cdots a_n][a_1 \cdots a_{r-1}] \quad [105]$$
$$= [a_1 \cdots a_{r-1}],$$

da $[a_1 \cdots a_n] = 1$ ist.

2. Somit ist

$$[A_n A_{n-1}] = [a_1 \cdots a_{n-1} A_{n-1}] = [a_1 \cdots a_{n-2}]$$
$$[A_n A_{n-1} A_{n-2}] = [a_1 \cdots a_{n-2} A_{n-2}] = [a_1 \cdots a_{n-3}]$$

u. ſ. f. Alſo

$$[A_n A_{n-1} \cdots A_{n-r}] = [a_1 \cdots a_{n-r-1}].$$

Alſo, wenn $n - r - 1 = m$ ist,

$$[A_n A_{n-1} \cdots A_{m+1}] = [a_1 \cdots a_m].$$

113. Wenn $C_1, C_2, \cdots$ die multiplikativen Kombinationen aus den einfachen Faktoren (erster Stufe) einer von null verschiedenen Grösse B ſind, und D_r jedesmal aus denjenigen Faktoren von B besteht, welche in C_r fehlen, und zwar die Faktoren ſo geordnet, dass jedesmal

$$[C_r B_r] = B$$

ist, ſo ist für jede Grösse A, deren Stufenzahl die Stufenzahl von D zu der des Hauptgebietes ergänzt,

$$[AB] = \sum \overline{[AD_r]C_r} = [AD_1]C_1 + [AD_2]C_2 + \cdots.$$

Beweis. Es möge m die Anzahl der einfachen Faktoren von B ſein und n die Stufe des Hauptgebietes, α die Stufenzahl von A, und ſei $B = [b_1, b_2 \cdots b_m]$.

Da nun nach der Annahme B von null verschieden ist, ſo stehen (nach 61) $b_1 \cdots b_m$ in keiner Zahlbeziehung zu einander, folglich lassen ſich (nach 20) zu ihnen noch $n - m$ Grössen erster Stufe $b_{m+1} \cdots b_n$ von der Art hinzufügen, dass ſich alle Grössen erster Stufe, welche dem betrachteten Hauptgebiete angehören, aus ihnen numerisch ableiten lassen. Dann lässt ſich A als Grösse α-ter Stufe aus den multiplikativen Kombinationen der n Grössen $b_1 \cdots b_n$ zur α-ten Klasse numerisch ableiten, alſo ſich in der Form

$$A = \alpha_1 A_1 + \alpha_2 A_2 + \cdots = \sum \overline{\alpha_r A_r}$$

darstellbar, wenn $A_1, A_2, \cdots$ die multiplikativen Kombinationen aus $b_1 \cdots b_n$ zur α-ten Klasse ſind. Es ſeien dieſe Kombinationen $A_1, A_2, \cdots$ ſo gewählt, dass jedesmal A_r aus denjenigen jener n Grössen besteht, welche in D_r fehlen. Dies ist allemal möglich, da D_r nach der Annahme $n - \alpha$ jener Grössen enthält. Dann ist

$$[AB] = \overline{\sum(\alpha_r A_r)B} = \overline{\sum \alpha_r [A_r B]} \qquad [41]$$
$$= \overline{\sum \alpha_r [A_r \cdot C_r D_r]},$$

da nach der Annahme $B = [C_r D_r]$ ist. Da nun C_r nur ſolche jener n Grössen $b_1 \cdots b_n$ enthält, die dem D_r fehlen, und A_r ſämmtliche in D_r fehlenden Grössen $b_1 \cdots b_n$ enthält, ſo ist C_r dem A_r untergeordnet, ſomit (nach 108) $[A_r \cdot C_r D_r] = [A_r D_r] C_r$, alſo

$$[AB] = \overline{\sum \alpha_r [A_r D_r] C_r}.$$

Nun ist aber $[A_s D_r] = 0$, wenn s von r verschieden ist, weil dann A_s mindestens einen Faktor enthält, der auch in D_r vorkommt, alſo kann man statt $\alpha_r [A_r D_r]$ schreiben $\overline{\sum \alpha_s [A_s D_r]}$, wo ſich die Summe nur auf den Index s bezieht, d. h. es ist $\alpha_r [A_r D_r] = \overline{\sum \alpha_s [A_s D_r]} = [\overline{\sum \alpha_s A_s} D_r] = [AD_r]$, ſomit

$$[AB] = \overline{\sum [AD_r] C_r}.$$

§. 6. Vertauschung der Faktoren und Auflösung der Klammern in einem reinen und gemischten Produkte.

114. Erklärung. Wenn mehr als zwei Grössen A, B, C, $\cdots$ ſo zu einem Produkte verknüpft ſind, dass ſie keiner anderen als der progressiven Multiplikation unterliegen, ſo nenne ich das Produkt ein rein progressives Produkt jener Grössen, wenn ſie dagegen keiner andern als der regressiven Multiplikation unterliegen, oder, falls das Geſammtprodukt von nullter Stufe ist, nur die letzte das Geſammtprodukt bildende Multiplikation eine progressive ist, ſo nenne ich das Produkt ein rein regressives, in beiden Fällen ein reines, in jedem andern Falle ein gemischtes, d. h. wenn in dem Produkte $[ABCD \cdots JK]$, das Produkt $[AB]$ ein progressives, das Produkt der zwei Grössen $[AB]$ und C wieder ein progressives, ebenſo das Produkt der zwei Grössen $[ABC]$ und D, u. ſ. f., endlich auch das Produkt der zwei Grössen $[ABCD \cdots J]$

und K ein progressives ist, ſo ist [ABCD···JK] ein rein progressives Produkt der Grössen A, B, C, D, ··· J, K. Wenn hingegen alle jene Produkte regressive ſind, oder wenigstens nur das letzte, nämlich das der zwei Grössen [ABCD···J] und K ein progressives Produkt, und zwar von nullter Stufe ist, ſo ist [ABCD···JK] ein rein regressives Produkt der Grössen A, B, C, D, ··· J, K.

Anm. Dass das Produkt auch in dem Falle als ein rein regressives betrachtet wird, wenn die letzte Multiplikation, die das ganze Produkt nullter Stufe bildet, eine progressive ist, beruht darauf, dass die progressive Multiplikation, welche ein Produkt nullter Stufe bildet, auch inſofern zugleich als regressive Multiplikation betrachtet werden kann, als alle speciellen Geſetze regressiver Multiplikation ebenſo für dasſelbe gelten, wie die speciellen Geſetze progressiver Multiplikation. Als Beispiel einer ſolchen rein regressiven Multiplikation diene das Produkt [ab·ac·bc], wenn das Hauptgebiet von dritter Stufe ist.

115. Wenn ein Produkt mehrerer Grössen [ABC··] ein rein progressives ist, ſo ist das Produkt der Ergänzungen [|A|B|C···] ein rein regressives und umgekehrt.

Beweis. Denn (nach 97 Zuſ.) gilt dies für zwei Faktoren, alſo da [AB] ein progressives ist, ſo ist [|A|B] ein regressives, und da [(AB)C] ein progressives ist, ſo ist [|(AB)|C] ein regressives, alſo [|A|B|C] ein rein regressives u. ſ. w.

116. Ein Produkt von m Grössen A, B, C, ··· J, K ist ein rein progressives, wenn die Summe der Stufenzahlen dieſer Grössen ebenſo gross oder kleiner als die Stufenzahl (n) des Hauptgebietes ist, hingegen ein rein regressives, wenn jene Summe ebenſo gross oder grösser als n(m — 1) ist, ein gemischtes, wenn jene Summe grösser als n und kleiner als n(m — 1) ist.

Beweis 1. Es ſeien $\alpha, \beta, \gamma, \cdots$ die Stufenzahlen der Grössen A, B, C, ···. Wenn $\alpha + \beta + \gamma + \cdots \iota + \varkappa =< n$ ist, ſo ist auch $\alpha + \beta < n$, alſo das Produkt [AB] (nach 94) ein progressives; aber auch $\alpha + \beta + \gamma < n$, alſo das Produkt der zwei Grössen [AB] und C ein progressives, u. ſ. f. Endlich auch $\alpha + \beta + \gamma + \cdots \iota + \varkappa =< n$, alſo auch das Produkt der zwei Grössen [ABC···J] und K, da die Stufe von [ABC···J] (nach 95) gleich $\alpha + \beta + \gamma + \cdots \iota$ ist, ein progressives.

Ebenſo folgt das Umgekehrte, dass nämlich, wenn [ABC$\cdots$JK] ein rein progressives Produkt ist, $\alpha + \beta + \gamma + \cdots + \iota + \varkappa \overline{\overline{<}}\, n$ ſein muss.

2. Wenn $\alpha + \beta + \gamma + \cdots + \iota + \varkappa \overline{\overline{>}}\, n(m-1)$ ist, ſo können wir dies auch ſo schreiben: $(n-\alpha) + (n-\beta) + (n-\gamma) + \cdots + (n-\iota) + (n-\varkappa) \overline{\overline{<}}\, n$, weil nämlich m die Anzahl der Grössen A, B, C, $\cdots$ J, K ist. Da nun $n-\alpha$ die Stufenzahl der Ergänzung von A, d. h. die Stufenzahl von |A ist u. ſ. w., ſo ist das Produkt

$$[|A|B|C\cdots|J|K]$$

nach Beweis 1 ein rein progressives, folglich (nach 115) [ABC$\cdots$JK] ein rein regressives.

117. Die Stufenzahl eines rein progressiven Produktes ist 0, wenn die Summe der Stufenzahlen ſeiner Faktoren gleich der Stufenzahl n des Hauptgebietes ist, in jedem andern Falle ist die Stufenzahl jenes Produktes gleich der Summe der Stufenzahlen ſeiner Faktoren. Die Stufenzahl eines rein regressiven Produktes ist $= \varsigma - (m-1)n$, wenn ς die Summe der Stufenzahlen ſeiner Faktoren und m die Anzahl dieſer Faktoren ist.

Beweis. Für zwei Faktoren ist der Satz in 95 bewieſen. Ist nun das Produkt [ABC$\cdots$JK] ein rein progressives, und ſind $\alpha, \beta, \gamma, \cdots \iota, \varkappa$ die Stufenzahlen von A, B, C$\cdots$J, K, ſo ist die von $[AB] = \alpha + \beta$, die alſo von $[(AB)C] = \alpha + \beta + \gamma$ u. ſ. w.; alſo die von $[ABC\cdots J] = \alpha + \beta + \gamma + \cdots \iota$. Ist nun $\alpha + \beta + \gamma + \cdots \iota + \varkappa < n$, ſo ist nach demſelben Satze (95) die Stufenzahl von $[(ABC\cdots J)K] = \alpha + \beta + \gamma + \cdots \iota + \varkappa$, wenn aber $\alpha + \beta + \gamma + \cdots \iota + \varkappa = n$ ist, ſo ist ſie nach demſelben Satze null. Ist zweitens das Produkt [ABC$\cdots$JK] ein rein regressives, ſo ist nach dem angeführten Satze die Stufenzahl von [AB] gleich $\alpha + \beta - n$, alſo die von [(AB)C] gleich $\alpha + \beta + \gamma - 2n$ u. ſ. w., alſo wenn m die Anzahl der Faktoren von [ABC$\cdots$JK] ist, die Stufenzahl dieſes Produktes $= \alpha + \beta + \gamma + \cdots + \iota + \varkappa - (m-1)n$.

118. Das Gebiet eines rein progressiven Produktes ist gleich dem ſeine ſämmtlichen Faktoren verbindenden Gebiete, und das Gebiet eines rein regressiven Produktes gleich dem ſeinen ſämmtlichen Faktoren gemeinschaftlichen Gebiete, vorausgeſetzt, dass in beiden Fällen das Produkt nicht null ist.

Beweis 1. Es sei $[AB\cdots]$ ein rein progressives Produkt und $A=[a_1\cdots a_q]$, $B=[b_1\cdots b_r]$, u. s. w., wo $a_1,\cdots a_q$, $b_1,\cdots b_r$, u. s. w. Grössen erster Stufe sind, so erhält man

$$[AB\cdots]=[(a_1\cdots a_q)(b_1\cdots b_r)\cdots].$$

Da nun das progressive Produkt stets zugleich ein äusseres ist, so kann man (nach 80) die Klammern weglassen und es wird der letzte Ausdruck

$$=[a_1\cdots a_q b_1\cdots b_r\cdots].$$

Das Gebiet des Produktes ist also (nach 77) das aus seinen einfachen Faktoren $a_1,\cdots a_q$, $b_1,\cdots b_r,\cdots$ numerisch ableitbare Gebiet. Ebenso ist das Gebiet von A das aus $a_1,\cdots a_q$ ableitbare Gebiet u. s. w. und (nach 15) ist das aus den Grössen zweier oder mehrerer Gebiete A, B, $\cdots$ ableitbare Gebiet, das diese letzteren verbindende Gebiet, also das Gebiet des progressiven Produktes $[AB\cdots]$ das die Faktoren A, B, $\cdots$ verbindende Gebiet.

2. Es sei [AB] ein von null verschiedenes regressives Produkt, also die Stufenzahlen α und β der Faktoren A und B zusammen grösser als n, so haben A und B ein Gebiet $\alpha+\beta-n$-ter Stufe gemein; aber auch kein Gebiet höherer Stufe, weil sonst (nach 109) das Produkt null sein würde. Also lassen sich A und B auf einen gemeinschaftlichen Faktor D von $\alpha+\beta-n$-ter Stufe von der Art bringen, dass $A=DE$, $B=DF$ und D, E, F einfache Grössen sind; dann ist (nach 105)

$$[AB]=[DE\cdot DF]=[DEF]\cdot D\equiv D,$$

da [DEF] eine von null verschiedene Zahl ist, d. h. das Gebiet von [AB] ist gleich dem den Faktoren A und B gemeinschaftlichen Gebiete. Tritt nun noch ein Faktor C hinzu, so wird

$$[ABC]\equiv[DC]\equiv E,$$

wenn E das dem D und C gemeinschaftliche Gebiet ist, also das dem A, B, C gemeinschaftliche u. s. w.

119. In einem reinen Produkte kann man Klammern beliebig setzen und weglassen, d. h.

$$[A(BC)]=[ABC],$$

wenn [ABC] ein reines Produkt ist.

Beweis 1. Wenn das Produkt ein rein progressives ist,

ſo ist es (nach 94) auch ein äusseres, alſo (nach 80) die Klammerſetzung gleichgültig für's Reſultat.

2. Wenn das Produkt [ABC] ein rein regressives ist, ſo ist (nach 114) das Produkt $[|A|B|C]$ ein rein progressives, alſo nach Beweis 1

$$[|A(|B|C)] = [|A|B|C],$$

d. h. (nach 101)

$$[A(BC)] = [ABC].$$

119b. Ein reines Produkt behält ſeinen Werth, wenn man ſeine Faktoren in lauter Faktoren erster oder (n — 1)-ter Stufe auflöst, je nachdem das gegebene Produkt ein progressives oder regressives war. Auch behauptet das Produkt in Bezug auf dieſe neuen Faktoren ſeinen Charakter, als rein progressives oder regressives, d. h. wenn

$$P = [AB \cdots E]$$

ein reines Produkt der Faktoren A, B, $\cdots$ E ist, und

$$A = [a_1 \cdots a_q],\ B = [a_{q+1} \cdots a_r]\ \text{u. ſ. w.},\ E = [a_{t+1} \cdots a_u]$$

und $a_1 \cdots a_u$ Grössen erster oder (n — 1)-ter Stufe ſind, je nachdem das Produkt $[AB \cdots E]$ ein progressives oder regressives ist, ſo ist auch

$$P = [a_1 a_2 \cdots a_u]$$

und zwar auch dies Produkt ein rein progressives oder regressives, je nachdem das gegebene Produkt $[AB \cdots E]$ es war.

Beweis. Wenn das Produkt $[AB \cdots E]$ ein rein progressives ist, ſo ist die Summe der Stufenzahlen von A, B, $\cdots$ E, d. h. u, kleiner als n, ſomit bleibt es auch (nach 116) ein rein progressives in Bezug auf die Faktoren $a_1 \cdots a_u$, wenn man statt A ſetzt $[a_1 \cdots a_q]$ u. ſ. w., folglich kann man (nach 119) die Klammern weglassen und erhält $P = [a_1 a_2 \cdots a_u]$. Ist aber $[AB \cdots E]$ ein rein regressives Produkt, ſo wird $[|A|B \cdots |E]$ (nach 115) ein rein progressives; und wenn $A = [a_1 \cdots a_q]$ ist u. ſ. w., und $a_1, \cdots a_u$ Grössen (n — 1)-ter Stufe ſind, ſo ist $|A = [|a_1 \cdots |a_q]$ u. ſ. w., wo $|a_1, \cdots |a_u$ Grössen erster Stufe ſind, ſomit nach Beweis 1

$$[|A|B \cdots |E] = [|a_1 \cdots |a_u].$$

Alſo auch (nach 101)

$$[AB \cdots E] = [a_1 \cdots a_u],$$

und dies ein rein regressives Produkt (nach 115).

120. Ein reines Produkt bleibt ſich ſelbst kongruent, wenn man die Ordnung der Faktoren beliebig ändert, d. h. $P_{A,B} \equiv P_{B,A}$.

Beweis 1. Sind q und r die Stufenzahlen von A und B, und ist zuerst das Produkt [AB] ein progressives, ſo ist (nach 58)

$$[AB] = (-1)^{qr}[BA], \text{ alſo } [AB] \equiv [BA].$$

Ist das Produkt [AB] ein regressives, die Stufe des Hauptgebietes n, ſo ist [|A|B] (nach 115) ein progressives Produkt, und da n − q und n − r die Stufen von |A und |B ſind

$$[|A|B] = (-1)^{(n-q)(n-r)}[|B|A],$$

alſo (nach 101)

$$[AB] = (-1)^{(n-q)(n-r)}[BA], \text{ alſo auch } [AB] \equiv [BA].$$

2. Ist ferner das Produkt [PAB] ein reines, ſo ist

$$[PAB] = [P \cdot AB] \qquad [119]$$

$$\equiv [P \cdot BA]$$

nach Beweis 1 und nach 2, 40; dies wieder

$$= [PBA] \qquad [119],$$

alſo

$$[PAB] \equiv [PBA],$$

d. h. das Produkt bleibt ſich kongruent, wenn man zwei auf einander folgende Faktoren vertauscht.

3. Durch Vertauschung zweier auf einander folgender Faktoren kann man nun nach und nach jeden Faktor auf jede beliebige Stelle bringen, alſo den Faktoren jede beliebige Ordnung geben, während dabei nach Beweis 2 das Produkt ſich kongruent bleibt.

121. Wenn ein reines Produkt zwei einander incidente Faktoren, deren Stufenzahl nicht null ist, enthält, ſo ist das Produkt null, d. h. $P_{A,B} = 0$, wenn P reines Produkt und A und B incidente Faktoren ſind.

Beweis 1. Sind A und B die einander incidenten Faktoren, alſo der eine dem andern untergeordnet, etwa B dem A, ſo ist B das gemeinschaftliche Gebiet und A das verbindende, alſo das Produkt [AB], da die Stufe von B > 0, und die von A $< n$ ist, (nach 109) null.

2. Enthält alſo ein Produkt P zwei einander incidente

Faktoren A und B, ſo kann man (nach 120) die Faktoren ſo ordnen, dass A und B auf einander folgen, wobei das Produkt ſich ſelbst kongruent bleibt, alſo auch (nach 2) in dem einen Falle null bleibt, wenn es in dem andern null ist. Dann kann man (nach 119) dieſe beiden Faktoren in eine Klammer schliessen. Ihr Produkt ist null nach Beweis 1, alſo ein Faktor von P null, alſo auch P ſelbst null.

122. Ein gemischtes Produkt dreier Grössen [ABC] ist dann und nur dann null, wenn entweder $[AB]=0$ ist, oder alle drei Grössen A, B, C von einem Gebiete von niederer als n-ter Stufe umfasst werden, oder ein Gebiet von höherer als 0-ter Stufe gemein haben.

Beweis. Es ſeien α, β, γ die Stufenzahlen von A, B, C, alſo $\alpha+\beta+\gamma>n$ und $<2n$ (nach 116). Es ſei $[AB] \gtrless 0$, und ſei zuerst $\alpha+\beta>n$ etwa $=n+\delta$, ſo lassen ſich (nach 87) A und B auf einen gemeinschaftlichen Faktor δ-ter Stufe D bringen, ſo dass $A=DE$, $B=DF$ ſind, ſo ist

$$[AB]=[DEF]D \qquad [105],$$

alſo da [AB] nach der Annahme $\gtrless 0$ ist, ſo muss auch [DEF] $\gtrless 0$ ſein. Dann ist

$$[ABC]=[DEF][DC],$$

alſo, da [DEF] eine von null verschiedene Zahl ist, ſo ist [ABC] dann und nur dann null, wenn [DC] es ist. Die Stufe von [DC] ist $=\delta+\gamma=\alpha+\beta-n+\gamma$, alſo $<n$, da $\alpha+\beta+\gamma<2n$ ist. Alſo ist das Produkt [DC] dann und nur dann null (nach 109), wenn D und C ein System von höherer als nullter Stufe gemein haben, d. h. (da D das gemeinſame System von A und B ist) wenn A, B und C ein Gebiet von höherer als nullter Stufe gemein haben. Es ſei zweitens $\alpha+\beta=<n$, ſo ist [AB] ein progressives Produkt, alſo, da [AB] nach der Annahme $\gtrless 0$ ist, das Produkt [(AB)C] (nach 109) dann und nur dann null, wenn [AB] und C, d. h. A, B und C, von einem Gebiete niederer als n-ter Stufe umfasst werden. Somit bewieſen.

123. Die Ordnung, in welcher man mit zwei einander incidenten einfachen Grössen fortschreitend multiplicirt, ist gleichgültig für das Reſultat, d. h.

$$[ABC]=[ACB], \text{ wenn B incident C.}$$

Beweis 1. Wenn B oder C von nullter Stufe, d. h. Zahlen ſind, ſo findet die Gleichheit beider Seiten statt (nach 13). Wenn die Produkte reine ſind, ſo ſind beide Seiten (nach 121) null, folglich ist der Satz nur noch zu erweiſen für den Fall des gemischten Produktes, in welchem B und C von höherer als nullter Stufe ſind; d. h. (wenn α, β, γ die Stufenzahlen von A, B, C ſind, und n die des Hauptgebietes) für den Fall, dass $\alpha + \beta + \gamma > n$ und $< 2n$ und β und γ von null verschieden ſind. Wir können, da die zu erweiſende Formel ſich nicht ändert, wenn man B und C mit einander verwechſelt, annehmen, dass $\beta =< \gamma$ ſei, d. h. da B und C einander incident ſind, dass B dem C untergeordnet ſei. Ausserdem nehmen wir zunächst an, auch A ſei eine einfache Grösse. Da die Summe $\alpha + \beta$ ebenſo gross oder kleiner als die Summe $\alpha + \gamma$ ist, ſo ſind nur drei Fälle möglich: entweder beide Summen ſind kleiner als n, oder beide grösser als n, oder es ist $\alpha + \gamma => n$ und $\alpha + \beta =< n$.

2. Sind beide Summen kleiner als n, alſo auch $\alpha + \gamma < n$, ſo werden die drei Grössen A, B, C, von denen B der Grösse C untergeordnet ist, von einem Gebiete $\alpha + \gamma$-ter Stufe, alſo von einem Gebiete von niederer als n-ter Stufe umfasst, ſomit ſind (nach 121) ſowohl [ABC] als [ACB] null, alſo

$$[ABC] = [ACB].$$

3. Sind $\alpha + \beta$ und $\alpha + \gamma > n$, ſo ſind $(n - \alpha) + (n - \beta)$ und $(n - \alpha) + (n - \gamma) < n$, alſo dann, da $n - \alpha$, $n - \beta$, $n - \gamma$ die Stufenzahlen der Ergänzungen von A, B, C ſind,

$$[|A|B|C] = [|A|C|B] \qquad \text{(nach Beweis 2)},$$

alſo (nach 101)

$$[ABC] = [ACB].$$

4. Ist $\alpha + \gamma => n$ und $\alpha + \beta =< n$, ersteres etwa $= n + \delta$, wo δ auch null ſein kann, ſo müssen (nach 87) A und C ſich auf einen gemeinſchaftlichen Faktor D von δ-ter Stufe bringen lassen in der Art, dass $C = [DE]$ ſei, wo D und E einfache Grössen ſind und D dem A untergeordnet ist. Dann ist E von $(\gamma - \delta)$-ter Stufe, alſo die Summe der Stufenzahlen von A und E gleich $\alpha + \gamma - \delta = n$, ſomit ist (nach 108)

$$[AC] = [A \cdot DE] = [AE]D, \text{ alſo}$$

$$[ACB] = [AE][DB].$$

Hier ist das Produkt [DB] ein progressives, da $\delta + \beta = \alpha + \beta + \gamma - n < n$ ist, indem das Produkt ein gemischtes fein follte. Wenn nun [DB] null ist, fo haben (nach 109) D und B ein Gebiet von höherer als nullter Stufe gemein, dann haben aber auch, da D dem A untergeordnet ist, A und B dies Gebiet gemein, das Produkt [AB] ist aber, da $\alpha + \beta =< n$ ist, ein progressives, folglich dies (nach 109) null. Alfo dann auch $[ABC] = 0$, ebenfo wie [ACB], und fomit beide einander gleich. Ist aber $[DB] \gtrless 0$, fo ist, da D und B beide dem C untergeordnet find, auch ihr verbindendes Gebiet [DB] dem Gebiete von C untergeordnet, alfo C (nach 79b) in der Form [DBF] darstellbar, wo F wieder eine einfache Grösse ist. Dann wird, da wir oben $C = DE$ fetzten, $E = BF$ gefetzt werden können, und man erhält:

$$[ACB] = [AE][DB] = [ABF][DB].$$

Ferner:

$$[ABC] = [AB \cdot DBF] = [ABF][DB] \qquad \text{(nach 108)},$$

weil nämlich D dem A untergeordnet ist, alfo [DB] dem [AB], und weil $[ABF] = [AE]$, wie oben gezeigt, von nullter Stufe ist. Alfo erhält man $[ACB] = [ABC]$.

5. Hiermit find, da $\beta =< \gamma$ angenommen war, alle Fälle erschöpft, fofern A eine einfache Grösse ist. Ist nun A eine zufammengefetzte Grösse, fo ist fie immer (nach 77) aus einfachen Grössen numerisch ableitbar. Es fei $A = \sum \alpha_r A_r$, wo alle A_r einfache Grössen find, fo ist

$$\begin{aligned} [ABC] &= \sum \alpha_r [A_r BC] && [44] \\ &= \sum \alpha_r [A_r CB] && [\text{nach Beweis } 1-4] \\ &= [ACB] && [44]. \end{aligned}$$

124. Wenn q, r, s die Stufenzahlen dreier einfacher Grössen A, B, C find und n die des Hauptgebietes, fo find die Produkte [ABC] und [ACB] nur in folgenden Fällen kongruent

$$[ABC] \equiv [ACB],$$

a) wenn $\alpha + \beta + \gamma =< n$ ist, dann ist

$$[ABC] = (-1)^{rs}[ACB],$$

b) wenn $\alpha + \beta + \gamma => 2n$ ist, dann ist

$$[ABC] = (-1)^{(n-r)(n-s)}[ACB],$$

c) wenn [AB] und [AC] null ſind, dann ist

$$[ABC] = [ACB] = 0,$$

d) wenn [ABC] ein gemischtes Produkt ist und A, B und C entweder ein Gebiet von höherer als nullter Stufe gemein haben oder von einem Gebiete von niederer als n-ter Stufe umfasst werden; dann ist

$$[ABC] = [ACB] = 0,$$

e) wenn $q + r + s = n + t$ ist und B und C entweder ein Gebiet von t-ter Stufe gemein haben oder von einem Gebiete t-ter Stufe umfasst werden; dann ist

$$[ABC] = (-1)^{(r-t)(s-t)}[ACB],$$

f) wenn B und C einander incident ſind; dann ist

$$[ABC] = [ACB].$$

Beweis. Formel a) ist in 58 bewieſen. Ist $q + r + s \mathrel{=\!>} 2n$, ſo ist $(n - q) + (n - r) + (n - s) \mathrel{=\!<} n$, alſo da $n - q$, $n - r$, $n - s$ die Stufenzahlen der Ergänzungen von A, B, C ſind, ſo ist in dieſem Falle

$$[|A|B|C] = (-1)^{(n-r)(n-s)}[|A|C|B] \qquad \text{(Formel a).}$$

Alſo (nach 101)

$$[ABC] = (-1)^{(n-r)(n-s)}[ACB].$$

Somit ist Formel b bewieſen. Da in dieſen beiden Fällen $q + r + s$ entweder $\mathrel{=\!<} n$ oder $\mathrel{=\!>} 2n$ war, ſo bleibt nur der Fall übrig, wo $q + r + s > n$ und $< 2n$ ist, alſo der Fall des gemischten Produktes. Angenommen zuerst, [ABC] ſei null. Ein gemischtes Produkt [ABC] ist (nach 122) dann und nur dann null, wenn entweder $[AB] = 0$ ist, oder alle drei Grössen A, B, C von einem Gebiete niederer als n-ter Stufe umfasst werden, oder ein Gebiet von höherer als nullter Stufe gemein haben. Tritt einer der beiden letzten Fälle ein, ſo ist ſowohl [ABC] als [ACB] null, und alſo $[ABC] = [ACB] = 0$, ſomit Formel (d) bewieſen. Tritt aber von dieſen beiden Fällen keiner ein, ſo kann [ABC] nicht anders null werden, als wenn [AB] null ist; ist dies der Fall und ſoll dann [ABC] kongruent [ACB] ſein, ſo muss auch [ACB] null ſein, dies kann aber, da die beiden genannten Fälle ausgeschlossen ſind, nicht anders geschehen als wenn auch [AC] null ist, und es tritt alſo dann der Fall (c) ein. Es bleiben alſo nur noch die Fälle des von null verschiedenen gemischten Produktes übrig. Da $q + r + s < 2n$ und $> n$ ist, so können wir $q + r + s = n + t$ setzen, wo $t > 0$ und $< n$ ist. Nun seien hier (genau wie in 123) drei Fälle unterschieden. Erstens der, wo die Summen $q + s$ und $q + r$ beide kleiner als n sind. Dann ist, da [AB] und [AC] dann von null verschiedene progressive Produkte sind, $q + r$ die Stufe von [AB] und $q + s$ die von [AC]. Dann haben [AB] und C (nach 26) einen Faktor von $q + r + s - n$-ter, d. h. t-ter Stufe gemein. Dieser sei D, und sei $C = [DE]$, so ist die Summe der Stufenzahlen von A, B, E gleich n, und D ist dem [AB] untergeordnet. Folglich ist dann (nach 108)

$$[ABC] = [AB \cdot DE] = [ABE] \cdot D.$$

Also da [ABE] eine Zahl ist, so ist $[ABC] \equiv D$, somit muss, wenn $[ABC] \equiv [ACB]$ sein soll, auch $[ACB] \equiv D$ sein, d. h. [AC] und B müssen sich auf einen mit D kongruenten gemeinschaftlichen Faktor bringen lassen, also auch auf den Faktor D selbst; folglich muss D dem B untergeordnet sein, es war aber auch dem C untergeordnet, d. h. B und C lassen sich auf den gemeinschaftlichen Faktor t-ter Stufe D bringen, d. h. haben ein System t-ter Stufe gemein, was die erste Bedingung für Formel (e) ist. Es sei $B = [DF]$, so ist

$$[ABC] = [AB \cdot DE] = [ABE]D \qquad [108]$$
$$= [A(DF)E]D = [ADFE]D \qquad [119]$$
$$[ACB] = [AC \cdot DF] = [ACF]D \qquad [108]$$
$$= [A(DE)F]D = [ADEF]D \qquad [119].$$

Da nun $C = [DE]$ war, so ist E von $(s - t)$-ter Stufe, und da $B = [DF]$ war, so ist F von $(r - t)$-ter Stufe, somit

$$[ADFE]D = (-1)^{(r-t)(s-t)}[ADEF]D \qquad [58],$$

also

$$[ABC] = (-1)^{(r-t)(s-t)}[ACB],$$

was die Formel (e) ist.

Sind hingegen die beiden Summen $q + r$ und $q + s$ grösser als n, so sind die Summen $(n - q) + (n - r)$ und $(n - q) + (n - s)$ kleiner als n, und $(n - q) + (n - r) + (n - s) = n + (n - t)$. Folglich sind in diesem Falle (nach Fall e) die Produkte [|A|B|C] und [|A|C|B] nur dann einander kongruent, wenn ſich $|B$ und $|C$ auf einen gemeinschaftlichen Faktor von $(n-t)$-ter Stufe bringen lassen. Dieſer ſei $|D$ und ſei $|B = [|D|F]$, $|C = [|D|E]$, ſo ist (nach e)

$$[|A|B|C] = (-1)^{(t-r)(t-s)}[|A|C|B].$$

Aber (nach 98) ist dann

$$B = [DF], \; C = [DE]$$

$$[ABC] = (-1)^{(t-r)(t-s)}[ACB] = (-1)^{(r-t)(s-t)}[ACB],$$

d. h. es tritt die zweite Bedingung der Formel (e) und dieſe ſelbst ein, indem nämlich das Produkt $B = [DF]$, da B von geringer Stufe als D ist, als regressives erscheint, und ebenſo $[DE]$, und alſo B und C beide dem D untergeordnet ſind, alſo von dem Gebiete D umfasst werden.

Es bleibt ſomit nur noch der Fall übrig, wo von den Summen $q + r$ und $q + s$ die eine, etwa die erstere, ebenſo gross oder kleiner, die andere ebenſo gross oder grösser als n ist. Dann lassen ſich (nach 26) [AB] und C auf einen gemeinschaftlichen Faktor $q + r + s - n$-ter, d. h. t-ter Stufe bringen. Dieſer ſei D, und ſei $C = [DE]$ *), ſo wird

$$[ABC] = [AB \cdot DE] = [ABE]D \qquad [108].$$

Ferner ſei $q + s = n + v$, ſo haben A und C einen Faktor von v-ter Stufe gemein, dieſer ſei F, und ſei $C = [FG]$, ſo ist

$$[AC] = [A \cdot FG] = [AG]F \qquad [108].$$

Alſo

$$[ACB] = [AG][FB].$$

Soll alſo $[ABC] \equiv [ACB]$ ſein, ſo muss, da [ABE] und [AG] von null verschiedene Zahlen ſind, $D \equiv [FB]$ ſein, d. h. B ist dem D untergeordnet, aber auch D dem C, alſo B dem C untergeordnet, d. h. B und C ſind einander incident. Dies ist die Bedingung der Formel (f) und (nach 123) ist dann

$$[ABC] = [ACB].$$

Somit der Satz vollständig bewieſen.

125. In denſelben und in keinen andern Fällen (wie in 124) ist

$$[BAC] \equiv [B \cdot AC].$$

*) Sollte $q + r = n$ ſein, ſo würde E von nullter Stufe ſein, was in dem obigen Beweiſe mit eingeschlossen ist, dasſelbe gilt im Folgenden von F.

Beweis. Es ist in den in **124** angenommenen Fällen

$$[BAC] \equiv [ABC] \quad [58]$$
$$\equiv [ACB] \quad [123]$$
$$\equiv [B \cdot AC] \quad [58].$$

und umgekehrt folgt aus der letzten Kongruenz wieder die erste.

Anm. Es ergiebt ſich ins Beſondere für Fall (c) und (d)

$$[ABC] = [B \cdot AC] = 0,$$

für Fall (a) und (b)

$$[BAC] = [B \cdot AC].$$

Dagegen spaltet ſich der Fall (e) in zwei Fälle; nämlich wenn die Summen $q + r$ und $q + s$ kleiner als n ſind, ſo ist

$$[BAC] = (-1)^{qt}[B \cdot AC],$$

und wenn jene Summen grösser als n ſind,

$$[BAC] = (-1)^{(n-q)(n-t)}[B \cdot AC].$$

Der Fall (f) spaltet ſich in zwei Fälle, nämlich wenn $q + r$ kleiner, und $q + s$ grösser als n ist, ſo wird

$$[BAC] = (-1)^{r(n-s)}[B \cdot AC],$$

wenn umgekehrt $q + r$ grösser und $q + s$ kleiner als n ist,

$$[BAC] = (-1)^{(n-r)s}[B \cdot AC].$$

Wenn eine der Summen gleich n ist, ſo gilt ſowohl diejenige Formel, bei welcher die Summe grösser, als diejenige, wo ſie kleiner als n vorausgeſetzt war, indem dann beide Formeln identisch werden. Auch ist zu bemerken, dass wenn in f, d. h. in dem Falle der Incidenz von B und C, die Bedingung eintritt, dass beide Summen grösser als n oder beide kleiner als n ſind, ſowohl [BA], als [B·AC] null werden, und alſo zugleich der Fall c oder d statt hat.

126. Ein Produkt nullter Stufe bleibt ſich ſelbst kongruent, wenn man die Ordnung aller ſeiner Faktoren umkehrt, oder die letzten Faktoren in beliebiger Anzahl mit umgekehrter Ordnung in Klammern schliesst, d. h.

$$[A_1A_2 \cdots A_{n-1}A_n] \equiv [A_nA_{n-1} \cdots A_2A_1]$$
$$\equiv [A_1 \cdot A_nA_{n-1} \cdots A_2].$$

Beweis. Es ſei zuerst

$$[A_1A_2 \cdots A_{n-2}] = P,$$

ſo ist

$$[A_1A_2 \cdots A_{n-1}A_n] = [PA_{n-1}A_n].$$

Da das Produkt von nullter Stufe ſein ſoll, ſo muss die Summe der Stufenzahlen von P, A_{n-1}, A_n (nach 96) durch n theilbar, alſo, da die einzelnen Stufenzahlen > 0 und $< n$ ſind, entweder gleich n oder gleich 2n ſein; im ersteren Falle ist das Produkt der drei Grössen P, A_{n-1}, A_n ein rein progressives, im letzteren ein rein regressives, in beiden alſo ein reines, ſomit (nach 125)

$$[PA_{n-1}A_n] \equiv [P \cdot A_n A_{n-1}],$$

oder

$$[A_1 A_2 \cdots A_{n-1} A_n] \equiv [A_1 \cdots A_{n-2} \cdot A_n A_{n-1}].$$

Betrachten wir dieſen Ausdruck als ein Produkt der drei Grössen $[A_1 \cdots A_{n-3}]$, A_{n-2} und $[A_n A_{n-1}]$, ſo erhalten wir auf gleiche Weiſe den zuletzt gewonnenen Ausdruck

$$\equiv [A_1 \cdots A_{n-3} \cdot A_n A_{n-1} A_{n-2}].$$

Wendet man dies Verfahren r-mal an, ſo erhält man

$$[A_1 \cdots \cdots A_n] \equiv [A_1 \cdots \cdots A_{n-r-1} \cdot A_n A_{n-1} \cdots A_{n-r}],$$

d. h. das Produkt bleibt ſich ſelbst kongruent, wenn man die letzten Faktoren in beliebiger Anzahl (r) mit umgekehrter Ordnung in Klammern schliesst. Hiernach wird nun auch

$$[A_1 A_2 \cdots \cdots A_n] \equiv [A_1 \cdot A_n A_{n-1} \cdots \cdots A_2],$$

ſomit (nach 58)

$$\equiv [A_n A_{n-1} \cdots A_2 A_1],$$

alſo auch der erste Theil des Satzes bewieſen.

§. 7. Zurückleitung und Ersetzung.

127. Erklärung. Wenn n die Stufenzahl des Hauptgebietes, $A_1 \cdots A_v$ die multiplikativen Kombinationen aus den n in keiner Zahlbeziehung zu einander stehenden Grössen erster oder (n — 1)-ter Stufe, $a_1 \cdots a_n$ zu irgend einer Klasse und $A_1 \cdots \cdot A_u$ die multiplikativen Kombinationen aus m derſelben, etwa aus $a_1, \cdots \cdot a_m$ zur gleichen Klasse ſind, und

$$C = \alpha_1 A_1 + \cdots \cdots \alpha_v A_v,$$

$$C_1 = \alpha_1 A_1 + \cdots \cdot \alpha_u A_u$$

ist, ſo nenne ich C_1 die Zurückleitung von C auf das Gebiet $[a_1 \cdots \cdot a_m]$, unter Ausschluss des Gebietes $[a_{m+1} \cdots a_n]$, und zwar nenne ich die Zurückleitung eine progressive, wenn $a_1 \cdots \cdot a_n$ Grössen erster Stufe, eine regressive, wenn $a_1 \cdots \cdot a_n$ Grössen (n — 1)-ter Stufe ſind. Die Zurückleitungen mehrerer Grössen heissen in demſelben Sinne genommen, wenn ſie auf dasſelbe Gebiet und unter Ausschluss desſelben Gebietes zurückgeleitet ſind (vergl. 33).

Anm. Ist z. B. das Hauptgebiet von vierter Stufe (wie z. B. der Raum), und ſind a, b, c, d vier in keiner Zahlbeziehung zu einander stehende Grössen erster Stufe (z. B. vier nicht in ein und derſelben Ebene liegende Punkte), ſo ist $C_1 = [bc] + [ca] + [ab]$ (im Raume eine Linie) die (progressive) Zurückleitung von $C = [bc] + [ca] + [ab] + [ad] + [bd] + [cd]$ auf das Gebiet [abc] (alſo auf die Ebene abc), unter Ausschluss des Gebietes d. Bezeichnen wir ferner [bcd] mit a', [cad] mit b', [abd] mit c' und [acb] mit d', ſo ſind a', b', c', d' Grössen (n — 1)-ter Stufe, da n = 4 ist und ſetzen wir noch [abcd] = 1, ſo ist $[b'c'] = [ad]$, $[c'a'] = [bd]$, $[a'b'] = [cd]$, $[a'd'] = [bc]$, $[b'd'] = [ca]$, $[c'd'] = ab$, und es wird

$$C = [a'd'] + [b'd'] + [c'd'] + [b'c'] + [c'a'] + [a'b'].$$

Dann wird, wenn

$$C' = [b'c'] + [c'a'] + [a'b']$$

ist, C' die (regressive) Zurückleitung von C auf das Gebiet [a'b'c'], unter Ausschluss des Gebietes d', ſein, d. h., da $[a'b'c'] = [cd \cdot abd] \equiv d$, und $d' \equiv [abc]$ ist, C' ist die Zurückleitung von C auf das Gebiet d, unter Ausschluss des Gebietes [abc]. So erscheint alſo in der Geometrie die Zurückleitung einer Linie auf eine Ebene als progressive Zurückleitung, und die einer Linie auf einen Punkt als regressive Zurückleitung. Die Zurückleitung ſelbst ist in der Geometrie gleichbedeutend mit der Projektion im weitesten und prägnantesten Sinne des Wortes (ſ. u.).

Wir haben oben (33) die in der Definition bestimmte Grösse C_1 die Zurückleitung der Grösse C auf das Gebiet der Grössen $A_1, A_2, \cdots A_u$ genannt. Dieſer Benennungsweiſe haben wir hier die für die Anwendung bequemere zur Seite geſetzt.

128. Je nachdem die Stufenzahl des Gebietes, auf welches zurückgeleitet wird, grösser oder kleiner als die Stufenzahl der zurückgeleiteten Grösse ist, erscheint die Zurückleitung als progressive oder regressive. Wenn die Stufenzahl jenes Gebietes gleich der Stufenzahl der zurückgeleiteten Grösse ist, ſo kann die Zurückleitung ſowohl eine progressive als eine regressive ſein.

Beweis. Es ſeien $a_1 \cdots a_n$ Grössen erster Stufe, die in keiner Zahlbeziehung zu einander stehen, und ſeien $A_1, \cdots A_v$ die multiplikativen Kombinationen aus $a_1 \cdots a_n$ zur p-ten Klasse, und $A_1 \cdots A_u$ die multiplikativen Kombinationen aus $a_1 \cdots a_m$ zur p-ten Klasse und

$$C = \alpha_1 A_1 + \cdots \alpha_v A_v$$
$$C_1 = \alpha_1 A_1 + \cdots \alpha_u A_u,$$

alſo (nach 127) C_1 die progressive Zurückleitung der Grösse C auf das Gebiet $[a_1 \cdots a_m]$, unter Ausschluss des Gebietes

$[a_{m+1} \cdots a_n]$, ſo würde es, wenn $m < p$ wäre, gar keine Kombinationen aus $a_1 \cdots a_m$ zur p-ten Klasse geben, alſo auch keine progressive Zurückleitung. Es muss alſo für die progressive Zurückleitung $m >= p$ ſein, da aber m die Stufenzahl des Gebietes $[a_1 \cdots a_m]$ und p die der multiplikativen Kombinationen $A_1, \cdots A_n$, alſo auch die von C ist, ſo muss die Stufenzahl des Gebietes, auf welches zurückgeleitet wird, ebenſo gross oder grösser ſein als die der zurückgeleiteten Grösse. Macht man im Uebrigen dieſelben Annahmen wie vorher, mit dem einzigen Unterschiede, dass $a_1, \cdots a_n$ Grössen $(n-1)$-ter Stufe ſind (in dem Hauptgebiete n-ter Stufe), ſo ist die Zurückleitung eine regressive; und auch hier muss, aus gleichem Grunde wie vorher, $m >= p$ ſein. Aber dann ist (nach 90) die Stufenzahl von $[a_1 \cdots a_m]$ gleich $n-m$ und die von C gleich $n-p$, ſomit, da $n-m <= n-p$ ist, ſo ist die Stufenzahl des Gebietes, auf welches zurückgeleitet wird, ebenſo gross oder kleiner als die der zurückgeleiteten Grösse. Ist alſo die Stufenzahl jenes Gebietes grösser oder kleiner als die Stufenzahl der zurückgeleiteten Grösse, ſo wird die Zurückleitung im ersteren Falle eine progressive, im letzteren eine regressive ſein. Sind hingegen die genannten Stufenzahlen einander gleich, ſo wird die Zurückleitung ſowohl eine progressive als auch eine regressive ſein können.

129. Die Zurückleitung A′ einer Grösse A auf ein Gebiet B, unter Ausschluss des Gebietes C, ist

$$A' = \frac{[B \cdot AC]}{[BC]}, \text{ alſo } A' = [B \cdot AC], \text{ wenn } [BC] = 1 \text{ ist.}$$

Beweis. Es ſeien $a_1 \cdots a_n$ n in keiner Zahlbeziehung zu einander stehende Grössen erster oder $(n-1)$-ter Stufe, und $A_1 \cdots A_v$ die multiplikativen Kombinationen aus $a_1 \cdots a_n$, und $A_1 \cdots A_u$ die aus $a_1 \cdots a_m$ und $A = \alpha_1 A_1 + \cdots \alpha_v A_v$, alſo $A' = \alpha_1 A_1 + \cdots \alpha_u A_u$, und ſei $[a_1 \cdots a_m] = B$, $[a_{m+1} \cdots a_n] = C$, ſo ist

$$[AC] = [(\alpha_1 A_1 + \cdots \alpha_u A_u + \alpha_{u+1} A_{u+1} + \cdots \alpha_v A_v) C];$$

aber da $A_1, \cdots, A_u$ die Kombinationen aus $a_1 \cdots a_m$ ſind und $A_{u+1} \cdots A_v$ diejenigen Kombinationen aus $a_1 \cdots a_n$, welche nicht zugleich Kombinationen aus $a_1 \cdots a_m$ ſind, ſo muss jede der Grössen $A_{u+1}, \cdots A_v$ mindestens einen der Faktoren $a_{m+1} \cdots a_n$ enthalten, alſo mindestens einen Faktor mit $C = [a_{m+1} \cdots a_n]$ gemein haben. Die Produkte $[A_{u+1}C], \cdots [A_vC]$ ſind aber in Bezug auf die Faktoren $a_1 \cdots a_n$ reine (nach 114), ſomit, da ſie gleiche Faktoren enthalten, null, alſo wird

$$[AC] = [(\alpha_1 A_1 + \cdots \alpha_u A_u)C] = \alpha_1[A_1C] + \cdots \alpha_u[A_uC].$$

Folglich ist

$$[B \cdot AC] = \alpha_1[B \cdot A_1C] + \cdots \alpha_u[B \cdot A_uC].$$

Da nun jede der Grössen $A_1, \cdots A_u$ aus Faktoren besteht, die in B enthalten ſind, ſo ist jede derſelben mit B incident, ſomit, da auch die Stufenzahlen von B und C zuſammen n betragen, ſo ist (nach 108)

$$[B \cdot A_1C] = [BC]A_1, \cdots, [B \cdot A_uC] = [BC]A_u,$$

alſo

$$[B \cdot AC] = [BC](\alpha_1 A_1 + \cdots \alpha_u A_u) = [BC]A'.$$

Alſo, da [BC] eine Zahl ist

$$A' = \frac{[B \cdot AC]}{[BC]}.$$

130. Jede Gleichung, deren Glieder Vielfache je einer Grösse m-ter Stufe ſind, bleibt bestehen, wenn man statt aller dieſer Grössen ihre in demſelben Sinne genommenen Zurückleitungen ſetzt; oder wenn

$$P = \alpha A + \beta B + \cdots$$

ist und $P', A', B', \cdots$ die in gleichem Sinne genommenen Zurückleitungen von $P, A, B, \cdots$ und $\alpha, \beta, \cdots$ Zahlen ſind, ſo ist auch

$$P' = \alpha A' + \beta B' + \cdots.$$

Beweis. Es ſei Q das Gebiet, auf welches zurückgeleitet wird, und R das ausgeschlossene Gebiet und $[QR] = 1$, ſo erhält man aus der Gleichung

$$P = \alpha A + \beta B + \cdots,$$

durch Multiplikation

$$[PR] = \alpha[AR] + \beta[BR] + \cdots$$

und

$$[Q \cdot PR] = \alpha[Q \cdot AR] + \beta[Q \cdot BR] + \cdots,$$

d. h. (nach 129)

$$P' = \alpha A' + \beta B' + \cdots.$$

131. Die progressive Zurückleitung eines rein progressiven und die regressive eines rein regressiven Produktes ist gleich dem Produkte der in demſelben Sinne genommenen Zurückleitungen der Faktoren jenes Produktes, d. h. wenn das reine Produkt P

$$P = [AB \cdots E]$$

ist, und P', A', B', ··E' die in gleichem Sinne genommenen Zurückleitungen von P, A, B, ··E ſind (und zwar progressive oder regressive, je nachdem das Produkt progressiv oder regressiv ist), ſo ist auch

$$P' = [A'B' \cdots E'].$$

Beweis. Es ſei $A = [a_1 \cdots a_q]$, $B = [a_{q+1} \cdots a_r]$, ··· $E = [a_{t+1} \cdots a_v]$, wo $a_1 \cdots a_v$ Grössen erster oder $(n-1)$-ter Stufe ſind, je nachdem das Produkt [AB···E] ein progressives oder regressives war. Dann ist

$$P = [a_1 \cdots a_v]$$

ein reines Produkt von Grössen erster oder $(n-1)$-ter Stufe. Ferner ſei $Q = [u_1 \cdots u_m]$ das Gebiet, auf welches zurückgeleitet wird, $R = [u_{m+1} \cdots u_n]$ das ausgeschlossene Gebiet und $[QR] = 1$, wobei $u_1 \cdots u_n$ Grössen erster oder $(n-1)$-ter Stufe ſind, je nachdem $a_1 \cdots a_v$ es ſind. Nun ist (nach 129)

$$P' = [Q \cdot PR]$$
$$= [u_1 \cdots u_m(a_1 \cdots a_v \cdot u_{m+1} \cdots u_n)].$$

Wenn nun das ursprüngliche Produkt [AB···E] ein progressives ist, ſo ſoll auch die Zurückleitung eine progressive, d. h. (nach 127) die Stufenzahl von Q eben ſo gross oder grösser als die von P ſein, d. h. $m = > v$, folglich $v + n - m < n$, d. h. das Produkt $[a_1 \cdots a_v \cdot u_{m+1} \cdots u_n]$ ein rein progressives, alſo auch $= [a_1 \cdots a_v u_{m+1} \cdots u_n]$, und da alle Faktoren von erster Stufe ſind, ein kombinatorisches (nach 94, 78). Nun ſei

$$a_r = \alpha_1^{(r)} u_1 + \cdots \alpha_n^{(r)} u_n,$$

ſo können wir (nach 67) in dem Produkte $[a_1 \cdots a_v u_{m+1} \cdots u_n]$ statt $a_r = \alpha_1^{(r)} u_1 \cdots \alpha_n^{(r)} u_n$ ſetzen: $\alpha_1^{(r)} u_1 + \cdots \alpha_m^{(r)} u_m$, weil $u_{m+1} \cdots u_n$ als Faktoren in jenem Produkte vorkommen; aber $\alpha_1^{(r)} u_1 + \cdots \alpha_m^{(r)} u_m$ ist die Zurückleitung von a_r auf das Gebiet

$Q = [u_1 \cdot \cdot u_m]$, mit Ausschluss des Gebietes $R = [u_{m+1} \cdots u_n]$. Somit wird, wenn wir diese Zurückleitung mit a'_r bezeichnen

$$P' = [u_1 \cdots u_m \cdot a'_1 \cdots a'_v u_{m+1} \cdots u_n].$$

Hier ist $a'_1 \cdots a'_v$ dem $u_1 \cdots u_m$ untergeordnet, also (nach 108)

$$P' = [u_1 \cdots u_n] \cdot [a'_1 \cdots a'_v] = [a'_1 \cdots a'_v].$$

Aus gleichem Grunde ist

$$A' = [a'_1 \cdots a'_q],\ B' = [a'_{q+1} \cdots a'_r], \cdots$$
$$E' = [a'_{t+1} \cdots a'_v].$$

Somit

$$P' = [A'B' \cdots E'].$$

2. Wenn das ursprüngliche Produkt $[AB \cdots E]$ ein regressives ist, und also auch die Zurückleitung von P auf Q, unter Ausschluss von R, eine regressive, d. h. die Stufenzahl von P kleiner oder ebensogross als die von Q ist, so kehrt sich das regressive Produkt und ebenso die regressive Projektion (nach 115 und 90 Zusatz) in das progressive Produkt und in die progressive Projektion um. Sind daher P_1, Q_1, R_1, A_1, $B_1, \cdots E_1$ die Ergänzungen von P, Q, R, A, B, $\cdots$ E, und P'_1, A'_1, $B'_1 \cdots E'_1$ die Zurückleitungen von P_1, A_1, $B_1, \cdots E_1$ auf Q_1, unter Ausschluss von R_1, so ist (nach 101)

$$P_1 = [A_1 B_1 \cdots E_1],$$

und nach Beweis 1

$$(*)\ P'_1 = [A'_1 B'_1 \cdots E'_1].$$

Ferner ist (nach 129)

$$P' = [Q \cdot PR],\ P'_1 = [Q_1 \cdot P_1 R_1] = |[Q \cdot PR] \text{ (nach 98)},$$

also $P'_1 = |P$ und ebenso $A'_1 = |A'$, $B'_1 = |B', \cdots$, also (nach *)

$$|P' = [|A'|B' \cdots |E']$$
$$P' = [A'B' \cdots E'] \qquad \text{(nach 101)}.$$

3. Sind nun endlich A, B, $\cdots$ E zusammengesetzte Grössen,

$$A = \sum \alpha_r A_r,\ B = \sum \beta_s B_s, \cdots\ E = \sum \varepsilon_v E_v,$$

wo A_r, $B_s, \cdots E_v$ einfache Grössen sind und sind A'_r, $B'_s, \cdots E'_v$ die Zurückleitungen von A_r, $B_s, \cdots E_v$, so ist

$$P = [\sum \alpha_r A_r \cdot \sum \beta_s B_s \cdots \sum \varepsilon_v E_v] = \sum \alpha_r \beta_s \cdots \varepsilon_v [A_r B_s \cdots E_v]$$
$$= \sum \alpha_r \beta_s \cdots \varepsilon_v P_{r,s,\ldots v}, \text{ wenn } P_{r,s,\ldots v} = [A_r B_s \cdots E_v] \text{ ist.}$$

Also (nach 130)

$$P' = \sum \alpha_r \beta_s \cdots \varepsilon_v P'_{r,s,\ldots v} = \sum \alpha_r \beta_s \cdots \varepsilon_v [A'_r B'_s \cdots E'_v]$$

nach Beweis 1 und 2; und dies

$$=[\sum \alpha_r A'_r \sum \beta_s B'_s \cdots \sum \varepsilon_v E'_v] \quad \text{[nach 45]}$$
$$=[A'B' \cdots E'] \quad [130].$$

132. Das reine Produkt von Grössen erster Stufe oder von Grössen (n — 1)-ter Stufe in einem Hauptgebiete n-ter Stufe ist ein kombinatorisches Produkt dieſer Grössen.

Beweis. Das reine Produkt von Einheiten erster Stufe ist (nach 114, 94) ein progressives, alſo (nach 94) ein äusseres, alſo (nach 78) ein kombinatorisches Produkt der Einheiten, alſo auch (nach 52) das reine Produkt von beliebigen Grössen erster Stufe ein kombinatorisches Produkt dieſer Grössen. Das reine Produkt von Grössen (n — 1)-ter Stufe ist aber (nach 101) genau denſelben Geſetzen unterworfen wie das von Grössen erster Stufe, alſo auch den Geſetzen der kombinatorischen Multiplikation, d. h. jenes Produkt ist ein kombinatorisches Produkt jener Grössen (n — 1)-ter Stufe.

133. Eine Gleichung, deren Glieder Grössen m-ter Stufe ſind, wird, wenn n die Stufe des Hauptgebietes ist, durch ſo viel Zahlgleichungen erſetzt, als es Kombinationen ohne Wiederholung aus n Elementen zur m-ten Klasse giebt, und zwar erhält man einen erſetzenden Verein von Gleichungen, indem man die gegebene Gleichung nach und nach mit den multiplikativen Kombinationen zur (n — m)-ten Klasse aus einer beliebigen Schaar von n Grössen erster Stufe, deren Produkt 1 ist, multiplicirt.

Beweis. Es ſei

$$\text{(a)} \quad P = A + B + \cdots$$

die gegebene Gleichung, in welcher P, A, B, $\cdots$ Grössen m-ter Stufe ſind, es ſeien ferner $e_1, \cdots e_n$ Grössen erster Stufe, deren Produkt $[e_1 \cdots e_n] = 1$ ist, und ſeien $E_1, E_2, \cdots E_v$ die multiplikativen Kombinationen zur m-ten Klasse aus $e_1, \cdots e_n$, und $F_1, F_2, \cdots F_v$ die ergänzenden Kombinationen, d. h. die Kombinationen aus denſelben Elementen zur (n — m)-ten Klasse und zwar ſo geordnet, dass $[E_1F_1] = [E_2F_2] = \cdots = [E_vF_v] = 1$ ſei, ſo ist zu zeigen, dass die obige Gleichung erſetzt wird durch den Verein von Gleichungen, der aus

$$\text{(b)} \quad [PF_r] = [AF_r] + [BF_r] + \cdots$$

dadurch hervorgeht, dass man statt r nach und nach ſetzt 1, 2, ⋯ v. Es ſind (nach 77a) P, A, B, ⋯ numeriſch ableitbar aus $E_1 \cdots E_v$. Nun ſei

$$P = \pi_1 E_1 + \cdots \pi_v E_v, \quad A = \alpha_1 E_1 + \cdots \alpha_v E_v,$$
$$B = \beta_1 E_1 + \cdots \beta_v E_v, \cdots$$

ſo ist

$$[PF_r] = [\sum \overline{\pi_s E_s} F_r] = \sum \overline{\pi_s [E_s F_r]}.$$

Aber da E_s und F_r, wenn $s \gtrless r$ ist, nothwendig gleiche Elemente $(e_1, \cdots e_n)$ als Faktoren enthalten, ſo ist für dieſen Fall $[E_s F_r] = 0$, alſo

$$[PF_r] = \pi_r [E_r F_r] = \pi_r.$$

Aus gleichem Grunde ist

$$[AF_r] = \alpha_r, \quad [BF_r] = \beta_r, \cdots.$$

Gilt nun die Gleichung (a), ſo gilt auch die aus ihr durch Multiplikation hervorgegangene Gleichungsgruppe (b). Gilt umgekehrt die letztere, ſo hat man für jedes r von 1 ⋯ v, indem man für $[PF_r]$, $[AF_r]$, $[BF_r]$, ⋯ die gefundenen Werthe ſetzt,

$\pi_r = \alpha_r + \beta_r + \cdots$, alſo auch $\pi_r E_r = \alpha_r E_r + \beta_r E_r + \cdots$ für jedes r von 1 bis v. Addirt man dieſe ſämmtlichen Gleichungen, ſo erhält man

$$\sum \overline{\pi_r E_r} = \sum \overline{\alpha_r E_r} + \sum \overline{\beta_r E_r} + \cdots,$$

d. h.

$$P = A + B + \cdots.$$

Somit erſetzen ſich die Gleichung (a) und der Gleichungsverein (b) gegenſeitig.

Zuſatz. Ist ins Beſondere

$$A = \alpha_1 E_1 + \alpha_2 E_2 + \cdots,$$

ſo ist

$$[AF_r] = \alpha_r,$$

d. h. $$[AF_1] = \alpha_1, \quad [AF_2] = \alpha_2, \cdots.$$

§. 8. Elimination der Unbekannten aus algebraiſchen Gleichungen durch kombinatoriſche Multiplikation.

134. Aufgabe. Aus n Gleichungen erſten Grades mit n Unbekannten dieſe zu finden.

Auflöfung 1. Die n Gleichungen feien

$$(a)\quad \begin{cases} \alpha_1^{(1)}x_1 + \alpha_2^{(1)}x_2 + \cdots + \alpha_n^{(1)}x_n = \beta^{(1)} \\ \alpha_1^{(2)}x_1 + \alpha_2^{(2)}x_2 + \cdots + \alpha_n^{(2)}x_n = \beta^{(2)} \\ \vdots \qquad \vdots \qquad \vdots \qquad \vdots \\ \alpha_1^{(n)}x_1 + \alpha_2^{(n)}x_2 + \cdots + \alpha_n^{(n)}x_n = \beta^{(n)}. \end{cases}$$

Man multiplicire diefe Gleichungen beziehlich mit n extenfiven Grössen $e^{(1)}, e^{(2)}, \cdots e^{(n)}$, deren kombinatorisches Produkt Eins ist, und addire fie, fo erhält man, indem man

$$(b)\quad \begin{cases} \alpha_1^{(1)}e^{(1)} + \alpha_1^{(2)}e^{(2)} + \cdots \alpha_1^{(n)}e^{(n)} = a_1 \\ \alpha_2^{(1)}e^{(1)} + \alpha_2^{(2)}e^{(2)} + \cdots \alpha_2^{(n)}e^{(n)} = a_2 \\ \vdots \qquad \vdots \qquad \vdots \qquad \vdots \\ \alpha_n^{(1)}e^{(1)} + \alpha_n^{(2)}e^{(2)} + \cdots \alpha_n^{(n)}e^{(n)} = a_n \\ \beta^{(1)}e^{(1)} + \beta^{(2)}e^{(2)} + \cdots \beta^{(n)}e^{(n)} = b \end{cases}$$

fetzt, die Gleichung

$$(c)\quad x_1a_1 + x_2a_2 + \cdots + x_na_n = b,$$

eine Gleichung, welche die gegebenen Gleichungen (a) erfetzt. Um aus ihr x_1 zu finden, fügt man beiden Seiten der Gleichung die Faktoren $a_2, a_3, \cdots a_n$ hinzu, fo erhält man, da $[a_2a_2a_3 \cdots a_n]$, $[a_3a_2a_3 \cdots a_n] \cdots [a_na_2a_3 \cdots a_n]$ (nach 76) null find,

$$(d)\quad x_1[a_1a_2 \cdots a_n] = [ba_2a_3 \cdots a_n].$$

Und ebenfo

$$x_2[a_1a_2 \cdots a_n] = [a_1ba_3 \cdots a_n] \text{ u. f. w.}$$

Angenommen nun zuerst, das Produkt $[a_1a_2 \cdots a_n]$ fei ungleich null, fo erhält man

$$(e)\quad \begin{cases} x_1 = \dfrac{[ba_2a_3 \cdots a_n]}{[a_1a_2a_3 \cdots a_n]}, \\ \text{und ebenfo} \\ x_2 = \dfrac{[a_1ba_3 \cdots a_n]}{[a_1a_2a_3 \cdots a_n]}, \cdots x_n = \dfrac{[a_1a_2 \cdots a_{n-1}b]}{[a_1a_2 \cdots a_{n-1}a_n]}. \end{cases}$$

Es ist für diefen Fall noch zu zeigen, dass diefe Werthe der Unbekannten in der That der Gleichung (c) genügen. Da das Produkt $(a_1a_2 \cdots a_n]$ nach der für diefen Fall gemachten Annahme ungleich null ist, fo stehen $a_1, \cdots a_n$ in keiner Zahlbeziehung zu einander. Da nun $a_1, \cdots a_n$ aus $e_1, \cdots e_n$ numerisch abgeleitet find und in keiner Zahlbeziehung zu einander stehen, fo muss (nach 21) jede aus $e_1 \cdots e_n$ numerisch ableitbare Grösse, alſo namentlich b, auch aus $a_1 \cdots a_n$ numerisch ableitbar ſein; es ſei $b = y_1 a_1 + y_2 a_2 + \cdots y_n a_n$. Substituirt man dieſen Werth in (e), ſo wird $x_1 = y_1$, $x_2 = y_2, \cdots$ $x_n = y_n$, alſo $x_1 a_1 + x_2 a_2 + \cdots + x_n a_n = y_1 a_1 + y_2 a_2 + \cdots$ $y_n a_n$, d. h. $= b$. Alſo wird der Gleichung (c) durch die Werthe (e) genügt, ſomit auch den ursprünglichen Gleichungen.

Angenommen zweitens, das kombinatorische Produkt $[a_1 a_2 \cdots a_n]$ ſei gleich null, ſo stehen $a_1 \cdots a_n$ in einer Zahlbeziehung zu einander, dann muss es unter ihnen (nach 17) ſolche geben, die in keiner Zahlbeziehung zu einander stehen, und aus denen die übrigen numerisch ableitbar ſind; es ſeien dies $a_1, \cdots a_r$ und ſeien $a_{r+1}, \cdots a_n$ aus ihnen numerisch ableitbar. Dann muss alſo vermöge der Gleichung c auch b aus dieſen Grössen $a_1 \cdots a_r$ numerisch ableitbar ſein. Tritt alſo der Fall ein, dass, vermöge der Natur der gegebenen Gleichungen, b nicht aus $a_1 \cdots a_r$ numerisch ableitbar ist, während es doch $a_{r+1}, \cdots a_n$ ſind, ſo enthalten jene Gleichungen einen Widerspruch. Wird hingegen dieſe Bedingung erfüllt, ſo ſei die Gleichung (c) in der Form geschrieben:

$$
(f) \left\{ \begin{array}{l}
x_1 a_1 + x_2 a_2 + \cdots x_r a_r = c, \text{ wo} \\
\qquad c = b - x_{r+1} a_{r+1} - x_{r+2} a_{r+2} - \cdots x_n a_n \\
\text{ist, und man erhält} \\
\qquad x_1 = \dfrac{[c a_2 a_3 \cdots a_r]}{[a_1 a_2 a_3 \cdots a_r]}, \; x_2 = \dfrac{[a_1 c a_3 \cdots a_r]}{[a_1 a_2 a_3 \cdots a_r]} \text{ u. ſ. w.} \\
\qquad\qquad x_r = \dfrac{[a_1 a_2 \cdots a_{r-1} c]}{[a_1 a_2 \cdots a_r]},
\end{array} \right.
$$

während x_{r+1} bis x_n ganz willkürlich ſind.

Anm. Setzt man für die Grössen $a_1 \cdots a_n$ und b in der Gleichung (c) ihre Werthe aus (b) ein, ſo erhält man, vermöge 79, die bekannten Ausdrücke

$$x_1 = \frac{\sum \mp \alpha_1^{(1)} \beta_2^{(2)} \alpha_3^{(3)} \cdots \alpha_n^{(n)}}{\sum \mp \alpha_1^{(1)} \alpha_2^{(2)} \alpha_3^{(3)} \cdots \alpha_n^{(n)}} \text{ u. ſ. w.}$$

Ich füge hier noch eine zweite Auflöſungsmethode bei, welche zwar auf den ersten Anblick nicht ſo einfach erscheint, aber dennoch ihre grossen Vorzüge hat, und deren eigentliches Weſen späterhin in ein noch helleres Licht treten wird:

Auflöſung 2. Man bringe die ſämmtlichen Gleichungen auf die Form, dass ihre rechte Seite null ist. Die Gleichungen ſeien

$$(\alpha)\begin{cases} \alpha_0^{(1)} + \alpha_1 x_1^{(1)} + \alpha_2 x_2^{(1)} + \cdots + \alpha_n x_n^{(1)} = 0 \\ \alpha_0^{(2)} + \alpha_1^{(2)} x_1^c + \alpha_2^{(2)} x_2 + \cdots + \alpha_n^{(2)} x_n = 0 \\ \vdots \\ \alpha_0^{(n)} + \alpha_1^{(n)} x_1 + \alpha_2^{(n)} x_2 + \cdots + \alpha_n^{(n)} x_n = 0. \end{cases}$$

Die Gleichungen ſind alſo dieſelben wie in der vorigen Auflöſung, nur dass $\alpha_0^{(r)} = -\beta_0^{(r)}$ ist. Der Symmetrie wegen fügen wir noch dem ersten Gliede jeder Gleichung die Unbekannte x_0 als Faktor bei, die wir dann schliesslich gleich 1 ſetzen. Nun nehme man ein System von (n + 1) Einheiten $e_0, e_1, \cdots e_n$ an, deren Produkt Eins ist. Dann ist (nach 91)

$$(\beta)\begin{cases} [e_0|e_0] = [e_1|e_1] = [e_2|e_2] = \cdots = [e_n|e_n] \\ \qquad = [e_0 e_1 e_2 \cdots e_n] = 1. \\ \text{Ferner ist, da } |e_s \text{ (nach 98) alle übrigen Einheiten ausser } e_s \text{ als Faktoren enthält,} \\ [e_r|e_s] = 0, \text{ wenn } r \gtrless s \text{ ist} \qquad \text{[nach 60].} \end{cases}$$

Wenn nun

$$(\gamma)\begin{cases} x_0|e_0 + x_1|e_1 + \cdots x_n|e_n = X \\ \alpha_0^{(1)} e_0 + \alpha_1^{(2)} e_1 + \cdots \alpha_n^{(1)} e_n = a^{(1)} \\ \alpha_0^{(2)} e_0 + \alpha_1^{(2)} e_1 + \cdots \alpha_n^{(2)} e_n = a^{(2)} \\ \vdots \\ \alpha_0^{(n)} e_0 + \alpha_1^{(n)} e_1 + \cdots \alpha_n^{(n)} e_n = a^{(n)} \end{cases}$$

geſetzt wird, ſo ergiebt ſich leicht, dass die gegebenen Gleichungen (α) identisch ſind mit den Gleichungen

$$(\delta)\begin{cases} [a^{(1)}X] = 0 \\ [a^{(2)}X] = 0 \\ \vdots \\ [a^{(n)}X] = 0. \end{cases}$$

In der That, ſetzt man z. B. in der ersten dieſer Gleichungen statt $a^{(1)}$ und X ihre Werthe aus (γ), ſo wird dieſelbe vermöge des Gleichungssystems (β) identisch mit der ersten der Gleichungen in (α) und ſo bei den übrigen. Angenommen nun zuerst, $a^{(1)} \cdots a^{(n)}$ stehen in keiner Zahlbeziehung zu einander. Da X eine Grösse n-ter Stufe ist und ſie mit jeder der n Grössen erster Stufe $a^{(1)}, a^{(2)} \cdots a^{(n)}$, die in keiner Zahlbeziehung zu einander stehen, zu einem kombinatorischen Produkte verbunden, null giebt, ſo muss X (nach 84) mit dem kombinatorischen Produkte jener Grössen in einer Zahlbeziehung stehen, alſo ist, wenn λ eine noch unbestimmte Zahl ist,

$$(\varepsilon)\quad X = \lambda A, \text{ wo } A = [a^{(1)}a^{(2)}\cdots\cdot a^{(n)}]$$

ist; und da aus dieſer Gleichung wieder umgekehrt die Gleichungen (δ) folgen, ſo erſetzt ſie die Gleichungen (δ), alſo auch die ursprünglichen (α). Fügt man nun zu der gewonnenen Gleichung den Faktor e_0 hinzu, ſo erhält man, da $[e_0 X] = [e_0(x_0|e_0 + x_1|e_0 + \cdots)] = x_0[e_0|e_0] + x_1[e_0 e_1] + \cdots$, d. h., vermöge ($\beta$), $= x_0$ ist, die Gleichung

$$(\zeta)\quad \begin{cases} x_0 = \lambda[e_0 A], \\ \text{und ebenſo} \\ x_1 = \lambda[e_1 A],\ x_2 = \lambda[e_2 A], \end{cases}$$

d. h.

$$(\eta)\quad x_0 : x_1 : x_2 : \cdots = [e_0 A] : [e_1 A] : [e_2 A],$$

und da x_0 gleich 1 ist, ſo hat man $1 = \lambda[e_0 A]$

$$(\vartheta)\quad x_1 = \frac{[e_1 A]}{[e_0 A]},\ x_2 = \frac{[e_2 A]}{[e_0 A]},\ \cdots\cdots.$$

Die Auflöſung ist alſo nur dann möglich, wenn $[e_0 A]$ von null verschieden ist; wenn hingegen $[e_0 A] = 0$ ist, obwohl A von null verschieden ist, ſo lehrt die Gleichung $1 = \lambda[e_0 A]$, dass dann die gegebenen Gleichungen einen Widerspruch enthalten. Ferner lässt ſich zeigen, dass in dem angenommenen Falle ($A \gtrless 0$ und $[e_0 A] \gtrless 0$) die Werthe (ϑ) die gegebenen Gleichungen (α) erfüllen. Denn wird $\lambda = \frac{1}{[e_0 A]}$ geſetzt, ſo werden die Gleichungen (ζ) erfüllt; die wir auch ſo schreiben können:

$$[e_0 X] = \lambda[e_0 A],\ [e_1 X] = \lambda[e_1 A]\cdots\cdot$$

oder

$$0 = [e_0(X - \lambda A)] = [e_1(X - \lambda A)] \text{ u. ſ. w.}$$

Alſo giebt die Grösse n-ter Stufe $X - \lambda A$ mit dem System der $n + 1$ Einheiten $e_0, \cdots\cdot e_n$ einzeln kombinatorisch multiplicirt null; alſo ist (nach 85) jene Grösse ſelbst null, d. h.

$$X - \lambda A = 0$$

oder

$$X = \lambda A,$$

welche Gleichung nach dem Obigen die gegebenen Gleichungen (α) erſetzt.

Angenommen ſei zweitens, $a^{(1)}$, $a^{(2)}, \cdots a^{(n)}$ stehen in einer Zahlbeziehung zu einander, ohne jedoch alle null zu ſein, ſo giebt es (nach 17) unter ihnen eine Schaar von Grössen, welche in keiner Zahlbeziehung zu einander stehen und aus denen die übrigen numerisch ableitbar ſind; es mögen $a^{(1)}$, $a^{(2)} \cdots a^{(r)}$ eine ſolche Schaar bilden, und die übrigen $a^{(r+1)}$, $\cdots a^{(n)}$ aus ihnen numerisch ableitbar ſein; und ſei z. B. $a^{(n)} = \alpha_1 a^{(1)} + \alpha_2 a^{(2)} + \cdots \alpha_r a^r$, dann ergiebt ſich auch für jedes X, dass

$$[a^{(n)}X] = \alpha_1[a^{(1)}X] + \alpha_2[a^{(2)}X] + \cdots \alpha_r[a^{(r)}X]$$

ist, d. h. es wird die n-te der gegebenen Gleichungen aus den r ersten gewonnen, indem man dieſe beziehlich mit a_1, $a_2 \cdots a_r$ multiplicirt; d. h. die n-te Gleichung ist aus den r ersten Gleichungen numerisch ableitbar, jeder Werth X, der dieſe erfüllt, erfüllt auch die letzten. Es bleiben alſo nur r Gleichungen zu erfüllen übrig, und können ſomit die (n - r) letzten Unbekannten willkürlich angenommen, und dann die übrigen nach dem obigen Verfahren bestimmt werden.

Anm. Die zweite Auflöſungsmethode hat den Vorzug, dass ſie den ſämmtlichen n Unbekannten Eine einzige Unbekannte n-ter Stufe ſubstituirt und dieſe aufs Einfachste finden lehrt.

135. Aufgabe. Aus n + 1 Gleichungen, welche in Bezug auf n Unbekannte vom ersten Grade ſind, dieſe Unbekannten zu eliminiren.

Auflöſung. Die Gleichungen ſeien

$$(a)\quad \begin{cases} \alpha_0^{(0)} + \alpha_1^{(0)}x_1 + \alpha_2^{(0)}x_2 + \cdots \alpha_n^{(0)}x_n = 0 \\ \alpha_0^{(1)} + \alpha_1^{(1)}x_1 + \alpha_2^{(1)}x_2 + \cdots \alpha_n^{(1)}x_n = 0 \\ \vdots \\ \alpha_0^{(n)} + \alpha_1^{(n)}x_1 + \alpha_2^{(n)}x_2 + \cdots \alpha_n^{(n)}x_n = 0. \end{cases}$$

Multiplicirt man ſie beziehlich mit n + 1 Grössen $e^{(0)}$, $e^{(1)}$, $e^{(2)} \cdots e^{(n)}$, welche in keiner Zahlbeziehung zu einander stehen, addirt die ſo gewonnenen Gleichungen und ſetzt

$$(b)\quad \begin{cases} \alpha_0^{(0)}e^{(0)} + \alpha_0^{(1)}e^{(1)} + \alpha_0^{(2)}e^{(2)} + \cdots \alpha_0^{(n)}e^{(n)} = a_0 \\ \alpha_1^{(0)}e^{(0)} + \alpha_1^{(1)}e^{(1)} + \alpha_1^{(2)}e^{(2)} + \cdots \alpha_1^{(n)}e^{(n)} = a_1 \\ \vdots \qquad\qquad \vdots \\ \alpha_n^{(0)}e^{(0)} + \alpha_n^{(1)}e^{(1)} + \alpha_n^{(2)}e^{(2)} + \cdots \alpha_n^{(n)}e^{(n)} = a_n \end{cases}$$

ſo erhält man

$$(c)\quad a_0 + x_1 a_1 + x_2 a_2 + \cdots x_n a_n = 0.$$

Fügt man die kombinatorischen Faktoren a_1, a_2, $\cdots a_n$ hinzu, ſo erhält man, da $[a_1 a_1 a_2 \cdots a_n]$ u. ſ. w. null ſind,

$$\text{(d)} \quad [a_0 a_1 a_2 \cdots a_n] = 0,$$

was die verlangte Eliminationsgleichung ist.

136. Aufgabe. Aus zwei Gleichungen, welche in Bezug auf eine der Unbekannten algebraisch und von beliebigem Grade ſind, dieſe Unbekannte zu eliminiren.

Auflöſung. Es ſei, in Bezug auf die Unbekannte y, die eine Gleichung vom m-ten, die andere vom n-ten Grade, und ſeien die beiden Gleichungen

$$\text{(a)} \quad \begin{cases} a_0 + a_1 y + \cdots + a_m y^m = 0 \\ b_0 + b_1 y + \cdots + b_n y^n = 0, \end{cases}$$

wo a_0, a_1, $\cdots a_m$ und b_0, b_1, $\cdots b_n$ beliebige Funktionen der andern Unbekannten ſind. Multiplicirt man die erstere nach und nach mit 1, y, y^2, $\cdots y^{n-1}$, die letztere nach und nach mit 1, y, y^2, $\cdots y^{m-1}$, ſo erhält man die Gleichungen

$$\text{(b)} \quad \begin{cases} a_0 + a_1 y + \cdots + a_m y^m \\ \qquad a_0 y + \cdots + a_m y^{m+1} \\ \qquad\quad \ddots \qquad\qquad \ddots \\ \qquad\qquad a_0 y^{n-1} + \cdots + a_m y^{m+n-1} \\ b_0 + b_1 y + \cdots + b_n y^n \\ \qquad + b_0 y + \cdots + b_n y^{n+1} \\ \qquad\quad \ddots \qquad\qquad \ddots \\ \qquad\qquad b_0 y^{m-1} \cdots + b_n y^{m+n-1}. \end{cases}$$

Multiplicirt man dieſe nach der Reihe mit n + m Einheiten, die in keiner Zahlbeziehung zu einander stehen, nämlich e_1, e_2, $\cdots e_{m+n}$, addirt die ſo gewonnenen Gleichungen und ſetzt

$$\text{(c)} \quad \begin{cases} a_0 e_1 + b_0 e_{n+1} = u_1, \\ a_1 e_1 + a_0 e_2 + b_1 e_{n+1} + b_0 e_{n+2} = u_2, \\ a_2 e_1 + a_1 e_2 + a_0 e_3 + b_2 e_{n+1} + b_1 e_{n+2} + b_0 e_{n+3} = u_3, \\ \vdots \\ a_m e_n + b_n e_{n+m} = u_{m+n}, \end{cases}$$

ſo erhält man die Gleichung

$$\text{(d)} \quad u_1 + u_2 y + u_3 y^2 + \cdots u_{m+n} y^{m+n-1} = 0;$$

und fügt man ihr die kombinatorischen Faktoren u_2, u_3, $\cdots u_{m+n}$ hinzu, ſo erhält man:

$$\text{(e)} \quad [u_1 u_2 u_3 \cdots u_{m+n}] = 0,$$

was die verlangte Eliminationsgleichung ist.

Auflösung 2. Es seien die gegebenen Gleichungen dieselben wie in Auflösung 1 (a), und sei aus ihnen das System (b) abgeleitet. Man nehme $n+m$ Einheiten $e_0, e_1, \cdots e_{n+m-1}$, deren Produkt $=1$ ist.

Wenn nun

$$(\alpha)\begin{cases} |e_0 + y|e_1 + \cdots y^{m+n-1}|e_{m+n-1} = Y \\ a_0 e_0 + a_1 e_1 + \cdots\cdots\cdots a_m e_m = c_0 \\ a_0 e_1 + a_1 e_2 + \cdots\cdots\cdots a_m e_{m+1} = c_1 \\ \vdots \\ a_0 e_{n-1} + a_1 e_n + \cdots\cdots a_m e_{m+n-1} = c_{n-1} \\ b_0 e_0 + b_1 e_1 + \cdots\cdots\cdots b_n e_n = d_0 \\ \vdots \\ b_0 e_{m-1} + b_1 e_m + \cdots\cdots b_n e_{m+n-1} = d_{m-1}, \end{cases}$$

so werden die Gleichungen (b) gleichbedeutend mit den Gleichungen

$$(\beta)\begin{cases} c_0 Y = c_1 Y = \cdots = c_{n-1} Y = 0 \\ d_0 Y = d_1 Y = \cdots = d_{m-1} Y = 0. \end{cases}$$

Da nun Y eine Grösse $n+m-1$-ter Stufe ist, die nicht null ist, so müssen die $n+m$ Grössen $c_0, c_1, \cdots, c_{n-1}, d_0, d_1, \cdots, d_{m-1}$ in einer Zahlbeziehung zu einander stehen (nach 85). Also hat man

$$[c_0 c_1 \cdots\cdots c_{n-1} d_0 d_1 \cdots\cdots d_{m-1}] = 0,$$

was die verlangte Eliminationsgleichung ist.

Anm. 1. Es lässt sich bei dieser letzten Methode noch die Unbekannte y auf eine sehr einfache Weise ausdrücken, wenn nämlich vorausgesetzt wird, dass es unter den $n+m$ Grössen $c_0, c_1, \cdots c_{n-1}, d_0, d_1, \cdots d_{m-1}$, solche $n+m-1$ Grössen giebt, welche nicht in einer Zahlbeziehung zu einander stehen; es seien dies etwa $c_1 \cdots\cdots c_{n-1}, d_0, d_1 \cdots\cdots d_{m-1}$ und sei ihr kombinatorisches Produkt der Kürze wegen mit A bezeichnet; dann folgt (nach 84) aus den Gleichungen

$$c_1 Y = c_2 Y = \cdots = c_{n-1} Y = d_0 Y = d_1 Y = \cdots d_{m-1} Y,$$

dass

$$Y = pA$$

ist, wo p eine unbekannte Zahl darstellt. Aber nun ist $Y = E_0 + yE_1 + \cdots$, also $[e_0 Y] = [e_0 E_0] = 1$ und $[e_1 Y] = y$, also hat man

$$1 = e_0 Y = p[e_0 A]$$
$$y = e_1 Y = p[e_1 A],$$

also, indem man die zweite durch die erste dividirt,

$$y = \frac{[e_1 A]}{[e_0 A]},$$

wodurch y gefunden ist, während die Eliminationsgleichung in der Form

$$[c_0 A] = 0$$

erscheint.

Anm. 2. Diefe Auflöfungsmethoden (in der ersten der hier mitgetheilten Formen) habe ich bereits in der ersten Ausgabe der Ausdehnungslehre (1844) mitgetheilt, und von ihr in Grunert's Archiv (1845) einen Auszug gegeben. Späterhin hat Cauchy in einer Reihe von Auffätzen, welche in den Comptes rendus von 1854 veröffentlicht find, diefelbe Methode mitgetheilt, ohne jedoch meiner oder meines Werkes, welches ich ihm bereits 1845 zugeschickt hatte, Erwähnung zu thun. In Folge einer Prioritäts-Reclamation, welche ich in diefer Beziehung an die Parifer Academie der Wissenschaften richtete, ist eine Commission zur Prüfung derfelben ernannt worden; ohne dass jedoch darüber bisher Bericht erstattet wäre; was freilich auch kaum nöthig erscheint, da die Sache felbst keinem Zweifel Raum lässt. Zu erwähnen habe ich noch, dass ich durch die Cauchy'schen Auffätze veranlasst bin, die Klammer zur Bezeichnung der kombinatorischen und überhaupt der auf ein Hauptgebiet bezüglichen Multiplikation anzuwenden.

Kap. 4. Inneres Produkt.

§. 1. Grundgesetze der inneren Multiplikation.

137. Erklärung. Unter dem inneren Produkte zweier Einheiten von beliebigen Stufen verstehe ich das bezügliche Produkt der ersten in die Ergänzung der zweiten; d. h. wenn E und F Einheiten beliebiger Stufen find, fo ist

$[E|F]$ das innere Produkt der Einheiten E und F.

138. Das innere Produkt zweier beliebiger Grössen ist gleich dem bezüglichen Produkt der ersten in die Ergänzung der zweiten, d. h. es ist

$[A|B]$ das innere Produkt der Grössen A und B.

Beweis. Es feien $A_1, \cdots A_n$ die Einheiten, aus denen A, und $B_1, \cdots\cdot B_m$ die Einheiten, aus denen B numerisch abgeleitet ist, und fei

$$A = \alpha_1 A_1 + \cdots \alpha_n A_n; \quad B = \beta_1 B_1 + \cdots \beta_m B_m;$$

ferner fei für den Augenblick das Zeichen $\times$ als das der inneren Multiplikation gewählt, fo ist

$$[A \times B] = [(\alpha_1 A_1 + \cdots \alpha_n A_n) \times (\beta_1 B_1 + \cdots\cdot \beta_n B_n)]$$
$$= \sum \alpha_r \beta_s [A_r \times B_s], \qquad [42]$$

wenn nämlich die Summe ſich auf die Werthe $1, \cdots n$ für r und $1, \cdots m$ für s bezieht. Da nun A_r und B_s Einheiten ſind, ſo ist (nach 137) $[A_r \times B_s]$ gleich $[A_r|B_s]$, alſo $[A \times B]$

$$= \overline{\sum \alpha_r \beta_s [A_r|B_s]} = [\overline{\sum \alpha_r A_r \sum \beta_s|B_s}] \qquad [42]$$

$$= [A \overline{\sum \beta_s |B_s}] = [A|\overline{\sum \beta_s B_s}] \qquad [100]$$

$$= [A|B].$$

Anm. Eine beſondere Bezeichnung für das innere Produkt erscheint alſo jetzt als überflüssig, indem das Ergänzungszeichen die Stelle des Zeichens für die innere Multiplikation vollständig vertritt. Und es ist nur zu beachten, dass dies Zeichen auch wie ein Multiplikationszeichen behandelt werden darf.

In meinen früheren Arbeiten (Geometrische Analyſe, gekrönte Preisschrift, Leipzig 1847) habe ich das Zeichen $\times$ für das innere Produkt eingeführt, eine Bezeichnung, die nun entbehrlich ist.

139. Die Stufenzahl des inneren Produktes, dessen beide Faktoren nach der Reihe die Stufenzahlen α und β haben, während die des Hauptgebietes n beträgt, ist entweder gleich $n + \alpha - \beta$, oder gleich $\alpha - \beta$, je nachdem β grösser als α ist, oder nicht.

Beweis. Es ſeien A und B die beiden Faktoren, deren Stufenzahlen beziehlich α und β ſind, ſo ist die Stufenzahl von $|B$ gleich $n - \beta$. Ist nun zuerst β grösser als α, ſo ist auch n grösser als $\alpha + n - \beta$; d. h. die Summe der Stufenzahlen von A und $|B$ ist kleiner als die des Hauptgebietes, alſo (nach 95) die Stufenzahl des Produktes $[A|B]$ gleich jener Summe, d. h. gleich $\alpha + n - \beta$. Ist aber β eben ſo gross oder kleiner als α, ſo ist auch n eben ſo gross oder kleiner als $\alpha + n - \beta$, d. h. die Summe der Stufenzahlen von A und $|B$ ist eben ſo gross oder grösser als n, alſo (nach 95) die Stufenzahl des Produktes $[A|B]$ um n kleiner als jene Summe, d. h. gleich $\alpha - \beta$.

140. Die Anzahl der Einheiten, aus denen ſich ein inneres Produkt numerisch ableiten lässt, ist gleich der Anzahl der Kombinationen aus ſo viel Elementen, als die Stufenzahl des Hauptgebietes, und zur ſo vielten Klasse, als die poſitive Differenz der Stufenzahlen beider Faktoren beträgt.

Beweis. Nach 139 ist die Stufenzahl des Produktes entweder gleich $n + \alpha - \beta$, oder gleich $\alpha - \beta$, je nachdem

β grösser als α ist, oder nicht. Die Einheiten von gleicher Stufe ſind im ersten Falle die multiplikativen Kombinationen aus den n ursprünglichen Einheiten zur $(n+\alpha-\beta)$-ten, im zweiten zur $(\alpha-\beta)$-ten Klasse. Aber die Anzahl der Kombinationen aus n Elementen zur $(n+\alpha-\beta)$-ten Klasse ist, nach einem bekannten Satze der Kombinationslehre gleich der Anzahl der Kombinationen aus n Elementen zur $(\beta-\alpha)$-ten Klasse. Die Klassenzahl ist dann alſo $\beta-\alpha$, im zweiten Falle $\alpha-\beta$, in beiden Fällen alſo der poſitiven Differenz von α und β gleich.

141. Das innere Produkt zweier Grössen gleicher Stufe ist eine Zahl.

Beweis. Denn die Differenz der Stufenzahlen ist dann null, alſo das Produkt von nullter Stufe, d. h. eine Zahl.

142. Das innere Produkt zweier gleicher Einheiten ist eins, das zweier verschiedener Einheiten gleicher Stufe null, d. h. $[E_r|E_r]=1$, $[E_r|E_s]=0$.

Beweis. $[E_r|E_r]=1$ (nach 91). Ferner ist $|E_s$ (nach 89) dem kombinatorischen Produkte aller in dem Produkte E_s nicht vorkommenden Einheiten erster Stufe gleich; da nun E_r von E_s verschieden, beide aber Produkte von einer gleichen Anzahl ursprünglicher Einheiten ſind, ſo enthält E_r nothwendig ſolche Einheiten als Faktoren, die in E_s fehlen, alſo in $|E_s$ vorkommen; alſo ist $[E_r|E_s]$ (nach 60) gleich null.

143. Wenn $E_1, \cdots E_m$ Einheiten von beliebiger, aber alle von gleicher Stufe ſind, ſo ist

$$[(\alpha_1 E_1 + \cdots \alpha_m E_m)|(\beta_1 E_1 + \cdots \beta_m E_m)] = \alpha_1\beta_1 + \cdots \alpha_m\beta_m.$$

Beweis. Es ſei $\alpha_1 E_1 + \cdots \alpha_m E_m$ mit $\sum \overline{\alpha_r E_r}$, und $\beta_1 E_1 + \cdots \beta_m E_m$ mit $\sum \overline{\beta_s E_s}$ bezeichnet, ſo ist

$$[\sum \overline{\alpha_r E_r} | \sum \overline{\beta_s E_s}] = \sum \overline{\alpha_r \beta_s [E_r|E_s]}, \qquad [42].$$

Nun ist (nach 142) das Produkt $[E_r|E_s]$ gleich null, wenn E_r und E_s verschiedene Einheiten ſind und gleich eins, wenn r gleich s ist, ſomit wird der gewonnene Ausdruck

$$= \sum \overline{\alpha_r \beta_r} = \alpha_1\beta_1 + \cdots \alpha_m\beta_m.$$

144. Die beiden Faktoren eines inneren Produktes ſind vertauschbar, wenn ſie von gleicher Stufe ſind, d. h.

$[A|B]=[B|A]$, wenn A und B von gleicher Stufe ſind.

Beweis. Wenn $E_1 \cdots E_m$ die Einheiten darstellen, welche mit A und B von gleicher Stufe ſind und $A = \sum \overline{\alpha_r E_r}$, $B = \sum \overline{\beta_s E_s}$ ist, ſo ist (nach 143)

$$[A|B] = \sum \overline{\alpha_r \beta_r} = \sum \overline{\beta_r \alpha_r} = [B|A].$$

145. Erklärung. Wir schreiben der Kürze wegen

$$[A|A] = A^2$$

und nennen es das innere Quadrat von A.

146. Es ist

$$[\alpha_1 E_1 + \cdots \alpha_m E_m]^2 = \alpha_1^2 + \cdots \alpha_m^2.$$

Beweis. $(\alpha_1 E_1 + \cdots \alpha_m E_m)^2$

$$= [(\alpha_1 E_1 + \cdots \alpha_m E_m)|(\alpha_1 E_1 + \cdots \alpha_m E_m)] \quad [145]$$

$$= \alpha_1 \alpha_1 + \cdots \alpha_m \alpha_m \quad [144].$$

147. Das innere Produkt zweier Einheiten E und F ist dann und nur dann von Null verschieden, wenn die eine der andern incident ist, d. h.

$[E|F] = 0$, wenn E und F nicht einander incident ſind,

$[E|F] \gtrless 0$, wenn E und F einander incident ſind.

Beweis. Für Einheiten gleicher Stufe ist der Satz in 142 bewieſen. Nun ſeien E und F zwei Einheiten ungleicher Stufe, und zwar E von höherer Stufe als F. Es ſei $F = [E_1 G]$, wo E_1 dem E untergeordnet ist, aber das Gebiet G keine Grösse erster Stufe mit E gemein hat. Dann ist F dem E incident oder nicht, je nachdem G von nullter Stufe (eine Zahl) ist oder nicht. Es ſei ferner $E = [E_1 E_2]$ und ſei $[E_1 G E_2 H]$ das Produkt aller n ursprünglichen Einheiten und gleich der abſoluten Einheit. Dann ist (nach 89) $[E_2 H]$ die Ergänzung von $[E_1 G]$, d. h. $|[E_1 G] = [E_2 H]$, alſo

$$[E|F] = [E_1 E_2 | E_1 G] = [E_1 E_2 \cdot E_2 H].$$

Ist G von nullter Stufe, d. h. E mit F incident, ſo ist $[E_1 E_2 H]$ von nullter Stufe, alſo (nach 106) der Ausdruck $[E_1 E_2 \cdot E_2 H] = [E_1 E_2 H] \cdot E_2$, alſo von null verschieden, da E_2 und $[E_1 E_2 H]$ von null verschieden ſind. Ist aber G von höherer als nullter Stufe, ſo ist die Summe der Stufenzahlen von E_1, E_2 und H geringer als die Summe der Stufenzahlen von E_1, G, E_2, H, d. h. kleiner als n, alſo (nach 109) $[E_1 E_2 \cdot E_2 H] = 0$, d. h. wenn E und F nicht einander incident ſind, ſo ist $[E|F] = 0$.

148. Es ist

$$[EF|E] = F \text{ und } [F|EF] = |E,$$

wenn E und F Einheiten ſind, und [EF] nicht null ist.

Beweis. Es ſei [EFG] das Produkt aller ursprünglichen Einheiten und gleich 1, ſo ist $|E = [FG]$, ſomit

$$[EF|E] = [EF \cdot FG] = [EFG]F \qquad [106]$$
$$= F.$$

Ferner ist dann $|[EF] = G$, alſo $[F|EF] = [FG] = |E$.

149. Wenn E, F, G Einheiten ſind, und weder [EF] noch [EG] null ist, ſo ist entweder

$$[EF|EG] = [F|G], \text{ oder } [FE|GE] = [F|G],$$

ersteres, wenn F von höherer Stufe ist als G, letzteres, wenn G von höherer Stufe ist als F. Sind beide von gleicher Stufe, ſo ſind beide Formeln gültig.

Beweis 1. Wenn F und G nicht einander incident ſind, ſo ſind auch [EF] und [EG] nicht einander incident, alſo ſind dann (nach 147) beide Seiten der zu erweiſenden Gleichung null.

2. Wenn G dem F untergeordnet ist, ſo ſei $F = [GH]$. Dann ist

$$[EF|EG] = [EGH|EG] = H \qquad [148]$$
$$= [GH|G] \qquad [148]$$
$$= [F|G].$$

3. Wenn F dem G untergeordnet ist, ſo ſei $G = [HF]$. Dann ist

$$[FE|GE] = [FE|HFE] = |H \qquad [148]$$
$$= [F|HF] \qquad [148]$$
$$= [F|G].$$

4. Wenn F und G von gleicher Stufe ſind, alſo, bei Ausschluss des Falles in Beweis 1, zuſammenfallen, ſo ist (nach 70) ſowohl G dem F, als F dem G untergeordnet, und es gelten alſo nach Beweis 2 und 3 beide Formeln.

150. Wenn q und r die Stufenzahlen von A und B ſind und $q < r$ ist, ſo ist

$$[A|B] = (-1)^{q(r-1)}|[B|A],$$

d. h. [A|B] ist der Ergänzung von [B|A] entgegengeſetzt, wenn die Stufenzahl von A ungerade und zugleich die von B gerade ist; in jedem andern Falle ist [A|B] der Ergänzung von [B|A] gleich.

Beweis. Es ist

$$|[B|A] = [|B||A]$$ [97]

$$= (-1)^{q(n-q)}[|B \cdot A]$$ [92]

$$= (-1)^{q(n-q)}(-1)^{q(n-r)}[A|B]$$ [58]

$$= (-1)^{q(2n-q-r)}[A|B].$$

Nun ist in Bezug auf den Modul. 2 die Grösse $q(2n-q-r)$ kongruent $q(r-q)$ oder kongruent $q(r-1)$, da q^2 mit q gleichzeitig gerade oder ungerade ist, ſomit

$$|[B|A] = (-1)^{q(r-1)}[A|B], \text{ oder auch}$$

$$[A|B] = (-1)^{q(r-1)}|[B|A].$$

Anm. Vermittelst des ſo eben erwieſenen Satzes kann man den Fall, wo der zweite Faktor eines inneren Produktes von höherer Stufe ist als der erste, immer auf den andern Fall zurückführen, wo der erste Faktor von höherer Stufe ist als der zweite. Dieſen letzteren Fall, welcher ſich in den oben entwickelten Formeln als der einfachere herausstellte, werde ich jetzt vorzugsweiſe berückſichtigen.

§. 2. Begriff des Normalen und seine Correlaten.

151. Erklärung. Numerischer Werth einer Grösse A heisst die poſitive Quadratwurzel aus dem innern Quadrat dieſer Grösse. Numerisch gleich heissen zwei Grössen von gleichem numerischen Werth, d. h. zwei Grössen, deren innere Quadrate gleich ſind.

Anm. Für Zahlen, reelle oder imaginäre, ist die Benennung in derſelben Weiſe auch ſonst in Gebrauch, indem zuerst numerischer Werth einer poſitiven Zahl dieſe ſelbst, der einer negativen $-a$ die entsprechende poſitive Zahl a, d. h. in beiden Fällen die poſitive Quadratwurzel ihres Quadrates ist. Hat man eine imaginäre Zahl $a + b\sqrt{-1}$, ſo ſind ihre Einheiten 1 und $\sqrt{-1}$. Eine der beiden Wurzeln von $\sqrt{-1}$ ſei mit i bezeichnet, und 1 und i als Einheiten genommen, alſo $i^2 = 1$, ſo ist der numerische Werth von $a + bi$ nach der Definition gleich $\sqrt{a^2 + b^2}$, was auch ſonst als numerischer Werth der imaginären Grösse $a + bi$ aufgefasst wird. In der Geometrie ist numerischer Werth einer Linie ihre Länge gemessen durch die Längeneinheit u. ſ. w.

152. Erklärung. Normal zu einander heissen zwei von null verschiedene Grössen, deren inneres Produkt null ist. Zwei Gebiete heissen normal zu einander, wenn ihre Theile es ſind. Zwei Gebiete heissen allſeitig zu einander normal, wenn jede Grösse erster Stufe, die dem einen Gebiete angehört, zu jeder, die dem andern angehört, normal ist; und zwei Grössen heissen allſeitig normal zu einander, wenn ihre Gebiete es ſind.

Anm. Der Grund der Benennung ruht in der Geometrie. Nimmt man dort die ursprünglichen Einheiten als gleich lange zu einander ſenkrechte Strecken an, wie dies stets geschehen muss, ſo zeigt ſich leicht, dass das innere Produkt zweier Strecken dann und nur dann null ist, wenn dieſe Strecken ſenkrecht zu einander ſind. Statt des Ausdrucks „ſenkrecht" habe ich den „normal" gewählt, als den abstrakteren, der auch eine Anwendung auf nicht räumliche Verhältnisse gestattet.

153. Erklärung. Normalsystem n-ter Stufe heisst ein Verein von n numerisch gleichen (von null verschiedenen) Grössen erster Stufe, von denen jede zu jeder normal ist; und wenn n zugleich die Stufenzahl des Hauptgebietes ist, ſo heisst es ein vollständiges Normalsystem. Der numerische Werth jener n Grössen heisse zugleich der numerische Werth des Normalsystems. Einfaches Normalsystem heisst jedes Normalsystem, dessen numerischer Werth 1 ist.

Anm. Im Raume bilden z. B. drei gleichlange und gegen einander ſenkrechte Strecken ein Normalsystem.

154. Erklärung. Circuläre Aenderung nenne ich jede Transformation eines Vereins, durch welche 2 Grössen a und b des Vereins ſich beziehlich in $xa + yb$ und in $\mp(xb - ya)$ verwandeln, vorausgeſetzt, dass $x^2 + y^2 = 1$ ſei. Ich nenne die circuläre Aenderung eine poſitive oder negative, je nachdem a und b ſich in $xa + yb$ und $+ (xb - ya)$, oder in $xa + yb$ und $-(xb - ya)$ verwandeln. Wenn hierbei $x = \cos.\alpha$ und $y = \sin.\alpha$ ist, und a und b numerisch gleich und zu einander normal ſind, ſo ſage ich, der Verein habe ſich von a nach b hin um den Winkel α geändert.

Anm. Stellt man ſich unter a und b zwei gleichlange und zu einander ſenkrechte Strecken vor, ſo ſieht man leicht, dass durch die circuläre Aenderung, durch welche a in $a_1 = a\cos.\alpha + b\sin.\alpha$, b in $b_1 = b\cos.\alpha - a\sin.\alpha$ übergeht, a_1 und b_1 von derſelben Länge ſind wie a und b und gegen einander ſenkrecht bleiben. Es bleiben alſo a und b bei jener Aenderung conjugirte Halbmesser eines festen Kreiſes, wodurch der Name circulärer Aenderung gerechtfertigt ist. Auch ſieht man, dass dann der Winkel von a bis a_1 gleich α ist.

Sind übrigens a und b beliebige Strecken, ſo werden a_1 und b_1 conjugirte Halbmesser einer konstanten Ellipse, in welcher auch a und b conjugirte Halbmesser ſind. Von dieſer Betrachtungsweiſe aus würde ſich der Name der elliptischen Aenderung empfehlen. Da jedoch die Ellipse immer auf den Kreis reducirbar und der Kreis die einfachere Kurve ist, ſo habe ich jenen Namen als den einfacheren vorgezogen. Siehe auch Crelle Journal, Band 49 pag. 134.

155. Durch circuläre Aenderung geht aus jedem Normalsystem ein numerisch gleiches Normalsystem hervor.

Beweis. Es ſeien a, b, c,··· die Grössen eines Normalsystems, d. h. $a^2 = b^2 = c^2 = \cdots$ und $0 = [a|b] = [a|c] = [b|c] = \cdots$, und ändere ſich a in $a_1 = xa + yb$ und b in $b_1 = xb - ya$, wo $x^2 + y^2 = 1$ ist, ſo ist zu zeigen, dass a_1, b_1, c,··· ein Normalsystem bilden, in welchem $a_1^2 = a^2$ ist. Es ist, da $[a|b] = 0$ ist,

$$\begin{aligned} a_1^2 &= (xa + yb)^2 = x^2a^2 + y^2b^2 \\ &= (x^2 + y^2)a^2 \text{ (da } b^2 = a^2) \\ &= a^2 \text{ (da } x^2 + y^2 = 1). \end{aligned}$$

Aus gleichem Grunde ist $b_1^2 = a^2$. Ferner ist

$$\begin{aligned} [a_1|b_1] &= [(xa + yb)|(xb - ya)] = xy(b^2 - a^2) \\ &\qquad \text{(da } [a|b] = 0) \\ &= 0 \text{ (weil } b^2 = a^2). \end{aligned}$$

Endlich ist

$$[a_1|c] = [(xa + yb)|c] = x[a|c] + y[b|c] = 0,$$

weil $[a|c]$ und $[b|c] = 0$ ſind. Aus gleichem Grunde ist $[b_1|c] = 0$ u. ſ. w. Folglich ist das System a_1, b_1, c,··· ein Normalsystem, dessen numerischer Werth gleich dem des gegebenen ist.

156. Das kombinatorische Produkt der Grössen eines Normalsystems bleibt bei poſitiver circulärer Aenderung dieſes Systems unverändert, und geht bei negativer in ſeinen entgegengeſetzten Werth über.

Beweis. Es gehe a in $a_1 = xa + yb$, b in $b_1 = xb - ya$ über, wo $x^2 + y^2 = 1$ ist; ſo wird

$$\begin{aligned} [a_1b_1] &= [(xa + yb)(xb - ya)] \\ &= x^2[ab] - y^2[ba] \text{ (da } [aa], [bb] \text{ nach 60 null ſind)} \\ &= (x^2 + y^2)[ab] \text{ (da } [ba] = -[ab] \text{ ist nach 55)} \\ &= [ab] \text{ (da } x^2 + y^2 = 1). \end{aligned}$$

Alſo $[a_1b_1] = [ab]$. Kommen nun zu den gleichen Produkten $[ab]$ und $[a_1b_1]$ noch an den entsprechenden Stellen gleiche kombinatorische Faktoren hinzu, ſo bleiben die Produkte gleich. Alſo bewieſen.

157. Die Grössen eines Normalsystems stehen in keiner Zahlbeziehung zu einander, und jede Grösse erster Stufe lässt ſich aus einem beliebigen vollständigen Normalsystem numerisch ableiten.

Beweis 1. Es ſeien a, b, c, $\cdots$ Grössen eines Normalsystems. Geſetzt nun, es ständen dieſelben in einer Zahlbeziehung zu einander, etwa ſo, dass

$$a = \beta b + \gamma c + \cdots$$

ſei, ſo multiplicire man beide Seiten innerlich mit a, ſo wird

$$a^2 = \beta[b|a] + \gamma[c|a] + \cdots = 0,$$

da $[b|a]$, $[c|a]$, $\cdots$ null ſind (nach 153). Alſo wäre $a^2 = 0$, im Widerspruch mit 153. Es lässt ſich alſo keine der Grössen a, b, c, $\cdots$ aus den übrigen numerisch ableiten, d. h. ſie stehen (nach 2) in keiner Zahlbeziehung zu einander.

2. Ein vollständiges Normalsystem in einem Hauptgebiete n-ter Stufe besteht aus n Grössen, und da dieſe nach Bew. 1 in keiner Zahlbeziehung zu einander stehen, ſo kann (nach 24) aus ihnen jede Grösse erster Stufe, da ſie immer dem Hauptgebiete angehören muss, numerisch abgeleitet werden.

158. Wenn eine Grösse A zu mehreren Grössen B, C, $\cdots$ von gleicher Stufe normal ist, ſo ist ſie auch zu jeder Grösse normal, die aus ihnen numerisch ableitbar ist.

Beweis. Wenn A zu B, C, $\cdots$ normal ist, ſo ist (nach 152)

$$0 = [A|B] = [A|C] = \cdots.$$

Somit auch

$$[A|(\beta B + \gamma C + \cdots)] = \beta[A|B] + \gamma[A|C] + \cdots \quad [41]$$
$$= 0,$$

da $[A|B]$, $[A|C]$, $\cdots$ null ſind.

159. Die ſämmtlichen Grössen erster Stufe, welche zu m Grössen eines vollständigen Normalsystems n-ter Stufe normal ſind, gehören dem Gebiete der n — m übrigen Grössen des Systems an.

Beweis. Es ſei das System $a_1, \cdots\cdots a_n$ ein vollständiges Normalsystem, und ſeien m ſeiner Grössen, etwa $a_1 \cdots a_m$ zu irgend einer Grösse erster Stufe a normal, ſo ist zu zeigen, dass a dem Gebiete $a_{m+1} \cdots a_n$ angehört. Nach 157 lässt ſich a aus dem vollständigen Normalsystem $a_1 \cdots a_n$ numerisch ableiten. Es ſei der Ausdruck dieſer Ableitung

$$a = \alpha_1 a_1 + \cdots\cdot \alpha_n a_n.$$

Da nun a zu $a_1, a_2, \cdots a_m$ normal ist, ſo erhält man, indem man zuerst mit a_1 innerlich multiplicirt,

$$0 = [a_1|a] = \alpha_1 a_1^2 + \alpha_2 [a_1|a_2] + \cdots \alpha_n [a_1|a_n]$$
$$= \alpha_1 a_1^2,$$

da $[a_1|a_2]$ bis $[a_1|a_n]$ als innere Produkte der Grössen eines Normalsystems null ſind. Da nun a_1^2 (nach 153) nicht null ist, ſo folgt aus der Gleichung $\alpha_1 a_1^2 = 0$, dass $\alpha_1 = 0$ ist. Auf gleiche Weiſe folgt, indem man nach und nach mit $a_2, \cdots\cdot a_m$ multiplicirt, dass auch $\alpha_2, \cdots\cdot \alpha_m$ null ſind. Folglich ist

$$a = \alpha_{m+1} a_{m+1} + \cdots\cdot \alpha_n a_n,$$

d. h. a gehört dem Gebiete $a_{m+1} \cdots\cdot a_n$ an.

160. Jedes Normalsystem lässt ſich durch fortgeſetzte circuläre Aenderung ſo umwandeln, dass eine ſeiner Grössen mit einer beliebig gegebenen Grösse erster Stufe, deren numerischer Werth dem des Normalsystems gleich ist und welche dem Gebiete desſelben angehört, identisch wird.

Beweis. Es ſeien $a_1, \cdots\cdot a_n$ die Grössen des gegebenen Normalsystems, und k die gegebene Grösse welche numerisch gleich a_1 ist, und ſei

$$k = \alpha_1 a_1 + \cdots \alpha_n a_n.$$

Nun wandle man a_1 und a_2 circulär ſo um, dass dabei a_1 in

$$c_2 = \frac{\alpha_1 a_1 + \alpha_2 a_2}{\sqrt{\alpha_1^2 + \alpha_2^2}}$$

übergeht, was (nach 154) möglich ist. Dann ist $\alpha_1 a_1 + \alpha_2 a_2 = \sqrt{\alpha_1^2 + \alpha_2^2}\, c_2$, alſo

$$k = \sqrt{\alpha_1^2 + \alpha_2^2}\, c_2 + \alpha_3 a_3 + \cdots \alpha_n a_n.$$

Darauf wandle man c_2 und a_3 circulär ſo um, dass dabei c_2 in

$$c_3 = \frac{\sqrt{\alpha_1^2 + \alpha_2^2}\, c_2 + \alpha_3 a_3}{\sqrt{\alpha_1^2 + \alpha_2^2 + \alpha_3^2}}$$

übergeht. Dann ist

$$k = \sqrt{\alpha_1^2 + \alpha_2^2 + \alpha_3^2}\, c_3 + \alpha_4 a_4 + \cdots \alpha_n a_n.$$

In dieser Weise fahre man fort, bis

$$k = \sqrt{\alpha_1^2 + \alpha_2^2 + \cdots \alpha_{n-1}^2}\, c_{n-1} + \alpha_n a_n$$

wird, und wandle schliesslich c_{n-1} und a_n circulär so um, dass dabei c_{n-1} in

$$c_n = \frac{\sqrt{\alpha_1^2 + \cdots \alpha_{n-1}^2}\, c_{n-1} + \alpha_n a_n}{\sqrt{\alpha_1^2 + \cdots \alpha_n^2}}$$

übergeht, so ist dann

$$* \quad k = \sqrt{\alpha_1^2 + \cdots \alpha_n^2}\, c_n.$$

Nun ist nach der Hypothesis

$$a_1^2 = k^2 = (\alpha_1 a_1 + \cdots \alpha_n a_n)^2 = \alpha_1^2 a_1^2 + \cdots \alpha_n^2 a_n^2,$$

weil $[a_1|a_2]$ etc. null sind. Und da auch $a_1^2 = a_2^2 = \cdots = a_n^2$ ist, so wird

$$a_1^2 = (\alpha_1^2 + \cdots \alpha_n^2) a_1^2,$$

d. h. $\alpha_1^2 + \cdots \alpha_n^2 = 1$. Dies also in die obige Gleichung (*) eingeführt, giebt, wenn man den positiven Wurzelwerth wählt,

$$k = c_n,$$

d. h. in dem zuletzt hervorgehenden Normalsystem ist eine Grösse c_n mit der gegebenen k identisch, wie verlangt.

161. Wenn zwei Normalsysteme gleichen numerischen Werth haben, und ihre Gebiete einander incident sind, so lässt sich durch fortgesetzte circuläre Aenderung, wenn beide von gleicher Stufe sind, jedes aus dem andern ableiten, wenn sie hingegen von ungleicher Stufe sind, das höherer Stufe so umwandeln, dass es die Grössen des andern enthält.

Beweis. Es seien $a, b, c, \cdots$ und $a_1, b_1, c_1, \cdots$ zwei Normalsysteme von gleichem numerischen Werthe, und seien die Gebiete beider einander incident, und zwar das des letzteren entweder von gleicher oder höherer Stufe als das des ersteren, so müssen (nach 15) alle Grössen $a, b, c, \cdots$ dem Gebiete $a_1, b_1, c_1, \cdots$ angehören. Somit kann man (nach 160) das Normalsystem $a_1, b_1, c_1, \cdots$ circulär so umwandeln, dass eine seiner Grössen $= a$ wird. Das so hervorgehende Normalsystem bestehe aus den Grössen $a, b_2, c_2, \cdots$. Da nun $b, c, \cdots$, als Grössen des Normalsystems $a, b, c, \cdots$, zu a, also zu einer

Grösse des Normalsystems a, b_2, c_2,··· normal ſind, ſo müssen ſie (nach 159) dem Gebiete der übrigen Grössen dieſes Systems, alſo dem Gebiete b_2, c_2,···· angehören. Demnach kann man wieder das System b_2, c_2, ··· circulär ſo umwandeln, dass eine ſeiner Grössen = b wird. Das ſo hervorgehende Normalsystem bestehe aus den Grössen b, c_3, d_3, ···, ſo müssen wieder aus demſelben Grunde, wie vorher, c, d, ··· dem Gebiete c_3, d_3,··· angehören. Das Normalsystem a_1, b_1, c_1, d_1,··· ist dann durch circuläre Aenderungen übergegangen in a, b, c_3, d_3,···. So kann man, wenn das System a_1, b_1,··· von höherer Stufe ist als a, b, ···, fortfahren, bis das zuletzt hervorgehende System alle Grössen des gegebenen Systemes a, b, c, ··· enthält, oder wenn beide Systeme von gleicher Stufe ſind, ſo lange bis es alle Grössen des Systems a, b, c, ···, mit Ausnahme des letzten, enthält. Dieſe letzte ſei q, die vorletzte p, und ſei das ſo hervorgehende Normalsystem a, b, ··· p, q_n, ſo muss nach der angewandten Schlussfolge q dem Gebiete q_n angehören, d. h. beide müssen in einer Zahlbeziehung zu einander stehen. Ist nun $q_n = xq$, wo x eine Zahl ist, ſo ist, da beide einander numerisch gleich ſind, $q_n^2 = q^2$, alſo $x^2 = 1$, ſomit $q_n = \mp q$. Ist $q_n = -q$, ſo hat man nur statt der letzten circulären Aenderung die entgegengeſetzte zu nehmen, ſo fällt dann auch die letzte Grösse des ſo hervorgehenden Normalsystems mit q zuſammen, alſo ist dann das eine der gegebenen Normalsysteme aus dem andern circulär abgeleitet, wie verlangt.

162. Das System der ursprünglichen Einheiten ist ein (vollständiges) Normalsystem, dessen numerischer Werth 1 ist.

Beweis. Es ſeien $e_1 \cdots e_n$ die ursprünglichen Einheiten, ſo ist (nach 142)

$$1 = e_1^2 = \cdots = e_n^2$$
$$0 = [e_1|e_2] = \cdots.$$

163. In jedem Gebiete m-ter Stufe lässt ſich ein Normalsystem gleicher Stufe von beliebigem numerischen Werth annehmen, und zwar ſo, dass dies System Theil eines vollständigen Normalsystems ſei.

Beweis. Es ſei a_1 eine Grösse erster Stufe in dem gegebenen Gebiete m-ter Stufe A, ihr numerischer Werth ſei 1. Da nun (nach 162) das System der ursprünglichen Einheiten $e_1 \cdots e_n$ ein vollständiges Normalsystem ist, dessen numerischer Werth 1 ist, ſo lässt ſich (nach 160) dies Normalsystem circulär ſo umwandeln, dass a_1 eine der Grössen des reſultirenden Normalsystems wird. Dann ist a_1 auf den $n-1$ übrigen Grössen dieſes Normalsystems, alſo auch (nach 158) zu jeder Grösse ihres Gebietes A_1 normal. Dies Gebiet ist von $(n-1)$-ter Stufe und hat alſo mit dem Gebiet m-ter Stufe A (nach 26) ein Gebiet gemein, dessen Stufenzahl $n-1+m-n=m-1$ ist. Es ſei in dieſem gemeinschaftlichen Gebiete a_2 eine Grösse erster Stufe, deren numerischer Werth 1 ist. Da a_2 alſo auch dem Gebiete A_1 angehört, ſo ist ſie nach dem obigen zu a_1 normal, aber auch mit a_1 numerisch gleich, nämlich $=1$, alſo bilden a_1 und a_2 ein Normalsystem mit dem numerischen Werth 1. Alſo lässt ſich (nach 159) das vollständige Normalsystem $e_1 \cdots e_n$ in ein anderes Normalsystem umwandeln, welches a_1 und a_2 enthält. Das Gebiet A_2 der übrigen $n-2$ Grössen dieſes Normalsystems ist von $(n-2)$-ter Stufe, und alle Grössen erster Stufe, die dieſem Gebiete angehören, ſind normal zu a_1 und a_2. Nun haben A und A_2 ein Gebiet $m-2$-ter Stufe gemein; in ihm ſei a_3 eine beliebige Grösse erster Stufe vom numerischen Werthe 1, ſo hat man schon ein Normalsystem von drei Grössen a_1, a_2, a_3 in A, und ſo kann man fortfahren. Hat man ſo in A ein Normalsystem von $(m-1)$ Grössen $a_1 \cdots a_{m-1}$ erhalten, ſo enthält das vollständige Normalsystem, zu dem es gehört, ausserdem noch $n-m+1$ Grössen; ihr Gebiet, was A_{m-1} heisse, ist von $(n-m+1)$-ter Stufe, hat alſo mit dem Gebiete m-ter Stufe A noch ein Gebiet gemein, dessen Stufenzahl $n-m+1+m-n=1$ ist. Es ſei a_m eine Grösse dieſes Gebietes, deren numerischer Werth 1 ist, ſo ist a_m, da es in A_{m-1} liegt, zu $a_1 \cdots a_{m-1}$ normal und $a_1 \cdots a_m$ bilden alſo ein Normalsystem m-ter Stufe in dem Gebiete m-ter Stufe A. Dieſem Normalsystem kann man dadurch, dass man alle ſeine Grössen mit einer und derſelben beliebigen Zahl multiplicirt, jeden beliebigen numerischen Werth geben.

§. 3. Gesetze des inneren Produktes, an den Begriff des Normalen geknüpft.

164. Erklärung. Normale Zurückleitung A′ einer Grösse A auf ein Gebiet B nenne ich die Zurückleitung der Grösse A auf das Gebiet B, unter Ausschluss des zu B ergänzenden Gebietes (vergl. 127 und 33).

Anm. Ist z. B. a, b, c ein vollständiges Normalsystem und p $= qa + rb + sc$ eine beliebige Grösse des Hauptgebietes, fo ist die normale Zurückleitung der Grösse p auf das Gebiet bc gleich $rb + sc$. Für die Geometrie ist fie identisch mit der fenkrechten Projektion.

165. Die normale Zurückleitung A′ einer Grösse A auf ein Gebiet B ist

$$A' = \frac{[B \cdot (A|B)]}{B^2}, \text{ oder } = [B \cdot (A|B)],$$

letzteres, wenn der numerische Werth von B gleich 1 ist.

Beweis. Nach 164 ist A′ die Zurückleitung von A auf B, unter Ausschluss des zu B ergänzenden Gebietes, d. h. des Gebietes |B. Wird |B mit C bezeichnet, fo ist (nach 129)

$$A' = \frac{[B \cdot AC]}{[BC]}, \text{ alfo} = \frac{[B \cdot (A|B)]}{[B|B]} = \frac{[B \cdot (A|B)]}{B^2}.$$

166. Zufatz. Sind ins Befondere A und B von gleicher Stufe, fo ist die Zurückleitung

$$A' = \frac{[A|B]B}{B^2}, \text{ oder } = [A|B]B, \text{ wenn } B^2 = 1.$$

Beweis. Dann ist nämlich (nach 117) [A|B] eine Zahl und kann alfo statt [B·(A|B)] geschrieben werden [A|B]B.

167. Die Ergänzung des kombinatorischen Produktes A von m Grössen eines vollständigen Normalsystems, welches den numerischen Werth Eins hat, ist dem kombinatorischen Produkte der (n — m) übrigen Grössen des Systems gleich oder entgegengefetzt, je nachdem $[AB] = +1$ oder $= -1$ ist, d. h.

$$* \quad |A = [AB]B,$$

wenn die n einfachen Faktoren von [AB] die n Grössen des Normalsystems find.

Beweis 1. Für das System der ursprünglichen Einheiten ist diefe Beziehung in 89 als Definition festgefetzt.

2. Ich zeige nun, dass, wenn diefe (durch Gleichung * dargestellte) Beziehung für irgend ein Normalsystem a, b, c, ⋯ gilt, fie auch für jedes aus ihm durch circuläre Aenderung hervorgehende Normalsystem gelte. Es gehe durch circuläre Aenderung a in $a_1 = xa + yb$, b in $b_1 = xb - ya$ über. Durch diefe verwandle fich A in A_1, B in B_1; fo ist zu zeigen, dass auch $|A_1 = [A_1B_1]B_1$ fei. Da nun A und B zufammen alle Grössen a, b, ⋯ des Normalsystems und zwar fowohl A als B jede diefer Grössen nur einmal enthalten follen, fo kommen a und b entweder beide in A, oder beide in B, oder eine in A und die andere in B vor. Wir haben schon in 156 bewiefen, dass das Produkt $[a_1b_1]$ bei diefer Aenderung gleich [ab] bleibt; fomit bleibt in den beiden ersten Fällen fowohl A als B unverändert, alfo bleibt dann auch die obige Gleichung, die nur A und B enthält, bestehen. Im dritten Falle fei a in A enthalten, b in B, und fei A′ die Grösse, die aus A hervorgeht, wenn man darin b statt a fetzt, und B′ die Grösse, welche aus B hervorgeht, wenn man darin a statt b fetzt. Dann unterscheiden fich die kombinatorischen Produkte [A′B′] und [AB] nur durch gegenfeitige Vertauschung der beiden einfachen Faktoren a und b, folglich ist dann (nach 55) $[A'B'] = -[AB]$. Ferner ist dann

$$A_1 = xA + yA', \quad B_1 = xB - yB',$$

folglich

$$|A_1 = x|A + y|A' \qquad [101].$$

Da nun A und A′ nur Grössen des Normalsystems a, b, ⋯ als einfache Faktoren enthalten, und B und B′ die jedesmal übrigen, fo gilt (nach der Annahme) für fie die obige Gleichung *, d. h. es ist

$$|A = [AB]B, \quad |A' = [A'B']B' = -[AB]B',$$

letzteres, weil $[A'B'] = -[AB]$ war; fomit ist

$$|A_1 = x[AB]B - y[AB]B' = [AB](xB - yB') = [AB]B_1.$$

Endlich ist (nach 156) $[A_1B_1] = [AB]$, indem die einfachen Faktoren von $[A_1B_1]$ aus denen von [AB] durch pofitive circuläre Aenderung hervorgehen. Alfo ist

$$|A_1 = [A_1B_1]B_1,$$

d. h. wenn die Gleichung * für irgend ein Normalsystem gilt, fo gilt fie auch für jedes daraus durch pofitive circuläre

Aenderung hervorgehende, ebenſo aber auch für jedes daraus durch negative Aenderung hervorgehende. Denn die poſitive circuläre Aenderung, wie wir ſie oben annahmen, wird (nach 154) in eine negative verwandelt, wenn man das Vorzeichen von b_1 ändert, dann ändert ſich auch das Vorzeichen von B_1, wobei die gefundene Gleichung bestehen bleibt. Alſo bleibt die Gleichung * überhaupt bei jeder circulären Aenderung des Normalsystems bestehen, wenn ſie für irgend ein Normalsystem gilt. Nach Beweis 1 gilt ſie aber für das Normalsystem der ursprünglichen Einheiten, alſo nun auch für jedes daraus circulär abgeleitete. Nun lässt ſich aber (nach 161) jedes Normalsystem, dessen numerischer Werth 1 ist, aus jenem ableiten, alſo gilt die Gleichung für jedes Normalsystem, dessen numerischer Werth 1 ist.

168. Alle bisher aufgestellten Sätze gelten noch, wenn man statt des Systems der ursprünglichen Einheiten ein beliebiges vollständiges Normalsystem ſetzt, dessen numerischer Werth Eins ist.

Beweis. Alle in den ersten drei Kapiteln entwickelten Rechnungsgeſetze gelten (nach 110) auch dann noch, wenn man statt der n ursprünglichen Einheiten beliebige n in keiner Zahlbeziehung zu einander stehende Grössen erster Stufe ſetzt, alſo auch, wenn man die Grössen eines vollständigen Normalsystems einſetzt. Ferner gilt (nach 167) der Begriff der Ergänzung wie er in 91 in Bezug auf das System der ursprünglichen Einheiten aufgestellt ist, auch in Bezug auf jedes Normalsystem, dessen numerischer Werth Eins ist. Aber auf dieſem Begriff der Ergänzung und den in den ersten drei Kapiteln entwickelten Rechnungsgeſetzen beruhen alle Sätze des inneren Produktes, wie ſie bisher entwickelt wurden. Alſo gelten dieſe Sätze noch, wenn man statt des Systems der ursprünglichen Einheiten ein Normalsystem ſetzt, dessen numerischer Werth Eins ist.

Anm. Vermöge des ſo eben bewieſenen Satzes ist alſo der Begriff des inneren Produktes in ſofern nicht mehr an das System der ursprünglichen Einheiten geknüpft, als man statt dieſes Systems ein beliebiges Normalsystem ſetzen kann, dessen numerischer Werth Eins ist, ohne dass irgend einer der bisher aufgestellten Sätze eine Aenderung erleidet. Es erscheint alſo der Begriff des inneren Produktes nur noch an den Begriff des Normalsystems geknüpft, und dies tritt daher in den folgenden Entwickelungen statt des Systems der ursprünglichen Einheiten hervor.

169. Das innere Produkt zweier Grössen ändert ſeinen Werth nicht, wenn man statt des einen Faktors ſeine normale Zurückleitung auf das Gebiet des andern ſetzt, d. h.

$$[A|B] = [A|B'] \text{ und}$$
$$[B|A] = [B'|A],$$

wenn B′ die normale Zurückleitung von B auf das Gebiet A ist (alſo A von gleicher oder höherer Stufe als B ist).

Es ſei A von m-ter Stufe, B von p-ter, das Hauptgebiet von n-ter, ſo kann man (nach 163) ein vollständiges Normalsystem $a_1 \cdots a_n$ ſo annehmen, dass m ſeiner Grössen, etwa $a_1 \cdots a_m$, in A liegen, und ſein numerischer Werth 1 ſei. Die p Faktoren von B ſind dann (nach 157) aus $a_1 \cdots a_n$ numerisch ableitbar, alſo B aus den multiplikativen Kombinationen von $a_1 \cdots a_n$ zur p-ten Klasse numerisch ableitbar. Dieſe Kombinationen ſeien $B_1, B_2, \cdots B_q, B_{q+1}, \cdots B_r$, wo $B_1 \cdots B_q$ die Kombinationen aus $a_1 \cdots a_m$ ſind; und ſei

$$B = \beta_1 B_1 + \cdots + \beta_q B_q + \beta_{q+1} B_{q+1} \cdots \beta_r B_r,$$

ſo ſind (nach 147 u. 168) $[A|B_{q+1}], \cdots [A|B_r]$ alle gleich null, da jede der Grössen B_{q+1} bis B_r ſolche Faktoren enthält, die in A nicht vorkommen, und dieſe Grössen alſo der Grösse A nicht incident ſind, alſo wird

$$[A|B] = \beta_1 [A|B_1] + \cdots \beta_q [A|B_q]$$
$$= [A|(\beta_1 B_1 + \cdots \beta_q B_q)].$$

Aber (nach 127) ist $\beta_1 B_1 + \cdots \beta_q B_q$ die Zurückleitung von B auf das Gebiet $[a_1 \cdots a_m]$, mit Ausschluss des Gebietes $[a_{m+1} \cdots a_n]$, letzteres Gebiet ist aber (nach 167) Ergänzung des ersteren; alſo ist $\beta_1 B_1 + \cdots \beta_q B_q$ die normale Zurückleitung von B auf das Gebiet $[a_1 \cdots a_m]$, d. h. auf das Gebiet von A, alſo gleich B′ und ſomit

$$[A|B] = [A|B'].$$

Aus gleichem Grunde ist $[B|A] = [B'|A]$.

170. Wenn man in einem inneren Produkte zweier gleichstufiger Grössen die eine auf das Gebiet der andern normal zurückleitet, und dieſe Zurückleitung ſo wie die Grösse, auf deren Gebiet zurückgeleitet ist, durch ein und dasſelbe Maass misst, dessen numerischer Werth Eins ist, ſo ist das Produkt der beiden Messungs-Quotienten gleich dem gegebenen inneren Produkt, d. h.

$$[A|B] = \alpha\beta', \text{ wenn } A = \alpha E,$$

und die normale Zurückleitung B′ von A auf B gleich $\beta'E$, und der numerische Werth von E gleich Eins ist.

Beweis. Nach 145 ist

$$[A|B] = [A|B'].$$

Es ſei E ein Gebietstheil von A, dessen numerischer Werth Eins ist, und ſei $A = \alpha E$, $B' = \beta' E$, ſo ist $[A|B'] = \alpha\beta'[E|E] = \alpha\beta' E^2 = \alpha\beta'$, da $E^2 = 1$ ist.

171. Wenn die Gebiete von A und B zu einander allſeitig normal ſind, und C eine beliebige Grösse von niederer oder gleicher Stufe wie B ist, ſo ist

$$[AB|AC] = A^2[B|C] \text{ und}$$
$$[CA|BA] = A^2[C|B].$$

Beweis. Es ſei ein Normalsystem angenommen, dessen Grössen ſich auf die Gebiete A und B vertheilen, und dessen numerischer Werth 1 ist, und ſei dasſelbe zu einem vollständigen Normalsysteme ergänzt; ſo ist C aus den multiplikativen Kombinationen der Grössen jenes Normalsystems (69, 77b) numerisch ableitbar. Es ſei $C = \gamma_1 C_1 + \gamma_2 C_2 + \cdots$, ferner ſei $A = \alpha A_1$, $B = \beta B_1$, wo A_1, B_1 kombinatorische Produkte der Grössen des Normalsystems ſind, ſo ist

$$[AB|AC] = \alpha^2\beta[A_1B_1|A_1(\gamma_1C_1 + \gamma_2C_2 + \cdot\cdot)]$$
$$= \alpha^2\beta\gamma_1[A_1B_1|A_1C_1] + \alpha^2\beta\gamma_2[A_1B_1|A_1C_2] + \cdots.$$

Aber $[A_1B_1|A_1C_r]$ ist, wenn A_1, B_1, C_r Einheiten höherer Stufe, d. h. kombinatorische Produkte der ursprünglichen Einheiten ſind, (nach 149) gleich $[B_1|C_r]$. Dasſelbe ſindet aber (nach 168) noch statt, wenn jene Grössen kombinatorische Produkte der Grössen eines einfachen Normalsystems ſind, alſo in unſerm Falle. Somit wird

$$[AB|AC] = \alpha^2\beta\gamma_1[B_1|C_1] + \alpha^2\beta\gamma_2[B_1|C_2] + \cdots$$
$$= \alpha^2\beta[B_1|(\gamma_1C_1 + \gamma_2C_2 + \cdots)]$$
$$= \alpha^2\beta[B_1|C].$$

Da nun A_1^2 gleich 1 ist, weil A_1 ein kombinatorisches

Produkt von Grössen eines einfachen Normalsystems ist, ſo ist der gefundene Ausdruck

$$= \alpha^2\beta A_1^2[B_1|C] = (\alpha A_1)^2[\beta B_1|C]$$
$$= A^2[B|C].$$

Auf gleiche Weiſe ergiebt ſich die zweite Formel des Satzes.

172. Wenn A mit A von gleicher Stufe, B aber von gleicher oder höherer Stufe wie $\boldsymbol{B}$ ist, und [AB] nicht verschwindet, ſo ist

$$\text{(a)}\ [AB|\mathit{AB}] = [A|\mathit{A}][B|\boldsymbol{B}] + [A_1|\mathit{A}][B_1|\boldsymbol{B}] + \cdots \text{ und}$$
$$\text{(b)}\ [\boldsymbol{BA}|BA] = [\boldsymbol{B}|B][\mathit{A}|A] + [\boldsymbol{B}|B_1][\mathit{A}|A_1] + \cdots,$$

wo A, $A_1, \cdots$ die multiplikativen Kombinationen aus den einfachen Faktoren (erster Stufe) von [AB], und B, $B_1, \cdots$ die zu A, $A_1, \cdots$ ergänzenden Kombinationen ſind (ſo dass alſo $[AB] = [A_1B_1] =$ u. ſ. w.).

Anm. Wenn nämlich A eine der multiplikativen Kombinationen aus $a_1, a_2, \cdots a_n$ ist, ſo nenne ich diejenige multiplikative Kombination B, welche die ſämmtlichen in A nicht enthaltenen Elemente enthält, und mit einem ſolchen Vorzeichen ($\pm$) verſehen ist, dass $[AB] = [a_1a_2 \cdots a_n]$ ist, die zu A ergänzende Kombination.

Beweis 1. Es ſeien die einfachen Faktoren von [AB] alle zu einander normal. Da A von gleicher Stufe mit A ist, ſo ist es aus den multiplikativen Kombinationen A, $A_1, \cdots$ numerisch ableitbar. Es ſei

$$\mathit{A} = \alpha A + \alpha_1 A_1 + \cdots,$$

ſo ist

$$[AB|\mathit{AB}] = [AB|(\alpha A + \alpha_1 A_1 + \cdots)\boldsymbol{B}]$$
$$= \alpha[AB|A\boldsymbol{B}] + \alpha_1[AB|A_1\boldsymbol{B}] + \cdots.$$

Da nun (nach der Annahme) $[AB] = [A_1B_1] = \cdots$ ist, ſo erhalten wir den gefundenen Ausdruck

$$= \alpha[AB|A\boldsymbol{B}] + \alpha_1[A_1B_1|A_1\boldsymbol{B}] + \cdots.$$

Da nun die einfachen Faktoren von [AB] alle zu einander normal ſind, und identisch ſind mit denen von $\mp [A_1B_1]$ u. ſ. w. (nach der Annahme), ſo ist A zu B allſeitig normal, und ebenſo A_1 zu B_1 u. ſ. w. Folglich ist (nach 171) der zuletzt gewonnene Ausdruck

$$= \alpha A^2[B|\boldsymbol{B}] + \alpha_1 A_1^2[B_1|\boldsymbol{B}] + \cdots.$$

Nun ist aber $[A_r|A] = [A_r|(\alpha A + \alpha_1 A_1 + \cdots)] = \alpha_r A_r^2$, weil A_r mit den zu ihm normalen Grössen $A, A_1, \cdots$, ausgenommen A_r, innerlich multiplicirt, null giebt (nach 147, 168). Alſo kann man in dem vorher gefundenen Ausdruck $A_r|A$ statt $\alpha_r A_r^2$ ſetzen und jener Ausdruck wird

$$= [A|A][B|B] + [A_1|A][B_1|B] + \cdots,$$

d. h. die Formel (a) gilt für unſere Vorausſetzung.

2. Nun zeige ich, dass, wenn die Formel (a) für irgend eine Reihe von einfachen Faktoren gilt, aus denen [AB] besteht, ſie auch noch bestehen bleiben, wenn man dieſe Faktorenreihe lineal ändert (ſiehe 71), d. h. statt irgend eines Faktors a ſetzt $a + \beta b$, wo b einer der andern Faktoren und β eine Zahl ist. Hierbei behält (nach 72) das Produkt [AB], alſo auch die linke Seite unſerer Formel, denſelben Werth. Betrachtet man nun irgend ein Glied der rechten Seite, z. B. $[A_r|A][B_r B]$, ſo können a und b entweder beide in A_r vorkommen, oder beide in B_r, oder eins in A_r, das andere in B_r. In den beiden ersten Fällen bleibt ſowohl der Werth von A_r als der von B_r unverändert, alſo auch das betrachtete Glied. Im letzten Falle kommt noch ein anderes Glied $[A_s|A][B_s|B]$ vor von der Art, dass A_r und A_s, im Uebrigen dieſelben Faktoren enthalten, nur dass, wo das eine dieſer Produkte den Faktor a enthält, das andere den Faktor b enthalte. Dann stehen B_r und B_s, da ſie die jedesmal dem A_r und A_s fehlenden Faktoren enthalten, in derſelben gegenſeitigen Beziehung zu einander. Es kommt alſo a in einer der Grössen A_r und A_s vor; es mag a in A_r vorkommen. Nun ſei A′ die Grösse, welche aus A_r hervorgeht, indem man darin b statt a ſetzt, und B′ die Grösse, welche aus B_r hervorgeht, indem man darin a statt b ſetzt. Dann enthält alſo A′ dieſelben Faktoren wie A_s und B′ wie B_s; es ſind alſo dann A′ und B′ (nach 57) den Grössen A_s und B_s entweder gleich oder entgegengeſetzt. Da [A′B′] aus $[A_r B_r]$ durch Vertauschung der beiden einfachen Faktoren a und b hervorgeht, ſo ist (nach 55) $[A'B'] = -[A_r B_r]$, und dies $= -[A_s B_s]$ (nach der Annahme). Wenn alſo $A' = \mp A_s$ ist, ſo ist $B' = \pm B_s$. Wenn man nun die lineale Substitution von $a + \beta b$ für a einführt, ſo verwandelt ſich

$[A_r|A][B_r|B] + [A_s|A][B_s|B] = [A_r|A][B_r|B] - [A'|A][B'|B]$ in
$[(A_r + \beta A')|A][B_r|B] - [A'|A][(B' + \beta B_r)|B]$,
weil nämlich B_r und A' kein a enthalten und alſo unverändert bleiben, während A_r in $A_r + \beta A'$ und B' in $B' + \beta B_r$ ſich verwandelt. Alſo verwandelt ſich jene Summe in

$$[A_r|A][B_r|B] - [A'|A][B'|B] + \beta[A'|A][B_r|B] - \beta[A'|A][B_r|B],$$

d. h., da die letzten Glieder ſich aufheben, der Werth jener Summe bleibt ungeändert. Es bleibt ſomit die ganze rechte Seite unſerer Formel bei jener linealen Substitution ungeändert, indem die Glieder entweder einzeln ungeändert bleiben oder, wenn ſie geändert werden, ſich zu Gliederpaaren gruppiren, deren Summe ungeändert bleibt. Da ſomit beide Seiten der Formel bei linealer Substitution ungeändert bleiben, ſo bleibt die Formel, wenn ſie für irgend eine Faktorreihe gilt, auch bei deren linealer Aenderung bestehen.

3. Es ſei endlich die Faktorreihe a, b,···· eine ganz beliebige, doch ihr kombinatorisches Produkt [AB] nicht null, ſo lässt ſich (nach 163) stets eine Reihe zu einander normaler Grössen erster Stufe a_1, a_2,··· angeben, von der Art, dass $[ab\cdots] = [a_1 a_2 \cdots]$. Dann lässt ſich aber (nach 76) die Grössenreihe a, b,··· aus a_1, a_2,··· durch lineale Aenderung ableiten. Nun gilt nach Beweis 1 unſere Formel für die Reihe der zu einander normalen Faktoren a_1, a_2,···, alſo nach Beweis 2 auch für die durch fortgeſetzte lineale Aenderung daraus hervorgehende Faktorreihe, alſo auch für a, b,··· d. h. allgemein.

173. Wenn A und *A* von gleicher Stufe ſind, ebenſo B und ***B*** u. ſ. w., endlich L und *Λ*, M aber von gleicher oder höherer Stufe ist wie *M* und [AB···LM] ein nicht verschwindendes kombinatorisches Produkt von Grössen erster Stufe ist, ſo ist

$$[AB\cdots LM|\boldsymbol{AB}\cdots\boldsymbol{\Lambda M}] = \sum [A_a|\boldsymbol{A}][B_b|\boldsymbol{B}]\cdots[L_l|\boldsymbol{\Lambda}][M_m|\boldsymbol{M}],$$

wo $[A_a B_b \cdots L_l M_m]$ dieſelben einfachen Faktoren enthält wie [AB···LM], nur in anderer Folge, doch in der Art, dass beide Produkte einander gleich ſind, wo ferner A_a eben ſo viel Faktoren enthält wie A, B_b wie B u. ſ. w., und wo endlich die Summe ſich auf alle möglichen verschiedenen Ausdrücke dieſer Art bezieht, ſo dass nämlich $A_a B_b \cdots L_l M_m$ und $A_{a'} B_{b'} \cdots L_{l'} M_{m'}$ als verschiedene Ausdrücke gelten, wenn wenigstens eins der Grössenpaare A_a und $A_{a'}$, B_b und $B_{b'}, \cdots$ aus zwei Grössen besteht, die in keiner Zahlbeziehung zu einander stehen.

Beweis 1. Für zwei Faktoren ist der Satz in 148 bewieſen, wir können nämlich die Formel 172 auch in folgender Weiſe schreiben

$$* \quad [AB|\mathit{AB}] = \overline{\sum [A_a|\mathit{A}][B_b|\mathit{B}]},$$

wo $A_a B_b$ die im Satze dargestellte Bedeutung haben, welche mit der Bedeutung der Grössenpaare AB, $A_1 B_1, \cdots$ in 172 zuſammenfällt.

2. Durch wiederholte Anwendung des Satzes für zwei Faktoren gelangt man zu dem Satze für beliebig viele Faktoren. In der That kann man das Produkt $[AB \cdots LM]$ zunächst als aus den zwei Faktoren A und $[BC \cdots LM]$ bestehend anſehen. Dann wird

$$[AB \cdots LM|\mathit{AB} \cdots \mathit{\Lambda M}] = [A(BC \cdots LM)|\mathit{A}(\mathit{B\Gamma} \cdots \mathit{\Lambda M})]$$
$$= \overline{\sum [A_a|\mathit{A}][(BC \cdots LM)_b|\mathit{B\Gamma} \cdots \mathit{\Lambda M}]},$$

wo der Index b unter der Klammer andeuten ſoll, dass der in der Klammer stehende Ausdruck als Eine Grösse, gemäss der Formel *, behandelt werden ſoll. Der gefundene Ausdruck ist aus demſelben Grunde wieder

$$= \overline{\sum [A_a|\mathit{A}][B_b|\mathit{B}][(CD \cdots LM)_c|\mathit{\Gamma\Delta} \cdots \mathit{\Lambda M}]},$$

und ſetzt man dies fort, ſo erhält man ihn zuletzt

$$= \overline{\sum [A_a|\mathit{A}][B_b|\mathit{B}] \cdots [L_l|\mathit{\Lambda}][M_m|\mathit{M}]}.$$

Anm. Die geſammte Schaar der Grössenreihe $A_a, B_b \cdots M_m$ kann man auf folgende Weiſe kombinatorisch entwickeln: Man betrachtet die einfachen Faktoren des Produktes $[AB \cdots]$ als kombinatorische Elemente, entwickelt aus ihnen die multiplikativen Kombinationen zur ſo vielten Klasse, als die Stufe von A beträgt, ſo erhält man die Grössen A_a; zu jeder derſelben entwickelt man die multiplikativen Kombinationen aus den in ihr nicht vorkommenden Elementen zur ſo vielten Klasse, als die Stufe von B beträgt, ſo erhält man zu jedem A_a die ſämmtlichen zugehörigen Grössen B_b und ſo fort; endlich die letzten dieſer multiplikativen Kombinationen, die zu der Grösse M gehören, ſetzt man gleich $\mp M_m$, wobei man das Vorzeichen ſo bestimmt, dass $[A_a B_b \cdots M_m] = [AB \cdots M]$ wird. Zum Beispiel, wenn $A = ab$, $B = cd$,

C = M = e ist, fo erhält man folgende Schaar von je drei Grössen, von denen jedesmal die erste eine Grösse $\mathrm{A_a}$, die zweite eine zugehörige Grösse $\mathrm{B_b}$, die dritte die zu beiden gehörige Grösse $\mathrm{C_c}$ darstellt:

ab, cd, e	ad, bc, e	bc, ad, e	be, ac, d	ce, ab, — d
ab, ce, — d	ad, be, — c	bc, ae, — d	be, ad, — c	ce, ad, b
ab, de, c	ad, ce, b	bc, de, a	be, cd, a	ce, bd, — a
ac, bd, — e	ae, bc, — d	bd, ac, — e	cd, ab, e	de, ab, c
ac, be, d	ae, bd, c	bd, ae, c	cd, ae, — b	de, ac, — b
ac, de, — b	ae, cd, — b	bd, ce, — a	cd, be, a	de, bc, a.

174. Zufatz. Wenn in dem inneren Produkte $[\mathrm{AB}\cdots|\boldsymbol{A}\boldsymbol{B}\cdots]$ die Grössen A und A von gleicher Stufe find, ebenfo B und $\boldsymbol{B}$ und fo fort, fo ist

$$[\mathrm{AB}\cdots\cdot|\boldsymbol{AB}\cdots\cdot] = \frac{[\mathrm{A'B'}\cdots]}{[\mathrm{AB}\cdots\cdot]},$$

wo $\mathrm{A'} = \sum \overline{[\mathrm{A_r}|A]\mathrm{A_r}}$, $\mathrm{B'} = \sum \overline{[\mathrm{B_r}|\boldsymbol{B}]\mathrm{B_r}}$, u. f. w., und wo die $\mathrm{A_r}$ die multiplikativen Kombinationen aus den einfachen Faktoren des äusseren Produktes $[\mathrm{AB}\cdots]$ zur fo vielten Klasse find, als die Stufenzahl von A beträgt und entsprechend die $\mathrm{B_r}$ u. f. w.

Beweis. Nach 173 ist

$$[\mathrm{AB}\cdots\cdot|\boldsymbol{AB}\cdots] = \sum \overline{[\mathrm{A_a}|A][\mathrm{B_b}|\boldsymbol{B}]\cdots\cdot}, \text{ wo}$$
$$[\mathrm{A_a B_b}\cdots] = [\mathrm{AB}\cdots\cdot]$$

ist, mit den näheren in 173 angegebenen Bestimmungen.

Da nun A mit A von gleicher Stufe ist, alfo auch $\mathrm{A_a}$ mit A, fo ist (nach 141) $[\mathrm{A_a}|A]$ eine Zahl und aus gleichem Grunde $[\mathrm{B_b}|\boldsymbol{B}]$, u. f. w. Folglich können wir statt $\sum \overline{[\mathrm{A_a}|A][\mathrm{B_b}|\boldsymbol{B}]\cdots}$ schreiben

$$= \sum \frac{[\mathrm{A_a}|A][\mathrm{B_b}|\boldsymbol{B}]\cdots[\mathrm{A_a B_b}\cdots]}{[\mathrm{A_a B_b}\cdots\cdot]}.$$

Alfo, da $[\mathrm{A_a B_b}\cdots]$ gleich $[\mathrm{AB}\cdots]$ ist,

$$= \sum \overline{[\mathrm{A_a}|A]\,[\mathrm{B_b}|\boldsymbol{B}]\cdot\cdot[\mathrm{A_a B_b}\cdot\cdot]} : [\mathrm{AB}\cdot\cdot].$$

Oder, da (nach 46) die Zahlfaktoren beliebigen Faktoren eines Produktes zugeordnet werden können,

$$= \sum \overline{([\mathrm{A_a}|A]\mathrm{A_a}\cdot[\mathrm{B_b}|\boldsymbol{B}]\mathrm{B_b}\cdots)} : [\mathrm{AB}\cdot\cdot].$$

Hier enthält (nach 173) jedes Produkt $[\mathrm{A_a B_b}\cdots]$ diefelben Faktoren erster Stufe wie $[\mathrm{AB}\cdots]$, alfo enthält in jedem derfelben $\mathrm{A_a}$ andere als $\mathrm{B_b}$, u. f. w. Da nun aber die Produkte, in denen $\mathrm{A_a}$, $\mathrm{B_b}$, $\cdots$ gleiche Faktoren erster Stufe enthalten, null ſind, ſo können wir dieſe Produkte zu dem obigen Ausdrucke hinzufügen, und erhalten dann denſelben (nach 45)

$$= [\sum[A_r|\mathit{A}]A_r \cdot \sum[B_r|\mathit{B}]B_r \cdots] : [AB \cdots],$$

$$\text{d. h.} = \frac{[A'B' \cdots]}{[AB \cdots]}.$$

175. Das innere Produkt zweier Grössen m-ter Stufe A und B, deren jede aus m einfachen Faktoren besteht, ist gleich der Determinante aus m Reihen von je m Gliedern, die man erhält, indem man nach der Ordnung jeden einfachen Faktor von A mit jedem von B zu einem inneren Produkte verknüpft, d. h. es ist

$$[abc \cdots | a'b'c' \cdots] = \text{Determ.} \begin{cases} [a|a'], & [a|b'], & [a|c'], \cdots \\ [b|a'], & [b|b'], & [b|c'], \cdots \\ [c|a'], & [c|b'], & [c|c'], \cdots \\ \cdots\cdots & \cdots\cdots & \cdots\cdots \end{cases}$$

$$= \sum \mp (\alpha\beta_1\gamma_2 \cdots),$$

wo $\alpha = [a|a'],\ \alpha_1 = [a|b'],\ \alpha_2 = [a|c'], \cdots$

$\beta = [b|a'],\ \beta_1 = [b|b'],\ \beta_2 = [b|c'], \cdots$

$\gamma = [c|a'],\ \gamma_1 = [c|b'],\ \gamma_2 = [c|c'], \cdots$

u. ſ. w.

Beweis. Nach 174 ist

$$[abc \cdots | a'b'c' \cdots] = \frac{[a_1b_1c_1 \cdots]}{[abc \cdots]},$$

wo $a_1 = [a|a']a + [b|a']b + [c|a']c + \cdots = \alpha a + \beta b + \gamma c + \cdots$

$b_1 = [a|b']a + [b|b']b + [c|b']c + \cdots = \alpha_1 a + \beta_1 b + \gamma_1 c + \cdots$

$c_1 = [a|c']a + [b|c']b + [c|c']c + \cdots = \alpha_2 a + \beta_2 b + \gamma_2 c + \cdots$

$\cdots\cdots\cdots \qquad \cdots\cdots\cdots\cdots$

ist. Aber nach 63 ist

$$[(\alpha a + \beta b + \gamma c + \cdots)(\alpha_1 a + \beta_1 b + \gamma_1 c + \cdots)(\alpha_2 a + \beta_2 b + \gamma_2 c + \cdots) \cdots]$$
$$= \sum \mp (\alpha\beta_1\gamma_2 \cdots) \cdot [abc \cdots].$$

Alſo

$$[abc \cdots | a'b'c' \cdots] = \frac{[a_1b_1c_1 \cdots]}{[abc \cdots]} = \frac{\sum \mp (\alpha\beta_1\gamma_2 \cdots)[abc \cdots]}{[abc \cdots]}$$
$$= \sum \mp (\alpha\beta_1\gamma_2 \cdots).$$

176–179. Zuſätze. Ins Beſondere iſt

176 $\cdot\cdot [ab|a'b'] = [a|a'][b|b'] - [a|b'][a'|b],$

177 $\cdot\cdot [ab]^2 = a^2b^2 - [a|b]^2,$

178. $[abc]^2 = a^2b^2c^2 - a^2[b|c]^2 - b^2[c|a]^2 - c^2[a|b]^2 + 2[a|b][b|c][c|a]$,

179. $[abcd]^2 = \text{Determ.} \left\{ \begin{matrix} a^2, & [a|b], & [a|c], & [a|d] \\ [b|a], & b^2, & [b|c], & [b|d] \\ [c|a], & [c|b], & c^2, & [c|d] \\ [d|a], & [d|b], & [d|c], & d^2, \end{matrix} \right.$

180. $[ab|c] = [a|c]b - [b|c]a$,

181. $[abc|d] = [a|d][bc] + [b|d][ca] + [c|d][ab]$,

182. $[abcd|e] = [a|e][bcd] + [b|e][cad] + [c|e][abd] + [d|e][cba]$.

Denn in 180 bis 182 kann man den zweiten Faktor des inneren Produktes (c, d oder e) als Produkt betrachten, deſſen zweiter Faktor 1 ist (alſo $c\cdot 1$, $d\cdot 1$ oder $e\cdot 1$), und kann dann No. 173 anwenden; wobei man zu beachten hat, dass nach den Geſetzen kombinatoriſcher Multiplikation

$$[ab] = -[ba],\ [a\cdot bc] = [b\cdot ca] = [c\cdot ab] \text{ und}$$
$$[a\cdot bcd] = [b\cdot cad] = [c\cdot abd] = [d\cdot cba] \text{ ist.}$$

183. Wenn man aus einer Reihe von (n) Grössen erster Stufe die multiplikativen Kombinationen zu irgend einer Klasse bildet, und jede derſelben mit der ergänzenden Kombination zu einem inneren Produkte verknüpft, ſo ist die Summe dieſer Produkte null, d. h.

$$[A|B] + [A_1|B_1] + \cdots = 0,$$

wenn A, $A_1, \cdots$ die multiplikativen Kombinationen aus den n Grössen erster Stufe a_1, $a_2, \cdots a_n$ zu irgend einer (m-ten) Klasse, und B, $B_1, \cdots$ die ergänzenden Kombinationen ſind.

Beweis 1. Es ſei zuerst angenommen $m \gtreqless n - m$. Da nun A eine der multiplikativen Kombinationen von $a_1, \cdots a_n$ ist, ſo wird es die Form haben

$$A = [a_r a_s \cdots\cdots a_z],$$

wo r, $s, \cdots z$ beliebige m verschiedene unter den Zahlen $1 \cdots n$ ſind. Da ferner B die ergänzende Kombination zu A ist, ſo muss es als Faktoren diejenigen $n - m$ unter den Grössen $a_1 \cdots a_n$ enthalten, welche unter den Grössen a_r, $a_s, \cdots a_z$ nicht vorkommen. Es ſeien dies $a_{r'}$, $a_{s'} \cdots$, $a_{u'}$, ſo dass alſo $B = (-1)^p [a_{r'} a_{s'} \cdots a_{u'}]$ ist. Ferner muss das durch $(-1)^p$ angedeutete Vorzeichen (nach 172 Anm.) ſo bestimmt werden, dass $[AB] = [a_1 \cdots a_n]$ wird, d. h. dass

$$* \quad (-1)^p[a_r a_s \cdots a_u a_v \cdots a_z a_{r'} a_{s'} \cdots a_{u'}] = [a_1 a_2 \cdots a_n]$$

ist. Von gleicher Form ſind die ſämmtlichen übrigen Produkte $[A_1|B_1]$ u. ſ. w. Sollen die Kombinationen A, B, A_1, B_1,··· wohlgeordnete ſein, ſo hat man noch die Bedingungen hinzuzufügen, dass $r < s < \cdots < u < v < \cdots < z$ und $r' < s' < \cdots < u'$ ſei. Fügen wir dieſe Bedingung hinzu, ſo wird

$$[A|B] + [A_1|B_1] + \cdots$$
$$= \sum (-1)^p [a_r a_s \cdots a_u a_v \cdots a_z | \overline{a_{r'} a_{s'} \cdots a_{u'}}].$$

Fassen wir hier $a_v \cdots a_z$ zu einem Faktor zuſammen und fügen dem zweiten Faktor des inneren Produktes an letzter Stelle noch den Faktor 1 hinzu, ſo wird die Bedingung von No. 173 erfüllt, alſo wird der obige Ausdruck

$$** \quad [A|B] + [A_1|B_1] + \cdots$$
$$= \sum (-1)^p [a_r|a_{r'}][a_s|a_{s'}] \cdots [a_u|a_{u'}] \cdot [a_v a_w \cdots a_z],$$

wobei noch die Gleichung (*) bestehen bleibt, und auch die Bedingungen $r' < s' < \cdots < u'$ und $v < w < \cdots < z$ geltend bleiben, hingegen die Bedingung, dass $r < s < \cdots < u$ ſei, wegfällt, und die Summe ſich auf alle unter jenen Bedingungen möglichen Glieder bezieht. Ich zeige nun, dass in dieſer Summe alle Glieder paarweiſe einander entgegengeſetzt ſind, und ſich alſo heben. Es ſei irgend eins dieſer Glieder betrachtet, etwa

$$(-1)^p [a_r|a_{r'}][a_s|a_{s'}] \cdots [a_u|a_{u'}][a_v a_w \cdots a_z]$$

wo die Indices bestimmte (von einander verschiedene) Werthe haben, die den obigen Bedingungen genügen, und wo nach dem Obigen p einen ſolchen Werth hat, dass die Gleichung (*) erfüllt wird. Da die Indices r, r', s, s',···u, u' alle von einander verschieden ſind, ſo wird irgend einer der kleinste unter ihnen ſein müssen, und unter den Produkten $[a_r|a_{r'}]$, $[a_s|a_{s'}]$,····$[a_u|a_{u'}]$ wird irgend eins dieſen kleinsten Index enthalten; es ſei dies beispielsweiſe das Produkt $[a_r|a_{r'}]$. Dies angenommen, vertausche man r und r' und ändere das Zeichen, ſo erhält man einen Ausdruck

$$*** \quad (-1)^{p+1}[a_{r'}|a_r][a_s|a_{s'}] \cdots [a_u|a_{u'}][a_v a_w \cdots a_z],$$

von welchem ich zeigen werde, dass er gleichfalls als Glied in der obigen Summe (**) vorkommt. Sollte der Index r grösser ſein als s', ſo gebe man dem Faktor $[a_{r'}|a_r]$ unter den übrigen Faktoren $[a_s|a_{s'}]\cdots[a_u|a_{u'}]$ eine ſolche Stellung, dass die Bedingung erfüllt wird, vermöge welcher der zweite Index in jedem dieser Faktoren kleiner ſein ſoll als der zweite Index des nächst folgenden Faktors. Ich will annehmen, dass dieſe Bedingung erfüllt ſei, wenn man den Faktor $[a_{r'}|a_r]$ um q Stellen nach rechts rückt, was gestattet ist, da alle dieſe Faktoren Zahlen ſind. Es ist nun noch zu zeigen, dass auch die durch Gleichung (*) ausgedrückte Bedingung für das ſo hervorgehende Glied gilt, d. h. dass ſie noch bestehen bleibt, wenn man in ihr $p+1$ statt p ſetzt, auf der linken Seite $a_{r'}$ mit a_r vertauscht und dieſe beiden Faktoren um q Stellen nach rechts rückt. Das Produkt, welches auf dieſe Weiſe aus $(-1)^p[a_r a_s\cdots a_u a_v\cdots a_z a_{r'} a_{s'}\cdots a_{u'}]$ hervorgeht, heisset P; ſo ist

$$P=(-1)^{p+1}[a_{r'} a_s\cdots a_u a_v\cdots a_z a_r a_{s'}\cdots a_{u'}]$$

Denn man kann in dieſem Produkte P die Faktoren a_r und $a_{r'}$ gleichzeitig wieder um 9 Stellen zurückrücken, ohne dass ſich (nach 58) der Werth des Produktes ändert. Ferner ist der letzte Ausdruck (nach 55), indem man a_r und $a_{r'}$ vertauscht,

$$\begin{aligned}&=-(-1)^{p+1}[a_r a_s\cdot a_u a_v\cdots a_z a_{r'} a_{s'}\cdots a_{u'}]\\&=(-1)^p[a_r a_s\cdots\cdots a_u a_v\cdots a_z a_{r'} a_{s'}\cdots a_{u'}]\\&=[a_1 a_2\cdots a_n]\qquad\text{[nach *]}.\end{aligned}$$

Alſo $P=[a_1 a_2\cdots\cdots a_n]$. Alſo ist jener Ausdruck (***) allen Bedingungen unterworfen, denen die Glieder der Summe (**) unterworfen ſind, ist alſo, da jene Summe alle Glieder enthält die jenen Bedingungen genügen, ſelbst ein Glied jener Summe. Dies Glied hebt ſich nun mit dem zuerst betrachteten Gliede auf; denn

$$\begin{aligned}&(-1)^p[a_r|a_{r'}][a_s|a_{s'}]\cdots[a_u|a_{u'}][a_v a_w\cdots a_z]\\&\quad+(-1)^{p+1}[a_{r'}|a_r][a_s|a_{s'}]\cdots[a_u|a_{u'}][a_v a_w\cdots a_z]\end{aligned}$$

ist null, da $[a_{r'}|a_r]=[a_r|a_{r'}]$ ist (nach 144) und $(-1)^{p+1}=-(-1)^p$ ist. Aber auf dieſelbe Weiſe, wie aus dem ersteren dieſer beiden Glieder das letztere hervorgeht, geht aus dieſem jenes hervor. Und auf gleiche Weiſe findet ſich zu jedem Gliede jener Summe ein ihm zugepaartes, welches ſich mit ihm aufhebt; alſo ist jene Summe null, alſo auch das dieſer Summe gleiche

$$[A|B]+[A_1|B_1]+\cdots\cdots=0.$$

2. Wenn $m < n - m$ ist, ſo ist (nach 150), wenn noch $m(n - m - 1) = c$ geſetzt wird,

$$[A|B] + [A_1|B_1] + \cdots = (-1)^c|[B|A] + (-1)^c|[B_1|A_1] + \cdots$$
$$= (-1)^c|([B|A] + [B_1|A_1] + \cdots) \quad [98].$$

Hier ist (nach Beweis 1) die in Klammer geschlossene Summe 0, alſo

$$[A|B] + [A_1|B_1] + \cdots = (-1)^c|(0) = 0 \quad [89].$$

184. Zuſatz. Wenn man aus einer Reihe von 4m Grössen erster Stufe $a_1 \cdots a_{4m}$ die ſämmtlichen multiplikativen Kombinationen A, B, C··· zur 2m-ten Klasse, welche eine dieſer Grössen, z. B. a_1 enthalten, bildet, und jede derſelben mit der ergänzenden Kombination zu einem inneren Produkte verknüpft, ſo ist die Summe dieſer Produkte null, d. h.

$$[A|A'] + [B|B'] + \cdots = 0,$$

wo A, B,··· die multiplikativen Kombinationen aus $a_1, \cdots a_{4m}$ zur 2m-ten Klasse, welche a_1 enthalten, und A′, B′,··· deren ergänzende Kombinationen ſind.

Beweis. Da A, B,··· die ſämmtlichen a_1 enthaltenden multiplikativen Kombinationen aus 4m Elementen zur 2m-ten Klasse ſind, ſo ſind ihre ergänzenden Kombinationen A′, B′,··· die ſämmtlichen Kombinationen aus denſelben Elementen zu derſelben Klasse, welche a_1 nicht enthalten. Ferner, da die Stufenzahlen von A, B,··A′, B′,·· gerade ſind, ſo ist (nach 58) $[AA'] = [A'A]$, und alſo (nach 172 Anm.), wenn A′ die ergänzende Kombination von A ist, auch A die ergänzende Kombination von A′, und ebenſo B die von B′, ſomit (nach 183)

$$[A|A'] + [B|B'] + \cdots + [A'|A] + [B'|B] + \cdots = 0.$$

Aber (nach 144) $[A|A'] = [A'|A]$, $[B|B'] = [B'|B] \cdots$.
Alſo

$$2[A|A'] + 2[B|B'] + \cdots = 0, \text{ d. h.}$$
$$[A|A'] + [B|B'] + \cdots = 0.$$

185–187. Zuſätze. Ins Beſondere ist

185. $[ab|cd] + [ac|db] + [ad|bc] = 0,$

186. $[ab|c] + [bc|a] + [ca|b] = 0,$

187. $[abc|d] - [bcd|a] + [cda|b] - [dab|c] = 0.$

§. 4. Besondere Sätze über die innere Multiplikation zweier Grössen erster Stufe.

188. Die Bedingungsgleichungen für die innere Multiplikation zweier Grössen erster Stufe ſind

(a) $[e_r|e_s] = 0$, wenn r $\gtrless$ s,

(b) $[e_r|e_r] = [e_s|e_s] = \cdots$,

und zwar gelten dieſelben auch, wenn man statt der Einheiten $e_1, e_2, \cdots e_n$ ein beliebiges vollständiges Normalsystem ſetzt.

Beweis. Die Geltung der beiden Gleichungsgruppen für die Einheiten ist in No. 142 bewieſen. Alſo gelten ſie (nach 168) auch für jedes einfache vollständige Normalsystem. Sie gelten aber auch für jedes beliebige vollständige Normalsystem. Denn ſind a, b, zwei Grössen desselben und ist λ der numerische Werth des Normalsystems, ſo dass $a = \lambda a'$, $b = \lambda b'$ geſetzt werden kann, wo a' und b' den numerischen Werth 1 haben, ſo ist $[a'|b'] = 0$, alſo auch $[\lambda a'|\lambda b'] = 0$, d. h. $[a|b] = 0$ und $[a'|a'] = 1$, alſo $[a|a] = [\lambda a'|\lambda a'] = \lambda^2[a'|a'] = \lambda^2$. Ebenſo $[b|b] = \lambda^2$, alſo $[a|a] = [b|b]$. Zu zeigen ist noch, dass die beiden obigen Gruppen die vollständigen Bestimmungsgleichungen enthalten, d. h. (nach 48) dass zwischen den Produkten $[e_r|e_s]$ keine andere Zahlbeziehung herrscht, als eine aus jenen beiden Gruppen ableitbare. Es lassen ſich vermöge der beiden Gruppen alle Produkte $[e_r|e_s]$, ſofern r gleich s ist, gleich $[e_1|e_1]$ ſetzen, während ſie verschwinden, ſobald r von s verschieden ist. Hat man alſo irgend eine Bedingungsgleichung

$$\sum \overline{\alpha_{r,s}[e_r|e_s]} = 0,$$

ſo verwandelt ſie ſich in

$$\sum \overline{\alpha_{r,r}}[e_1|e_1] = 0,$$

alſo, da $[e_1|e_1]$ gleich 1 ist, in

$$\sum \overline{\alpha_{r,r}} = 0.$$

Ist aber letzteres der Fall, ſo geht die Gleichung

$$\sum \overline{\alpha_{r,s}[e_r|e_s]} = 0$$

schon aus den obigen beiden Gruppen hervor, ſomit enthalten jene beiden Gruppen das vollständige System der Bestimmungsgleichungen.

Anm. Für die innere Multiplikation zweier beliebiger Grössen von den Stufen p und q ($q >= p$) ist das System der Bestimmungsgleichungen in den beiden Gleichungsgruppen enthalten:

(a) $[E|F] = 0$, wenn E nicht mit F incident ist,

(b) $[E|EG] = [E'|E'G]$, wo E, F, G, E' kombinatorische Produkte der ursprünglichen Einheiten find, E, E' von p-ter, F, [EG] und [E'G] von q-ter Stufe und die letzteren beiden nicht null find.

189. $[a|b] = [b|a]$ (specieller Fall von No. 144).

190. Es ist

$$[(\alpha_1 a_1 + \alpha_2 a_2 + \cdots)|(\beta_1 a_1 + \beta_2 a_2 + \cdots)] = \alpha_1\beta_1 a_1^2 + \alpha_2\beta_2 a_2^2 \cdots,$$

wenn $a_1, a_2, \cdots$ zu einander normal find.

Beweis. Denn wenn $\alpha_1 a_1 + \alpha_2 a_2 + \cdots$ mit $\sum \overline{\alpha_r a_r}$ und $\beta_1 a + \beta_2 a_2 + \cdots$ mit $\sum \overline{\beta_r a_r}$ bezeichnet wird, fo ist

$$[(\alpha_1 a_1 + \alpha_2 a_2 + \cdots)|(\beta_1 a_1 + \beta_2 a_2 + \cdots)] = [\sum \overline{\alpha_r a_r} | \sum \overline{\beta_r a_r}]$$
$$= \sum \overline{\alpha_r \beta_s [a_r|a_s]} \quad [42]$$
$$= \sum \overline{\alpha_r \beta_r [a_r|a_r]},$$

weil a_r und a_s, wenn r von s verschieden ist, nach der Annahme zu einander normal find, alfo (nach 188) ihr inneres Produkt null ist. Der letzte Ausdruck ist aber

$$= \sum \overline{\alpha_r \beta_r a_r^2} = \alpha_1\beta_1 a_1^2 + \alpha_2\beta_2 a_2^2 + \cdots.$$

191. Es ist

$$[(\alpha_1 a_1 + \alpha_2 a_2 + \cdots |(\beta_1 a_1 + \beta_2 a_2 + \cdots)] = \alpha_1\beta_1 + \alpha_2\beta_2 + \cdots,$$

wenn $a_1, a_2, \cdots$ ein einfaches Normalsystem bilden.

Beweis. Denn nach 190 ist

$$[(\alpha_1 a_1 + \alpha_2 a_2 + \cdots)(\beta_1 a_1 + \beta_2 a_2 + \cdots)] = \alpha_1\beta_1 a_1^2 + \alpha_2\beta_2 a_2^2 + \cdots,$$

aber, wenn $a_1, a_2, \cdots$ ein einfaches Normalsystem bilden, fo ist $a_1^2 = a_2^2 = \cdots = 1$, alfo der gefundene Ausdruck

$$= \alpha_1\beta_1 + \alpha_2\beta_2 + \cdots.$$

192. Wenn $a_1, a_2, \cdots$ zu einander normal find, fo ist

$$(a_1 + a_2 + \cdots)^2 = a_1^2 + a_2^2 + \cdots.$$

Beweis aus 190.

193. Es ist

$$(a + b)^2 = a^2 + 2[a|b] + b^2.$$

Beweis. Es ist

$$(a + b)^2 = [(a + b)|(a + b)]$$
$$= [a|a] + [a|b] + [b|a] + [b|b] \quad [42],$$

alfo (nach 189)

$$= a^2 + 2[a|b] + b^2.$$

194. Es ist

$$(a+b+c)^2 = a^2 + b^2 + c^2 + 2[b|c] + 2[c|a] + 2[a|b].$$

Beweis wie in 193.

Anm. Die Sätze 192 – 194 stellen, geometrisch gedeutet, den Pythagoräischen Lehrfatz nebst feiner Erweiterung für die Ebene wie für den Raum dar.

§. 5. Einführung der Winkel.

195. Unter $\angle AB$ (Winkel AB) verstehe ich, wenn A und B von gleicher Stufe aber nicht null, und α und β ihre numerischen Werthe find, denjenigen Winkel zwischen 0 und π (diefe Gränzen mit eingeschlossen), dessen Cofinus gleich dem durch die numerischen Werthe dividirten inneren Produkte jener Grössen ist, d. h. ich fetze

$$\cos. \angle AB = \frac{[A|B]}{\alpha\beta}, \ \angle AB = 0 \cdots \pi.$$

Ferner verstehe ich, wenn a, b, c, $\cdots$ Grössen erster Stufe find, und $\alpha, \beta, \gamma, \cdots$ ihre numerischen Werthe, unter fin. (abc $\cdots$) den Ausdruck, welcher numerisch gleich $\frac{[abc\cdots]}{\alpha\beta\gamma\cdots}$ und nicht negativ ist, d. h.

$$\text{fin.}\,(abc\cdots) >= 0 \text{ und numerisch } = \frac{[abc\cdots]}{\alpha\beta\gamma\cdots},$$

d. h $\text{fin.}^2(abc\cdots) = \frac{[abc\cdots]^2}{\alpha^2\beta^2\gamma^2\cdots}$.

196. Wenn a, b Grössen erster Stufe find, fo ist

$$\text{fin.}\,(ab) = \text{fin.}\,\angle ab.$$

Beweis. Denn nach 195 ist

$$\text{fin.}^2(ab) = \frac{[ab]^2}{\alpha^2\beta^2} = \frac{a^2b^2 - [a|b]^2}{\alpha^2\beta^2} \quad [177]$$

$$= \frac{\alpha^2\beta^2 - [a|b]^2}{\alpha^2\beta^2} \quad [151]$$

$$= 1 - \left[\frac{a|b}{\alpha\beta}\right]^2$$

$$= 1 - \cos.^2\angle ab \quad [195]$$

$$= \text{fin.}^2\angle ab.$$

9*

Und da nach der Definition ſin. (ab) nie negativ und $\angle$ab ein Winkel zwischen 0 und π, alſo ſin. $\angle$ab auch nicht negativ ist, ſo folgt aus ſin. ^{2}(ab) = ſin. $^2\angle$ab, dass ſin. (ab) = ſin. $\angle$ab ſei.

197. $[A|B] = \alpha\beta \cos.\angle AB$, wenn A und B von gleicher Stufe und α und β ihre numerischen Werthe ſind.

Beweis aus 195.

198. $[ab]^2 = (\alpha\beta\, \text{ſin.}\angle ab)^2$, wo α und β die numerischen Werthe von a und b ſind.

Beweis. Nach 177 ist

$$\begin{aligned}[ab]^2 &= \alpha^2\beta^2 - [a|b]^2 \\ &= \alpha^2\beta^2 - (\alpha\beta \cos.\angle ab)^2 \quad [197] \\ &= \alpha^2\beta^2(1 - \cos.^2\angle ab) \\ &= \alpha^2\beta^2\, \text{ſin.}^2\angle ab.\end{aligned}$$

Anm. In dieſen Formeln tritt der Gegenſatz zwischen dem äusseren und inneren Produkte in einfachster Gestalt hervor. Während das innere Produkt zweier Grössen erster Stufe gleich dem Produkte der numerischen Werthe in den coſinus des Zwischenwinkels ist, ſo ist das äussere Produkt derſelben, abgeſehen vom $\mp$ Zeichen, gleich dem Produkte der numerischen Werthe in den ſinus des Zwischenwinkels.

199. Es ist

$$[ab|cd] = \alpha\beta\gamma\delta\, \text{ſin.}\angle ab\, \text{ſin.}\angle cd \cos.(\angle ab\cdot cd),$$

wenn α, β, γ, δ die numerischen Werthe von a, b, c, d ſind.

Beweis. Der numerische Werth von [ab] ist $([ab]^2)^{\frac{1}{2}}$ und der von [cd] ist $([cd]^2)^{\frac{1}{2}}$, alſo ist (nach 197)

$$\begin{aligned}[ab|cd] &= ([ab]^2[cd]^2)^{\frac{1}{2}} \cos.(\angle ab\cdot cd) \\ &= [(\alpha\beta\, \text{ſin.}\angle ab\gamma\delta\, \text{ſin.}\angle cd)^2]^{\frac{1}{2}} \cos.(\angle ab\cdot cd) \quad [198].\end{aligned}$$

Aber da das Produkt $\alpha\beta\, \text{ſin.}\angle ab\gamma\delta\, \text{ſin.}\angle cd$ poſitiv ist, ſo hebt ſich das fortschreitende Potenziren dieſer Grösse durch 2 und $\frac{1}{2}$ auf, und es wird

$$[ab|cd] = \alpha\beta\gamma\delta\, \text{ſin.}\angle ab\, \text{ſin.}\angle cd \cos.(\angle ab\cdot cd).$$

200. Die normale Zurückleitung von A auf eine Grösse gleicher Stufe B ist numerisch gleich A cos. $\angle$AB.

Beweis. Wenn A′ die normale Zurückleitung von A auf B ist, ſo ist (nach 166)

$$A' = \frac{[A|B]B}{\beta^2} = \frac{\alpha\beta \cos.\angle AB\cdot B}{\beta^2} \quad [197]$$

$$= \alpha \cos.\angle AB\cdot\frac{B}{\beta},$$ alſo numerisch = A cos. $\angle$AB.

201. Wenn a, b, c,⋯ zu einander normal ſind, ſo ist für jede aus ihnen numerisch ableitbare Grösse k

$$\frac{k}{\varkappa} = \frac{a}{\alpha}\cos.\angle ak + \frac{b}{\beta}\cos.\angle bk + \cdots,$$

wo $\varkappa$, α, β,⋯ die numerischen Werthe von k, a, b,⋯ ſind.

Beweis. Es ſei $k = xa + yb + \cdots$, ſo erhalten wir durch innere Multiplikation mit a, da $[b|a]$ u. ſ. w. null ſind,

$$[a|k] = x[a|a] = x\alpha^2 \qquad [151],$$

alſo

$$x = \frac{[a|k]}{\alpha^2} = \frac{\alpha\varkappa\cos.\angle ak}{\alpha^2}, \qquad [197]$$

$$= \frac{\varkappa}{\alpha}\cos.\angle ak.$$

Aus gleichem Grunde ist $y = \frac{\varkappa}{\beta}\cos.\angle bk$ u. ſ. w. Dieſe Werthe von x, y,⋯ in die obige Formel eingeſetzt, giebt

$$k = \frac{\varkappa}{\alpha}\cos.\angle ak\cdot a + \frac{\varkappa}{\beta}\cos.\angle bk\cdot b + \cdots, \text{ d. h.}$$

$$\frac{k}{\varkappa} = \frac{a}{\alpha}\cos.\angle ak + \frac{b}{\beta}\cos.\angle bk + \cdots.$$

202. Wenn a, b zu einander normal und k und l aus ihnen numerisch ableitbar ſind, ſo ist

$$\cos.\angle kl = \cos.\angle ak\cos.\angle al + \cos.\angle bk\cos.\angle bl + \cdots.$$

Beweis. Nach 195 ist, wenn $\varkappa$, λ, α, β,⋯ die numerischen Werthe von k, l, a, b,⋯ ſind,

$$\cos.\angle kl = \frac{[k|l]}{\varkappa\lambda} = \left[\frac{k}{\varkappa}\Big|\frac{l}{\lambda}\right] = \left[\left(\frac{a}{\alpha}\cos.\angle ak + \frac{b}{\beta}\cos.\angle bk + \cdots\right)\right.$$

$$\left.\Big|\left(\frac{a}{\alpha}\cos.\angle al + \frac{b}{\beta}\cos.\angle bl + \cdots\right)\right] \qquad [201]$$

$$= \frac{a^2}{\alpha^2}\cos.\angle ak\cos.\angle al + \frac{b^2}{\beta^2}\cos.\angle bk\cos.\angle bl + \cdots,$$

weil $[a|b]$ u. ſ. w. null ſind. Da nun $a^2 = \alpha^2$, $b^2 = \beta^2$, u. ſ. w., ſo erhält man

$$\cos.\angle kl = \cos.\angle ak\cos.\angle al + \cos.\angle bk\cos.\angle bl + \cdots.$$

Zuſatz. Man kann dieſen Satz auch ſo ausdrücken: Statt eine Grösse erster Stufe (k) auf eine andere l zurückzuleiten, kann man jene zuerst auf die Grössen eines Normalsystems zurückleiten und dann die ſo erhaltenen Zurückleitungen auf l zurückleiten, und diefe letzten Zurückleitungen addiren, vorausgefetzt, dass hierbei alle Zurückleitungen normale find.

203. Wenn a, b,··· zu einander normal find, fo ist für jedes aus ihnen numerisch ableitbare k

$$1 = \cos.^2\angle ka + \cos.^2\angle kb + \cdots.$$

Beweis. Die Formel geht aus 202 hervor, wenn man l = k fetzt.

204. Wenn a, b,··· zu einander normal und k und l aus ihnen numerisch ableitbar und gleichfalls zu einander normal find, fo ist

$$0 = \cos.\angle ak \cos.\angle al + \cos.\angle bk \cos.\angle bl + \cdots.$$

Beweis. Die Formel geht aus 202 hervor, wenn man $\angle lk = 90^0$ fetzt.

205. Wenn $a + b + \cdots = 0$ ist, und $\alpha, \beta, \cdots$ die numerischen Werthe von a, b,··· find, fo ist

a) $\alpha : \beta : \cdots = \text{fin.}\,a' : \text{fin}\,b' : \cdots,$

wo a′, b′,·· die zu a, b,··· ergänzenden Kombinationen aus a, b,··· find,

b) $\alpha \cos.\angle ax + \beta \cos.\angle bx + \cdots = 0,$

wo x eine beliebige Grösse ist,

c) $\text{fin.}\,a' \cos.\angle ax + \text{fin.}\,b' \cos.\angle bx + \cdots = 0.$

Beweis 1. Multiplicirt man die Gleichung

$$a + b + \cdots = 0$$

kombinatorisch mit cd····, fo erhält man

$$[acd\cdots] + [bcd\cdots] = 0, \text{ alfo } [acd\cdot\cdot]^2 = [bcd\cdot\cdot]^2,$$

wo [acd···] das Produkt aller Grössen a, b, c,···, mit Ausnahme von b, und [bcd···] das Produkt aller Grössen, mit Ausnahme von a, ist. Somit ist (nach 195)

$$(\alpha\gamma\delta\cdots)^2 \text{fin.}^2[acd\cdot] + (\beta\gamma\delta\cdots)^2 \text{fin.}^2[bcd\cdots] = 0,$$

oder $\alpha^2 \text{fin.}^2[acd\cdots] = \beta^2 \text{fin.}^2[bcd\cdots].$

Nun ist cad··· die ergänzende Kombination zu b, alfo = b′, und bcd··· die ergänzende zu a, alfo = a′, alfo fin. b′ = fin. (cad··) und fin. a′ = fin. (bcd··), alfo, da α, β, fin. a′, fin. b′ pofitiv find,

$$\alpha \text{fin.}\,b' = \beta \text{fin.}\,a', \text{ d. h. } \alpha : \beta = \text{fin.}\,a' : \text{fin.}\,b',$$

und fomit allgemein

$$\alpha : \beta : \cdots = \text{fin.}\,a' : \text{fin.}\,b : \cdots.$$

2. Multiplicirt man die Gleichung a +. b + ·· = 0 innerlich mit einer beliebigen, von null verschiedenen, Grösse erster Stufe x, fo erhält man

$$[a|x] + [b|x] + \cdots = 0,$$

alfo wenn ξ der numerische Werth von x ist, ist

$$\alpha\xi \cos.\angle ax + \beta\xi \cos.\angle bx + \cdots = 0, \text{ d. h.}$$

$$\alpha \cos.\angle ax + \beta \cos.\angle bx + \cdots = 0.$$

3. Substituirt man in die fo erhaltene Gleichung die vorher gewonnenen Werthe von $\alpha : \beta : \gamma : \cdots$, fo erhält man

$$\text{fin.}\, a' \cos.\angle ax + \text{fin.}\, b' \cos.\angle bx + \cdots = 0.$$

Anm. Die entwickelten Formeln haben nur dann eine Bedeutung, wenn zwischen den Grössen a, b, ··· keine andere Beziehung herrscht, als die durch die Gleichung a + b + ·· = 0 dargestellt ist, d. h. wenn die n Grössen a, b, ··· in keinem Gebiete von niederer als (n − 1)ter Stufe vereinigt find. Für drei Grössen enthält die erste den bekannten Satz, dass im Dreieck die Seitenlängen fich wie die finus der Gegenwinkel verhalten.

206—213. Aus den Formeln 172, 175—178, 184, 185 ergeben fich mit Hülfe der angegebenen Winkelbezeichnungen folgende Formeln:

206. $$\text{fin.}\angle AB \cdot \text{fin.}\angle \boldsymbol{AB} \cos.(\angle AB \cdot \boldsymbol{AB}) = \sum \overline{\cos.\angle A_r\boldsymbol{A} \cos.\angle B_r\boldsymbol{B}},$$

wo A_r die Kombinationen aus den einfachen Faktoren von [AB], zur fo vielten Klasse, als die Stufe von A beträgt, und B_r die ergänzenden Kombinationen find.

207. $$\text{fin.}(abc\cdots)\,\text{fin.}(a'b'c'\cdots)\cos.(\angle abc\cdots a'b'c'\cdots) = \text{Determ.} \begin{cases} \cos.\angle aa', & \cos.\angle ab', \cdots \\ \cos.\angle ba', & \cos.\angle bb', \cdots \\ \vdots & \vdots \end{cases}$$

208. $$\text{fin.}\,ab\,\text{fin.}\,cd\cos.(\angle ab \cdot cd) = \cos.\,ac\cos.\,bd - \cos.\,bc\cos.\,ad,$$

und wenn hier a und c statt c und d gefetzt wird

209. $$\text{fin.}\,ab\,\text{fin.}\,ac\cos.(\angle ab \cdot ac) = \cos.\,bc - \cos.\,ab\cos.\,ac,$$

eine bekannte Formel der sphärischen Trigonometrie, ferner

210. $$\text{fin.}^2 ab = 1 - \cos.^2 ab,$$

was hier als die Transformation von 177 mit aufgeführt ist.

211. $$\text{fin.}^2[abc] = 1 - \cos.^2 bc - \cos.^2 ca - \cos.^2 ab + 2\cos.\,bc\cos.\,ca\cos.\,ab.$$

212. $\sin. A \sin. B \cos. \angle AB + \sin. A_1 \sin. B_1 \cos. \angle A_1B_1 + \cdots = 0,$

wenn A, $A_1, \cdots$ die Kombinationen aus 2n Grössen erster Stufe zur n-ten Klasse, und B, $B_1, \cdots$ deren Ergänzungen ſind.

213. $\sin. ab \sin. cd \cos. (\angle ab \cdot cd) + \sin. ac \sin. bd \cos. (\angle ab \cdot cd) + \sin. ad \sin. bc \cos. (\angle ad \cdot bc) = 0.$

Anm. Ebenſo würden ſich die übrigen Formeln aus §. 3 haben umgestalten lassen, wenn man noch $\frac{[abc.d]}{\alpha\beta\gamma\delta} = \cos. \angle abcd$ gesetzt hätte u. ſ. w.

214–215. Ferner aus 193, 194 ergiebt ſich.

214. $(a + b)^2 = \alpha^2 + 2\alpha\beta \cos. \angle ab + \beta^2.$

215. $(a + b + c)^2 = \alpha^2 + \beta^2 + \gamma^2 + 2\beta\gamma \cos. \angle bc + 2\gamma\alpha \cos. ca + 2\alpha\beta \cos. ab,$

wo α, β, γ die numerischen Werthe von a, b, c ſind.

Kap. 5. Anwendungen auf die Geometrie.

§. 1. Addition, Subtraktion, Vervielfachung und Theilung von Punkten und Strecken.

216. Erklärung. Wenn ein Punkt E und drei gegen einander ſenkrechte und gleich lange Linien als ursprüngliche Einheiten angenommen ſind, und α, α_1, α_2, α_3 beliebige Zahlen ſind, ſo verstehe ich

a) unter

$$E + \alpha_1 e_1 + \alpha_2 e_2 + \alpha_3 e_3$$

den Punkt A, zu welchem man gelangt, indem man von E aus zuerst um eine Strecke EB fortschreitet, welche gleich $\alpha_1 e_1$ ist, d. h. welche mit e_1 gleich oder entgegengeſetzt gerichtet ist, je nachdem α_1 poſitiv oder negativ ist, und deren Länge ſich zu der von e_1 wie α_1 zu 1 verhält, dann von B aus um eine Strecke BC, welche in demſelben Sinne gleich $\alpha_2 e_2$, und endlich von C aus um eine Strecke CA, welche in demſelben Sinne gleich $\alpha_3 e_3$ ist, fortschreitet,

b) zweitens verstehe ich dann unter

$$\alpha_1 e_1 + \alpha_2 e_2 + \alpha_3 e_3$$

eine Strecke, d. h. eine gerade Linie von bestimmter Länge und Richtung, und zwar diejenige Strecke, welche gleiche

Länge und Richtung hat mit der von E nach dem Punkte $E + \alpha_1 e_1 + \alpha_2 e_2 + \alpha_3 e_3$ gezogenen geraden Linie,

c) drittens unter

$$\alpha(E + \alpha_1 e_1 + \alpha_2 e_2 + \alpha_3 e_3)$$
$$= \alpha E + \alpha\alpha_1 e_1 + \alpha\alpha_2 e_2 + \alpha\alpha_3 e_3$$

das α-fache des Punktes $E + \alpha_1 e_1 + \alpha_2 e_2 + \alpha_3 e_3$, und ſetze fest, dass für alle dieſe Grössen und ihre Verknüpfungen die in Kap. I. gegebenen Bestimmungen, und alſo auch die daraus abgeleiteten Sätze gelten.

Anm. Grössen erster Stufe ſind alſo hier die einfachen und vielfachen Punkte und die Strecken von bestimmter Länge und Richtung. Durch die Erklärungen in §. 1 ist dann die Addition, Subtraktion, Vervielfachung und Theilung dieſer Grössen bestimmt, und durch die Sätze in §. 1 die Geltung der algebraischen Verknüpfungsgeſetze für ſie nachgewieſen und in den folgenden §§. die beſonderen Eigenschaften, welche ihnen als extenſiven Grössen zukommen. Wir leiten hier zunächst aus dieſen formellen Bestimmungen die Konstruktionen ab, durch welche die Reſultate der verschiedenen Verknüpfungen erfolgen.

217. Wenn $A = E + \alpha_1 e_1 + \alpha_2 e_2 + \alpha_3 e_3$ ist, ſo ſind $\alpha_1 e_1$, $\alpha_2 e_1$, $\alpha_3 e_3$ die ſenkrechten Projektionen (normalen Zurückleitungen) von EA auf die 3 von E ausgehenden mit e_1, e_2, e_3 gleichgerichteten Axen.

Beweis folgt unmittelbar aus der Definition.

218. Lehrſatz aus der Geometrie. Gleichgerichtete Strecken, auf dieſelbe gerade Linie ſenkrecht projicirt, liefern gleichgerichtete Projektionen, die ſich ihrer Länge nach wie die projicirten Strecken verhalten; und umgekehrt, wenn die ſenkrechten Projektionen zweier gerader Linien auf drei gegen einander ſenkrechte Axen gleich lang und gleich gerichtet ſind, ſo ſind die projicirten Linien ſelbst einander gleich lang und gleich gerichtet.

219. Lehrſatz aus der analytischen Geometrie. Wenn A, B, C drei beliebige Punkte einer geraden Linie ſind, und AB, BC, AC durch ein Stück DE dieſer Linie gemessen, beziehlich die Quotienten α, β, γ geben, wobei jeder Quotient poſitiv oder negativ genommen ist, je nachdem die gemessene Linie mit der messenden (DE) gleich oder entgegengeſetzt ist, ſo ist allemal

$$\alpha + \beta = \gamma,$$

was man auch, der Kürze wegen, schreiben kann

$$AB + BC = AC.$$

220. Mehrere Strecken (von gegebener Richtung und Länge) addirt man, indem man ſie, ohne ihre Richtung und Länge zu ändern, stetig an einander legt, d. h. ſie ſo legt, dass wo die eine aufhört, die nächst folgende anfängt, dann ist die gerade Linie vom Anfangspunkt der ersten zum Endpunkte der letzten der geſuchten Summe gleich lang und gleichgerichtet.

Beweis. Erstens für 2 Strecken a und b. Es ſei

$$a = \alpha_1 e_1 + \alpha_2 e_2 + \alpha_3 e_3,$$
$$b = \beta_1 e_1 + \beta_2 e_2 + \beta_3 e_3,$$

alſo (nach 6)

$$a + b = (\alpha_1 + \beta_1)e_1 + (\alpha_2 + \beta_2)e_2 + (\alpha_3 + \beta_3)e_3.$$

Ferner ſei $E + a = A$, $E + b = B$, $E + (a + b) = C$, ſo ist (nach 216) die gerade Linie EA mit a gleich lang und gleichgerichtet, EB mit b, EC mit $a + b$. Endlich ſei FG mit EA gleich lang und gleichgerichtet und GH mit EB, ſo ist zu beweiſen, dass FH mit EC gleich lang und gleichgerichtet ſei. Da FG mit EA gleich lang und gleichgerichtet ist, ſo gilt dies (nach 218) auch für ihre Projektionen; nach 217 ſind aber die Projektionen von EA gleich und gleichgerichtet mit $\alpha_1 e_1$, $\alpha_2 e_2$, $\alpha_3 e_3$, ſomit gilt dies auch von den Projektionen von FG; aus gleichem Grunde ſind die Projektionen von GH gleich lang und gleichgerichtet mit $\beta_1 e_1$, $\beta_2 e_2$, $\beta_3 e_3$. Es ſeien nun F_1, G_1, H_1 die Projektionen von F, G, H auf die von E ausgehende mit e_1 gleichgerichtete Axe, ſo ist alſo F_1G_1 mit $\alpha_1 e_1$ gleich lang und gleichgerichtet, G_1H_1 mit $\beta_1 e_1$, d. h. F_1G_1 und G_1H_1 liefern, durch e_1 gemessen, die Quotienten α_1 und β_1, ſomit liefert (nach 119), da F_1, G_1, H_1 in Einer geraden Linie liegen, F_1H_1, durch e_1 gemessen, den Quotienten $\alpha_1 + \beta_1$, d. h. F_1H_1 ist mit $(\alpha_1 + \beta_1)e_1$ gleich lang und gleichgerichtet. F_1H_1 ist aber die Projektion von FH auf die durch E in der Richtung von e_1 gelegte Axe. Wendet man dieſelbe Schlussfolge auch auf die übrigen Axen an, ſo ergiebt ſich, dass die Projektionen von FH gleich lang und gleichgerichtet ſind mit $(\alpha_1 + \beta_1)e_1$, $(\alpha_2 + \beta_2)e_2$, $(\alpha_3 + \beta_3)e_3$, d. h. mit den

Projektionen von EC, ſomit ist (nach 118) FH mit EC gleich lang und gleichgerichtet, d. h. mit a + b, was zu beweiſen war.

Zweitens. Hat man nun mehrere Strecken a, b, c u. ſ. w., und ist a mit FG, b mit GH, c mit HI,···· u. ſ. w. gleich lang und gleichgerichtet, ſo ist nach dem ersten Theil des Beweiſes a + b mit FH gleich lang und gleichgerichtet, alſo auch wieder, da a + b mit FH, und c mit HI gleich lang und gleichgerichtet ist, a + b + c mit FI, u. ſ. w.

221. Das Produkt einer Strecke a mit einer Zahl α ist wieder eine Strecke (b), welche mit der ersteren (a) gleich oder entgegengeſetzt gerichtet ist, je nachdem die Zahl α poſitiv oder negativ ist, und deren Länge ſich zu der von a, wie α zu 1 verhält.

Beweis. Es ſeien E, e_1, e_2 e_3 als Einheiten genommen, und ſei

$$
\begin{aligned}
a &= \alpha_1 e_1 + \alpha_2 e_2 + \alpha_3 e_3, \text{ ſo ist} \\
b &= \alpha a = \alpha(\alpha_1 e_1 + \alpha_2 e_2 + \alpha_3 e_3) \\
&= \alpha\alpha_1 e_1 + \alpha\alpha_2 e_2 + \alpha\alpha_3 e_3.
\end{aligned}
$$

Der letzte Ausdruck bedeutet aber (nach 216) eine Strecke, welche gleiche Länge und Richtung hat mit der von E nach dem Punkte $B = E + \alpha\alpha_1 e_1 + \alpha\alpha_2 e_2 + \alpha\alpha_3 e_3$ gezogenen geraden Linie EB. Die Projektionen dieſer Linie auf die 3 von E ausgehenden mit e_1, e_2, e_3 parallelen Axen ſind (nach 217) $\alpha\alpha_1 e_1$, $\alpha\alpha_2 e_2 + \alpha\alpha_3 e_3$. Ebenſo ist $\alpha_1 e_1 + \alpha_2 e_2 + \alpha_3 e_3$ eine Strecke, die gleiche Länge und Richtung mit der von E nach dem Punkte $A = E + \alpha_1 e_1 + \alpha_2 e_2 + \alpha_3 e_3$ gezogenen Linie hat, und $\alpha_1 e_1$, $\alpha_2 e_2$, $\alpha_3 e_3$ ſind die Projektionen von EA auf die genannten 3 Axen. Ist nun zuerst α poſitiv, ſo ſind $\alpha\alpha_1 e_1$, $\alpha\alpha_2 e_2$, $\alpha\alpha_3 e_3$ bezichlich mit $\alpha_1 e_1$, $\alpha_2 e_2$, $\alpha_3 e_3$ gleichgerichtet, und verhalten ſich zu ihnen wie $\alpha : 1$, alſo gilt dasſelbe (nach 218) auch für die projicirten Linien, d. h. EB ist mit EA gleichgerichtet, und ſeine Länge verhält ſich zu der von EA, wie $\alpha : 1$; da nun b mit EB und a mit EA gleiche Länge und Richtung hat, ſo ſind auch a und b einander gleichgerichtet, und verhalten ſich ihrer Länge nach, wie $1 : \alpha$.

Ist aber α negativ $= -\beta$, ſo ſind $\alpha\alpha_1 e_1$, $\alpha\alpha_2 e_2$, $\alpha\alpha_3 e_3$, d. h. $-\beta\alpha_1 e_1$, $-\beta\alpha_2 e_2$, $-\beta\alpha_3 e_3$, die Projektionen von EB, und ſind (nach 216) denen von EA, nämlich $\alpha_1 e_1$, $\alpha_2 e_2$, $\alpha_3 e_3$ entgegengeſetzt gerichtet, ſomit ſind die von BE, nämlich $\beta\alpha_1 e_1$, $\beta\alpha_2 e_2$, $\beta\alpha_3 e_3$, mit denen von EA gleichgerichtet, und ihre Längen verhalten ſich, wie $\beta : 1$, alſo ſind auch BE und EA gleichgerichtet, und verhalten ſich, wie $\beta : 1$, alſo ſind EB und EA und ebenſo alſo auch b und a einander entgegengeſetzt gerichtet, während ihre Längen ſich noch wie $1 : \beta$ verhalten.

222. Die Summe $\alpha A + \beta B + \cdots$, in welcher A, B, $\cdots$ Punkte, α, β, $\cdots$ Zahlen ſind, ist eine Strecke oder ein vielfacher Punkt, je nachdem $\alpha + \beta + \cdots$ gleich oder ungleich Null ist, und zwar ist im ersten Falle

$$\alpha A + \beta B + \cdots = \alpha(A - R) + \beta(B - R) + \cdots,$$

im zweiten

$$\alpha A + \beta B + \cdots = (\alpha + \beta + \cdots)S,$$

wo

$$S - R = \frac{\alpha(A - R) + \beta(B - R) + \cdots}{\alpha + \beta + \cdots},$$

und R ein beliebiger Punkt ist.

Beweis. Es ist

$$A = R + A - R, \quad B = R + B - R.$$

Setzt man dieſe Werthe in den Ausdruck $\alpha A + \beta B + \cdots$ ein, ſo erhält man

$$\alpha A + \beta B + \cdots = (\alpha + \beta + \cdots)R + \alpha(A - R) + \beta(B - R) + \cdots.$$

Alſo erstens, wenn $\alpha + \beta + \cdots = 0$ ist,

$$= \alpha(A - R) + \beta(B - R) + \cdots.$$

Ist hingegen $\alpha + \beta + \cdots$ von Null verschieden, etwa gleich σ, ſo wird

$$\alpha A + \beta B + \cdots = \sigma R + \alpha(A - R) + \beta(B - R) + \cdots$$
$$= \sigma\left(R + \frac{\alpha(A - R) + \beta(B - R) + \cdots}{\sigma}\right)$$
$$= \sigma S,$$

wenn

$$S = R + \frac{\alpha(A - R) + \beta(B - R) + \cdots}{\sigma},$$

d. h.

$$S - R = \frac{\alpha(A - R) + \beta(B - R) + \cdots}{\sigma}$$

geſetzt ist.

Zuſatz. Wenn A und B Punkte ſind, ſo ist $A - B$ die

Strecke, welche mit der geraden Linie BA gleich lang und gleichgerichtet ist.

Beweis. Nach 218 ist A — E eine Strecke, welche gleich lang und gleichgerichtet ist mit der geraden Linie EA und B — E eine mit EB gleich lange und gleichgerichtete Strecke; nun ist

$$A - B = (A - E) - (B - E), \text{ alſo}$$
$$= (A - E) + (E - B) = (E - B) + (A - E).$$

Da nun E — B und A — E Strecken ſind, die mit BE und EA beziehlich gleich lang und gleichgerichtet ſind, ſo ist ihre Summe (nach 220) mit BA gleich lang und gleichgerichtet, d. h. A — B mit BA.

Anm. Hierdurch ſind alſo die Strecken auf Differenzen von Punkten zurückgeführt, und ihre durch stetiges Aneinanderlegen gebildete Summe stellt ſich als eine Summe ſolcher Differenzen dar, in denen ſich der Endpunkt jeder Strecke mit dem Anfangspunkte der nächst folgenden aufhebt.

223. Wenn man von einem beweglichen Punkte (R) nach einer Reihe fester Punkte (A, B,···) gerade Linien zieht, und dieſe, nach konstanten Verhältnissen ($1 : \alpha$, $1 : \beta$, ···) ändert (ſo dass dadurch die Linien RA′, RB′,··· hervorgehen, welche mit RA, RB,··· beziehlich gleich oder entgegengeſetzt gerichtet ſind, je nachdem α, β,·· poſitiv oder negativ ſind, und ſich ihrer Länge nach zu RA, RB,··· verhalten wie die Zahlen α, β,·· zur Einheit), und dann die ſo erhaltenen Linien (RA′, RB′,···), ohne ihre Richtung und Länge zu ändern, stetig aneinander legt, ſo hat die Linie (RP) vom Anfangspunkt (R) der ersten zum Endpunkt (P) der letzten folgende Eigenschaft,

1) wenn die Summe der Verhältnisszahlen (α, β,··) null ist, ſo ist dieſe Linie [RP] von konstanter Länge und Richtung,

2) wenn die Summe der Verhältnisszahlen ungleich null ist, ſo geht dieſe Linie (RP) durch einen festen Punkt (S), welcher von dieſer Linie (RP) den ſo vielten Theil abschneidet, als jene Summe ($\alpha + \beta + \cdots$) beträgt.

Beweis. Der Satz ist nur ein anderer Wortausdruck von 222.

Anm. Der Punkt S ist bekanntlich der Schwerpunkt zwischen den Punkten A, B,···, wenn deren Gewichte ſich wie $\alpha : \beta : \cdots$ verhalten; hier wird er naturgemäss den Namen Summenpunkt führen.

224. Der Summenpunkt S der Summe $\alpha A + \beta B + \cdots$, in welcher $\alpha + \beta + \cdots \gtrless 0$ ist, hat die Eigenschaft, dass

$$\alpha(A - S) + \beta(B - S) + \cdots = 0$$

ist; und kein zweiter Punkt besitzt diese Eigenschaft.

Beweis. Denn setzt man in 222b. den Punkt $R = S$, so wird

$$S - S = \frac{\alpha(A - S) + \beta(B - S) + \cdots}{\alpha + \beta + \cdots},$$

d. h.
$$0 = \alpha(A - S) + \beta(B - S) + \cdots.$$

Soll diese Gleichung noch für einen zweiten Punkt R gelten, also

$$0 = \alpha(A - R) + \beta(B - R) + \cdots$$

sein, so erhält man durch Subtraktion

$$0 = \alpha(R - S) + \beta(R - S) + \cdots$$
$$= (\alpha + \beta + \cdots)(R - S),$$

also, da $\alpha + \beta + \cdots$ (nach Hyp.) ungleich null ist,

$$0 = R - S,$$

also $R = S$, d. h. es giebt keinen zweiten von S verschiedenen Punkt, der jene Eigenschaft hat.

225. Die Summe zweier einfachen Punkte ist gleich ihrer doppelten Mitte, und die Summe zweier vielfachen Punkte ist, wenn die Koefficienten gleich bezeichnet sind, ein vielfacher Punkt, dessen Koefficient die Summe der Koefficienten der Summanden ist, und dessen Ort zwischen den Orten der Summanden so liegt, dass er von ihnen im umgekehrten Verhältnisse ihrer Koefficienten absteht, hingegen wenn die Koefficienten entgegengesetzt bezeichnet und numerisch nicht gleich sind, ein vielfacher Punkt, dessen Koefficient die algebraische Summe der Koefficienten der Summanden ist, und dessen Ort in der Verlängerung der geraden Linie, welche die Orte der Summanden verbindet, so liegt, dass er von diesen Orten im umgekehrten Verhältnisse ihrer Koefficienten absteht.

Beweis liegt unmittelbar in 222.

226. Die Summe eines einfachen Punktes und einer Strecke ist der Endpunkt der geraden Linie, welche dieser Strecke gleich lang und gleichgerichtet ist, und deren Anfangspunkt der gegebene Punkt ist.

Beweis. Es ſei die gerade Linie AB gleich lang und gleichgerichtet mit der Strecke p, ſo ist (nach 222 Zuſ.)

$$B - A = p.$$

Alſo $A + p = A + B - A = B.$

227. Die Summe eines α-fachen Punktes (αA) und einer Strecke (p) ist der α-fache Endpunkt einer geraden Linie (AB), deren α-faches mit dieſer Strecke (p) gleich lang und gleichgerichtet und deren Anfangspunkt (A) der gegebene Punkt ist.

Beweis. $\alpha A + p = \alpha\left(A + \frac{p}{\alpha}\right)$, alſo wenn das α-fache von AB mit p gleich lang und gleichgerichtet ist, alſo AB mit $\frac{p}{\alpha}$, ſo ist

$$B - A = \frac{p}{\alpha},$$

und alſo $\alpha A + p = \alpha(A + B - A) = \alpha B.$

Anm. Die Addition der Punkte ist zuerst (1827) von Moebius in ſeinen barycentrischen Kalkül gelehrt worden. Die Addition der Strecken scheint zuerst von Bellavitis in mehreren Aufſätzen (1835, 1837) der Annali delle Scienze del Regno Lombardo-Veneto veröffentlicht zu ſein. Ganz unabhängig davon ist die Bearbeitung meiner Ausdehnungslehre von 1844 (§. 24, §. 101—102), in welcher auch zuerst der Zuſammenhang zwischen beiden Additionen ans Licht gestellt ist. Es fehlt jedoch ſowohl in jenen Werken als auch in dieſem der Nachweis, dass es keine andere Addition der Punkte und Strecken giebt, als die hier angegebene, und dennoch erscheint dieſer Nachweis nothwendig, wenn jene Addition als eine wirkliche Addition jener Grössen, und nicht blos als eine abgekürzte Schreibart aufgefasst werden ſoll, wie letzteres Moebius will. Es ist daher zu zeigen, dass der allgemeine Begriff der Addition, wenn er ins Beſondere auf Punkte (oder auch auf Strecken von gegebener Länge und Richtung) angewandt werden ſoll, keine andere als die oben dargestellte Addition liefern kann. Zu dem Ende ist zunächst die allgemeine Bestimmung festzuhalten, dass keine Verknüpfung geometrischer Gegenstände als ſolche an einen bestimmten Ort im Raume gebunden ſein darf; oder, um dieſe Bestimmung rein mathematisch auszudrücken: „Alle Verknüpfungen räumlicher Grössen müssen von der Art ſein, dass jede Gleichung, welche zwischen einem Verein von Punkten statt findet, auch bestehen bleiben muss, wenn man statt dieſer Punkte die entsprechenden Punkte eines kongruenten Vereines ſetzt.“ Die Addition und Subtraktion ist nun dadurch bestimmt, dass erstens die 4 Grundformeln

$$1)\ a + b = b + a,$$
$$2)\ a + (b + c) = a + b + c,$$
$$3)\ a + b - b = a,$$
$$4)\ a - b + b = a$$

gelten; und dass ausserdem die durch die Verknüpfung entstehenden Grössen in möglichst weitem Umfang von gleicher Gattung ſein müssen, wie die verknüpften. Dieſe letztere Bestimmung muss noch individualiſirt werden. Da nach der dritten Grundformel, auch wenn A und B Punkte ſind,

$$A + B - B = A,$$

alſo ein Punkt, und nach der ersten und dritten

$$A + B - A = B,$$

alſo auch ein Punkt ist, ſo liegt die Annahme nahe, dass auch $A + B - C$ als Punkt zu ſetzen ist. Doch genügt es, dieſe Annahme nur für den Fall zu machen, dass C die Mitte zwischen A und B ist. Wir machen alſo, um der angeführten Bestimmung zu genügen, die Annahme, „dass wenn C die Mitte zwischen den Punkten A und B ist, allemal $A + B - C$ wieder ein Punkt ſei." Hiermit ſind die nothwendigen Annahmen erschöpft. Zunächst folgt aus dem Gelten der 4 Grundformeln das Gelten aller allgemeinen Additions- und Subtraktionsgeſetze. Demnächst beweiſe ich, dass wenn der Punkt C die Mitte zwischen den Punkten A und B ist, $A + B - C = C$ ſei. Es ſei $A + B - C = X$ geſetzt, ſo kann X nicht von C verschieden ſein. Denn angenommen, X wäre von C verschieden, ſo verlängere man XC um ſich ſelbst bis Y, ſo dass $XC = CY$ wird. Dreht man nun die Figur, welche die Punkte A, B, C, X enthält, innerhalb einer Ebene, in welcher dieſe Figur liegt, um den Punkt C herum, bis ſie einen Winkel von 180° beschrieben hat, ſo fällt nun A dahin, wo vorher B, B dahin, wo vorher A lag, und X fällt auf Y, d. h. der Verein A, B, C, X ist kongruent dem Vereine B, A, C, Y. Da nun nach der Annahme

$$A + B - C = X$$

war, ſo muss nach der obigen Bedingung, welcher alle geometrischen Verknüpfungen unterliegen, dieſe Gleichung auch noch bestehen bleiben, wenn man statt A, B, C, X beziehlich B, A, C, Y ſetzt, alſo

$$B + A - C = Y.$$

Alſo hat man

$$Y = B + A - C = A + B - C \text{ (nach Grundformel 1)}$$
$$= X \text{ (nach Annahme)},$$

alſo $Y = X$. Es entstand aber Y aus X dadurch, dass man XC um ſich ſelbst verlängerte bis Y; ſoll alſo Y mit X zuſammen fallen, ſo muss X in C fallen, d. h. es ist $X = C$, alſo $A + B - C = C$.

Bringt man in dieſer Gleichung C auf die rechte Seite, ſo erhält man

$$A + B = 2C,$$

d. h. „die Summe zweier Punkte ist das Doppelte des in der Mitte zwischen beiden liegenden Punktes." Es ſeien nun AB und CD zwei beliebige gerade Linien von gleicher Länge und Richtung, ſo ist das Viereck ABDC ein Parallelogramm. Die Diagonalen mögen ſich in E schneiden. Da nun die Diagonalen eines Parallelogramms ſich halbiren, ſo ist E ſowohl die Mitte zwischen A und D, als auch zwischen B und C, d. h. es ist

$$A + D = 2E = B + C, \text{ alſo } A + D = B + C.$$

Bringt man in dieſer letzten Gleichuug D und B auf die andere Seite, ſo erhält man

$$A - B = C - D.$$

Umgekehrt, wenn dieſe letzte Gleichung gilt, ſo gilt auch die vorhergehende $A + D = B + C$, d. h. die Mitte zwischen A und D muss zugleich Mitte zwischen B und C ſein, d. h. das Viereck ABDC muss ein Parallelogramm, alſo AB mit CD gleich lang und gleichgerichtet ſein. Daraus folgt der Satz: „Eine Differenz $A - B$ zweier Punkte ist einer Differenz $C - D$ zweier anderer Punkte dann und uur dann gleich, wenn AB und CD gleich lange und gleichgerichtete Linien ſind." Nennt man der Kürze wegen die Differenz $A - B$ oder $-B + A$ eine Strecke, B ihren Anfangspunkt, A ihren Endpunkt, ſo folgt ſogleich der Satz: „Strecken (von gegebener Richtung und Länge) addirt man, indem man ſie (ohne ihre Richtung und Länge zu verändern) stetig, d. h. ſo aneinander legt, dass der Endpunkt einer jeden mit dem Anfangspunkte der nächstfolgenden zuſammen fällt, dann ist die Strecke, welche den Anfangspunkt der ersten Strecke zu ihrem Anfangspunkt und den Endpunkt der letzten zu ihrem Endpunkte hat, die Summe, jener Strecken." Denn in der That, es ſei z. B. die erste Strecke gleich $-A + B$, die zweite gleich $-B + C$, die dritte gleich $-C + D$, ſo ist die Summe $= -A + B - B + C - C + D = -A + D$, was zu beweiſen war.

Für die Diviſion einer Strecke durch eine ganze poſitive Zahl ist noch die Bestimmung zu machen, dass der Quotient wieder eine Strecke ſei (wobei unter Strecke hier immer die Differenz zweier Punkte, alſo eine Strecke von gegebener Länge und Richtung verstanden ist). Dann folgt nach der bekannten Schlussweiſe, dass das Produkt einer Strecke in eine beliebige ganze oder gebrochene rationale oder irrationale Zahl a wieder eine Strecke ist, welche der gegebenen gleichgerichtet oder entgegengeſetzt gerichtet ist, je nachdem a poſitiv oder negativ ist, und deren Länge ſich zu der Länge der gegebenen Linie wie a zu 1 verhält. Hierdurch löst ſich dann die allgemeine Aufgabe, die Summe $aA + bB + \cdots$ zu finden, wo $a, b, \cdots$ Zahlgrössen, $A, B, \cdots$ Punkte ſind. Nämlich für jeden beliebigen Punkt R ist

$$aA + bB + \cdots$$
$$= (a + b + \cdots) R + a(A - R) + b(B - R) + \cdots.$$

Wir unterscheiden zwei Fälle, je nachdem $a + b + \cdots$ null ist, oder nicht. Im ersteren Falle wird

$$aA + bB + \cdots = a(A - R) + b(B - R) + \cdots,$$

alſo gleich einer Strecke, welche nach dem Obigen konstruirbar ist. Zweitens wenn $a + b + \cdots = s \gtrless 0$ ist, ſo wird

$$aA + bB + \cdots = sR + a(A - R) + b(B - R) + \cdots.$$

Hier ist $a(A - R) + b(B\ R) + \cdots$ eine Strecke; der s-te Theil dieſer Strecke ſei ſo gelegt, dass R ſein Anfangspunkt ist; dann ſei ſein Endpunkt mit S bezeichnet, ſo ist

$$a(A - R) + b(B - R) + \cdots = s(S - R).$$

Dieſer Werth in die obige Gleichung eingeſetzt, giebt

$$\begin{aligned} aA + bB + \cdots &= sR + s(S - R) \\ &= s(R + S - R) \\ &= sS, \end{aligned}$$

wodurch die Aufgabe vollständig gelöst, und der Begriff der Addition einfacher und vielfacher Punkte und Strecken vollkommen bestimmt ist, und zwar in Harmonie mit den im Haupttexte gegebenen Bestimmungen.

§. 2. Räumliche Gebiete.

228. Erklärung. Unter einem unendlich entfernten Punkte ſeien die Richtungen einer geraden Linie, unter einer unendlich entfernten geraden Linie die ſämmtlichen Richtungen einer Ebene, unter einer unendlich entfernten Ebene die ſämmtlichen Richtungen des Raumes verstanden, d. h. es ſei von zwei parallelen geraden Linien geſagt, dass ſie einen unendlich entfernten Punkt gemein haben, von zwei parallelen Ebenen, dass ſie eine unendlich entfernte gerade Linie gemein haben, und von allen unendlich entfernten Punkten und geraden Linien, dass ſie in einer unendlich entfernten Ebene liegen.

Um die räumlichen Grössen erster Stufe, d. h. die einfachen oder vielfachen Punkte und die Strecken (von gegebener Länge und Richtung) auf gleiche Weiſe behandeln zu können, will ich ſagen, der Ort einer Strecke ſei der unendlich entfernte Punkt, welchen die dieſer Strecke parallelen Linien gemein haben, oder auch, es ſei jene Strecke eine Grösse erster Stufe, welche in dieſen Linien in unendlicher Entfernung liege. Auch will ich der Einfachheit wegen, um den Ausdruck räumliche Grössen erster Stufe durch einen einfacheren zu erſetzen, ſowohl die einfachen und vielfachen

Punkte als auch die Strecken kurzweg Punkte nennen, und zwar die letzteren unendlich entfernte.

Anm. Zum Wesen der räumlichen Grössen, wie der Grössen überhaupt, gehört ein bestimmter metrischer Werth, vermöge dessen sie (in bestimmten Verhältnissen) vermehrt oder vermindert werden können. Dieser wird bei den einfachen und vielfachen Punkten durch den Zahlkoefficienten dargestellt, bei den Strecken durch ihre Länge. Es würde an sich noch möglich sein, unendlich entfernte Punkte anzunehmen, deren metrischer Werth nicht durch die Länge einer Strecke, sondern durch einen Zahlkoefficienten dargestellt wäre, d. h. welche aus dem vielfachen Punkte αA dadurch hervorginge, dass man, ohne α zu ändern, den Punkt A ins Unendliche verlegte. Allein was dadurch hervorginge, würde, wie man leicht sieht, ganz den Charakter des Unendlichen an sich tragen, insofern es durch Hinzufügung einer endlichen Grösse (eines endlich entfernten Punktes, oder auch einer Strecke) gar nicht verändert würde. Mit solchem Unendlichen darf aber überhaupt gar nicht gerechnet werden, weil kein algebraisches Gesetz für das Unendliche gilt, und die Analysis des Unendlichen überhaupt nur dann zu richtigen Resultaten führen kann, wenn man das Falsche, was man durch Annahme des Unendlichen hineingebracht hat, noch vor der Ableitung irgend eines Resultates wieder herausschafft. Die Strecke dagegen, obgleich man sich der Bequemlichkeit wegen den Ausdruck gestatten darf, dass ihr Ort unendlich entfernt sei, ist doch eine endliche Grösse, indem sie durch Hinzufügung jeder von Null verschiedenen Grösse sich ändert.

229. Alle Strecken des Raumes lassen sich aus beliebigen 3 Strecken, welche nicht Einer Ebene parallel sind, numerisch ableiten.

Beweis. Es seien a, b, c dr Strecken, welche nicht einer Ebene parallel sind, und e eine beliebige Strecke, von der gezeigt werden soll, dass sie aus a, b, c numerisch ableitbar ist. Man ziehe von einem beliebigen Punkte D die mit a, b, c, e, gleich langen und gleichgerichteten Linien DA, DB, DC, DE, so ist (nach 222 Zus.) $A - D = a$, $B - D = b$, $C - D = c$, $E - D = e$. Ferner ziehe man durch E die Parallele mit DC, welche die Ebene ABD in F treffe, durch F die Parallele mit DB, welche DA in G treffe, so ist $DG \| DA$, $GF \| DB$, $FE \| DC$. Es möge sich $DG : DA = \alpha : 1$, $GF : DB = \beta : 1$, $FE : DC = \gamma : 1$ algebraisch (d. h. auch dem Vorzeichen nach) verhalten, so ist (nach 221)

$$G - D = \alpha(A - D) = \alpha a,$$
$$F - G = \beta(B - D) = \beta b,$$
$$E - F = \gamma(C - D) = \gamma c.$$

Alſo addirt

$$E - D = \alpha a + \beta b + \gamma c, \text{ d. h. } e = \alpha a + \beta b + \gamma c.$$

230. Alle Strecken einer Ebene lassen ſich aus beliebigen 2 einander nicht parallelen Strecken der Ebene numerisch ableiten.

Beweis. Es ſeien a, b zwei nicht parallele Strecken einer Ebene und d eine beliebige Strecke der Ebene, von der gezeigt werden ſoll, dass ſie aus a und b numerisch ableitbar ist. Man ziehe von einem beliebigen Punkte C der Ebene die mit a, b, d gleich langen und gleichgerichteten Linien CA, CB, CD, ziehe durch D eine Parallele mit CB, welche CA in E treffen, ſo ist CE||CA, ED||CB Es verhalte ſich algebraisch CE : CA $= \alpha : 1$, ED : CB $= \beta : 1$, ſo ist nach

$$E - C = \alpha(A - C) = \alpha a,$$
$$D - E = \beta(B - C) = \beta b,$$

alſo

$$D - C = \alpha a + \beta b, \text{ d. h. } d = \alpha a + \beta b.$$

231. Wenn zwischen 3 Strecken eine Zahlbeziehung herrscht, ſo ſind ſie Einer Ebene parallel.

Beweis. Es ſeien a, b, c die 3 Strecken und

$$c = \alpha a + \beta b$$

ihre Zahlbeziehung. Sollten a und b parallel ſein, ſo würde auch c ihnen parallel ſein, und es alſo unendlich viele Ebenen geben, mit welchen a, b, c zugleich parallel ſind. Ist a nicht parallel b, ſo ziehe man von einem beliebigen Punkte D eine Linie DA, welche mit a parallel ist und ſich zu a verhält wie $\alpha : 1$, und von A eine Linie AB, welche mit b parallel ist und ſich zu b verhält wie $\beta : 1$, ſo ist

$$A - D = \alpha a,$$
$$B - A = \beta b.$$

Alſo addirt

$$B - D = \alpha a + \beta b = c.$$

Folglich ist c eben ſo wie a und b der Ebene ABD parallel.

232. Alle Punkte des Raumes lassen fich numerisch ableiten aus beliebigen 4 Punkten, welche nicht in Einer Ebene liegen; ins Befondere

a) aus einem endlich entfernten Punkte und drei nicht Einer Ebene parallelen Strecken,

b) aus 2 endlich entfernten, nicht zufammenfallenden Punkten und 2 Strecken, welche nicht einer durch jene 2 Punkte gelegten Ebene parallel find,

c) aus 3 endlich entfernten Punkten, die nicht in Einer geraden Linie liegen und aus einer Strecke, die der durch die 3 Punkte gelegten Ebene nicht parallel ist,

d) aus 4 endlich entfernten Punkten, die nicht in Einer Ebene liegen.

Beweis a. Es feien a, b, c drei nicht Einer Ebene parallele Strecken und $d' = \delta D$ ein endlich entfernter Punkt, D fein Ort und $e' = \varepsilon E$ ein beliebiger endlich entfernter Punkt und E fein Ort; und fei zu zeigen, dass e′ aus a, b, c, d′ numerisch ableitbar fei. Nach 229 ist die Strecke E — D aus a, b, c numerisch ableitbar; es fei

$$E - D = \alpha a + \beta b + \gamma c,$$

fo ist

$$E = D + \alpha a + \beta b + \gamma c, \text{ d. h. } \frac{e'}{\varepsilon} = \frac{d'}{\delta} + \alpha a + \beta b + \gamma c,$$

alfo

$$e' = \frac{\varepsilon}{\delta} d' + \varepsilon\alpha a + \varepsilon\beta b + \varepsilon\gamma c,$$

d. h. e′ aus a, b, c, d′ numerisch ableitbar. Ist der abzuleitende Punkt ein unendlich entfernter, d. h. eine Strecke, fo ist diefe (nach 229) schon aus a, b, c, alfo auch aus a, b, c, d′ numerisch ableitbar ($= \alpha a + \beta b + \gamma c + 0d$).

b. Es feien a, b zwei Strecken, $c' = \gamma C$, $d' = \delta D$ zwei endlich entfernte Punkte, C und D ihre Orte, und fei vorausgefetzt, dass fich durch C und D keine mit a und b parallele Ebene legen lasse. Man fetze $C - D = c$, fo find a, b, c 3 nicht Einer Ebene parallele Strecken, folglich jeder Punkt e′ (nach Beweis a) aus a, b, c, d′ numerisch ableitbar. Setzt man in den Ausdruck diefer Ableitung statt c feinen Werth

C — D, d. h. $\frac{c'}{\gamma} - \frac{d'}{\delta}$, ſo erhält man einen Ausdruck, durch welchen e′ aus a, b, c′, d′ numerisch abgeleitet ist.

c) Es ſei a eine Strecke, $b' = \beta B$, $c' = \gamma C$, $d' = \delta D$ 3 endlich entfernte Punkte, B, C, D ihre Orte, und ſei vorausgeſetzt, dass a nicht mit der Ebene BCD parallel ſei. Man ſetze B — D = b, ſo ist (nach Beweis b) jeder Punkt e′ aus a, b, c′, d′ numerisch ableitber. Setzt man in dem Ausdrucke dieſer Ableitung statt b ſeinen Werth B — D, d. h. $\frac{b'}{\beta} - \frac{d'}{\delta}$, ſo erhält man einen Ausdruck, durch welchen e′ aus a, b′, c′, d′ numerisch abgeleitet ist.

d) Es ſeien $a' = \alpha A$, $b' = \beta B$, $c' = \gamma C$, $d' = \delta D$ vier endlich entfernte Punkte, A, B, C, D ihre Orte, und ſei vorausgeſetzt, dass dieſe Punkte nicht in einer Ebene liegen. Man ſetzte A — D = a, ſo ist (nach Beweis c) jeder Punkt e′ aus a, b′, c′, d′ numerisch ableitbar. Setzt man in dem Ausdrucke dieſer Ableitung statt a ſeinen Werth $\frac{a'}{\alpha} - \frac{d'}{\delta}$, ſo erhält man einen Ausdruck, durch welchen e′ aus a′, b′, c′, d′ numerisch abgeleitet ist.

Anm. Das erste der 4 im Satze bezeichneten Ableitungssysteme ist, wenn die 3 Strecken gleich lang ſind, das gewöhnliche Parallelkoordinatensystem, das letzte ist, wenn die Punkte einfach ſind, das barycentrische von Möbius, wenn ſie beliebig ſind, das allgemeinste lineale Koordinatensystem, wie es von Plücker und anderen behandelt ist.

233. Alle Punkte der Ebene lassen ſich aus beliebigen 3 nicht in gerader Linie liegenden Punkten derſelben numerisch ableiten.

Beweis wie in 232.

234. Alle Punkte der geraden Linie lassen ſich aus beliebigen zwei räumlich verschiedenen Punkten derſelben numerisch ableiten.

Beweis wie in 232.

235. Wenn 3 Punkte in einer Zahlbeziehung zu einander stehen, ſo liegen ſie in einer geraden Linie.

Beweis. Es feien a, b, c die 3 Punkte, und

$$a = \beta b + \gamma c$$

ihre Zahlbeziehung. Sind b und c unendlich entfernt, fo ist (in 231) gezeigt, dass dann a, b, c drei Einer Ebene parallele Strecken find, d. h. (nach 228) dass a, b, c unendlich entfernte Punkte find, die in Einer unendlich entfernten Ebene liegen. Sind hingegen b und c nicht beide zugleich unendlich entfernt, fo verbinde man fie durch die gerade Linie DE, und nehme D und E als zwei einfache, endlich entfernte Punkte diefer geraden Linie an. Dann find (nach 234) b und c, da fie in der durch D und E gelegten geraden Linie liegen, aus D und E numerisch ableitbar, alfo auch $a = \beta b + \gamma c$. Es fei $a = \delta D + \varepsilon E$. Ist nun $\delta + \varepsilon = 0$, alfo $\varepsilon = -\delta$, fo ist $a = \delta(D - E)$. Aber $\delta(D - E)$ ist eine mit DE parallele Strecke, d. h. ein unendlich entfernter Punkt der Linie DE, alfo liegen dann a, b, c in DE. Ist aber $\delta + \varepsilon = \sigma$, von Null verschieden, fo ist

$$a = \delta D + \varepsilon E = \sigma D + \varepsilon(E - D),$$

d. h. $a = \sigma A$, wo $A = D + \frac{\varepsilon}{\sigma}(E - D)$ ist, d. h. $D - A = \frac{\varepsilon}{\sigma}(E - D)$. Alfo ist $D - A$ mit $E - D$ parallel, d. h. A ein Punkt der Linie DE, alfo auch in diefem Falle b, c, d in einer geraden Linie.

Anm. Der letzte Theil des Beweifes thut nur dar, dass der Schwerpunkt zweier Punkte mit beliebigen Gewichten in der diefe Punkte verbindenden geraden Linie liegt.

236. Wenn 4 Punkte in einer Zahlbeziehung zu einander stehen, fo liegen fie in Einer Ebene.

Beweis. Es feien a, b, c, d 4 Punkte und

$$a = \beta b + \gamma c + \delta d$$

die Zahlbeziehung. Sind zuerst b, c, d alle drei zugleich unendlich entfernt, fo ist zu zeigen, dass a in der unendlich entfernten Ebene liegt, d. h. auch unendlich entfernt, d. h. eine Strecke fei. Dies folgt aus 228, da dann b, c, d alfo auch ihre Vielfachen Strecken find, und fomit auch (nach 220) ihre Summe. Sind b, c, d nicht alle drei zugleich unendlich entfernt, fo fei DEF die durch fie gelegte Ebene und D, E,

F drei einfache, endlich entfernte Punkte dieſer Ebene. Dann laſsen ſich (nach 233) b, c, d aus D, E, F numerisch ableiten, alſo auch $\beta b + \gamma c + \delta d$, d. h. a. Es ſei

$$a = \delta D + \varepsilon E + \zeta F.$$

Ist zuerst $\delta + \varepsilon + \zeta = 0$, ſo ist

$$a = \delta D + \varepsilon E + \zeta F - (\delta + \varepsilon + \zeta) D = \varepsilon (E - D) + \zeta (F - D),$$

alſo a aus E — D und F — D numerisch ableitbar, d. h. (nach 231) die Strecken a, D — E und F — D ſind Einer Ebene parallel, folglich ist a der Ebene DEF parallel, d. h. ein unendlich entfernter Punkt dieſer Ebene.

Ist $\delta + \varepsilon + \zeta = \sigma$ ungleich null, ſo ist

$$a = \delta D + \varepsilon E + \zeta F = \sigma D + \varepsilon (E - D) + \zeta (F - D)$$

$$= \sigma A, \text{ wenn } A = D + \frac{\varepsilon}{\sigma}(E - D) + \frac{\zeta}{\sigma}(F - D)$$

ist, alſo ist D — A (nach 231) mit der Ebene DEF parallel, d. h. A ein Punkt der Ebene DEF, alſo auch a ein Punkt dieſer Ebene.

237. Das räumliche Gebiet erster Stufe ist ein Punkt (als Ort betrachtet), das zweiter Stufe eine unbegränzte gerade Linie, das dritter Stufe eine unbegränzte Ebene, das vierter Stufe der unbegränzte Raum.

Beweis. Ein Gebiet n-ter Stufe ist (nach 14) die Geſammtheit der Grössen, welche aus n Grössen numerisch ableitbar ſind, vorausgeſetzt, dass jene Grössen ſich nicht ſämmtlich aus weniger als n Grössen numerisch ableiten laſsen. Nun ſind (nach 232) alle Punkte des Raumes aus vier Grössen erster Stufe numerisch ableitbar; nach 236 bilden die aus drei ſolcher Grössen ableitbaren Punkte eine Ebene, folglich laſsen ſich die Punkte des Raumes nicht aus weniger als 4 Grössen erster Stufe ableiten. Alſo ist der Raum ein Gebiet 4-ter Stufe. Ebenſo folgt aus 233 und aus 235, dass das Gebiet 3-ter Stufe eine Ebene, und aus 234 und daraus, dass aus einem Punkt nur örtlich identische Punkte ableitbar ſind, folgt, dass das Gebiet 2-ter Stufe eine gerade Linie, ſo wie das Gebiet erster Stufe ein Punkt ſei.

238. Aufgabe. Die Ableitzahlen (Koordinaten), durch welche ein Punkt (p) aus 4 nicht in einer Ebene liegenden

Punkten (a, b, c, d) hervorgeht, auszudrücken durch die Ableitzahlen, durch welche derſelbe Punkt (p) aus 4 neuen Punkten a′, b′, c′, d′ ableitbar ist; vorausgeſetzt, dass dieſe 4 neuen Punkte durch die 4 alten ausgedrückt ſind.

Auflöſung. Es ſei

1) $a' = \alpha a + \beta b + \gamma c + \delta d$,

2) $b' = \alpha' a + \beta' b + \gamma' c + \delta' d$,

3) $c' = \alpha'' a + \beta'' b + \gamma'' c + \delta'' d$,

4) $d' = \alpha''' a + \beta''' b + \gamma''' c + \delta''' d$,

5) $p = x' a + y' b + z' c + u' d$,

6) $p = x a' + y b' + z c' + u d'$.

Man ſetze in 6) für a′, b′, c′, d′, p die Werthe aus 1) bis 5) ſo erhält man, nach a, b, c, d geordnet,

7) $x' a + y' b + z' c + u' d$
$$= (x\alpha + y\alpha' + z\alpha'' + u\alpha''')a + (x\beta + y\beta' + z\beta'' + u\beta''')b \cdots.$$

Da hier a, b, c, d nicht in einer Ebene liegen, ſo stehen ſie (nach 236) in keiner Zahlbeziehung zu einander. Folglich ſind (nach 29) in der gefundenen Gleichung die entsprechenden Koefficienten gleich, alſo

$$x' = x\alpha + y\alpha' + z\alpha'' + u\alpha'''$$
$$y' = x\beta + y\beta' + x\beta'' + u\beta'''$$
$$z' = x\gamma + y\gamma' + z\gamma'' + u\gamma'''$$
$$u' = x\delta + y\delta' + z\delta'' + u\delta'''$$

Anm. Dies ist die Auflöſung des allgemeinsten Problems der Koordinatenverwandlung.

§. 3. Kombinatorische Multiplikation der Punkte.

239. Erklärung. Das Parallelogramm, in welchem AB und BC zwei Seiten ſind, werde ich der Kürze wegen das Parallelogramm ABC nennen, und zwar werde ich, wenn es auf dieſe Weiſe benannt ist, AB ſeine erste Seite, BC ſeine zweite Seite nennen. Ferner alle Parallelogramme, deren erste Seite der Strecke a und deren zweite Seite der Strecke b gleich lang und gleichgerichtet ſind, werde ich die Parallelogramme ab nennen. Zwei Parallelogramme ABC und DEF, welche in parallelen Ebenen liegen, werde ich dann und nur dann als gleichbezeichnet betrachten, wenn man ſie durch parallele Fortbewegung ihrer Ebenen und durch Bewegung der Parallelogramme innerhalb ihrer Ebenen in eine ſolche Lage bringen kann, dass, während AB und DE in derſelben geraden Linie nach derſelben Richtung hin liegen, C und F auf ein und derſelben Seite dieſer geraden Linie ſich befinden.

240. Erklärung. Den Spat (das Parallelepipedum), in welchem AB, BC, CD drei nicht in einer Ebene liegende Kanten ſind, werde ich der Kürze wegen den Spat (das Parallelepipedum) ABCD nennen, AB ſeine erste, BC ſeine zweite, CD ſeine dritte Kante. Und alle Spate (Parallelepipeda), deren erste Kante der Strecke a, deren zweite der Strecke b, und deren dritte Kante der Strecke c gleich lang und gleichgerichtet ſind, werde ich die Spate (Parallelepipeda) abc nennen. Zwei Spate ABCD und EFGH werde ich dann und nur dann als gleichbezeichnet betrachten, wenn man ſie in eine ſolche Lage bringen kann, dass, während ABC und EFG gleichbezeichnete Parallelogramm derſelben Ebene werden, D und H auf ein und derſelben Seite dieſer Ebene liegen.

Zuſatz. Die Spate (Parallelepipeda) abc, bca, cab ſind einander gleich (auch dem Zeichen nach).

241. Lehrſatz. Zwei Parallelogramme, deren erste und deren zweite Seiten gleich lang und gleichgerichtet ſind, ſind einander gleich (auch dem Zeichen nach), und liegen in parallelen*) Ebenen. Zwei Spate (Parallelepipeda), deren entsprechende (erste, zweite, dritte) Kanten gleich lang und gleichgerichtet ſind, ſind einander gleich (auch dem Zeichen nach); d. h. alle durch dasſelbe Symbol ab bezeichneten Parallelogramme und ebenſo alle durch dasſelbe Symbol abc bezeichneten Spate ſind einander gleich (auch dem Zeichen nach).

242. Erklärung. Von zwei Parallelogrammen, die in parallelen Ebenen liegen und ebenſo von zwei beliebigen Spaten (Parallelepipeda) ſage ich, dass ſie ſich wie 2 Zahlen α und β verhalten, wenn ſie einander gleich- oder entgegengeſetzt bezeichnet ſind, je nachdem α und β es ſind, und ſie ſich, abgeſehen vom Zeichen, wie α zu β verhalten (vgl. 221).

*) Zu den Parallelen ist überall das Identische mit hinzugerechnet.

243. Lehnſatz. Zwei Parallelogramme ABC und ABD (von derſelben Grundſeite AB) ſind dann und nur dann gleich (auch dem Zeichen nach), wenn CD mit AB parallel ist.

244. Lehnſatz. Zwei Spate (Parallelepipeda) ABCD und ABCE (von derſelben Grundfläche ABC) ſind dann und nur dann gleich (auch dem Zeichen nach), wenn DE mit der Ebene ABC parallel ist.

Anm. Nach dieſen vorbereitenden Sätzen, welche aus der Geometrie entlehnt ſind, können wir nun den Begriff des kombinatorischen Produktes von Punkten aus dem allgemeinen Begriffe des kombinatorischen Produktes direkt ableiten.

245. Das kombinatorische Produkt zweier Punkte ist dann und nur dann null, wenn die beiden Punkte zuſammenfallen, das kombinatorische Produkt dreier Punkte, wenn ſie in gerader Linie liegen, das kombinatorische Produkt von vier Punkten, wenn ſie in einer Ebene liegen, das kombinatorische Produkt von fünf Punkten ist immer null.

Beweis. Nach 61 und 66 ist das kombinatorische Produkt zweier oder mehrerer Grössen dann und nur dann null, wenn ſie in einer Zahlbeziehung zu einander stehen; nach 221 stehen zwei Punkte dann und nur dann in einer Zahlbeziehung, wenn ſie zuſammenfallen, drei Punkte (nach 234 und 235), wenn ſie in einer geraden Linie liegen, vier Punkte (nach 233, 236), wenn ſie in einer Ebene liegen, und nach 232 stehen fünf Punkte stets in einer Zahlbeziehung. Alſo bewieſen.

246. Wenn A ein endlich entfernter Punkt, b, c, d unendlich entfernte Punkte, d. h. Strecken ſind, ſo folgt

aus $[Ab] = 0$, die Gleichung $b = 0$,
aus $[Abc] = 0$, die Gleichung $[bc] = 0$,
aus $[Abcd] = 0$, die Gleichung $[bcd] = 0$.

Beweis. Es ſei $[Abcd] = 0$. Angenommen nun, $[bcd]$ ſei ungleich null, ſo können (nach 61) b, c, d in keiner Zahlbeziehung zu einander stehen. Da aber $[Abcd] = 0$ ist, ſo muss zwischen A, b, c, d eine Zahlbeziehung herrschen, und da b, c, d in keiner Zahlbeziehung zu einander stehen, ſo müsste (nach 2) A aus b, c, d numerisch ableitbar ſein.

Aber aus den unendlich entfernten Punkten oder Strecken b, c, d gehen durch numerische Ableitung (nach 220) nur Strecken, d. h. Punkte der unendlich entfernten Ebene hervor, alſo nicht der endlich entfernte Punkt A. Somit ist die Annahme, dass [bcd] von null verschieden ſei, mit der Vorausſetzung im Widerspruch, d. h. [bcd] muss null ſein. Ganz ebenſo ergeben ſich die übrigen Theile des Satzes.

247. Ein kombinatoriſches Produkt [AB] zweier einfachen Punkte A und B ist einem kombinatoriſchen Produkte [CD] zweier einfachen Punkte C und D dann und nur dann gleich, wenn die unendlichen geraden Linien AB und CD zuſammenfallen, und AB mit CD gleich lang und gleichgerichtet ist.

Beweis 1. Es ſeien die unendlichen geraden Linien AB und CD zuſammenfallend, und AB mit CD gleich lang und gleichgerichtet, ſo ist zu beweiſen, dass [AB] = [CD] ſei. Da AB und CD gleich lang und gleichgerichtet ſind, ſo ist (nach 222 Zuſ.)

$$* \quad B - A = D - C.$$

Ferner, da A, B, C in einer geraden Linie liegen (Hypotheſis), ſo ſind B — A und C — A Strecken einer und derſelben geraden Linie, stehen alſo (nach 221) in einer Zahlbeziehung zu einander. Es ſei

$$** \quad C - A = \alpha(B - A).$$

Nun ist

$$\begin{aligned}
[CD] &= [C(D - C)] && [67] \\
&= [C(B - A)] && [*] \\
&= [(A + C - A)(B - A)] \\
&= [(A + \alpha(B - A))(B - A)] && [**] \\
&= [A(B - A)] && [67] \\
&= [AB] && [67].
\end{aligned}$$

2. Es ſei vorausgeſetzt

$$[AB] = [CD],$$

ſo ist zu beweiſen, dass A, B, C, D in einer geraden Linie liegen und AB und CD gleich lang und gleichgerichtet ſind. Wenn [AB] = [CD] ist, ſo müssen (nach 76) C und D aus A und B durch lineale Umwandlung ableitbar ſein. Die einfache lineale Umwandlung zweier Grössen besteht (nach 71) darin, dass zu einer derſelben ein Vielfaches der andern addirt wird, alſo z. B. A und B ſich verwandeln in A und $B + \alpha A$. Die ſo hervorgehende neue Grösse ist, alſo aus den beiden ursprünglichen Grössen numerisch abgeleitet, liegt alſo (nach 235) in der jene Grössen verbindenden geraden Linie, ſomit werden aus A und B durch fortgeſetzte lineale Umwandlung nur Punkte der geraden Linie AB hervorgehen; ſomit liegen C und D in der geraden Linie AB. Nun ſei E ein Punkt der geraden Linie AB von der Art, dass CE mit AB gleich lang und gleichgerichtet ſei, ſo ist (nach Bew. 1)

$$[CE] = [AB],$$

und nach der Vorausſetzung

$$[AB] = [CD],$$

alſo auch

$$[CE] = [CD]; \text{ folglich}$$
$$0 = [CD] - [CE] = [C(D - E)].$$

Somit (nach 246)

$$D - E = 0, \text{ d. h. } D = E.$$

Da nun nach der Annahme CE mit AB gleich lang und gleichgerichtet ist, ſo ist auch das mit CE identische CD mit AB gleich lang und gleichgerichtet.

248. Zuſatz. Wenn A, B, C und D einfache Punkte ſind, ſo folgt aus der Gleichung

$$[AB] = [CD],$$

die Gleichung

$$A - B = C - D,$$

aber nicht umgekehrt, aus dieſer jene.

249. Erklärung. Wir nennen das Produkt [AB] einen Linientheil, und ſagen, derſelbe ſei ein Theil der unbegränzten geraden Linie AB, und er ſei mit der begränzten geraden Linie AB gleich lang und gleichgerichtet.

250. Zuſatz. Zwei Linientheile werden alſo dann und nur dann gleichgeſetzt, wenn ſie gleich lang, gleichgerichtet und Theile derſelben unbegränzten geraden Linie ſind.

251. Das kombinatoriſche Produkt eines einfachen Punktes in eine Strecke ist ein Linientheil, welcher in der durch den Punkt parallel der Strecke gezogenen geraden Linie liegt, und der Strecke gleich lang und gleichgerichtet ist.

Beweis Es ſei A ein einfacher Punkt und p eine Strecke. Man ziehe durch A eine gerade Linie AB, welche mit p gleich lang und gleichgerichtet ist, ſo ist (nach 222 Zuſ.)

$$p = B - A, \text{ alſo } [Ap] = [A(B - A)] = [AB] \quad [67]$$

und [AB] ist ein Linientheil, welcher in der geraden Linie AB, alſo in der durch A mit p parallel gezogenen geraden Linie liegt, und mit AB, alſo auch mit p, gleich lang und gleichgerichtet ist.

252. Das Produkt eines Linientheiles [AB] mit einer Zahl α ist ein Linientheil, welcher mit jenem in derſelben unbegränzten geraden Linie liegt, und ſich zu ihm algebraisch wie $\alpha : 1$ verhält.

Beweis. $\alpha[AB] = \alpha[A(B - A)],$ [67]

$= [A\alpha(B - A)].$ [40]

Das letztere Produkt ist (nach 251) ein Linientheil, welcher in der durch A mit $\alpha(B - A)$ parallel gezogenen geraden Linie, d. h. in der geraden Linie AB liegt, und welcher mit $\alpha(B - A)$ gleich lang und gleichgerichtet ist, d. h. (nach 221) ſich zu AB wie $\alpha : 1$ verhält.

253. Wenn A und B einfache Punkte, α und β Zahlen ſind, ſo ist $[\alpha A \cdot \beta B]$ ein Linientheil, der in der unbegränzten geraden Linie AB liegt und ſich zu der begränzten geraden Linie AB algebraisch $\alpha\beta$ zu 1 verhält.

Beweis. $[\alpha A \cdot \beta B] = \alpha\beta[AB]$ (nach 46), alſo (nach 252) ein Linientheil der unbegränzten geraden Linie AB, welcher ſich zu der begränzten AB algebraisch wie $\alpha\beta : 1$ verhält.

254. Zwei von Null verschiedene kombinatorische Produkte [ab] und [cd] je zweier Strecken a und b, c und d, ſind dann und nur dann einander gleich, wenn die Parallelogramme ab und cd gleich an Inhalt und gleichbezeichnet ſind und in parallelen Ebenen liegen.

Beweis. In 72 und 76 ist bewieſen, dass zwei kombinatorische Produkte [ab] und [cd] dann und nur dann einander gleich ſind, wenn c und d aus a und b durch lineale Aenderung ableitbar ſind; und zwar bestand die einfache lineale

Aenderung zweier Grössen (nach 71) darin, dass zu einer derfelben ein Vielfaches der andern addirt wurde, während diefe andere unverändert blieb, d. h. alfo, dass a und b, wenn α und β beliebige Zahlen find, entweder in a und $b + \alpha a$, oder in $a + \beta b$ und b übergingen. Nun fei AB mit a, BC mit b gleich lang und gleichgerichtet, und ändere fich b in $b' = b + \alpha a$, ferner fei CD parallel mit AB gezogen und verhalte fich zu AB algebraisch wie $\alpha : 1$, fo ist (nach 222) $B - A = a$, $C - B = b$, $D - C = \alpha a$. Alfo

$$D - B = D - C + C - B = \alpha a + b = b',$$

d. h. BD ist mit b' gleich lang und gleichgerichtet. Ferner da AB und CD parallel find, fo find (nach 243) die Parallelogramme ABC und ABD einander gleich (auch dem Zeichen nach), und liegen in einer Ebene. Alfo find auch die Parallelogramme ab und ab' gleichbezeichnet und in derfelben Ebene liegend. Dasfelbe gilt, wenn fich a und b in $a + \beta b$ und b ändern. Alfo ergiebt fich, dass, wenn aus a und b durch einfache lineale Aenderung c und d hervorgehen, auch die Parallelogramme ab und cd gleich (auch dem Zeichen nach) find und in parallelen Ebenen liegen. Dasfelbe gilt alfo auch, wenn c und d aus a und b durch mehrmalige Anwendung einer einfachen linearen Aenderung, d. h. durch eine beliebige lineale Aenderung hervorgehen. Somit ergiebt fich:

Erstens. Wenn $[ab] = [cd]$ ist, fo müssen c und d aus a und b durch lineale Aenderung ableitbar fein (76); und wenn c und d aus a und b durch lineale Aenderung ableitbar find, fo müssen die Parallelogramme ab und cd gleich (auch dem Zeichen nach) fein und in parallelen Ebenen liegen.

Zweitens. Wenn umgekehrt vorausgefetzt wird, dass ab und cd gleiche (auch gleichbezeichnete) Parallelogramme in parallelen Ebenen find, fo müssen, da a, b, c, d dann einer und derfelben Ebene parallel find, c und d (nach 230) aus a und b numerisch ableitbar fein, folglich stehen (nach 63) die kombinatorischen Produkte [ab] und [cd] in einer Zahlbeziehung zu einander.

Es fei $[cd] = \alpha[ab]$ der Ausdruck diefer Zahlbeziehung. Setzen wir $\alpha b = b'$, fo wird $[cd] = [a \cdot \alpha b] = [ab']$. Alfo find (nach Beweis 1) die Parallelogramme cd und ab′ gleich und gleichbezeichnet, alſo da auch cd und ab nach der Vorausſetzung gleiche und gleichbezeichnete Parallelogramme ſind, ſo ſind auch ab und ab′ gleiche und gleichbezeichnete Parallelogramme. Nun ſei AB mit a, BC mit b, BD mit b′ gleich lang und gleichgerichtet, ſo ist das Parallelogramm ABC eins der mit ab bezeichneten und ABD eins der mit ab′ bezeichneten Parallelogramme. Alſo ABC mit ABD gleich und gleichbezeichnet, folglich da ABC und ABD auch in einer Ebene liegen, ſo liegen (nach 243) C und D in einer mit AB parallelen Linie. Nun ſind BC und BD beide mit b parallel, alſo auch untereinander, alſo da ſie einen Punkt (B) gemein haben, ſo liegen ſie in einer geraden Linie, ſomit fallen C und D, da D auch in der durch C mit AB parallel gezogenen geraden Linie liegt, zuſammen, alſo ſind BC und BD identisch, alſo ſind b und b′, von denen das erste mit BC, das zweite mit BD gleich lang und gleichgerichtet ist, auch unter einander gleich lang und gleichgerichtet; folglich, da auch $\alpha b = b'$ geſetzt war, ſo ist $\alpha = 1$. Nun war

$$[cd] = \alpha[ab]$$

geſetzt, alſo, da $\alpha = 1$ ist,

$$[cd] = [ab].$$

255. Zwei von null verschiedene kombinatorische Produkte [ABC] und [DEF] je dreier einfacher Punkte A, B, C und D, E, F ſind dann und nur dann einander gleich, wenn die Parallelogramme ABC und DEF gleich und gleichbezeichnet ſind und in einer und derſelben Ebene liegen.

Beweis 1. Es ſeien ABC und DEF gleiche und gleichbezeichnete Parallelogramme einer und derſelben Ebene, ſo ist zu beweiſen, dass [ABC] = [DEF] ſei. Es ſeien AB mit a, BC mit b, DE mit c, EF mit d gleich lang und gleichgerichtet, d. h. $B - A = a$, $C - B = b$, $E - D = c$, $F - E = d$,* ſo ist (nach 244)

$$^{**}\ [ab] = [cd].$$

Da ferner D in der Ebene ABC liegt, und ebenſo $B - A = a$ und $C - B = b$ Strecken dieſer Ebene ſind, ſo muss (nach 230) $D - A$ aus a und b numerisch ableitbar ſein. Es ſei

$$*** \quad D - A = \alpha a + \beta b,$$

ſo ist

$$\begin{aligned}[DEF] &= [DE(F-E)] = [D(E-D)(F-E)] && [67]\\ &= [Dcd] && [*]\\ &= [D(cd)] && [80]\\ &= [D(ab)] && [**]\\ &= [\alpha a + \beta b + A)ab] && [***, 80]\\ &= [Aab] && [67]\\ &= [A(a+A)(b+A)] && [67]\\ &= [ABC] && [*].\end{aligned}$$

2. Es ſei umgekehrt vorausgeſetzt, dass

$$[ABC] = [DEF]$$

ist. Dann müssen (nach 76) D, E, F aus A, B, C durch lineale Aenderung, alſo auch numeriſch ableitbar ſein. Dann aber müssen (nach 236) D, E, F in der Ebene ABC liegen. Nun ſei in der geraden Linie BC ein Punkt G von der Art angenommen, dass ABG und DEF gleiche und gleichbezeichnete Parallelogramme ſind, ſo ist (nach Bew. 1), da ABG und DEF in ein und derſelben Ebene (ABC) liegen,

$$[ABG] = [DEF].$$

Aber auch nach der Vorausſetzung

$$[ABC] = [DEF].$$

Alſo $[ABG] = [ABC]$. Da nun G ein Punkt in BC ist, ſo ist $G - B$ aus $C - B$ numeriſch ableitbar, es ſei $G - B = \alpha(C - B)$, alſo $G = B + \alpha(C - B)$, ſo ist $[ABC] = [ABG] = [AB(B + \alpha(C - B))] = [AB\alpha(C - B)] = \alpha[ABC]$ [67, 40]. Alſo $\alpha = 1$. Somit, da $G - B = \alpha(C - B)$ war, $G - B = C - B$, d. h. $G = C$; oder die Punkte G und C fallen zuſammen; alſo fallen auch die Parallelogramme ABG und ABC zuſammen. Folglich, da ABG und DEF gleiche und gleichbezeichnete Parallelogramme derſelben Ebene ſind, ſo gilt dies auch von ABC und DEF.

256. Zuſatz. Wenn A, B, C, D, E, F einfache Punkte ſind, ſo folgt aus der Gleichung

$$[ABC] = [DEF]$$

auch die Gleichung

$$[(B - A)(C - B)] = [(E - D)(F - E)];$$

hingegen umgekehrt, aus letzterer die erstere nur dann, wenn noch die Bedingung hinzutritt, dass die Ebenen ABC und DEF nicht bloss parallel, ſondern auch identisch ſind.

257. Erklärung. Wir nennen das Produkt [ABC] einen Flächentheil und den Flächeninhalt des Parallelogramms ABC ſeinen Inhalt, und ſagen, der Flächentheil ABC liege in der Ebene ABC.

Anm. Die genauere Benennung für das Produkt [ABC] würde Ebenentheil statt Flächentheil ſein. Allein der erstere Ausdruck ist wegen des Gleichklangs ſeines Plurals „die Ebenentheile" mit dem Ausdrucke „die ebenen Theile" zu verwerfen.

258. Zuſatz. Zwei Flächentheile ſind dann und nur dann einander gleich, wenn ſie in derſelben Ebene liegen, und ihre Inhalte gleich und gleichbezeichnet ſind.

Anm. Man hätte als Inhalt des Flächentheiles [ABC] auch den Flächeninhalt des Dreiecks ABC ſetzen können. Aber es wird ſich in der Folge zeigen, dass dann der Inhalt des inneren Quadrates einer Strecke nur die Hälfte von dem Inhalte des Quadrates dieſer Strecke ſein würde, während beides bei unſerer Benennung in Uebereinstimmung ist.

259. Das kombinatorische Produkt zweier einfacher Punkte A, B und einer Strecke c ist ein Flächentheil, welcher in der durch AB mit c parallel gelegten Ebene liegt, und dessen Inhalt gleich dem eines Parallelogrammes ABC ist, in welchem BC mit c gleich lang und gleichgerichtet ist, d. h. $[ABc] = [ABC]$, wenn $c = C - B$.

Beweis. $[ABc] = [AB(C - B)] = [ABC]$ [67].

260. Das kombinatorische Produkt eines einfachen Punktes A mit 2 Strecken b und c ist ein Flächentheil, welcher in der durch A mit b und c parallel gelegten Ebene liegt, und zum Inhalt den Flächeninhalt eines Parallelogrammes (ABC) hat, dessen erste Seite (AB) mit b, und dessen zweite Seite (BC) mit c gleich lang und gleichgerichtet ist, d. h.

$$[Abc] = [ABC], \text{ wenn } b = B - A,\ c = C - B \text{ ist.}$$

Beweis.

$$[Abc] = [A(B - A)(C - B)] = [AB(C - B)] \quad [67]$$
$$= [ABC] \quad [67].$$

261 a. Das Produkt $\alpha[ABC]$ eines Flächentheils [ABC] mit einer Zahl α ist ein Flächentheil derſelben Ebene, dessen Inhalt ſich zu dem von ABC wie $\alpha : 1$ verhält.

Beweis. $\alpha[ABC] = \alpha[AB(C - B)]$ [67]

$= [AB \cdot \alpha(C - B)]$ [46]

$= [AB(D - B)]$,

wenn BD mit BC parallel ist, und ſich zu ihm, wie $\alpha : 1$ verhält. Dies ist wieder (nach 67)

$= [ABD]$,

d. h. gleich einem Flächentheil derſelben Ebene (ABC), dessen Inhalt dem Flächeninhalte des Parallelogramms ABD gleich ist. Da aber BD und BC parallel ſind und ſich algebraisch wie $\alpha : 1$ verhalten, ſo verhalten ſich auch die Parallelogramme ABD und ABC wie $\alpha : 1$, d. h. die Inhalte von $\alpha[ABC]$ und $[ABC]$ wie $\alpha : 1$.

261 b. Wenn A, B, C einfache Punkte, und α, β, γ Zahlen ſind, ſo ist $[\alpha A \cdot \beta B \cdot \gamma C]$ ein Flächentheil der Ebene ABC, dessen Inhalt zu dem des Parallelogramms ABC ſich algebraisch wie $\alpha\beta\gamma : 1$ verhält.

Beweis. $[\alpha A \cdot \beta B \cdot \gamma C] = \alpha\beta\gamma[ABC]$ (No. 46), alſo nach 261 bewieſen.

262. Zwei von null verschiedene kombinatorische Produkte [abc] und [def] je dreier Strecken a, b, c und d, e, f ſind dann und nur dann einander gleich, wenn die Spate (Parallelepipeda) abc und def gleich und gleichbezeichnet ſind.

Beweis 1. Es ſei vorausgeſetzt, dass

$[abc] = [def]$

ſei, ſo ist zu zeigen, dass die Spate abc und def gleich und gleichbezeichnet ſind. Da $[abc] = [def]$ ist, ſo müssen (nach 76) d, e, f aus a, b, c durch lineale Aenderung hervorgehen. Nun können wir zeigen, dass durch einfache lineale Aenderung der 3 Seiten a, b, c eines Spates abc stets ein gleicher und gleichbezeichneter Spat hervorgehe. Die einfache lineale Aenderung der 3 Grössen a, b, c besteht (nach 71) darin, dass zu einer derſelben ein Vielfaches von einer der beiden andern hinzuaddirt wird, während dieſe beiden andern ungeändert bleiben. Es möge zuerst zu der dritten c ein Vielfaches von irgend einer der beiden andern, z. B. von a hinzutreten, alſo a, b, c ſich ändern in a, b, c′, wo $c' = c + \alpha a$

ist. Dann ſeien AB, BC, CD, DE beziehlich gleich lang und gleichgerichtet mit a, b, c, αa, d. h.

$$B - A = a, C - B = b, D - C = c, E - D = \alpha a,$$

ſo ist

$$E - C = E - D + D - C = \alpha a + c = c',$$

alſo CE mit c′ gleich lang und gleichgerichtet. Ferner da DE mit a, alſo auch mit AB parallel, und folglich auch mit der Ebene ABC ist, ſo ſind (nach 244) die Spate ABCD und ABCE gleich und gleichbezeichnet, d. h. die Spate abc und abc′, d. h. der Spat abc bleibt gleich und gleichbezeichnet, wenn zu der dritten Seite ein Vielfaches von einer der beiden andern hinzuaddirt wird. Nun ist ferner (nach 240 Zuſ.) abc = bca = cab, und ebenſo abc′ = bc′a = c′ab. Alſo auch da abc = abc′ war, bca = bc′a und cab = c′ab, d. h. ein Spat bleibt gleich und gleichbezeichnet, wenn die zweite Kante, und ebenſo wenn die erste Kante ſich dadurch ändert, dass zu ihr ein Vielfaches von einer der beiden andern Kanten hinzuaddirt wird. Somit bleibt überhaupt ein Spat bei fortgeſetzt wiederholter einfacher linealer Aenderung ſeiner Kanten, d. h. bei beliebiger linealer Aenderung gleich und gleichbezeichnet. Alſo da nach dem Obigen d, e, f aus a, b, c durch lineale Aenderung ableitbar ſind, ſo muss nun auch der Spat def mit abc gleich und gleichbezeichnet ſein.

Beweis 2. Es ſei jetzt umgekehrt vorausgeſetzt, dass die Spate def und abc gleich und gleichbezeichnet ſeien, ſo ist zu beweiſen, dass [def] = [abc] ist. Da angenommen ist, dass die kombinatorischen Produkte von null verschieden ſind, ſo ſind namentlich a, b, c nicht Einer Ebene parallel, alſo (nach 229) d, e, f aus ihnen numerisch ableitbar, alſo auch (nach 63) das Produkt [def] aus [abc] numerisch ableitbar. Es ſei [def] = α[abc], alſo wenn αc = c′ geſetzt wird, [def] = [abc′], folglich (nach Beweis 1) die Spate def und abc′ gleich; nun waren die Spate def und abc nach der Vorausſetzung gleich. Alſo die Spate abc und abc′ gleich. Es ſeien AB, BC, CD, CD′ beziehlich gleich lang und gleichgerichtet mit a, b, c, c′. Alſo die Spate

ABCD = abc, ABCD′ = abc′, und ſomit
ABCD = ABCD′.

Folglich liegen (nach 244) D und D′ in einer mit der Ebene ABC parallelen Ebene, D und D′ liegen aber auch in der geraden Linie CD, da CD mit c′, d. h. mit αc, alſo auch mit c, d. h. mit CD parallel ist. Folglich liegen D und D′ in dem Durchschnittspunkte jener Ebene und dieſer Geraden, d. h. fallen zuſammen. Alſo ſind CD und CD′ identisch, alſo $c = c'$, alſo, vermöge der Gleichung $c' = \alpha c$, $\alpha = 1$; ſomit verwandelt ſich die Gleichung $[def] = \alpha[abc]$ in

$$[def] = [abc].$$

263. Zwei von null verschiedene kombinatorische Produkte [ABCD] und [EFGH] von je vier einfachen Punkten A, B, C, D und E, F, G, H ſind dann und nur dann einander gleich, wenn die Spate (Parallelepipeda) ABCD und EFGH gleich (und gleichbezeichnet) ſind.

Beweis 1. Es ſeien ABCD und EFGH gleiche und gleichbezeichnete Spate, und ſeien AB, BC, CD, EF, FG, GH beziehlich mit b, c, d, f, g, h gleichlang und gleichgerichtet, d. h. $B - A = b$ u. ſ. w., ſo ist (nach 262)

$$* \quad [bcd] = [fgh].$$

Da ferner aus b, c, d (nach 229) alle Strecken des Raumes numerisch ableitbar ſind, ſo muss auch die Strecke $E - A$ es ſein; es ſei

$$E - A = \beta b + \gamma c + \delta d, \text{ d. h. } E = A + \beta b + \gamma c + \delta d.$$

Dann erhält man

$$[EFGH] = [EFG(H - G)] = [EF(G - F)(H - G)]$$
$$= [E(F - E)(G - F)(H - G)] \quad [67].$$

Alſo, da $F - E = f$, $G - F = g$, $H - G = h$ ist, ſo erhält man den zuletzt gefundenen Ausdruck

$$= [Efgh] = [E(fgh)] \quad [79]$$
$$= [E(bcd)] \quad [*]$$

Ferner ist der gefundene Ausdruck

$$= [Ebcd] \quad [79]$$
$$= [(A + \beta b + \gamma c + \delta d)bcd] = [Abcd] \quad [67]$$
$$= [A(B - A)(C - B)(D - C)],$$

wenn wir statt b, c, d ihre Werthe ſetzen, und hieraus erhält man mit Anwendung von 67

$$= [AB(C - B)(D - C)] = [ABC(D - C)] = [ABCD].$$

Alſo

$$[EFGH] = [ABCD].$$

Beweis 2. Es ſei umgekehrt vorausgeſetzt, dass

$$[ABCD] = [EFGH]$$

ist, und ſei in der geraden Linie CD ein Punkt D′ angenommen von der Art, dass der Spat ABCD′ mit EFGH gleich (und gleichbezeichnet) ſei, ſo ist (nach Beweis 1)

$$[ABCD'] = [EFGH].$$

Alſo auch, da [EFGH] = [ABCD] vorausgeſetzt ist,

$$[ABCD'] = [ABCD].$$

Da nun D — C und D′ — C parallel ſind, ſo ist D′ — C aus D — C numerisch ableitbar. Es ſei

$$D' - C = \alpha(D - C),$$

ſo ist

$$[ABCD] = [ABCD'] = [ABC(D'-C)] = [ABC\alpha(D-C)]$$
$$= [ABC\alpha D] \qquad [67]$$
$$= \alpha[ABCD] \qquad [40].$$

Alſo, da [ABCD] nicht null ist, $\alpha = 1$, alſo geht aus der Gleichung $(D' - C) = \alpha(D - C)$ die Gleichung

$$D' - C = D - C$$

hervor, alſo D′ = D, d. h. D und D′ fallen zuſammen, folglich auch die Spate ABCD und ABCD′, und da das Spat ABCD′ gleich und gleichbezeichnet mit EFGH war, ſo ſind auch die Spate ABCD und EFGH gleich und gleichbezeichnet.

264. Zuſatz. Die Gleichungen

$$[ABCD] = [EFGH]$$

und

$$[(B-A)(C-B)(D-C)] = [(F-E)(G-F)(H-G)],$$

oder auch

$$[(B-A)(C-A)(D-A)] = [(F-E)(G-E)(H-E)]$$

ſind einander erſetzend, d. h. aus jeder von ihnen folgen die beiden andern.

Beweis. Die Gleichung

$$[ABCD] = [EFGH]$$

gilt (nach 263) dann und nur dann, wenn die Spate ABCD und EFGH einander gleich und gleichbezeichnet ſind. Ebenſo gilt (nach 262) die Gleichung

$$[(B-A)(C-B)(D-C)] = [(F-E)(G-F)(H-G)]$$

dann und nur dann, wenn das Spat, dessen drei Kanten mit AB, BC, CD gleich lang und gleichgerichtet ſind, dem Spate, dessen Kanten mit EF, FG, GH gleich lang und gleichgerichtet ſind, d. h. der Spat ABCD mit EFGH inhaltsgleich und gleichbezeichnet ist. Folglich ſind beide Gleichungen stets in denſelben Fällen geltend. Endlich, die dritte Gleichung ist nur eine Transformation der zweiten, denn

$$[(B-A)(C-B)(D-C)]$$
$$=[(B-A)(C-B)(D-C+C-B+B-A)] \quad [67]$$
$$=[(B-A)(C-B)(D-A)]=[(B-A)(C-B+B-A)(D-A)] \quad [67]$$
$$=[(B-A)(C-A)(D-A)],$$

und aus gleichem Grunde ist

$$[(F-E)(G-F)(H-G)] = [(F-E)(G-E)(H-E)].$$

Alſo ſind die zweite und dritte Gleichung gleichbedeutend.

265. Erklärung. Wir nennen das Produkt [ABCD] von vier einfachen Punkten einen Körpertheil und den Kubikinhalt des Spates ABCD (mit Beobachtung des Vorzeichens ($\mp$)) ſeinen Inhalt.

266. Das kombinatorische Produkt dreier einfacher Punkte A, B, C und einer Strecke d ist ein Körpertheil, dessen Inhalt gleich dem eines Spates ABCD ist, in welchem CD mit d gleich lang und gleichgerichtet ist, d. h.

$$[ABCd] = [ABCD], \text{ wenn } d = D - C.$$

Beweis. $[ABCd] = [ABC(D-C)] = [ABCD]$ [67].

267. Das kombinatorische Produkt zweier einfacher Punkte A, B und zweier Strecken c und d ist dem Spate (Parallelepipedum) ABCD, in welchem BC mit c, CD mit d gleich lang und gleichgerichtet ſind, inhaltsgleich, d. h.

$$[ABcd] = [ABCD], \text{ wenn } c = C - B,\ d = D - C.$$

Beweis. $[ABcd]$

$$=[AB(C-B)(D-C)] = [ABC(D-C)] = [ABCD] \quad [67].$$

268. Das kombinatorische Produkt eines einfachen Punktes A und dreier Strecken b, c, d ist dem Spate bcd inhaltsgleich, oder

[Abcd] = [ABCD],

wenn b = B — A, c = C — B, d = D — C.

Beweis.

[Abcd] = [A(B—A)(C—B)(D—CB)] = [AB(C—B)(D—C)]
= [ABC(D—C)] = [ABCD] [67].

269. Das Produkt α[ABCD] eines Körpertheils [ABCD] und einer Zahl ist ein Körpertheil, dessen Inhalt ſich zu dem von [ABCD] wie α : 1 verhält.

Beweis. α[ABCD] = α[ABC(D — C)] [67]
= [ABC · α(D — C)] [40]
= [ABC(E — C)],

wenn CE mit CD parallel ist und ſich zu ihm wie α : 1 verhält. Dies ist wieder (nach 67)

= [ABCE].

Da aber CE und CD parallel ſind und ſich wie α : 1 verhalten, ſo verhalten ſich auch die Spate ABCE und ABCD algebraisch wie α : 1, d. h. die Inhalte von α[ABCD] und [ABCD] wie α : 1.

270. Wenn A, B, C, D einfache Punkte, und α, β, γ, δ Zahlen ſind, ſo ist [αA · βB · γC · δD] ein Körpertheil, der ſich zu ABCD wie αβγδ zu 1 verhält.

Beweis. [αA · βB · γC · δD] = αβγδ[ABCD] (nach 46), alſo (nach 269) bewieſen.

Anm. Blicken wir zurück auf die verschiedenen kombinatorischen Produkte, deren Begriff wir näher bestimmt haben, ſo ergab ſich für 2, 3, 4 einfache Punkte das einfache, zweifache, ſechsfache des dazwischen liegenden Linien-, Flächen-, Körper-Theiles, und die zugehörigen Gebiete waren die unbegränzte gerade Linie, Ebene, der unbegränzte Raum. Ferner ebenſo wie der unendlich entfernte Punkt als Strecke von bestimmter Länge und Richtung erschien, ſo der unendlich entfernte Linientheil als begränzte Ebene von bestimmtem Flächeninhalt und bestimmten Richtungen, ſo der unendlich entfernte Flächentheil als Körperraum von bestimmtem Inhalte. Wenn zu einer Strecke oder zu einem Produkt zweier oder dreier Strecken ein Punkt als erster Faktor hinzutrat, ſo lieferte dies Produkt denſelben Inhalt und dieſelben Richtungen, als wenn der Punkt nicht hinzutrat. Durch das Hinzutreten des Punktes trat zu den bisherigen Bestimmungen (Inhalt und Richtungen) noch im ersten Falle die durch den Punkt mit der Strecke parallel gelegte Linie, im zweiten die durch den Punkt mit den beiden Strecken parallel gelegte Ebene hinzu, welche die Gebiete jener Grössen bilden, und ſo verwandelte ſich die Strecke in einen Linientheil, die Fläche von bestimmtem Inhalt und bestimmten Richtungen in das, was wir einen Flächentheil genannt haben. Das Produkt dreier Strecken wird durch das Hinzutreten des Punktes nur formell geändert.

271. Wenn A, B, C, D, E, F Punkte, und a, b, c, d Strecken ſind, ſo bedeutet

1) $A \equiv B$,

dass A mit B zuſammenfällt,

2) $[AB] \equiv [CD]$,

dass die unbegränzten geraden Linien AB und CD,

3) $[ABC] \equiv [DEF]$,

dass die unbegränzten Ebenen ABC und DEF zuſammenfallen,

4) $a \equiv b$,

dass a mit b parallel,

5) $[ab] \equiv [cd]$,

dass die Ebene, welche die Richtungen a und b enthält, der Ebene parallel ist, welche die Richtungen c und d enthält.

Beweis. Nach No. 2 bedeutet die Kongruenz zweier extenſiver Grössen $p \equiv q$, dass p und q in einer Zahlbeziehung zu einander stehen, und keine von beiden null ist. Wenn das nun 1) für A und B gilt, ſo müssen (nach 221) ihre Orte zuſammenfallen, wenn es 2) für [AB] und [CD] gilt, ſo müssen (nach 247) die unbegränzten geraden Linien AB und CD zuſammenfallen, wenn es für [ABC] und [DEF] gilt, ſo müssen (nach 255) die Ebenen ABC und DEF zuſammenfallen. Endlich 4) und 5) folgen aus 1) und 2), wenn man die Punkte in unendliche Entfernung rückt.

§. 4. Addition von Linien und Flächen.

272. Zwei Linientheile derſelben Ebene geben zur Summe wieder einen Linientheil derſelben Ebene, und zwei Flächentheile geben zur Summe wieder einen Flächentheil.

Beweis. Da der Linientheil (nach 249) ein kombinatoriſches Produkt zweier Punkte, und (nach 251) der Flächentheil ein kombinatoriſches Produkt dreier Punkte, und die Punkte (nach 228) Grössen erster Stufe ſind, ſo ſind (nach

77 b) der Linientheil und der Flächentheil beziehlich einfache Grössen zweiter und dritter Stufe. Da ferner alle Punkte der Ebene ſich aus dreien, aber nicht aus weniger Punkten derſelben numerisch ableiten lassen (233), ſo ist (nach 14) die Ebene ein Gebiet dritter Stufe, und ebenſo (nach 232 und 14) der Raum ein Gebiet vierter Stufe. Nach 88 geben die Grössen (n — 1)-ter Stufe in einem Hauptgebiete n-ter Stufe zur Summe eine einfache (d. h. als kombinatorisches Produkt darstellbare) Grösse (n — 1)-ter Stufe desselben Hauptgebietes, alſo die Linientheile einer und derſelben Ebene einen Linientheil derſelben Ebene, die Flächentheile einen Flächentheil.

Zuſatz. Dasſelbe gilt alſo auch für mehr als zwei Linientheile derſelben Ebene, und für mehr als zwei Flächentheile.

273. Zwei endlich entfernte Linientheile, deren Linien ſich schneiden, geben zur Summe einen endlich entfernten Linientheil, dessen Linie durch denſelben Durchschnittspunkt geht, und welcher der Diagonale eines Parallelogrammes gleich lang und gleichgerichtet ist, dessen von derſelben Ecke ausgehende Seiten den ſummirten Linientheilen gleich lang und gleichgerichtet ſind.

Beweis. Es ſei A der Durchschnittspunkt der beiden Linien, und ſeien [AB] und [AC] die beiden Linientheile, wo A, B, C einfache Punkte ſind, ſo ist

$$[AB] + [AC] = [A(B + C)] = 2[AE],$$

wenn E die Mitte zwischen B und C ist. Aber AE ist die halbe Diagonale des Parallelogramms CAB, alſo 2AE die ganze.

274. Zwei endlich entfernte, gleichgerichtete Linientheile geben zur Summe wieder einen ebenſo gerichteten Linientheil, dessen Länge die Summe ist aus den Längen der Summanden, und dessen gerade Linie zwischen den geraden Linien der Summanden liegt und von dieſen Linien im umgekehrten Verhältnisse der Längen der Summanden absteht.

Beweis. Es ſeien [Ap] und [Bq], wo A und B einfache Punkte, p und q gleichgerichtete Strecken ſind, dieſe Linientheile, und ſei $1 : \alpha$ das Verhältniss ihrer Längen, d. h. (nach 251) das Verhältniss von p zu q, alſo $q = \alpha p$, ſo ist

$$[Ap] + [Bq] = [Ap] + [B \cdot \alpha p] = [Ap] + \alpha[Bp] \quad [40]$$
$$= [(A + \alpha B)p] = [(1 + \alpha)S \cdot p] \quad [225],$$

wenn S der Summenpunkt von A und αB ist,

$$= [S \cdot (1 + \alpha)p] \quad [40]$$
$$= [S[p + \alpha p)] = [S(p + q)],$$

d. h. die Summe ist ein mit den Summanden gleichgerichteter Linientheil, dessen Länge (p + q) die Summe aus den Längen der Summanden ist, und dessen Linie durch S geht. S liegt aber (nach 225) in der geraden Linie AB, und steht von A und B in dem Verhältnisse von $\alpha : 1$, d. h. im umgekehrten Verhältnisse der Summanden (p und q) ab, alſo steht auch die gerade Linie S(p + q) von den geraden Linien Sp und Sq in dieſem Verhältnisse ab.

275. Zwei endlich entfernte, entgegengeſetzt gerichtete, aber nicht gleich lange Linientheile geben zur Summe einen endlich entfernten Linientheil, welcher dem grösseren der Summanden gleichgerichtet ist, dessen Länge die Differenz der Längen der Summanden ist, und dessen Linie ausserhalb der Linien der Summanden (auf der Seite des grösseren Summanden) liegt, und von dieſer Linie im umgekehrten Verhältnisse der Längen der Summanden absteht.

Beweis wie in 274, nur dass man $-\alpha$ statt α ſetzt.

276. Die Summe zweier entgegengeſetzt gerichteter und gleich langer Linientheile AB und CD ist ein Streckenprodukt, dessen Inhalt gleich und gleichbezeichnet dem eines Parallelogrammes ABCD ist, welches den einen Linientheil (gleich viel, welchen) zur Grundſeite, und den andern zur Deckſeite hat.

Beweis. Wenn AB mit CD gleich lang und entgegengeſetzt gerichtet ist, ſo ist (nach 222 Zuſ.)

$$B - A = C - D.$$

Alſo ist

$$[AB] + [CD] = [A(B - A)] + [(C - D)D] \quad [67]$$
$$= [A(B - A)] + [(B - A)D] \quad [Hyp.]$$
$$= -[(B - A)A] + [(B - A)D] \quad [55]$$
$$= [(B - A)(D - A)],$$

d. h. gleich einem Streckenprodukt, dessen Inhalt gleich dem eines Parallelogrammes ist, dessen erste Seite mit AB, und dessen zweite Seite mit AD gleich lang und gleichgerichtet ist. Dies ist aber das Parallelogramm ABCD, alſo bewieſen.

277. Die Summe eines endlich entfernten Linientheiles [AB] und eines kombinatorischen Produktes [ab] zweier Strecken a und b, welche einer durch den Linientheil [AB] gelegten Ebene parallel ſind, ist ein endlich entfernter Linientheil [CD] derſelben Ebene, welcher mit dem ersteren gleich lang und gleichgerichtet ist, und ſo liegt, dass das Parallelogramm ABCD, welches den ersten Linientheil zur Grundſeite, den zweiten zur Deckſeite hat, dem kombinatorischen Produkte [ab] entgegengeſetzt (d. h. inhaltsgleich, aber entgegengeſetzt bezeichnet) ſei.

Beweis. Bezeichnen wir das mit ABCD gleiche Streckenprodukt mit P, ſo ist nach dem vorigen Satze

$$[AB] + [DC] = P,$$

alſo

$$[CD] = [AB] - P$$
$$= [AB] + [ab],$$

da nach Hypotheſis

$$-P = [ab] \text{ ist.}$$

278. Die Summe zweier kombinatorischer Produkte [ab] und [cd] von je zwei Strecken ist wieder ein kombinatorisches Produkt zweier Strecken, und zwar in der Art, dass, wenn jene in Form zweier Parallelogramme über derſelben (oder gleich langer und gleichgerichteter) Grundſeite dargestellt ſind, die Summe ſich als Parallelogramm über derſelben (oder gleich langer und gleichgerichteter) Grundſeite darstellen lässt, in welchem die zweite Seite die Streckenſumme der zweiten Seiten jener Parallelogramme ist.

Beweis. Man lege eine Ebene mit a und b parallel, eine andere mit c und d parallel; es ſei e eine Strecke, welche mit der Durchschnittslinie beider Ebenen (und wenn ſie ſich nicht schneiden mit einer beliebigen Linie derſelben) parallel ist. Dann kann man (nach 254) [ab] auf die Form [ef] und [cd] auf die Form [eg] bringen, und es ist dann

$$[ab] + [cd] = [ef] + [eg] = [e(f + g)],$$

und dies war die verlangte Form der Summe.

279. Zwei endlich entfernte Flächentheile, deren Ebenen ſich schneiden, geben zur Summe einen Flächentheil, dessen Ebene durch die Durchschnittskante jener Ebenen geht, und zwar, wenn die Summanden als Parallelogramme von gemeinschaftlicher Grundſeite dargestellt ſind, ſo lässt ſich die Summe als Parallelogramm darstellen, welches dieſelbe Grundſeite hat, und in welchem die zweite Seite die Streckenſumme aus den zweiten Seiten der Summanden ist, oder anders ausgedrückt: Die Summanden ſind gleich den Projektionen der Summe auf die beiden Ebenen der Summanden, wenn auf jede Ebene parallel der andern projicirt wird.

Beweis. Es ſeien A und B zwei einfache Punkte in der Durchschnittskante jener Ebenen, und c und d zwei Strecken von der Art, dass die beiden zu addirenden Flächentheile gleich [ABc] und [ABd] ſeien, ſo ist

$$[ABc] + [ABd] = [AB(c + d)]$$

d. h. die Summe ist dargestellt durch ein Parallelogramm, in welchem AB Grundſeite, und $c + d$ die zweite Seite ist.

280. Die Summe zweier paralleler und gleichbezeichneter (endlich entfernter) Flächentheile (E_1 und E_2) ist ein ihnen paralleler und gleichbezeichneter Flächentheil, dessen Inhalt die Summe ist aus den Inhalten der Summanden, und dessen Ebene zwischen denen der Summanden ſo liegt, dass ſie von ihnen im umgekehrten Verhältnisse der Inhalte der Summanden absteht.

Beweis. Es ſei $E_1 = [Abc]$, wo A ein Produkt, b und c Strecken ſind, und ſei von A auf die Ebene von E_2 ein Loth AD gefällt, ſo ist [Dbc], da beide Ebenen parallel ſind, ein Flächentheil der Ebene von E_2, steht alſo zu E_2 in einer Zahlbeziehung. Es ſei $E_2 = \alpha[Dbc]$, ſo ist

$$E_1 + E_2 = [Abc] + \alpha[Dbc] = [(A + \alpha D)bc]$$
$$= [(1 + \alpha)Sbc],$$

wo S (nach 225) in AD liegt, und von A und D im Verhältnisse $\alpha : 1$ absteht. Folglich ist die Ebene der Summe eine durch S mit b und c, alſo auch mit den Ebenen von E_1 und E_2 parallel gelegte Ebene, welche von dieſen letzteren im Verhältnisse $\alpha : 1$ absteht, d. h. im umgekehrten Verhältnisse der Inhalte (bc und αbc). Der Inhalt der Summe ist (nach 260) gleich dem Inhalte von $(1+\alpha)$bc, d. h. $=$ bc $+\,\alpha$bc, d. h. gleich der Summe der Inhalte der Summanden.

281. Die Summe zweier paralleler und entgegengeſetzt bezeichneter aber nicht inhaltsgleicher (endlich entfernter) Flächentheile E_1 und E_2 ist ein ihnen paralleler dem grösseren gleichbezeichneter Flächentheil, dessen Inhalt die Differenz der Inhalte der Summanden (E_1 und E_2) ist, und dessen Ebene ausserhalb der beiden Ebenen der Summanden ſo liegt, dass ſie von dieſen Ebenen im umgekehrten Verhältnisse der Summanden absteht.

Beweis wie in 277, nur dass statt α geſetzt wird $-\alpha$.

282. Die Summe zweier paralleler, entgegengeſetzt bezeichneter aber inhaltsgleicher (endlich entfernter) Flächentheile E_1 und E_2 ist gleich einem kombinatorischen Produkte dreier Strecken, und zwar ist der Inhalt dieſes Produktes gleich, aber entgegengeſetzt bezeichnet dem eines Prisma's, welches E_1 als Grundfläche hat und dessen Deckfläche in der Ebene von E_2 liegt.

Beweis. Es ſei $E_1 = [Abc]$, $E_2 = -[Dbc]$, ſo ist

$$E_1 + E_2 = [Abc] - [Dbc] = [(A-D)bc]$$
$$= -[(D-A)bc].$$

Aber $[(D-A)bc]$ ist (nach 58) $= [bc(D-A)]$, und dies letztere ist (nach 262) dem Inhalte eines Spates gleich, dessen erste Seite mit b, dessen zweite Seite mit c und dessen dritte Seite mit $(D-A)$ gleich und gleichgerichtet ist, alſo dessen Grundfläche Abc ist und dessen Deckfläche durch D geht, alſo bewieſen.

283. Die Summe eines endlich entfernten Flächentheils E_1 und eines kombinatorischen Produktes P dreier Strecken, ist ein dem ersten parallel gelegener, inhaltsgleicher und gleichbezeichneter Flächentheil E_2, welcher ſo liegt, dass der Spat (Parallelepipedum), welcher den ersteren Flächentheil zur Grundfläche hat, dem gegebenen kombinatorischen Produkte P der drei Strecken inhaltsgleich und gleichbezeichnet ist.

Beweis. Nach 282 ist

$$E_1 - E_2 = -P, \text{ alſo}$$
$$E_2 = E_1 + P.$$

284. Die Summe dreier Flächentheile (E_1, E_2, E_3), deren Ebenen ſich in einem Eckpunkte (D) schneiden, ist ein Flächentheil (E_4), dessen Ebene durch denſelben Eckpunkt (D) geht; und ſo beschaffen ist, dass, wenn man dieſen Flächentheil (E_4) nach und nach auf jede der drei Ebenen parallel der Durchschnittslinie der beiden andern projicirt, dieſe Projektionen den Summanden (E_1, E_2, E_3) gleich ſind.

Beweis. Es ſeien die Kanten, in welchen ſich beziehlich die Ebenen E_2 und E_3, E_3 und E_1, E_1 und E_2 schneiden, den drei Richtungen a, b, c parallel, ſo ist zunächst zu beweiſen, dass E_1, E_2, E_3 die Projection von E_4 auf die Ebenen E_1, E_2, E_3 nach den Richtungen a, b, c ſeien. Um dies zuerst für E_1 zu beweiſen, ſei $E_2 + E_3 = E'$ geſetzt, ſo ist a (nach der Annahme) mit der Durchschnittskante der beiden Ebenen E_2 und E_3 parallel; alſo auch (nach 279) mit E'. Projicirt man nun E_4 auf die Ebene E_1 nach der Richtung a, ſo ist, da a mit E' parallel und $E_4 = E' + E_1$ ist, dieſe Projection $= E_1$ (nach 279). Auf gleiche Weiſe folgt, dass die Projection von E_4 auf die Ebene E_2 nach der Richtung b, gleich E_2, und die auf die Ebene E_3 nach der Richtung c, gleich E_3 ist. Endlich muss auch E_4 durch D gehen; denn (nach 279) haben E', E_2 und E_3, vermöge der Gleichung $E' = E_2 + E_3$, dieſelbe Kante gemein, alſo auch den Punkt D, der (nach der Hypotheſis) in E_2 und E_3 liegt; ferner haben nach demſelben Satze E_4, E', E_1, vermöge der Gleichung $E_4 = E' + E_1$, dieſelbe Kante gemein, alſo auch den Punkt D, der, wie wir bewieſen, in E' und nach der Vorausſetzung auch in E_1 liegt, d. h. E_4 geht auch durch D.

285. Eine Summe S von Linientheilen lässt ſich stets auf eine Summe zweier Linientheile zurückführen, und zwar kann man für den einen dieſer beiden Linientheile einen Punkt (A), durch welchen die Linie desſelben gehen ſoll, und für den andern eine Ebene BCD, in welcher die Linie desſelben liegen ſoll, willkürlich annehmen, nur dass der Punkt A nicht innerhalb der Ebene BCD liegen darf.

Beweis. Da A, B, C, D nicht in einer Ebene liegen, ſo kann man aus ihnen (nach 232) alle Punkte des Raumes numerisch ableiten, und alſo auch die Punkte, durch deren Multiplikation zu je zweien die Linientheile entstanden ſind, deren Summe S ist. Löst man, nachdem man dieſe Ableitungsausdrücke eingeführt hat, alle Klammern auf, und ſetzt (nach 55) [BA] = — [AB], [CA] = — [AC], [DA] = — [AD], [CB] = — [BC], [DB] = — [BD], [DC] = — [CD], ſo erhält man einen Ausdruck der Form

$$S = \alpha[AB] + \beta[AC] + \gamma[AD] + \delta[BC] + \varepsilon[BD] + \zeta[CD],$$

wo α, β, γ, δ, ε, ζ Zahlen ſind. Dies ist aber

$$= [A(\alpha B + \beta C + \gamma D)] + \delta[BC] + \varepsilon[BD] + \zeta[CD].$$

Ersteres giebt (nach 222 und 253) einen Linientheil, und $\delta[BC] + \varepsilon[BD] + \zeta[CD]$ giebt (nach 272 Zuſ.) einen (endlich oder unendlich entfernten) Linientheil der Ebene BCD, alſo bewieſen.

286. Eine Summe S von Linientheilen ist dann und nur dann wieder ein Linientheil, wenn

$$[SS] = 0$$

ist.

Beweis 1. Wenn S ein Linientheil = [AB] ist, ſo ist

$$[SS] = [ABAB] = 0 \qquad [60].$$

2. Wenn [SS] = 0 ist, ſo ſei S (nach 285) zurückgeführt auf 2 Linientheile, und S = [AB] + [CD], ſo wird

$$0 = [SS] = [(AB + CD)(AB + CD)] = [ABCD] + [CDAB],$$

da [ABAB] und [CDCD] (nach 60) null ſind. Es ist aber (nach 58) [CDAB] = [ABCD], alſo

$$0 = 2[ABCD], \text{ oder } 0 = [ABCD],$$

d. h. A, B, C, D liegen in Einer Ebene (nach 236), alſo ist (nach 272) AB + CD ein Linientheil.

Anm. Man ſieht, wie für die Statik der Schwerpunkt als Summe von Punkten, die statische Kraft als Linientheil, die Reſultate der statischen Kräfte als Summe der Linientheile, das statische Moment als Flächentheil erscheint, und schon daraus wird man entnehmen können, welche fruchtreiche Anwendung die hier ſich entwickelnde Analyſe für die Statik und Mechanik gestatte, was ich in einem späteren Werke zu zeigen gedenke.

§. 5. Planimetrische und stereometrische Multiplikation.

287. Wenn a, b, ··· die Stufenzahlen eines reinen Produktes P (114), n die des Hauptgebietes, ν die Stufenzahl des verbindenden, g die des gemeinschaftlichen Gebietes (15) und p die des Produktes ist, und $n - a = a'$, $n - b = b', \cdots$, $n - g = g'$ geſetzt wird, ſo ist,

1) wenn das Produkt P ein progressives ist, P dann und nur dann von null verschieden, wenn

$$\nu = a + b + \cdots$$

ist, und zwar ist dann $p = \nu$,

2) wenn das Produkt P ein regressives ist, ſo ist P dann und nur dann von null verschieden, wenn

$$g' = a' + b' + \cdots$$

ist, und zwar ist dann $p = g$.

Beweis 1. Wenn das Produkt P ein progressives ist, ſo kann man die Faktoren (nach 119 b) in lauter Faktoren erster Stufe auflöſen; die Anzahl dieſer Faktoren erster Stufe ist (nach 77) $a + b + \cdots$, ihr Produkt ist (nach 61 und 66) dann und nur dann von null verschieden, wenn die Faktoren erster Stufe in keiner Zahlbeziehung zu einander stehen, d. h. (nach 23) wenn das verbindende Gebiet von $(a + b + \cdots)$-ter Stufe, alſo $\nu = a + b + \cdots$ ist. Dann ist die Stufe des Produktes (nach 77) $= a + b + \cdots$, d. h. $= \nu$.

2. Wenn das Produkt P ein regressives ist, ſo gilt der Satz zunächst für zwei Faktoren. Denn nach 109 ist P dann und nur dann von null verschieden, wenn $g = a + b - n$, d. h. $n - g = n - a + n - b$, alſo

$$g' = a' + b'$$

ist. Nach 95 ist ferner $p = a + b - n$, alſo $= g$. Somit gilt der Satz für zwei Faktoren. Aus ihm erhält man aber durch wiederholte Anwendung den Satz für beliebig viele Faktoren.

Anm. Dieſer Satz hätte nach 119 b folgen ſollen, und ist dort nur durch ein Verſehen ausgelassen.

288. Erklärung. Unter der planimetrischen Multiplikation verstehe ich die auf eine Ebene bezügliche, unter der stereometrischen die auf den Raum (als Gebiet vierter Stufe) bezügliche Multiplikation.

289. Das planimetrische Produkt zweier Linientheile [AB] und [AC], deren Linien fich in endlicher Entfernung schneiden, ist ein Punkt, dessen Ort der Durchschnittspunkt (A) jener Linien, und dessen Koefficient, wenn A, B, C einfache Punkte find, gleich dem Inhalte des Parallelogramms ABC ist, d. h.

$$[AB \cdot AC] = [ABC]A.$$

Beweis nach 104.

Anm. Da bei der planimetrischen Multiplikation (gemäss 94) ein Flächentheil als Einheit angenommen werden muss, fo ist der Koefficient [ABC] eine Zahl, alfo [ABC]A in der That ein (einfacher oder vielfacher) Punkt.

290. Das planimetrische Produkt zweier paralleler Linientheile [AB] und [CD] ist eine Strecke, welche den beiden Linien parallel ist, und welche fich zur Strecke AB algebraisch wie das Parallelogramm BCD zur Einheit verhält.

Beweis. Da AB mit CD parallel ist, fo stehen (nach 221) die Strecken A — B und C — D in einer Zahlbeziehung. Es fei C — D = α(A — B), fo wird

$$\begin{aligned}[AB \cdot CD] &= [(A - B)B \cdot (C - D)D] && [67]\\ &= \alpha[(A - B)B \cdot (A - B)D] && [\text{Annahme}]\\ &= \alpha[(A - B)BD](A - B) && [104]\\ &= [(C - D)BD](A - B) && [\text{Annahme}]\\ &= [CBD](A - B) && [67]\\ &= [BCD](B - A) && [55],\end{aligned}$$

d. h. [AB·CD] ist gleich einer Strecke, die mit AB parallel ist, und fich zu AB algebraisch verhält wie [BCD] zu 1.

291. Das planimetrische Produkt eines Linientheiles [AB] und eines Punktes C ist, wenn A, B, C einfache Punkte find, gleich dem Inhalte des Parallalogramms ABC, alfo null nur dann, wenn A, B, C in gerader Linie liegen.

Beweis nach 255.

292. Das planimetrische Produkt dreier Linientheile [AB], [AC], [BC], welche die Seiten eines Dreiecks bilden, ist, wenn A, B, C einfache Punkte find, 4mal fo gross als das Quadrat diefes Dreiecks, oder gleich dem Quadrate des Parallelogramms ABC, d. h.

$$[AB \cdot AC \cdot BC] = [ABC]^2.$$

Beweis. Es fei $[ABC] = \alpha$. Dann fetze man $A_1 = A : \alpha$, fo ist $[A_1BC] = 1$, alfo (nach 112)

$$[A_1B \cdot A_1C \cdot BC] = 1,$$

alfo

$$[AB \cdot AC \cdot BC] = \alpha^2 = [ABC]^2.$$

Anm. Wir hätten die Formel auch schreiben können:
$[AB \cdot BC \cdot CA] = [ABC]^2$.

293. Das planimetrische Produkt zweier Grössen erster oder zweiter Stufe ist dann und nur dann null, wenn die Grössen incident find, d. h. zweier Punkte, wenn ihre Orte zufammenfallen, zweier Linientheile, wenn ihre Linien zufammenfallen, eines Linientheiles und eines Punktes, wenn der Ort des Punktes in die Linie (jenes Linientheiles) fällt.

Beweis nach 287.

294. Das planimetrische Produkt zweier nicht incidenter Linientheile ist dem Durchschnittspunkte ihrer Linien kongruent, d. h.

$$[AB \cdot AC] \equiv A.$$

Beweis. $[AB \cdot AC] = [ABC]A$ (f. o.), alfo da $[ABC]$ eine Zahl ist, $\equiv A$ (nach 2).

295. Das planimetrische Produkt dreier Linientheile ist dann und nur dann null, wenn ihre Linien fich in einem (endlich oder unendlich entfernten) Punkte treffen.

Beweis nach 287.

296. Das stereometrische Produkt zweier Flächentheile [ABC] und ABD, deren Ebenen fich in endlicher Entfernung schneiden, ist ein Theil diefer Durchschnittslinie, und zwar verhält fich derfelbe, wenn A, B, C, D einfache Punkte find, zu AB algebraisch wie der Spat (das Parallelepipedum) ABCD zur Einheit.

Beweis. $[ABC \cdot ABD] = [ABCD][AB]$ [104].

Anm. Da bei der stereometrischen Multiplikation (nach 94, 288) ein Körpertheil als Einheit genommen ist, fo ist [ABCD] eine Zahl, und alfo [ABCD][AB] in der That ein Linientheil.

297. Das stereometrische Produkt zweier Flächentheile [ABC] und [DEF], deren Ebenen parallel ſind, ist ein Produkt zweier Strecken, welche dieſen Ebenen parallel ſind, und zwar verhält ſich der Inhalt dieſes Produktes, wenn A, B, C, D, E, F einfache Punkte ſind, zu dem des Parallelogramms ABC algebraisch wie der Spat (das Parallelepipedum) ADEF zur Einheit.

Beweis.

$$[ABC \cdot DEF] = [A(B-A)(C-A) \cdot D(E-D)(F-D)] \quad [67].$$

Da nun nach der Annahme die Ebenen ABC und DEF parallel ſind, ſo ſind (nach 230) E — D und F — D aus B — A und C — A ableitbar, alſo auch das Produkt der ersteren aus dem der letzteren. Es ſei B — A mit p und C — A mit q bezeichnet, ſo ist [(E — D)(F — D)] aus [pq] ableitbar, und ſei $= \alpha[pq]$, ſo ist

$$\begin{aligned} [ABC \cdot DEF] &= [Apq \cdot \alpha Dpq] = \alpha[Apq \cdot Dpq] && [40] \\ &= \alpha[ADpq][pq] && [107] \\ &= [AD(E-D)(F-D)][pq] && [\text{Annahme}] \\ &= [ADEF][pq] && [67]. \end{aligned}$$

298. Das stereometrische Produkt zweier Linientheile [AB] und [CD], und ebenſo das eines Flächentheiles [ABC] und eines Punktes, ist, wenn A, B, C, D einfache Punkte ſind, gleich dem Spate ABCD.

Beweis. $[AB \cdot CD] = [ABC \cdot D] = [ABCD]$ [80].

299. Das stereometrische Produkt dreier Flächentheile [ABC], [ABD], [ACD], welche ſich in einem endlich entfernten Punkte A schneiden, ist ein vielfacher Punkt, dessen Ort der Durchschnittspunkt A ist, und zwar, wenn A, B, C, D die einfachen Ecken eines Tetraeders ſind, ſo ist der zu jenem Punkte gehörige Koefficient gleich dem Inhalte des Spates (Parallelepipedums) ABCD.

Beweis. Es ſei $[ABCD] = \alpha$, und ſei $B_1 = B : \alpha$, ſo ist $[AB_1CD] = 1$, alſo (nach 112)

$$[AB_1C \cdot AB_1D \cdot ACD] = A, \text{ alſo}$$
$$[ABC \cdot ABD \cdot ACD] = \alpha^2 A = [ABCD]^2 A.$$

300. Das stereometrische Produkt von vier Flächentheilen [ABC], [ABD], [ACD], [BCD] ist, wenn A, B, C,

D die einfachen Ecken eines Tetraeders ſind, gleich der dritten Potenz des Spates (Parallelepipedums) ABCD.

Beweis. Es ſei $[ABCD] = \alpha$, und ſei $A_1 = A : \alpha$, ſo ist $[A_1BCD] = 1$, alſo (nach 112)

$$[A_1BC \cdot A_1BD \cdot A_1CD \cdot BCD] = 1, \text{ alſo}$$
$$[ABC \cdot ABD \cdot ACD \cdot BCD] = \alpha^3 = [ABCD]^3.$$

301. Das stereometrische Produkt zweier Linientheile ist dann und nur dann null, wenn ihre Linien in einer Ebene liegen; das stereometrische Produkt zweier Grössen, welche von erster, zweiter oder dritter Stufe, aber nicht beide zugleich von zweiter Stufe ſind, ist dann und nur dann null, wenn die Grössen incident ſind, alſo zweier Punkte, wenn ihre Orte zuſammenfallen, zweier Flächentheile, wenn ihre Ebenen zuſammenfallen, eines Punktes und eines Linien- oder Flächentheiles, wenn der Punkt in der Linie oder Ebene des letzteren liegt, eines Linientheiles und eines Flächentheiles, wenn die Linie des ersteren in der Ebene des letzteren liegt.

Beweis No. 287.

302. Das stereometrische Produkt zweier nicht incidenter Flächentheile ist der Durchschnittslinie ihrer Ebenen kongruent.

Beweis. Es ſeien a, b, c, d vielfache Punkte, ſo ist

$$[abc \cdot abd] = [abcd][ab]$$
$$\equiv [ab],$$

da [abcd] eine Zahl ist.

303. Das stereometrische Produkt eines Flächentheiles und eines Linientheiles, der nicht in der Ebene des ersteren liegt, ist dem Durchschnittspunkte der Ebene und der Linie kongruent.

Beweis. $[abc \cdot ad] = [abcd]\ a$

$$\equiv a,$$

wo wieder a, b, c, d vielfache Punkte ſind.

304. Ich bezeichne bei der planimetrischen Multiplikation das Produkt [ab] zweier Strecken a und b, wenn das Parallelogramm ab gleich dem als Einheit angenommenen Flächeninhalte ist, mit U, und ebenſo bezeichne ich bei der stereometrischen Multiplikation das Produkt [abc] dreier Strecken a, b und c, wenn der Spat (Parallelepipedum) abc gleich dem als Einheit angenommenen Körperraume ist, mit U. Wenn beide unterschieden werden follen, fo werde ich jenes mit U_2, diefes mit U_3 bezeichnen.

305. Wenn a ein vielfacher Punkt, AB ein Linientheil, ABC ein Flächentheil ist, und A, B, C, einfache Punkte find, fo ist

[aU] der Koefficient von a,

[ABU] gleich der mit AB gleich langen und gleichgerichteten Strecke $=(B-A)$, und

[ABCU] gleich dem mit dem Parallelogramm ABC gleichen und parallel gelegenen Streckenprodukte

$$=[(B-A)(C-A)].$$

Beweis. Es fei $a=\alpha A$ und $U=[bcd]$, wo b, c, d (nach 304) Strecken find, und der Spat bcd gleich 1 ist, fo ist

$$[aU]=[\alpha Abcd]=\alpha[Abcd]=\alpha,$$

da [Abcd] (nach 268) mit [bcd] inhaltsgleich und gleich bezeichnet, alfo gleich 1 ist. Ferner

$$[ABU]=[AB\cdot bcd]=[A(B-A)\cdot bcd] \qquad [67].$$

Da hier $B-A$ als Strecke aus b, c, d numerisch ableitbar ist (nach 229), fo ist (nach 108)

$$[A(B-A)\cdot bcd]=[Abcd][B-A]=[B-A],$$

da $[Abcd]=1$ ist. Ferner

$$[ABCU]=[ABC\cdot bcd]=[A(B-A)(C-A)\cdot bcd] \quad [67].$$

Da hier $B-A$ und $C-A$ Strecken, alfo aus b, c, d numerisch ableitbar find (nach 229), fo ist $[(B-A)(C-A)]$ dem [bcd] untergeordnet, alfo

$$[A(B-A)(C-A)\cdot bcd]=[Abcd][B-A)(C-A)] \quad [108]$$
$$=[(B-A)(C-A)],$$

da $[Abcd]=1$ ist.

Anm. Diefe Grössen (aU), [ABU], [ABCU] find es, welche ich in der ersten Bearbeitung der Ausdehnungslehre von 1844 (pag. 159) die Ausdehnungen der Grössen a, [AB], [ABC] genannt, und dafür eine eigene Bezeichnung eingeführt habe, die nunmehr durch die Anwendung der unendlich entfernten Einheit (U) überflüssig gemacht worden ist.

§. 6. Besondere Gesetze für ein gleich Null gesetztes planimetrisches Produkt. Ebene Kurven.

306. Die Gleichung eines Punktes x, der mit den Punkten a, b in einer geraden Linie liegt, ist

$$[xab] = 0.$$

Beweis. Denn (nach 245) ist [xab] dann und nur dann null, wenn x mit a, b in einer geraden Linie liegt.

Anm. Da es bei den gleich null geſetzten Produkten nie auf den metrischen Werth der Faktoren ankommt, ſo brauchen einfache und vielfache und unendlich entfernte Punkte nicht mehr unterschieden zu werden, und ich will deshalb für dieſelben überall die gleiche Bezeichnung durch kleine lateinische Buchstaben wählen, während ich zur Bezeichnung der Linientheile, oder, da es hier auf ihre Grösse nicht ankommt, der geraden Linien, die grossen lateinischen Buchstaben wähle.

307. Die Gleichung einer geraden Linie X, die mit den geraden Linien A und B durch denſelben Punkt geht, ist

$$[XAB] = 0.$$

Beweis nach 301.

308. Die Stufenzahl eines planimetrischen Produktes aus beliebig vielen Faktoren, mögen dieſelben nun Grössen erster oder zweiter Stufe ſein, ist der Summe der Stufenzahlen aller Faktoren kongruent in Bezug auf den Modul. 3.

Beweis nach 96.

309. Wenn $\mathfrak{P}_{n,x}$ ein planimetrisches Produkt nullter Stufe ist, welches den Punkt x n-mal, und ausserdem nur konstante Punkte und Linien als Faktoren enthält, ſo ist

$$\mathfrak{P}_{n,x} = 0,$$

wenn ihr nicht jeder Punkt x genügt, die Punkt-Gleichung einer algebraischen Kurve n-ter Ordnung, d. h. es drückt die Gleichung aus, dass der Punkt x in einer algebraischen Kurve n-ter Ordnung liegt.

Beweis. Es ſeien a, b, c drei beliebige, nicht in gerader Linie liegende Punkte, z. B. a ein einfacher Punkt, b und c zwei gegeneinander ſenkrechte und gleich lange Strecken (unendlich entfernte Punkte), ſo ſind alle Punkte der Ebene aus a, b, c numerisch ableitbar, alſo namentlich der Punkt x; es ſei

$$x = x_1 a + x_2 b + x_3 c.$$

Führt man dieſen Ausdruck statt x in die Gleichung

$$\mathfrak{P}_{n, x} = 0$$

ein, und löst die ſämmtlichen Klammern, welche nun in dem Produkte $\mathfrak{P}_{n,x}$ den Ausdruck $(x_1 a + x_2 b + x_3 c)$ einschliessen, auf, ſo erhält man eine in Bezug auf x_1, x_2, x_3 homogene Gleichung n-ten Grades, deren Glieder alle die Form $\mathfrak{A} x_1^{\mathfrak{a}} x_2^{\mathfrak{b}} x_3^{\mathfrak{c}}$ haben, wo $\mathfrak{a} + \mathfrak{b} + \mathfrak{c} = n$ ist, und wo $\mathfrak{A}$ ein Produkt konstanter Linien und Punkte, und zwar ein Produkt nullter Stufe ist, da die Stufenzahlen der Faktoren nicht geändert ſind. Alſo ist $\mathfrak{A}$ als Grösse nullter Stufe eine Zahl, und die Gleichung alſo eine gewöhnliche Zahlgleichung geworden, welche in Bezug auf x_1, x_2, x_3 homogen vom n-ten Grade ist. Es ſind aber, wenn a ein einfacher Punkt und b und c zu einander ſenkrechte gleich lange Linien ſind, $\frac{x_2}{x_1}$ und $\frac{x_3}{x_1}$ die gewöhnlichen Koordinaten des Punktes x, alſo, wenn die Gleichung nicht identisch $= 0$ ist, die durch ſie dargestellte Kurve eine algebraische Kurve von n-ter Ordnung.

310. Wenn $\mathfrak{P}(n, X)$ ein planimetrisches Produkt nullter Stufe ist, welches die gerade Linie X n-mal und ausserdem nur konstante Punkte und Linien als Faktoren enthält, ſo ist

$$\mathfrak{P}(n, X) = 0$$

die Linien-Gleichung einer algebraischen Kurve n-ter Klasse, oder einfacher ausgedrückt, ſo ist der geometrische Ort für die Linie X, welche dieſer Gleichung genügt, ein Ort n-ten Grades.

Beweis genau wie in 309.

311. Wenn $\mathfrak{P}_{n, x}$ ein stereometrisches Produkt nullter Stufe ist, welches den Punkt x n-mal, und ausserdem nur konstante Punkte, Linien und Ebenen als Faktoren enthält, ſo ist

$$\mathfrak{P}_{n, x} = 0$$

die Punktgleichung einer algebraischen Oberfläche n-ter Ordnung, oder einfacher ausgedrückt, ſo ist der geometrische Ort des Punktes x, welcher der obigen Gleichung genügt, ein Ort n-ten Grades; vorausgesetzt jedoch, dass nicht jeder Punkt x der obigen Gleichung genügt.

Beweis. Es seien a, b, c, d vier beliebige Punkte, die nicht in Einer Ebene liegen, z. B. a ein einfacher Punkt, b, c, d drei gegeneinander senkrechte und gleich lange Strecken (unendlich entfernte Punkte), so lässt sich (nach 232) x aus a, b, c, d numerisch ableiten. Es sei

$$x = x_1 a + x_2 b = x_3 c + x_4 d,$$

wo x_1, x_2, x_3, x_4 Zahlen sind. Führt man diesen Ausdruck statt x in dem Produkt $P_{n,x}$ überall ein, und lösst die Klammern auf, so erhält man lauter Glieder der Form $\mathfrak{A} x_1^{\mathfrak{a}} x_2^{\mathfrak{b}} x_3^{\mathfrak{c}} x_4^{\mathfrak{d}}$, wo $\mathfrak{a} + \mathfrak{b} + \mathfrak{c} + \mathfrak{d} = n$, und $\mathfrak{A}$ ein Produkt nullter Stufe, also eine Zahl ist. Somit ist die entstehende Gleichung eine Zahlgleichung, welche in Bezug auf x_1, x_2, x_3, x_4 homogen vom n-ten Grade ist; falls nicht etwa die sämmtlichen Koefficienten $\mathfrak{A}$ u. s. w. Null sind, d. h. der Gleichung durch jeden Punkt x genügt wird, was oben ausgeschlossen war. Nun sind $\frac{x_2}{x_1}$, $\frac{x_3}{x_1}$, $\frac{x_4}{x_1}$ die gewöhnlichen Koordinaten des Punktes x, weil nämlich $x = x_1\left(a + \frac{x_2}{x_1}b + \frac{x_3}{x_1}c + \frac{x_4}{x_1}d\right)$, also $x \equiv a + \frac{x_2}{x_1}b + \frac{x_3}{x_1}c + \frac{x_4}{x_1}d$ ist. Somit ist der geometrische Ort von x eine Oberfläche n-ter Ordnung.

312. Wenn $\mathfrak{P}(n, \mathfrak{x})$ ein stereometrisches Produkt nullter Stufe ist, welches die Ebene $\mathfrak{x}$ n-mal als Faktor enthält, und ausserdem nur konstante Punkte, Linien und Ebenen, so ist

$$\mathfrak{P}(n, \mathfrak{x}) = 0$$

die Ebenen-Gleichung einer algebraischen Oberfläche n-ter Klasse; vorausgesetzt, dass nicht jede Ebene $\mathfrak{x}$ der Gleichung genügt.

Beweis wie in 311.

313. Ein planimetrisches und ebenso ein stereometrisches Produkt bleibt sich selbst kongruent, wenn man statt eines beliebigen Faktors desselben einen ihm kongruenten setzt, oder ihn mit einer beliebigen von Null verschiedenen Zahl (einer Grösse nullter Stufe) multiplicirt oder dividirt.

Beweis. Zwei Grössen A und B heissen (nach 2) kongruent, wenn zwischen ihnen eine Gleichung der Form $A = nB$ besteht, in welcher n eine beliebige von Null verschiedene Zahl (positive, ganze oder gebrochene, rationale oder irrationale) bedeutet. Setzt man nun in einem Produkte $P(A)$, welches den Faktor A enthält, statt A eine ihr kongruente Grösse nA, so wird $P(nA)$ (nach 40) $= nP(A)$, also mit $P(A)$ kongruent.

Anm. Ein Produkt nullter Stufe ist nach dem angeführten Begriffe dann und nur dann einem anderen kongruent, wenn sie entweder beide zugleich null, oder beide zugleich von Null verschieden sind. Somit schliesst der Satz dies ein, dass wenn man in einem Produkte nullter Stufe statt eines beliebigen Faktors einen ihm kongruenten setzt, das Produkt null bleibt, wenn es null war, und von Null verschieden bleibt, wenn es von Null verschieden war. Da es in der ganzen folgenden Behandlung nur auf die Kongruenz ankommt, so werde ich statt der Linientheile und der Flächentheile überall gerade Linie und Ebene setzen.

314. Ein planimetrisches, und ebenso ein stereometrisches Produkt bleibt sich selbst kongruent, wenn die beiden Faktoren, aus denen es besteht, vertauscht, d. h. $[AB] \equiv [BA]$, was auch A und B für Grössen seien.

Beweis nach 120.

315. Ein planimetrisches Produkt dreier Punkte oder dreier Linien, ebenso ein stereometrisches von vier Punkten oder Ebenen bleibt sich selbst kongruent, wenn man seine Faktoren beliebig ordnet und zusammenfasst.

Beweis. Denn da das Produkt dann (nach 114) ein reines ist, so gelten für dasselbe die Sätze 120, 119 a.

316. Ein planimetrisches, und ebenso ein stereometrisches Produkt bleibt sich selbst gleich, wenn man zwei unmittelbar auf einander folgende, einander incidente Faktoren desselben (namentlich eine gerade Linie, oder eine Ebene und einen in ihr liegenden Punkt) vertauscht.

Beweis nach 123.

317. Ein planimetrisches, und ebenso ein stereometrisches Produkt nullter Stufe bleibt sich selbst kongruent, wenn man die Ordnung der Faktoren umkehrt, oder die Reihe beliebig vieler letzter Faktoren in eine Klammer schliesst und umkehrt.

Beweis nach 126.

318. Ein stereometrisches Produkt von drei oder vier Punkten, oder von drei oder vier Ebenen, oder von zwei Punkten und einer Geraden, oder von zwei Ebenen und einer Geraden bleibt fich felbst kongruent, wenn man feine Faktoren beliebig ordnet und zufammenfasst.

Beweis. Denn da das Produkt dann (nach 114) jedesmal ein reines ist, fo find hier die Sätze 119 a und 120 anwendbar.

319. Ein stereometrisches Produkt [aBC] von einem Punkte a und zwei geraden Linien B und C, welche fich schneiden, bleibt fich felbst kongruent, wenn man diefe geraden Linien vertauscht, d. h.

$$[aBC] \equiv [aCB], \text{ wenn B und C fich schneiden.}$$

Beweis nach 124 e.

Anm. Hiermit find alle Fälle der Vertauschbarkeit für planimetrische und stereometrische Produkte erschöpft. (Vergl. 124.)

320. Wenn in einem planimetrischen Produkte der Form [xaBcD···] d. h. in welchem auf den Punkt x abwechselnd Punkte und gerade Linien folgen, oder in dem planimetrischen Produkte [XBcD···], in welchem auf die Linie X abwechfelnd Linien und Punkte folgen, kein Faktor dem nächstfolgenden incident ist, fo ist dasfelbe von Null verschieden.

Beweis. Angenommen fei, dass von den Grössen x, a, B, c, D··· keine zwei aufeinander folgende incident feien, dann find x und a zwei nicht incidente Punkte, ihr Produkt alfo eine von Null verschiedene, gerade Linie, diefe gerade Linie ist nicht mit B incident, da a nicht in B liegt, alfo ist ihr Produkt [xaB] ein von Null verschiedener Punkt der geraden Linie B; diefer kann nicht mit c zufammenfallen, da c nicht in B liegt, alfo ist ihr Produkt [xaBc] eine von Null verschiedene, durch c gehende gerade Linie, diefe kann nicht mit D zufammenfallen, da c nicht in D liegt, alfo ist ihr Produkt [xaBcD] ein von Null verschiedener Punkt der geraden Linie D u. f. w. Setzt man $xa = X$, fo geht der zweite Theil des Satzes hervor.

321. Wenn in einem stereometrischen Produkte der Form

$$[xa\beta c\delta \cdots],$$

d. h. in welchem auf den Punkt x abwechfelnd Punkte und Ebenen (die hier mit griechischen Buchstaben bezeichnet find) folgen, oder in dem stereometrischen Produkte

$$[\xi\beta c\delta \cdots],$$

in welchem auf die Ebene ξ abwechfelnd Ebenen und Punkte folgen, kein Faktor dem nächstfolgenden incident ist, fo ist dasfelbe von Null verschieden.

Beweis wie in 320.

322. Wenn in einem stereometrischen Produkte der Form

$$[xABC \cdots] \text{ oder } [\xi BC \cdots],$$

d. h. in welchem auf den Punkt x oder die Ebene ξ lauter gerade Linien als Faktoren folgen, die beiden ersten Faktoren einander nicht incident find, und keine der Linien die nächstfolgende schneidet, fo ist dasfelbe von Null verschieden.

Beweis. Da x nicht in der geraden Linie A liegt, fo ist [xA] von Null verschieden, und zwar der durch x und A gelegten Ebene kongruent; in diefer Ebene kann die gerade Linie B nicht liegen, da fie fonst die gerade Linie A derfelben Ebene (wenn auch in unendlicher Entfernung) schneiden müsste, gegen die Annahme, alfo ist das Produkt [xAB] der Ebene [xA] und der geraden Linie B von Null verschieden, und zwar (nach 303) kongruent dem Durchschnittspunkte beider; da diefer in B liegt, alfo nicht in C (da B und C fich nicht schneiden), fo ist das Produkt [xABC] eine von Null verschiedene durch C gehende Ebene u. f. w. Der zweite Theil des Satzes folgt, wenn man $[xA] = \xi$ fetzt.

Anm. Die angeführten Sätze reichen hin, um die vorher aufgestellten Formeln für Kurven und Oberflächen mit der grössten Leichtigkeit zu diskutiren, wozu ich die folgenden zwei Beispiele wähle.

323. Die Gleichung eines Kegelschnittes, der durch die fünf Punkte a, b, c, d, e geht, von denen keine drei in einer geraden Linie liegen, ist

$[xa(cd)(ab \cdot de)(bc)ex] = 0$, oder

$[xaBc_1Dex] = 0$,

wo $B = [cd]$, $c_1 = [ab \cdot de]$, $D = [bc]$ ist.

Beweis. Das Produkt der linken Seite ist, da die Summe der Stufenzahlen 12 durch 3 theilbar ist, von nullter Stufe. Dass nicht jeder Punkt x der Gleichung genügt, davon überzeugt man ſich leicht. Zieht man z. B. eine Linie ap, die nicht durch e geht, und nimmt an, x ſolle in dieſer geraden Linie liegen, aber nicht in a, ſo ist $[xa] \equiv [pa]$, ſomit können wir (nach 313) statt xa in der obigen Gleichung pa einſetzen, und erhalten

$[paBc_1Dex] = 0$,

d. h. der Punkt x muss in der geraden Linie liegen, die durch den Punkt $[paBc_1D]$, welcher q heisset, und durch den Punkt e geht; zugleich ſoll er nach der Annahme in der geraden Linie ap liegen, alſo zugleich in qe und ap, dieſe beiden geraden Linien ſind nothwendig verschieden, da e nicht in ap liegt, alſo treffen ſie ſich nur in einem Punkte, d. h. die gerade Linie ap enthält ausser dem Punkte p nur Einen Punkt, der der obigen Gleichung genügt. Alſo genügt ihr nicht jeder Punkt. Somit ist der geometrische Ort für x (nach 309) eine Kurve zweiter Ordnung, alſo ein Kegelschnitt. Es ist nur noch zu zeigen, dass er durch die fünf Punkte a,··· e geht, d. h. dass wenn x mit irgend einem der fünf Punkte a····e zuſammenfällt, die Gleichung erfüllt wird. Fällt x mit a zuſammen, ſo wird $xa = 0$, alſo auch das ganze Produkt, dasſelbe gilt für $x \equiv e$, wenn man die Gleichung (nach 317) in der Form

$[xeDc_1Bax] = 0$ [104]

schreibt. Wird $x \equiv c$, ſo wird $[ca(cd)] \equiv [cad]c$, und dies ist wieder $\equiv c$, da $[cad]$ eine von Null verschiedene Zahl ist, alſo ist

$[ca(cd)(ab \cdot de)(bc)ec] \equiv [c(ab \cdot de)(bc)ce]$

$\equiv [(ab \cdot de)c(bc)ce]$ [314]

$\equiv [(ab \cdot de)(bc)cce]$ [123]

$\equiv [(ab \cdot debc][cce]$, da $[(ab \cdot de)bc]$ von nullter Stufe, d. h. eine Zahl ist. Hier ist $[cce]$ (nach 60)

$= 0$, alſo auch das ganze Produkt null. Wird $x \equiv d$, ſo wird $[da \cdot cd] \equiv [da \cdot dc]$ (No. 314) $= [dac]d$ (No. 104) $\equiv d$. Somit wird dann

$$\begin{aligned}[da(cd)(ab \cdot de)(bc)ed] &\equiv [d(ab \cdot de)(bc)ed] \\ &\equiv [ab(de)d(bc)ed] && [314] \\ &\equiv [abd(de)(bc)ed] && [123] \\ &\equiv [abd][(de)(bc)(de)], && [40]\end{aligned}$$

weil $[abd]$ eine Zahl ist. Aber $[de \cdot bc \cdot de]$ ist null (nach 295), alſo das ganze Produkt $= 0$. Wird $x \equiv b$, ſo ergiebt ſich auf gleiche Weiſe aus der umgekehrten Gleichungsform, dass der Gleichung genügt wird. Somit ſind alle fünf Punkte $a \cdots e$ Punkte des Kegelschnittes.

324. Wenn A, B, C drei gerade Linien im Raume ſind, von denen keine zwei ſich schneiden, ſo ist

$$[xABCx] = 0$$

die Gleichung derjenigen Fläche zweiter Ordnung, auf welcher die drei geraden Linien A, B, C liegen.

Beweis. Die Summe der Stufenzahlen ist 8, alſo durch 4 theilbar, alſo das Produkt als stereometrisches von nullter Stufe. Nicht jeder Punkt x genügt ihr. Denn legt man durch die gerade Linie A eine Ebene α, und nimmt an, der Punkt x liegt in dieſer Ebene, aber ausserhalb A, ſo ist $[xA] \equiv \alpha$, alſo $[xABC] \equiv [\alpha BC]$, und zwar von Null verschieden (nach 322). Es ist aber αB ein Punkt und $[\alpha BC]$ die durch dieſen Punkt und die gerade Linie C gelegte Ebene. Die Gleichung

$$[\alpha BCx] = 0$$

ſagt aus, dass der Punkt x in dieſer Ebene liegen muss, er liegt aber nach der Annahme auch in der Ebene α, alſo in beiden zugleich. Beide Ebenen fallen aber nicht zuſammen, da ſonst A und C in dieſer Ebene liegen, alſo ſich schneiden müssten gegen die Annahme. Alſo muss x dann in der Durchschnittskante beider Ebenen liegen, um der Gleichung zu genügen. Somit genügt ihr nicht jeder Punkt. Da nun das obige Produkt von nullter Stufe ist, x zweimal als Faktor enthält, und nicht durch jeden Punkt x erfüllt wird, ſo ist (nach 311) der Ort von x eine Oberfläche zweiter Ordnung. In ihr liegen A und C, denn wenn x in A liegt, ſo wird

$[xA] = 0$, alſo das Produkt null, ebenſo wenn x in C liegt. Liegt endlich x in B, ſo hat man

$$[xABCx] \equiv [AxBCx] \quad [314]$$
$$\equiv [ABxCx] \quad [123]$$
$$\equiv [AB][xCx],$$ da $[AB]$ von nullter Stufe ist; endlich xCx (nach 60) null, alſo das Produkt gleich null, d. h. jeder Punkt x, der in C liegt, genügt der Gleichung.

Anm. Für den umgekehrten Satz, dass jede algebraische Kurve der Ebene ſich in Form eines gleich null geſetzten planimetrischen Produktes darstellen lässt, kommt es darauf an, jede algebraische Funktion der Koordinaten eines Punktes in Form eines planimetrischen Produktes darzustellen. Dieſe Aufgabe wird gelöst ſein, wenn bei irgend einer Methode, die Zahlen räumlich darzustellen, ſo wohl das Produkt als auch die Summe zweier räumlich dargestellter Zahlen durch ein planimetrisches Produkt dargestellt werden können. Das Entsprechende gilt für die algebraischen Oberflächen. Für den ersten Fall wollen wir die Entwickelung ſo weit führen, dass aus jeder gegebenen algebraischen Gleichung ſogleich die entsprechende planimetrische abgeleſen werden kann.

325. Es ſei c ein einfacher Punkt, a und b ſeien zwei nicht parallele Strecken, und x ein beliebiger einfacher Punkt der Ebene cab, und zwar ſei $x = x_1 a + x_2 b + c$. Es ſei $d = a + b + c$ (d. h. d ſei in einem Parallelogramme, dessen eine Ecke c ist, und dessen von dieſer Ecke ausgehende Seiten mit a und b gleich lang und gleichgerichtet ſind, die der Ecke c gegenüberliegende Ecke). Wenn dann (x_1) und (x_2) diejenigen Punkte der Diagonale cd ſind, für welche die Gleichungen

$$[c(x_1)] : [cd] = x_1, \quad [c(x_2)] : [cd] = x_2$$

gelten, ſo ist

$$(x_1) \equiv [xbC], \; (x_2) \equiv [xaC] \text{ und } [(x_1)b] = [xb], \; [(x_2)a] = xa,$$

wo der Kürze wegen [cd] mit C bezeichnet ist.

Beweis. Nach 221 ist, da die Punkte c, (x_1), d in gerader Linie liegen, und $c(x_1) : cd = x_1 : 1$ ſich verhält,

$$(x_1) - c = x_1(d - c) = x_1(a + b),$$

da (nach Hyp.) $d = a + b + c$ war, alſo

$$(x_1) = x_1 a + x_1 b + c, \text{ folglich}$$
$$[(x_1)b] = [(x_1 a + c)b] \quad [67]$$

und $$[xb] = [(x_1 a + x_2 b + c)b] \quad [\text{Hyp.}]$$
$$= [(x_1 a + c)b] \quad [67].$$

Folglich $[(x_1)b] = [xb]$.

Hier ist [xb] eine gerade Linie, welche durch x mit b parallel gezogen ist; in diefer Linie liegt nach der letzten Gleichung der Punkt (x_1); es liegt derfelbe aber nach der Vorausfetzung auch in der Geraden cd oder C, alfo im Durchschnitt beider, folglich ist

$$(x_1) \equiv [xbC].$$

Aus gleichem Grunde ist $[(x_2)a] = xa$ und $(x_2) \equiv [xaC]$.

326. Wenn a, b, c, d diefelbe Bedeutung wie im vorigen Satze haben, und p, q zwei beliebige Zahlen find und man, ähnlich wie im vorigen Satze, unter (p), (q), (pq) diejenigen Punkte der geraden Linie cd versteht, für welche die Gleichungen

$$(a)\quad [c(p)]:[cd]=p,\ [c(q)]:[cd]=q,\ [c(pq)]:[cd]=pq$$

gelten, fo ist, wenn der Kürze wegen

$$(b)\quad [da]=A,\ [db]=B,\ [dc]=C$$

gefetzt find,

$$(pq) \equiv [(p)aBc((q)b)aC] \equiv [(p)bAc((q)a)bC]$$
$$[(pq)a] \equiv [(p)aBc((q)b)a]$$
$$[(pq)b] \equiv [(p)bAc((q)a)b].$$

Beweis. Setzt man in die dritte der Gleichungen (a) für p und q ihre Werthe aus den beiden ersten, fo erhält man die Proportion

$$[c(pq)]:[c(p)] = [c(q)]:[cd].$$

Aus diefer Proportion und daraus, dass die fünf Punkte c, d, (p), (q), (pq) in gerader Linie liegen, folgt fogleich, wenn wir den Punkt (pq) der Kürze wegen mit r bezeichnen, dass c der Aehnlichkeitspunkt der beiden Punktvereine r, (q) und (p), d ist. Zieht man daher über den Grundfeiten r(q) und (p)d die parallelen Dreiecke r(q)e und (p)df, fo ist c auch Aehnlichkeitspunkt diefer Dreiecke, folglich liegen die entsprechenden Punkte e und f mit c in gerader Linie, wodurch r gefunden werden kann. Nimmt man ins Befondere re und (p)f parallel mit a, und (q)e und df parallel mit b, fo wird

$$f \equiv [(p)a \cdot db] \equiv [(p)aB],$$

da $[db]=B$ gefetzt war; ferner

$$e \equiv [fc \cdot (q)b],\ r \equiv [ea \cdot cd] \equiv [eaC],$$

da $[dc] \equiv C$ gesetzt war, und endlich

$$[ra] \equiv [ea],$$

was sich alles unmittelbar ergiebt, wenn man die betreffende Figur zeichnet. Setzt man in die letzten beiden Gleichungen die Werthe aus den beiden ersten ein, so erhält man

$$r \equiv [(p)aBc((q)b)aC]$$
$$[ra] \equiv [(p)aBc((q)b)a],$$

und setzt man in der obigen Beweisführung überall b statt a und umgekehrt, und A statt B, so erhält man

$$r \equiv [(p)bAc((q)a)bC]$$
$$[rb] \equiv [(p)bAc((q)a)b],$$

und dies sind, da $r = (pq)$ ist, die zu erweisenden Gleichungen.

327. Wenn a, b, c, d, A, B, C die Bedeutung haben wie im vorigen Satze und p, q, $\mathfrak{a}$, $\mathfrak{b}$ beliebige Zahlen sind, jedoch mit der Beschränkung, dass $\mathfrak{a} + \mathfrak{b}$ von Null verschieden sei, wenn ferner

$$(a) \quad r = \frac{\mathfrak{a}p + \mathfrak{b}q}{\mathfrak{a} + \mathfrak{b}}$$

ist, und wie vorher (p), (q), (r) diejenigen Punkte der geraden Linie $[cd] \equiv C$ sind, welche den Gleichungen

$$(b) \quad [c(p)] : C = p, \; [c(q)] : C = q, \; [c(r)] : C = r$$

genügen, so ist

$$(r) \equiv [(p)a((q)b)(\mathfrak{a}a - \mathfrak{b}b)C].$$

Beweis. Substituirt man in der Gleichung $\mathfrak{a}p + \mathfrak{b}q = (\mathfrak{a} + \mathfrak{b})r$ statt p, q, r ihre Werthe aus b, so erhält man

$$(\mathfrak{a} + \mathfrak{b})[c(r)] = \mathfrak{a}[c(p)] + \mathfrak{b}[c(q)],$$

oder, da alles in derselben geraden Linie liegt,

$$(\mathfrak{a} + \mathfrak{b})((r) - c) = \mathfrak{a}((p) - c) + \mathfrak{b}((q) - c) \quad [222],$$

also

$$* \quad (\mathfrak{a} + \mathfrak{b})(r) = \mathfrak{a}(p) + \mathfrak{b}(q),$$

d. h. (r) ist der Schwerpunkt zwischen den vielfachen Punkten $\mathfrak{a}(p)$ und $\mathfrak{b}(q)$. Zieht man nun von (q) die Parallele mit b, und von (p) die Parallele mit a, welche sich in e schneiden, und ebenso von d und c die Parallelen mit b und a, welche sich in f schneiden, so sind die Dreiecke dfc und (q)e(p) parallel, und also ähnlich, und es ist dann $d - f = b$ und

$f-c=a$. Wenn alſo $\mathbf{(q)}-e=m(d-f)$ iſt, wo m eine Zahl bedeutet, ſo iſt $e-\mathbf{(p)}=m(f-c)$, d. h. es iſt dann $\mathbf{(q)}-e=mb$, $e-\mathbf{(p)}=ma$. Ferner, wenn man zu der obigen Gleichung (*) auf beiden Seiten $-(\mathfrak{a}+\mathfrak{b})e$ hinzufügt, ſo erhält man

$$(\mathfrak{a}+\mathfrak{b})(\mathbf{(r)}-e)=\mathfrak{a}(\mathbf{(p)}-e)+\mathfrak{b}(\mathbf{(q)}-e)=-m\mathfrak{a}a+m\mathfrak{b}b$$
$$=-m(\mathfrak{a}a-\mathfrak{b}b).$$

Multiplicirt man beide Seiten planimetriſch mit e, ſo erhält man (nach 67)

$$(\mathfrak{a}+\mathfrak{b})[e\mathbf{(r)}]=-m[e(\mathfrak{a}a-\mathfrak{b}b)], \text{ alſo}$$
$$[e\mathbf{(r)}]\equiv[e(\mathfrak{a}a-\mathfrak{b}b)] \qquad [2],$$

d. h. $\mathbf{(r)}$ liegt in der geraden Linie $[e(\mathfrak{a}a-\mathfrak{b}b)]$, aber (nach der Annahme) auch in der geraden Linie C, alſo im Durchſchnitt beider Linien, d. h.

$$\mathbf{(r)}\equiv[e(\mathfrak{a}a-\mathfrak{b}b)C].$$

Nun iſt aber nach der angegebenen Konſtruktion e der Durchſchnitt der geraden Linie $[\mathbf{(p)}a]$ und $[\mathbf{(q)}b]$, alſo $e\equiv[\mathbf{(p)}a\cdot\mathbf{(q)}b]$, folglich

$$\mathbf{(r)}\equiv[\mathbf{(p)}a(\mathbf{(q)}b)(\mathfrak{a}a-\mathfrak{b}b)C].$$

Anm. Wenn auf die angegebene Weiſe die Zahlen durch Punkte der geraden Linie cd dargeſtellt ſind, ſo läſst ſich nach den beiden vorigen Sätzen ſowohl die Summe als auch das Produkt zweier Zahlen, alſo auch jede beliebige ganze Funktion von Zahlen durch ein planimetriſches Produkt darſtellen, welches aus den Punkten a, b, c, d und aus den die gegebenen Zahlen darſtellenden Punkten zuſammengeſetzt iſt. Hiermit wäre ſchon der Satz bewieſen, daſs jede algebraiſche Kurve in der Ebene ſich durch ein gleich Null geſetztes planimetriſches Produkt darſtellen läſst. Doch ſoll im Folgenden noch gezeigt werden, wie man unmittelbar aus der gegebenen algebraiſchen Gleichung der Kurve jenes planimetriſche Produkt herleiten kann.

328. Wenn a und b Strecken ſind, c ein einfacher Punkt und $d=a+b+c$, $A\equiv[da]$, $B\equiv[db]$, $C\equiv[dc]$, $\mathbf{x}=x_1a+x_2b+c$ iſt, ſo iſt die Gleichung

$$f(x_1,x_2)=\mathfrak{a}x_1^m x_2^n+\mathfrak{b}x_1^p x_2^q+\mathfrak{c}x_1^r x_2^s+\cdots+\mathfrak{f}x_1^v x_2^w=0,$$

in welcher die Summe der Koefficienten von null verſchieden iſt, für alle endlich entfernten Punkte x, gleichbedeutend der Gleichung

$$[Pc]=0,$$

wo, wenn die Glieder von $f(x_1, x_2)$ ſo geordnet ſind, daſs die Summen $\mathfrak{a}+\mathfrak{b}$, $\mathfrak{a}+\mathfrak{b}+\mathfrak{c}, \cdots$ alle von Null verschieden ſind,

(a) $P \equiv [LL_1a_1CaL_2a_2CaL_3a_3Ca \cdot \cdots \cdot L_k a_k]$

(b) $a_1 = \mathfrak{a}a - \mathfrak{b}b$, $a_2 = (\mathfrak{a}+\mathfrak{b})a - \mathfrak{c}b$, $a_k = (\mathfrak{a}+\mathfrak{b}+\cdots+\mathfrak{i})a - \mathfrak{k}b$

(c) $L \equiv [xb\mathfrak{R}^n Ca\mathfrak{R}_1^{m-1}]$

(d) $L_1 \equiv [xa\mathfrak{R}_1^p Cb\mathfrak{R}^{q-1}]$, $L_2 \equiv [xa\mathfrak{R}_1^r Cb\mathfrak{R}^{s-1}], \cdots$

$L_k \equiv [xa\mathfrak{R}_1^v Cb\mathfrak{R}^{w-1}]$

ist, und $\mathfrak{R}$ die Reihe der fortschreitenden Faktoren A, c, xa, b und $\mathfrak{R}_1$ die Reihe der fortschreitenden Faktoren B, c, xb, a bezeichnet, ſo dass alſo für jede Linie X,

(e) $[X\mathfrak{R}] \equiv [XAc(xa)b]$, $[X\mathfrak{R}_1] \equiv [XBc(xb)a]$ ist.

Beweis. Bezeichnen wir, wenn p eine beliebige Zahl ist, mit (p) denjenigen Punkt der Linie cd, für welchen

* $[c(p)] : [cd] = p$

ist, ſo erhalten wir (nach 323)

** $[(x_1)b] = [xb]$, $[(x_2)a] = [xa]$,

und (nach 324), wenn p eine beliebige Zahl ist,

$[(px_2)b] \equiv [(p)bAc((x_2)a)b] \equiv [(p)bAc(xa)b]$ [**]

$\equiv [(p)b\mathfrak{R}]$ [e].

Tritt zu px_2 noch ein Faktor x_2 hinzu, ſo tritt zu $(p)b\mathfrak{R}$ noch einmal die Faktorreihe $\mathfrak{R}$ hinzu u. ſ. w., alſo ist

*** $[(px_2^n) \cdot b] \equiv [(p)b\mathfrak{R}^n]$;

und ebenſo erhält man, indem man x_2 und b mit x_1 und a, alſo $\mathfrak{R}$ mit $\mathfrak{R}_1$ vertauscht,

**** $[(px_1^n)a] \equiv [(p)a\mathfrak{R}_1^n]$.

Alſo wenn $p = x_1$ ist, alſo $[(p)b] \equiv [(x_1)b] \equiv [xb]$ (nach *), ſo wird

$[(x_1x_2^n) \cdot b] \equiv [xb\mathfrak{R}^n]$.

Indem wir dieſen Ausdruck mit C multipliciren, erhalten wir den Punkt $(x_1x_2^n)$, d. h.

$[(x_1x_2^n)] \equiv [xb\mathfrak{R}^n C]$.

Führt man daher $x_1x_2^n$ statt p in die Formel *** ein, indem man zugleich m — 1 statt n ſetzt, ſo erhält man

$[(x_1^m x_2^n) \cdot a] \equiv [xb\mathfrak{R}^n Ca\mathfrak{R}_1^{m-1}] \equiv L$ [c].

Ebenſo findet man

$[(x_1^p x_2^q) \cdot a] \equiv [xb\mathfrak{R}^q Ca\mathfrak{R}_1^{p-1}]$,

oder, indem man a mit b, alſo auch x_1 mit x_2, p mit q, $\mathfrak{R}$ mit $\mathfrak{R}_1$ umwechſelt,

$$[(x_1^p x_2^q)\cdot b] \equiv [xa\mathfrak{R}_1^p Cb\mathfrak{R}^{q-1}] \equiv L_1,$$

und ebenſo

$$[(x_1^r x_2^s)\cdot b] \equiv L_2$$
$$[(x_1^v x_2^w)\cdot b] \equiv L_k.$$

Um nun den Ausdruck für $(\mathfrak{a}x_1^m x_2^n + \mathfrak{b}x_1^p x_2^q) : (\mathfrak{a} + \mathfrak{b})$ zu finden, hat man nur in 325 $x_1^m x_2^n$ und $x_1^p x_2^q$ statt p und q und alſo L und L_1 statt $(p)a$ und $(q)b$ zu ſetzen, und erhält

$$\begin{aligned}((\mathfrak{a}x_1^m x_2^n + \mathfrak{b}x_1^p x_2^q) : (\mathfrak{a} + \mathfrak{b})) &\equiv [LL_1(\mathfrak{a}a - \mathfrak{b}b)C] \\ &\equiv [LL_1a_1C] \qquad [b].\end{aligned}$$

Um ferner den Ausdruck für $(\mathfrak{a}x_1^m x_2^n + \mathfrak{b}x_1^p x_2^q + \mathfrak{c}x_1^r x_2^s) : (\mathfrak{a} + \mathfrak{b} + \mathfrak{c})$ zu finden, hat man nur in 325 den Ausdruck $(a_1 x_1^m x_2^n + \mathfrak{b}x_1^p x_2^q) : (\mathfrak{a} + \mathfrak{b})$ statt p, und $x_1^r x_2^s$ statt q, und alſo L_2 statt $(q)b$ und zugleich $\mathfrak{a} + \mathfrak{b}$ statt $\mathfrak{a}$, und $\mathfrak{c}$ statt $\mathfrak{b}$ zu ſetzen, und erhält

$$((\mathfrak{a}x_1^m x_2^n + \mathfrak{b}x_1^p x_2^q + \mathfrak{c}x_1^r x_2^s) : (\mathfrak{a} + \mathfrak{b} + \mathfrak{c})) \equiv [LL_1a_1CaL_2a_2C],$$

da $(\mathfrak{a} + \mathfrak{b})a - \mathfrak{c}b = a_2$ geſetzt war u. ſ. f.; endlich

$$\begin{aligned}((\mathfrak{a}x_1^m x_2^n + \mathfrak{b}x_1^p x_2^q + \mathfrak{c}x_1^r x_2^s + \cdots + \mathfrak{f}x_1^v x_2^w) : (\mathfrak{a}+\mathfrak{b}+\mathfrak{c}+\cdots+\mathfrak{f})) \\ \equiv [LL_1a_1CaL_2a_2C\cdot\cdots\cdot L_k a_k C] \\ \equiv [PC] \qquad [a].\end{aligned}$$

Alſo

$$(f(x_1, x_2) : (\mathfrak{a} + \mathfrak{b} + \mathfrak{c} + \cdot\cdot\mathfrak{f})) \equiv [PC].$$

Iſt nun $f(x_1, x_2) = 0$, ſo hat man $(0) \equiv [PC]$. Aber (nach *) iſt $[c(0)] : [cd] = 0$, alſo der Dividend $[c(0)]$ gleich Null, d. h. der Punkt (0) fällt mit c zuſammen, ſomit erhalten wir dann $c \equiv [PC]$, d. h. c iſt der Durchſchnittspunkt der geraden Linie P und C; er liegt alſo auch in P, d. h. (nach 293)

$$[Pc] = 0.$$

Umgekehrt, wenn dieſe letzte Gleichung erfüllt wird, ſo liegt c in P, aber (nach Hypotheſis) auch in C, alſo iſt $c \equiv [PC]$, d. h. der zu der Zahl $f(x_1, x_2) : (\mathfrak{a} + \mathfrak{b} + \cdots)$ gehörige Punkt liegt in c, d. h. jene Zahl iſt null, alſo ihr Zähler $f(x_1, x_2) = 0$.

329. Wenn alle übrigen Vorausſetzungen des vorigen Satzes beſtehen bleiben, aber jetzt angenommen wird, dass die Summe der Koefficienten $(\mathfrak{a} + \mathfrak{b} + \cdots + \mathfrak{f})$ null ſei, ſo iſt die Gleichung

$$f(x_1, x_2) = 0,$$

gleichbedeutend der Gleichung

$$[LL_1 a_1 C a L_2 a_2 C a \cdots L_{k-1} a_{k-1} L_k C] = 0,$$

wo die einzelnen Buchstaben dieſelbe Bedeutung haben, wie im vorigen Satze, und die Glieder in $f(x_1, x_2)$ auch hier ſo geordnet ſind, dass die Summen $\mathfrak{a} + \mathfrak{b}$, $\mathfrak{a} + \mathfrak{b} + \mathfrak{c}, \cdots$ alle, mit Ausnahme der letzten $(\mathfrak{a} + \mathfrak{b} + \mathfrak{c} + \cdots + \mathfrak{k})$, von Null verschieden ſind.

Beweis. Man kann durch Diviſion mit dem Koefficienten des letzten Gliedes die Gleichung $f(x_1, x_2) = 0$ auf die Form bringen, dass der Koefficient $(\mathfrak{k})$ des letzten Gliedes 1 wird; dann ist die Summe der übrigen Koefficienten -1. Es ſei das letzte Glied $-h$ und die Summe der übrigen ſei g, ſo ist die Gleichung $f(x_1, x_2) = 0$ gleichbedeutend der Gleichung $g - h = 0$, oder

$$g = h.$$

Dann ist nach der Entwickelung des vorigen Satzes

$$(g) \equiv [LL_1 a_1 C a L_2 a_2 C a \cdots L_{k-1} a_{k-1} C]$$

$$(h) \equiv [L_k C].$$

Da nun $g = h$ ist, ſo ſind auch die Punkte (g) und (h) kongruent, alſo

$$[LL_1 a_1 C a L_2 a_2 C a \cdots L_{k-1} a_{k-1} C] \equiv [L_k C].$$

Dieſe Kongruenz ſagt aus, dass der durch die linke Seite dargestellte Punkt in dem Durchschnitte der Linien L_k und C liege, alſo namentlich auch in L_k liege, d. h. (nach 293)

$$[LL_1 a_1 C a L_2 a_2 C a \cdots L_{k-1} a_{k-1} C L_k] = 0$$

ſei. Hier kann man (nach 315) auch die beiden letzten Faktoren vertauschen, wodurch die zu erweiſende Gleichung hervorgeht; umgekehrt folgt aus dieſer letzten Gleichung wieder $g = h$, alſo $f(x_1, x_2) = 0$.

Anm. Es ist leicht zu erſehen, dass man in den vorhergehenden Sätzen, statt a und b als Strecken und c als einfachen Punkt anzunehmen, auch allgemeiner a, b und c als drei beliebige, nicht in Einer geraden Linie liegende Punkte hätte annehmen können, wobei dann die Bedingung, dass x ein endlich entfernter Punkt ſein ſollte, erſetzt wird durch die andere, dass x nicht in der geraden Linie ab liege. Der Grund für die Zulässigkeit dieſer Verallgemeinerung liegt darin, dass (nach 110) die Geſetze der auf ein Hauptgebiet bezüglichen Multiplikation alle unverändert bestehen bleiben, wenn man statt der ursprünglichen Einheiten a, b, c drei andere aus ihnen numerisch ableitbare wählt, wobei die dort aufgeführte Bedingung, dass das kombinatorische Produkt jener ſowohl als dieſer Einheiten 1 ſei, hier, wo es nur auf die Kongruenz ankommt, wegfällt. Betrachtet man die Formen der Gleichungen in 328, ſo zeigt ſich leicht, dass die planimetrische Gleichung $[Pc] = 0$ in Bezug auf x vom ſo vielten Grade ist, als die Summe aller Exponenten in der algebraischen Gleichung $f = 0$ beträgt; denn die Faktorenreihen 𝔑 enthielten den Punkt x nur je einmal, und die Grössen L waren daher mit den Gliedern der Funktion f nach der Reihe von gleichem Grade. Das Produkt [Pc], welches jede dieſer Grössen L einmal als Faktor enthält, und ausserdem nur konstante Faktoren, ist daher in Bezug auf x vom ſo vielten Grade, als die Summe der Gradzahlen aller Glieder von f beträgt, alſo, ſobald f mehr als ein variables Glied enthält, von höherem Grade als f. Es ſei n der Grad der Funktion f, und $n + p$ der Grad des Produktes [Pc]. Da nun die Gleichungen $[Pc] = 0$ und $f = 0$ (nach 328) für alle Punkte x, die nicht in der (unendlich entfernten) Geraden ab liegen, ganz gleichbedeutend ſind, ſo kann die Differenz des Grades nur darin liegen, dass die Gleichung $[Pc] = 0$ noch p Linien darstellt, welche in ab fallen. Um dieſe Verhältnisse genauer zu überschauen, führe ich statt x den Punkt y ein, und ſetze $y = ua + vb + wc$, wo u, v, w Zahlen ſind, und ſetze die ursprünglichen Koordinaten von x beziehlich gleich $\frac{u}{w}$ und $\frac{v}{w}$. Dann wird $y = xw$, alſo $y \equiv x$, falls nicht w null ist. Dieſer Fall, wo $w = 0$ ist, ist aber derſelbe, wo $y = ua + vb$, d. h. y ein Punkt der Linie ab ist, alſo derſelbe, welcher in 328 ausgeschlossen war. In allen dort zugelassenen Fällen wird alſo das Produkt, welches aus [Pc] hervorgeht, indem man hierin y statt x ſetzt, und welches ich mit Q bezeichnen will, mit [Pc] kongruent (nach 313). Multiplicirt man die Funktion n-ten Grades f mit w^n, ſo geht aus f, da die darin enthaltenen Variabeln $\frac{u}{w}$ und $\frac{v}{w}$ waren, eine homogene Funktion n-ten Grades hervor, welche ich mit F bezeichnen will, und welche für dieſelben Fälle null wird, für welche f null wurde. Alſo ist für den Fall, dass y nicht in ab liegt, d. h. w nicht null ist, die Gleichung $Q = 0$ gleichbedeutend mit der Gleichung $F = 0$. Da aber die erstere vom $n + p$-ten, die letztere vom n-ten Grade ist, ſo muss die Gleichung $Q = 0$ in allen Fällen der Gleichung $w^p F = 0$ gleichbedeutend ſein, alſo

$$Q \equiv w^p F \equiv [aby]^p F,$$

letzteres, weil aus $y = ua + vb + wc$ folgt $w \equiv [aby]$. Es muss alſo Q durch $[aby]^p$ theilbar ſein. Es käme daher darauf an, das planimetrische Produkt Q in ein kongruentes Produkt zu verwandeln, welches von dieſen Faktoren [aby] befreit ſei. Allein da diefe Reduktion, wenn fie überhaupt ausführbar ist, in der Regel auf grosse Schwierigkeiten stösst, fo ist es zweckmässig, zuerst die algebraische Gleichung durch Veränderung des Koordinatenfystemes fo umzugestalten, dass fie möglichst wenig variable Glieder enthält, ehe man zur Ableitung der planimetrischen Formel schreitet. So z. B. lässt fich die Gleichung dritten Grades auf die Form pqr $= ms^3$ bringen, wo p, q, r, s lineare Funktionen der Koordinaten find, und m eine konstante Zahl bezeichnet. Verlegt man dann durch Projektion die gerade Linie, deren Gleichung $s = 0$ ist, ins Unendliche, fo wird die Gleichung

$$pqr = m,$$

welche nach den obigen Regeln umgewandelt, eine geometrische Gleichung dritten Grades liefert von der Form

$$[xaBc(xb)aCdEfx] = 0,$$

und welche bei jeder Projektion bestehen bleibt, alfo auch, wenn man der ins Unendliche verlegten Linie durch Projektion wieder die ursprüngliche Lage giebt. Es hat keine Schwierigkeit, die hier entwickelten Principien auch auf die Oberflächen im Raume zu übertragen; doch muss ich, um hier nicht zu weitläuftig zu werden, auf meine Abhandlungen in Crelle's Journal, namentlich auf Band 49, pag. 1 u. f. verweifen.

§. 7. Innere Multiplikation in der Geometrie.

330. Erklärung. Für die innere Multiplikation nehme ich als ursprüngliche Einheiten im Raume stets drei zu einander fenkrechte und gleich lange Strecken (e_1, e_2, e_3), in der Ebene deren zwei (e_1 und e_2) an, und zwar nehme ich die Längen diefer Strecken als Einheit der Längen an, und $[e_1e_2e_3]$ und in der Ebene $[e_1e_2]$ als Einheit der Körper- oder Flächenräume.

Anm. Hierdurch find alfo alle von dem Begriffe der inneren Multiplikation abhängigen Erklärungen und Sätze (No. 137 – 215) auch auf die Geometrie übertragen.

331. Für die Ebene fällt der Begriff der Länge mit dem des numerischen Werthes, der Begriff des Senkrechten mit dem des Normalen, und der Begriff der Drehung um den Winkel α mit dem der circulären Aenderung um den Winkel α zufammen, wobei der Winkel als pofitiv anzunehmen ist, wenn fein zweiter Schenkel vom ersten aus nach derfelben Seite liegt, wie die zweite Einheit (e_2) von der ersten (e_1) aus.

Beweis 1. Alle im Satze genannten analytischen Begriffe (normal, numerischer Werth, circuläre Aenderung) ſind (in 151—154) an den Begriff des inneren Produktes, und dieſer wiederum (nach 137) an den der Ergänzung (89 und 90). Die Ergänzung von a war mit $|a$ bezeichnet. Ich zeige daher zuerst, dass wenn $a = x_1 e_1 + x_2 e_2$ eine beliebige Strecke der Ebene ist, dann $|a$ gegen a ſenkrecht und mit a gleich lang ist, und von a aus nach derſelben Seite liegt, wie e_2 von e_1. Es ſei AB mit $x_1 e_1$ gleich lang und gleichgerichtet, BC mit $x_2 e_2$, AD mit $x_1 |e_1$, und DE mit $x_2 |e_2$. Nach 89 ist $|e_1 = e_2$, und $|e_2 = - e_1$, alſo $AD = x_1 e_2$, $DE = - x_2 e_1$. Da nun (nach 330) e_1 und e_2 gleich lang ſind, ſo ist auch $x_1 e_2$ mit $x_1 e_1$ gleich lang, d. h. AD mit AB, und ebenſo $- x_2 e_1$ mit $x_2 e_2$ gleich lang, d. h. DE mit BC. Da ferner (nach 330) e_2 zu e_1 ſenkrecht ist, ſo ist auch $x_2 e_2$ zu $x_1 e_1$ ſenkrecht und $x_2 e_1$ zu $x_1 e_2$, d. h. BC zu AB und DE zu AD, folglich ſind die Dreiecke ABC und ADE kongruent (durch 2 Seiten und den eingeschlossenen Winkel), alſo AC gleich lang mit AE. Ferner liegt aber auch e_2 von e_1 aus nach derſelben Seite, wie $- e_1$ von e_2 aus, alſo auch BC von AB aus nach derſelben Seite, wie DE von AD aus, d. h. die Winkel BAC und DAE ſind auch dem Zeichen nach gleich. Nun ist $\angle CAE = \angle CAD + DAE = \angle CAD + BAC$ (wie oben gezeigt) $= \angle BAD$, d. h. AE steht ſenkrecht auf AC, und zwar nach derſelben Seite hin, wie AD von AB aus, alſo auch wie e_2 von e_1 aus. Es ist aber (nach 220) AC mit $x_1 e_1 + x_2 e_2$, d. h. mit a gleich lang und gleichgerichtet, und AE mit $x_1 |e_1 + x_2 |e_2$, d. h. mit $|a$ (nach 101). Alſo ist $|a$ mit a gleich lang, und steht auf a ſenkrecht nach derſelben Seite hin wie e_2 auf e_1.

2. Numerischer Werth von a ist (nach 151) die poſitive Quadratwurzel aus $[a|a]$, wobei (nach 89) das Produkt $[e_1 e_2]$ als Einheit geſetzt ist. Nun ist $[a|a]$ (nach 254) einem Parallelogramme gleich (auch dem Zeichen nach), dessen erste Seite mit a, und dessen zweite mit $|a$ gleich lang und gleichgerichtet ist; dies Parallelogramm ist (nach Beweis 1) ein Quadrat, welches dem (nach 330) als Einheit angenommenen Quadrate $[e_1 e_2]$ gleichbezeichnet ist, ist nun die Länge von

a (e_1 als Längeneinheit genommen) gleich α, ſo ist der Inhalt des Quadrates über a gleich α^2, und die poſitive Quadratwurzel daraus α, d. h. $\sqrt{[a|a]} = \alpha$, d. h. der numeriche Werth gleich der Länge.

3. Nach 152 heissen zwei Strecken a und b normal zu einander, wenn $[a|b] = 0$ ist, d. h. (nach 254) wenn a mit $|b$ parallel ist; nun ist (nach Beweis 1) $|b$ ſenkrecht auf b, alſo auch das mit $|b$ parallele a ſenkrecht auf b; ebenſo folgt umgekehrt, dass wenn a auf b ſenkrecht ist, a mit $|b$ parallel ist, alſo $[a|b]$ gleich null, alſo a zu b normal ist. Der Begriff des Senkrechten fällt alſo (in der Ebene) mit dem des Normalen zuſammen.

4. Wenn a und b einander numerisch gleich und zu einander normal ſind, und ſich a in $a' = a \cos.\alpha + b \sin.\alpha$, und b in $b' = b \cos.\alpha - a \sin.\alpha$ verwandelt hat, ſo hiess das (nach 154), der Verein der Strecken a und b habe ſich von a nach b hin circulär um den Winkel α geändert. Es ſei AF mit a und AG mit b gleich lang und gleichgerichtet, alſo, da a und b einander numerisch gleich und zu einander normal ſind, ſo ist (nach Beweis 1) AG mit AF gleich lang und auf AF ſenkrecht; man trage an AF und an AG nach derſelben Seite hin den Winkel α an, und mache die zweiten Schenkel AC und AE gleich lang mit AF; fälle von C das Loth CB auf AF und von E das Loth ED auf AG, ſo ist AB mit $a \cos.\alpha$, BC mit $b \sin.\alpha$, AD mit $b \cos.\alpha$, DE mit $-a \sin.\alpha$ gleich lang und gleichgerichtet, alſo (nach 220) AC mit $a \cos.\alpha + b \sin.\alpha$, d. h. mit a', und AE mit $b \cos.\alpha - a \sin.\alpha$, d. h. mit b' gleich lang und gleichgerichtet; a' und b' gehen aber nach der Konstruktion aus a und b durch Drehung um den Winkel α hervor; folglich fällt der Begriff der Drehung um den Winkel α mit dem der circulären Aenderung um dieſen Winkel zuſammen.

Anm. Dieſelbe Schlussreihe ist alſo für jede Ebene anwendbar, in welcher zwei Strecken a und b enthalten ſind, für welche dieſelben Vorausſetzungen gemacht ſind, wie für e_1 und e_2.

332. Das Normalſystem im Raume ist identisch mit dem Verein von drei gegeneinander ſenkrechten und gleich langen

Strecken, und zwar ist die Länge dieſer Strecken gleich dem numerischen Werthe des Normalſystems.

Beweis 1. Das System der ursprünglichen Einheiten e_1, e_2, e_3 bildet (nach 162) ein einfaches Normalſystem, und e_1, e_2, e_3 ſind (nach 330) auf einander ſenkrecht und von der Länge der Einheit. Jedes andere einfache Normalſystem von drei Strecken lässt ſich (nach 161) aus jenem Noramlſystem durch circuläre Aenderung ableiten. Hat man nun ein einfaches Normalſystem a, b, c, in welchem a, b, c auf einander ſenkrecht und von der Länge eins ſind, ſo besteht die circuläre Aenderung darin, dass irgend zwei derſelben, z. B. a und b ſich um einen in der Ebene ab liegenden Winkel α ändern; nun haben wir in 331 (vergl. Anm.) gezeigt, dass die dadurch hervorgehenden Strecken a′ und b′ wieder auf einander ſenkrecht stehen, und die Länge 1 haben; aber auch c steht auf ihnen ſenkrecht, denn da nach der Annahme c auf a und b ſenkrecht steht, ſo steht c auch auf allen Linien der Ebene ab, alſo auch auf a′ und b′ ſenkrecht; d. h. aus einem Normalſystem, dessen drei Strecken auf einander ſenkrecht stehen, und von der Länge der Einheit ſind, geht durch einfache circuläre Aenderung wieder ein Normalſystem von derſelben Art hervor, alſo auch durch wiederholte circuläre Aenderung. Alſo geht namentlich aus dem Normalſystem e_1, e_2, e_3 durch beliebig circuläre Aenderung stets ein Verein von drei Strecken hervor, welche auf einander ſenkrecht, und von der Länge der Einheit ſind, d. h. jedes einfache Normalſystem besteht aus ſolchen drei Strecken.

2. Umgekehrt ist zu zeigen, dass wenn a, b, c irgend drei zu einander ſenkrechte Strecken von der Länge 1 ſind, ſie ein Normalſystem bilden. Nach 160 kann man stets ein einfaches Normalſystem von drei Strecken finden, dessen eine die Richtung von c hat, dann muss (nach Beweis 1) die Länge 1 ſein, und alſo die Strecke, welche die Richtung von c hat, auch mit c gleich lang, alſo überhaupt gleich ſein, die beiden andern mögen a′ und b′ ſein, ſo ist (nach Beweis 1) c ſenkrecht auf a′ und b′, aber auch (nach Annahme) auf a und b, alſo liegen a′, b′, a, b in Einer Ebene. Alſo kann man wiederum

(nach 160) ein einfaches Normalſystem aus zwei Strecken dieſer Ebene finden, von denen die eine Strecke gleich b ist, die andere ſei a'', ſo ist a'', da es in der Ebene ab liegt, ſenkreckt auf c, aber (nach Beweis 1) auch ſenkrecht auf b und von der Länge 1, alſo ist a'' ſenkrecht auf der Ebene bc, aber auch a ſenkrecht darauf und von der Länge 1, alſo ist a'' entweder $=$ a, oder $= -$ a, da nun a'', b, c ein einfaches Normalſystem bilden, ſo bilden in beiden Fällen auch a, b, c ein ſolches.

3. Hat man nun ein beliebiges Normalſystem a, b, c von dem numerischen Werth n, ſo bilden $\frac{a}{n}, \frac{b}{n}, \frac{c}{n}$ ein einfaches Normalſystem, ſind alſo (nach Beweis 1) zu einander ſenkrecht und von der Länge 1, alſo ſind a, b, c auch zu einander ſenkrecht und von der Länge n; und ebenſo folgt umgekehrt, dass wenn a, b, c zu einander ſenkrecht und von der Länge n ſind, dann $\frac{a}{n}, \frac{b}{n}, \frac{c}{n}$ ein einfaches Normalſystem, und a, b, c ein Normalſystem von der Länge n bilden.

333. Auch für den Raum fällt der Begriff der Länge mit dem des numerischen Werthes, und der des Senkrechten mit dem des Normalen zuſammen.

Beweis in 332.

334. Der numerische Werth eines Produktes P zweier Strecken p und q ist gleich dem Flächeninhalte des Parallelogramms, in welchem zwei aneinanderstossende Seiten jenen Strecken parallel ſind, vorausgeſetzt, dass dieſer Inhalt poſitiv, und das Quadrat der Längeneinheit als Flächeneinheit angenommen wird.

Beweis. Es ſei ein einfaches Normalſystem dreier Strecken a, b, c angenommen, von der Art, dass a und b derſelben Ebene parallel ſind, welcher p und q parallel ſind, und dass [abc] $= +1$ ist, ſo ſind (nach 230) p und q aus a und b numerisch ableitbar, alſo auch (nach 36) P $=$ [pq] aus [ab], und ſei P $= \alpha$[ab]. Nun ist der numerische Werth von P (nach 151) $= \sqrt{[P|P]} = \alpha\sqrt{[ab|ab]}$; aber (nach 137) ist |[ab]

$= c$, alſo $\sqrt{[P|P]} = \alpha[abc] = \alpha$. Da aber $P = \alpha[ab]$ ist, und $[ab]$ Quadrat der Längeneinheit, alſo als Flächeneinheit zu ſetzen ist, ſo ist der Inhalt von P, d. h. der Inhalt des Parallelogramms, dessen erste Seite p, und dessen zweite q ist, gleich α, d. h. gleich dem numerischen Werthe von P.

335. Die Ergänzung einer Strecke ist diejenige Fläche, deren Ebene auf jener Strecke ſenkrecht, deren numerischer Werth gleich dem jener Strecke, und deren poſitiver Sinn ſo bestimmt ist, dass das äussere Produkt der Strecke und Fläche poſitiv ist.

Beweis. Es ſei αa die Strecke, und ſei der numerische Werth von a gleich 1, alſo der von αa gleich α, und ſei ein Normalſystem a, b, c angenommen, und zwar von der Art, dass $[abc] = +1$ ist, ſo ist (nach 167) $|a = [bc]$, alſo (nach 90) $|\alpha a = \alpha[bc]$, aber $\alpha[bc]$ ist eine Fläche von der im Satze angegebenen Beschaffenheit.

336. Wenn A die Ergänzung von einer Strecke a ist, ſo ist auch a die Ergänzung von A, oder

$$||a = a.$$

Beweis. Nach 92 ist $||A = (-1)^{pq}A$, wo p die Stufenzahl von A, und q die der Ergänzung ist. In unſerm Falle ſind dieſe Stufenzahlen 1 und 2, alſo

$$||a = (-1)^2 a = a.$$

Anm. Der Satz gilt nicht in entsprechender Weiſe für die Planimetrie, wo nicht mehr als zwei zu einander ſenkrechte Strecken angenommen werden können. Vielmehr ist in der Planimetrie $||a = -a$.

337. Wenn a und b Strecken ſind, ſo ist $\angle ab$ gleich dem Winkel, dessen Schenkel mit a und b gleichgerichtet ſind, und wenn A und B Flächen (Streckenprodukte) ſind, ſo ist $\angle AB$ gleich dem Neigungs-Winkel, den zwei mit jenen Flächen parallele und gleichbezeichnete Ebenen mit einander bilden, vorausgeſetzt, dass die Winkel stets poſitiv (zwischen 0 und π liegend) angenommen werden.

Anm. Wenn man im zweiten Falle A und B in Form von Rechtecken darstellt, deren erste Seite dieſelbe ist, ſo ist der Winkel, den die zweiten Seiten dieſer Rechtecke einschliessen, der Neigungswinkel, den die mit A und B parallelen und gleichbezeichneten Ebenen mit einander bilden.

Beweis 1. Der Winkel ist von den numerischen Werthen der den Winkel bildenden Grössen unabhängig, wir können daher die numerischen Werthe von a, b, A, B gleich 1 ſetzen, in dieſem Falle ist (nach 195)

$$\cos.\angle ab = [a|b], \quad \cos.\angle AB = [A|B].$$

Ferner geht dann, wenn der Winkel von a nach b hin gleich α ist (nach 154, 331) b aus a durch circuläre Aenderung um den Winkel α hervor, d. h. es ist, wenn a′ in der Ebene ab gegen a ſenkrecht ist, und nach der Seite von b hin liegt,

$$b = a\cos.\alpha + a'\sin.\alpha,$$

alſo

$$[a|b] = [a|(a\cos.\alpha + a'\sin.\alpha)] = [a|a]\cos.\alpha + [a|a']\sin.\alpha,$$

aber da a′ gegen a normal ist, ſo ist $[a|a'] = 0$, und da der numerische Werth von a gleich Eins ist, ſo wird der zuletzt gefundene Ausdruck

$$= \cos.\alpha.$$

Alſo $\cos\angle ab = \cos.\alpha$. Nun liegt (nach 195) $\angle ab$ zwischen 0 und π, aber nach Vorausſetzung auch α, alſo $\angle ab = \alpha$.

2. Es ſeien A und B beziehlich die Ergänzungen von a und b, alſo $A = |a$, und $B = |b$, ſo ſind (nach 335) a und b beziehlich auf A und B ſenkrecht und nach derſelben Seite hin liegend, alſo ist der Neigungswinkel α zwischen A und B gleich dem Winkel zwischen a und b, d. h. (nach Beweis 1) $\cos.\alpha = \cos.\angle ab = [a|b] = |[a|b]$ (nach 89), da $[a|b]$ (nach 141) eine Zahl ist; aber $|[a|b] = [|a||b]$ (nach 99), und dies wieder (nach der Annahme) $= [A|B] = \cos.\angle AB$; alſo $\cos.\alpha = \cos.\angle AB$.

Anm. Der Begriff des Normalen lässt ſich zwar auf Grössen jeder Art, alſo auch auf Punkte anwenden. Namentlich muss man, um alle Grössen im Raume ableiten zu können, ausser den drei zu einander ſenkrechten Strecken von der Länge 1, die wir als ursprüngliche Einheiten ſetzten, noch einen vierten endlich entfernten Punkt als vierte Einheit annehmen. So würde man zu vier ursprünglichen Einheiten a, b, c, d gelangen, von denen etwa die drei letzten drei zu einander ſenkrechte Strecken von der Länge 1 ſind, und die erste ein einfacher Punkt ist. Auf dieſen Verein würde man den Begriff des Normalen anwenden können. Nimmt man statt dessen einen andern Verein a′, b, c, d, worin a′ einen von a verschiedenen einfachen Punkt bezeichnet, als das System der ursprünglichen Einheiten an, ſo leuchtet ein, dass a und a' dieſelbe Ergänzung [bcd] haben, da (nach 268) [abcd] = [a'bcd] ist, und ebenſo, dass [a'b] und [ab] dieſelbe Ergänzung c, und [a'bc] und [abc] dieſelbe Ergänzung d haben, und überhaupt, dass die Ergänzung von Punkten, Linientheilen, Flächentheilen unabhängig ist von der Lage des als ursprüngliche Einheit angenommenen Punktes. Hingegen ist dies nicht mehr der Fall bei der Ergänzung von Strecken oder Streckenprodukten. So z. B. würde die Ergänzung von [bcd] bei der ersten Annahme gleich — a, bei der zweiten gleich — a' ſein. Und ſo würde alſo der Begriff der Ergänzung von Strecken und Streckenprodukten keinen von der Lage der ursprünglichen Einheiten unabhängigen Sinn mehr haben. Da bei der normalen Zurückleitung (164) auf Punkte, Linien und Ebenen nur die erste Art der Ergänzung hervortritt, ſo können wir dieſe Zurückleitung unmittelbar auf die Geometrie übertragen. Sie liefert hier, wie oben (164) angedeutet wurde, die ſenkrechte Projektion, was ich hier jedoch nicht weiter darlegen will. Ueberhaupt werde ich den Begriff der Ergänzung nur in dem im Texte gegebenen Sinne anwenden.

338. Die Formel

$$(a+b)^2 = a^2 + 2[a|b] + b^2 = \alpha^2 + 2\alpha\beta\cos.\angle ab + \beta^2,$$

wo α und β die Längen von a und b ſind, stellt die Erweiterung des pythagoreischen Satzes dar, nämlich: das Quadrat der Grundſeite eines Dreiecks ist gleich der Summe der Quadrate der Schenkelſeiten und des doppelten Produktes der Schenkelſeiten in den cos. des Aussenwinkels an der Spitze.

339. Die Formel

$$\begin{aligned}(a+b+c)^2 &\\ &= a^2 + b^2 + c^2 + 2[b|c] + 2[c|a] + 2[a|b]\\ &= \alpha^2 + \beta^2 + \gamma^2 + 2\beta\gamma\cos.\angle bc\\ &\quad + 2\gamma\alpha\cos.\angle ca + 2\alpha\beta\cos.\angle ab,\end{aligned}$$

wo α, β, γ die Längen der Strecken a, b, c ſind, stellt die Erweiterung jenes Satzes für den Raum dar.

340. Die Formel

$$\begin{aligned}(A+B+C)^2 &\\ &= A^2 + B^2 + C^2 + 2[B|C] + 2[C|A] + 2[A|B]\\ &= \alpha^2 + \beta^2 + \gamma^2 + 2\beta\gamma\cos.\angle BC\\ &\quad + 2\gamma\alpha\cos.\angle CA + 2\alpha\beta\cos.\angle AB,\end{aligned}$$

wo α, β, γ die Flächeninhalte der Flächenräume A, B, C und $\angle$BC u. ſ. w. die Neigungswinkel ihrer Ebenen ſind, stellt den Satz dar:

Das Quadrat der Grundfläche eines Tetraeders ist gleich

der Summe der Quadrate der Seitenflächen, vermindert um die doppelten Produkte je zweier dieſer Seitenflächen in den coſinus des von ihnen eingeschlossenen Neigungswinkels.

Beweis. Sind a, b, c die von der Spitze nach den Ecken der Grundſeite führenden Kanten ihrer Länge und Richtung nach, ſo ſind a — b, b — c, c — a die Kanten der Grundfläche. Die Grundfläche ist alſo (nach 254) $= \frac{[(a-b)(b-c)]}{2}$, während die Seitenflächen $= \frac{[bc]}{2}, \frac{[ca]}{2}, \frac{[ab]}{2}$ ſind. Bezeichnen wir die letzteren beziehlich mit A, B, C, und die Grundfläche $\frac{[(a-b)(b-c)]}{2}$ mit D, und bedenken, dass $[(a-b)(b-c)]$ $= [ab] - [ac] - [bb] + [bc] = [ab] + [ca] + [bc]$ ist, ſo haben wir

$$D = A + B + C,$$

alſo

$$\begin{aligned} D^2 &= (A + B + C)^2 \\ &= A^2 + B^2 + C^2 + 2[B|C] + 2[C|A] + 2[A|B] \\ &= \alpha^2 + \beta^2 + \gamma^2 + 2\beta\gamma \cos.\angle BC \\ &\quad + 2\gamma\alpha \cos.\angle CA + 2\alpha\beta \cos.\angle AB. \end{aligned}$$

Aber $\angle BC$ ist der Winkel zwischen den Ebenen [ca] und [ab], d. h. zwischen — [ac] und [ab]. Der Winkel zwischen [ac] und [ab] ist aber der von den entsprechenden Seitenflächen des Tetraeders eingeschlossene, und alſo der Winkel zwischen — [ac] und [ab], d. h. $\angle BC$, dessen Nebenwinkel, und dasſelbe gilt für die Winkel $\angle CA$ und $\angle AB$.

Anm. Man ſieht aus dieſer Darstellung, wie ſich die Auflöſung des Tetraeders vermöge der Beziehung, dass eine Seitenfläche desſelben ſich als geometrische Summe der übrigen darstellen lässt, auf eine einfache Weiſe aus unſrer Analyſe ergeben muss. Und da wiederum das sphärische Dreieck oder die dreikantige Ecke ſich auf ein Tetraeder zurückführen lässt, in welchem drei Kanten Radien der Kugel ſind, ſo zeigt ſich, wie auch die sphärische Trigonometrie ſich eng daran anschliesst. Ich bemerke hier noch, dass alle Formeln der sphärischen Trigonometrie ſymmetrischer werden, wenn man, wie schon oben geschehen ist, statt der Neigungswinkel der Flächen ihre Aussenwinkel ſetzt. Dies zeigt ſich beſonders darin, dass dann die Winkel der Polarecke gleich den Seiten der ursprünglichen Ecke werden, und umgekehrt, und daher dann alle Formeln der sphärischen Trigonometrie unmittelbar ihre Geltung behalten, wenn man Winkel und Seiten vertauscht. Es ergiebt ſich unmittelbar, dass wenn a, b, c Strecken ſind, die den Kanten einer Ecke gleichgerichtet ſind, dann die Ergänzungen jener Strecken, d. h. die Flächenräume |a, |b, |c den Ebenen der Polarecke parallel ſind. Die weitere Entwickelung dieſer Ideen muss ich jedoch, um nicht zu weit von dem Ziele abzuschweifen, dem Leſer überlassen.

341. Aufgabe. Die Vielfachenſumme der Quadrate der Abstände eines variablen Punktes x von mehreren festen Punkten a, b,···· in einfachster Form auszudrücken, wenn die Koefficienten α, β,··· jener Vielfachenſumme gegeben ſind.

Auflöſung. Es ſoll demnach ein Ausdruck

$$S = \alpha(x - a)^2 + \beta(x - b)^2 + \cdots$$

in einfachster Form dargestellt werden. Da x, a, b,··· Punkte ſind, und für ſie das innere Produkt keine einfache Bedeutung mehr hat, ſo nehmen wir einen beliebigen einfachen Punkt s zu Hülfe, und ſetzen

$$x - a = x - s + s - a, \; x - b = x - s + s - b,$$

u. ſ. w., wo $x - s$, $s - a$, $s - b$,··· Strecken ſind, ſo wird

$$S = \alpha(x - s + s - a)^2 + \beta(x - s + s - b)^2 + \cdots.$$

Da nun $(x - s + s - a)^2 = (x - s)^2 + 2[(x - s)|(s - a)] + (s - a]^2$ ist (nach 338), ſo erhalten wir

$$S = (\alpha + \beta + \cdots)(x - s)^2 + 2[(x - s)|(\alpha(s - a) + \beta(s - b) + \cdots)] + \alpha(s - a)^2 + \beta(s - b)^2,$$

oder wenn wir

$$\alpha + \beta + \cdots = \sigma$$

ſetzen

$$S = \sigma(x - s)^2 + 2[(x - s)|(\sigma s - \alpha a - \beta b - \cdots)] + \alpha(s - a)^2 + \beta(s - b)^2 + \cdots.$$

Nun können wir zwei Fälle unterscheiden, je nachdem σ null ist oder nicht. Nehmen wir zuerst letzteres an, ſo können wir s ſo wählen, dass das zweite Glied null wird, was dadurch erreicht wird, dass wir

$$\sigma s = \alpha a + \beta b + \cdots, \text{ d. h. } s \equiv \alpha a + \beta b + \cdots$$

ſetzen, d. h. (nach 222) s im Schwerpunkt des Punktſystems αa, βb, u. ſ. w. annehmen. Dann wird

$$S = \sigma(x - s)^2 + \mu,$$

wenn wir der Kürze wegen die konstante Grösse

$$\alpha(s-a)^2+\beta(s-b)^2+\cdots=\mu$$

ſetzen, d. h.:

„Die Vielfachenſumme S der Quadrate der Abstände eines variabeln Punktes x von mehreren konstanten Punkten a, b,··· erreicht, wenn α, β,···· die Koefficienten jener Vielfachenſumme ſind, und die Summe σ dieſer Koefficienten poſitiv ist, ihren kleinsten Werth, wenn x in den Schwerpunkt s des Punkt-Vereines αa, $\beta b\cdots$ liegt. Wenn ſich dagegen x aus dieſem Schwerpunkt s um den Abstand ϱ entfernt, ſo wächst jene Vielfachenſumme um das σ-fache von dem Quadrat dieſer Strecke, und ist alſo für alle Punkte auf der Oberfläche einer Kugel, welche s zum Mittelpunkt hat, konstant. Wird σ negativ, ſo bleibt alles dasſelbe, nur dass statt des minimums ein maximum eintritt.“

342. Fortſetzung. Wenn zweitens $\alpha+\beta+\cdots=0$ geſetzt wird, ſo verwandelt ſich die Formel * der vorigen Nummer in

$$S=-2[(x-s)|(\alpha a+\beta b+\cdots)]+\alpha(s-a)^2+\beta(s-b)^2+\cdots.$$

Hier ist (nach 222) die Summe $\alpha a+\beta b+\cdots\cdot$ eine Strecke von bestimmter Länge und Richtung, welche wir mit r bezeichnen wollen, ſo ist

$$S=-2[(x-s)|r]+\alpha(s-a)^2+\beta(s-b)^2+\cdots$$

Es ſei nun angenommen, dass r nicht null ist, und ſeine Länge gleich ϱ ſei. Um nun den Ausdruck noch weiter zu reduciren, nehmen wir einen Punkt s′ in der von s mit r parallel gezogenen geraden Linie an, und ſetzen $s'-s=zr$, wo z eine Zahl ist, da $s'-s$ nach der Konstruktion mit r parallel ist. Dann wird

$$[(x-s)|r]=[(x-s'+s'-s)|r]$$
$$=[(x-s')|r]+[(s'-s)|r].$$

Aber $[(s'-s)|r]$ ist gleich $[zr|r]=z[r|r]$, da z eine Zahl ist, alſo $=zr^2=z\varrho^2$, da ϱ der numerische Werth von r ist. Alſo wird $[(x-s)|r]=[(x-s')|r]+z\varrho^2$, und

$$S=-2[(x-s')|r]-2z\varrho^2+\alpha(s-a]^2+\beta(s-b)^2+\cdots.$$

Da s' ein beliebiger Punkt in der geraden Linie sr ist, so ist z noch unbestimmt, es sei z so bestimmt, dass

$$z = \frac{\alpha(s-a)^2 + \beta(s-b)^2 + \cdots}{2\varrho^2}$$

ist, so wird

$$S = -2[(x-s')|r].$$

Fällt man nun von x das Loth xx' auf die gerade Linie sr oder s'r, so ist x — x' normal zu r, d. h. $[(x-x')|r] = 0$, also

$$[(x-s')|r] = [(x-x'+x'-s')|r] = [(x'-s')|r],$$

also $$S = -2[(x'-s')|r] = \pm 2\varphi\varrho,$$

wenn φ die Länge von x' — s' ist, und das untere oder obere Zeichen gewählt wird, je nachdem x' — s' mit r gleich oder entgegengesetzt gerichtet ist, d. h.:

„Die Vielfachensumme S der Quadrate der Abstände eines variabeln Punktes x von mehreren festen Punkten a, b,·· wird, wenn α, β,··· die Koefficienten jener Vielfachensumme, und die Summe dieser Koefficienten null ist, null für alle Punkte einer gewissen Ebene, welche auf der Strecke $r = \alpha a + \beta b + \cdots$ senkrecht steht. Wenn sich der Punkt x dagegen um den Abstand φ von dieser Ebene entfernt, so wird jene Summe $= -2\varphi\varrho$ oder $+2\varphi\varrho$, je nachdem er sich in der Richtung der Strecke r oder in der ihr entgegengesetzten von jener Ebene entfernt hat, wobei ϱ die Länge von r ausdrückt."

343. Schluss. Ist endlich auch r null, so wird

$$S = \alpha(s-a)^2 + \beta(s-b)^2 + \cdots,$$

d. h. konstant, d. h.

„Die Vielfachensumme S der Quadrate der Abstände eines variabeln Punktes x von mehreren festen Punkten a, b,··· ist konstant, wenn die entsprechende Vielfachensumme der Punkte a, b,··· null ist, d. h.

$$\alpha(x-a)^2 + \beta(x-b)^2 + \cdots = \text{Const.},$$
$$\text{wenn } \alpha a + \beta b + \cdots = 0 \text{ ist.}"$$

Nämlich die Gleichung $\alpha a + \beta b + \cdots = 0$ schliesst (nach 222) schon die Gleichung $\alpha + \beta + \cdots = 0$ ein.

344. Aufgabe. Die Vielfachensumme S der Abstände eines variablen Punktes x von mehreren festen Ebenen A,

B,··· in einfachster Form auszudrücken, wenn die Koefficienten α, β,··· jener Vielfachensumme gegeben sind, und für jede Ebene die Seite, nach welcher die positiven Abstände liegen sollen, bestimmt ist.

Auflösung. Man nehme in jeder der Ebenen einen Flächenraum an, dessen numerischer Werth 1 ist, und welcher (seiner Erzeugungsweise nach) so beschaffen ist, dass das äussere Produkt dieses Flächenraums mit einer Strecke, die nach der als positiv angenommenen Seite der Ebene gerichtet ist, ein positives Produkt bildet. Diese Flächenräume, aufgefasst als Theile der betreffenden Ebenen, d. h. als Grössen dritter Stufe (255) seien beziehlich mit A', B',··· bezeichnet, so ist das Produkt [A'x] (nach 263) gleich dem Inhalte eines Spates (Parallelepipedums), dessen Grundfläche A' ist, und dessen Deckfläche (der Grundfläche gegenüberliegende Fläche) durch den Punkt x geht, also gleich A' mal der Höhe, oder da A' numerisch gleich 1 ist, gleich der Höhe, d. h. gleich der Entfernung des Punktes x von der Ebene A, und zwar auch dem Zeichen nach, und ebenso für die andere Ebene. Also ist

$$\begin{aligned} S &= \alpha[A'x] + \beta[B'x] + \cdots \\ &= [(\alpha A' + \beta B' + \cdots)x] \\ &= \varrho[Rx], \end{aligned}$$

wenn ϱR die entsprechende Vielfachensumme der Flächentheile A', B',···, und R numerisch gleich 1, ϱ aber positiv ist.

„Die Vielfachensumme S der Abständen eines variablen Punktes x von mehreren festen Ebenen A, B,···· mit den Koefficienten α, β,··· steht zu dem Abstande desselben Punktes von einer festen Ebene R in einem konstanten Verhältniss $\varrho : 1$, und zwar findet man R und ϱ, wenn man auf den Ebenen A, B,··· Flächentheile A', B',··· annimmt, welche numerisch gleich 1 sind, und mit Punkten, die auf der als positiv angenommenen Seite der betreffenden Ebenen liegen, äusserlich multiplicirt positives Produkt geben, dann ist R die Ebene des Flächentheiles $\alpha A' + \beta B' + \cdots$, und ϱ der numerische Werth dieses Flächentheiles. Sollte jedoch diese Summe eine unendlich entfernte Ebene, d. h. einen Körperraum (262) geben, alſo ϱR ein Körpertheil ſein, ſo ist (nach 268) [ϱRx] konstant, alſo auch die Vielfachenſumme S konstant. Sollte endlich $\alpha A' + \beta B' + \cdots$ ſelbst gleich null ſein, ſo wird auch S null für jeden Punkt x."

Anm. Die in den vorigen Aufgaben gefundenen Sätze lassen ſich in einen Satz zuſammenfassen, wenn man statt der Punkte und Ebenen Kugelflächen ſetzt, welche ſich, wenn die Radien null werden, in Punkte, wenn ſie unendlich werden, in Ebenen verwandeln, und zwar, wenn man statt des Quadrates des Abstandes von einem Punkte und statt des einfachen Abstandes von einer Ebene, das Produkt des kleinsten und grössten Abstandes von der Kugelfläche ſetzt, ſo geht dies Produkt, wenn ſich die Kugelfläche in einen Punkt zuſammenzieht, in das Quadrat des Abstandes über, und wenn ſich die Kugelfläche zu einer Ebene entfaltet, ſo wird der eine Abstand unendlich, und kann für alle Ebenen als gleich angeſehen und daher mit ihm dividirt werden, wodurch die einfachen Abstände hervorgehen. Dieſe Verallgemeinerung ſoll in dem folgenden Satze ausgeführt werden.

345. Wenn man unter dem Doppelabstand eines Punktes von einer Kugelfläche das Produkt des kleinsten und grössten Abstandes des Punktes von der Kugelfläche versteht (das Produkt poſitiv genommen, wenn die Abstände gleichgerichtet, d. h. der Punkt ausserhalb der Kugelfläche liegt, negativ im entgegengeſetzten Falle), ſo ist die Vielfachenſumme S der Doppelabstände $\alpha', \beta', \cdots$ von mehreren festen Kreiſen, deren Mittelpunkt a, b, $\cdots$, und deren Radien a', b', $\cdots$ ſind, alſo die Vielfachenſumme

$$\alpha\alpha' + \beta\beta' + \cdots,$$

wenn $\alpha, \beta, \cdots$ ihre Koefficienten darstellen, ein minimum oder maximum, wenn x in dem Schwerpunkte s des Punktvereins αa, βb, $\cdots$ liegt, und zwar, wenn ſich der Punkt x von dieſem Schwerpunkte s um den Abstand φ entfernt, ſo wächst S um das Produkt dieſes Abstandes in die Summe σ der Koefficienten $\alpha, \beta, \cdots$, alſo um $\varphi\sigma$ oder um $(\alpha + \beta + \cdots)\varphi$. Wenn aber der Punktverein αa, βb, $\cdots$ keinen Schwerpunkt hat, d. h. $\alpha + \beta + \cdots$ null ist, ſo giebt es eine auf der Strecke $r = \alpha a + \beta b + \cdots$ ſenkrecht stehende Ebene E, für deren Punkte S null ist; entfernt ſich dann x von dieſer Ebene um den Abstand φ, ſo wird $S = \pm 2\varphi\varrho$, wo ϱ der numerische Werth von r ist, und das untere oder obere Zeichen gewählt wird, je nachdem x ſich nach der Seite hin bewegt, nach welcher von E aus die Richtung von r liegt, oder nach der entgegengeſetzten. Wird aber auch $\alpha a + \beta b + \cdots = 0$, ſo ist S konstant.

Beweis. Zieht man von x die Linie durch den Mittelpunkt a der ersten Kugel, welche die Oberfläche derſelben in x_1 und x_2 schneide, ſo ist der Doppelabstand $\alpha' = (x - x_1)(x - x_2) = (x - a - a')(x - a + a')$, wenn $x - x_1$ die Linie von x_1 nach x bezeichnet u. ſ. w., und a' der Radius ist. Alſo $\alpha' = (x - a)^2 - a'^2$, oder wenn wir jetzt unter $x - a$ eine Strecke von bestimmter Länge und Richtung verstehen,

$$\alpha' = (x - a)^2 - a'^2.$$

Alſo
$$S = \alpha\alpha' + \beta\beta' + \cdots$$
$$= \alpha[(x - a)^2 - a'^2] + \beta[(x - b)^2 - b'^2] + \cdots.$$

Nehmen wir nun einen konstanten Punkt s zu Hülfe, der zur Vereinfachung des Ausdrucks dienen ſoll, ſo wird

$$(x - a)^2 = (x - s + s - a)^2$$
$$= (x - s)^2 + 2[(x - s)|(s - a)] + (s - a)^2$$

und entsprechend bei den übrigen Quadraten. Setzen wir noch $\alpha + \beta + \cdots = \sigma$, ſo wird

$$S = \sigma(x - s)^2 + 2[(x - s)|(\sigma s - \alpha a - \beta b - \cdots)] + \mu,$$

wenn wir die konstante Grösse

$$\alpha(s - a)^2 + \beta(s - b)^2 + \cdots - \alpha a'^2 - \beta b'^2 - \cdots = \mu$$

ſetzen. Ist nun σ von null verschieden, ſo wird der Faktor $\sigma s - \alpha a - \beta b - \cdots = 0$, wenn s der Schwerpunkt des Punktvereins $\alpha a, \beta b, \cdots$ wird. Nehmen wir alſo s in dieſem Schwerpunkte liegend an, ſo wird

$$S = \sigma(x - s)^2 + \mu,$$

wodurch der erste Theil bewieſen ist. Wenn aber $\sigma = 0$ ist, ſo ist $\alpha a + \beta b + \cdots$ eine Strecke, dieſe ſei r, und ϱ ihr numerischer Werth, ſo wird

$$S = 2[(s - x)|r] + \mu.$$

Leicht kann man, da S in Bezug auf x vom ersten Grade ist, ſolche Punkte x finden, für welche S null wird. Es ſei s' ein ſolcher Punkt*), d. h.

---

*) Setzt man den Punkt $s + \frac{\mu r}{2\varrho^2} \equiv p$, ſo ist s' ein beliebiger Punkt, welcher in der durch p ſenkrecht gegen r gelegten Ebene liegt.

$$2[(s - s')|r] + \mu = 0,$$

ſo wird

$$S = 2[(s - s' + s' - x)|r] + \mu = 2[(s' - x)|r]$$

vermöge der vorigen Gleichung, und dies ist

$$= \pm 2\varphi\varrho,$$

wenn ϱ der numerische Werth der ſenkrechten Projektion von $s' - x$ auf r ist, und das untere oder obere Zeichen gewählt wird, je nachdem $x - s'$ und r auf derſelben Seite der in s' auf r errichteten ſenkrechten Ebene liegen oder nicht, wodurch der zweite Theil des Satzes erwieſen ist. Wenn endlich auch $\alpha a + \beta b + \cdots = 0$ ist, ſo wird

$$S = \mu,$$

alſo konstant.

346. Aufgabe. Die Summe S mehrerer Linientheile im Raume auf die Summe eines Linientheiles und eines dagegen ſenkrechten Flächenraumes zurückzuführen.

Auflöſung. Man nehme ein System von vier Einheiten im Raume: a, a_1, a_2, a_3 an, von denen a ein einfacher Punkt und a_1, a_2, a_3 Strecken ſind, ſo lässt ſich (nach 232) jeder Punkt im Raume aus ihnen numerisch ableiten, alſo ist jeder Linientheil als Produkt zweier Punkte (nach 65) aus den multiplikativen Kombinationen aa_1, aa_2, aa_3, a_1a_2, a_1a_3, a_2a_3 numerisch ableitbar, alſo auch S, als Summe ſolcher Linientheile, es ſei

$$S = \alpha_1[aa_1] + \alpha_2[aa_2] + \alpha_3[aa_3] + \beta_1[a_1a_2] + \beta_2[a_1a_3] + \beta_3[a_2a_3]$$

oder

$$= [a(\alpha_1a_1 + \alpha_2a_2 + \alpha_3a_3)] + \beta_1[a_1a_2] + \beta_2[a_1a_3] + \beta_3[a_2a_3].$$

Es ſei

$$\alpha_1a_1 + \alpha_2a_2 + \alpha_3a_3 = b,$$

alſo b eine Strecke, und $\beta_1[a_1a_2] + \beta_2[a\,a_3] + \beta_3[a_2a_3]$ ist als Summe von Produkten von je zwei Strecken, wieder ein ſolches, alſo als Ergänzung einer Strecke aufzufassen, etwa der Strecke c, d. h. es ſei

$$\beta_1[a_1a_2] + \beta_2[a_1a_3] + \beta_3[a_2a_3] = |c,$$

ſo ist

$$S = [ab] + |c.$$

Es ſei a' irgend ein anderer, noch näher zu bestimmender

Punkt und sei $a - a' = d$, wo d eine Strecke ist, so ist $a = a' + d$, also

$$S = [(a' + d)b] + |c = [a'b] + [db] + |c.$$

Es ist hier $[db] + |c$ ein Flächenraum; und es soll d so bestimmt werden, dass, wie die Aufgabe verlangt, dieser Flächenraum auf dem Linientheile $[a'b]$ senkrecht stehen soll. Da a' ein Punkt und b eine Strecke ist, so hat dieser Linientheil die Richtung von b, also soll der Flächenraum auf b senkrecht stehen, d. h. (nach 152, 333) $[(db + |c)|b] = 0$, oder

$$[db|b] + |[cb] = 0 \qquad [99],$$

d. h. $$|[cb] = [bd|b] \qquad [55].$$

Nehmen wir an, dass d senkrecht auf b stehe, d. h. in der Ebene |b liege, so ist (nach 108) der zuletzt gewonnene Ausdruck

$$= [b|b]d = \beta^2 d,$$

wenn β der numerische Werth von b ist, also d gefunden

$$d = |[cb] : \beta^2.$$

Umgekehrt, wenn d diesen Werth hat, so folgt durch die umgekehrten Umgestaltungen, dass der Flächenraum $[db] + |c$ auf b senkrecht stehe, also ist die Aufgabe gelöst.

347. Wenn zwei Summen von Linientheilen beide auf die Form einer Summe gebracht sind, deren eines Stück ein Linientheil und deren anderes Stück ein gegen die Linie desselben senkrechter Flächenraum ist, so sind jene Summen nur dann gleich, wenn sowohl diese Linientheile als diese Flächenräume einander gleich sind, d. h. wenn

$$[ab] + \gamma|b = [a_1 b_1] + \gamma_1|b_1$$

ist, wo a und a_1 einfache Punkte, b und b_1 Strecken, γ und γ_1 Zahlen sind, so ist

$$[ab] = [a_1 b_1], \quad \gamma|b = \gamma_1|b_1.$$

Beweis. Man multiplicire zuerst die gegebene Gleichung mit einem Produkte U dreier Strecken, so ist |b ein Produkt zweier Strecken, also $[|b \cdot U] = 0 = [|b_1 \cdot U]$ (nach 301), dagegen $[abU] = b$ und $[a_1 b_1 U] = b_1$ (nach 305); also erhält man $b = b_1$. Somit verwandelt sich die gegebene Gleichung in

$$[ab] + \gamma|b = [a_1 b] + \gamma_1|b.$$

Multiplicirt man diese Gleichung mit b, so wird, da [abb]

$= [a_1 bb] = 0$ ist (nach 60), $\gamma[b|b] = \gamma_1[b|b]$, alſo, da $[b|b] = b^2$ eine von Null verschiedene Zahl ist, $\gamma = \gamma_1$. Somit verwandelt ſich die ursprüngliche Gleichung in $[ab]' = [a_1 b]$, d. h. die Linientheile $[ab]$ und $[a_1 b_1]$ und die Flächenräume $\gamma|b$ und $\gamma_1|b_1$ ſind einander gleich.

Anm. Es lässt ſich alſo jede Summe von Linientheilen, d. h. jede geometrische Grösse zweiter Stufe auf eine bestimmte, vollkommen unzweideutige Art in Form einer Summe eines Linientheiles und eines gegen ſeine Linie ſenkrechten Flächenraums darstellen. Es ist interessant, dass dieſe allgemeine Grösse zweiter Stufe vollkommen repräſentirt wird durch die Bewegung eines Körpers im Raume. Wenn nämlich ein Körper aus einer Lage in eine beliebige andere verſetzt wird, ſo ist bekanntlich dieſe Verſetzung allemal dadurch möglich zu machen, dass man eine gewisse Linie des Körpers in ihrer eigenen Richtung um ein Gewisses fortschreiten lässt, während der Körper um dieſe Linie als um ſeine Axe eine gewisse Drehung vollendet, und zwar ſind dieſe beiden Partialbewegungen durch die Anfangs- und End-Lage des Körpers vollkommen bestimmt. Die erstere Bewegung kann durch einen Linientheil vollkommen repräſentirt werden, die letztere durch einen dagegen ſenkrechten Flächenraum, beide zuſammen alſo durch die allgemeine räumliche Grösse zweiter Stufe. Natürlich wird man in der Statik auf gleiche Weiſe die Reſultante mehrerer Kräfte im Raume darstellen können, während der blosse Linientheil die einzelne statische Kraft darstellt, und die Summe derſelben die statische Reſultante der entsprechenden Kräfte (ſ. Ausdehnungslehre §. 122 ff.)

Zweiter Abschnitt.

Funktionenlehre.

Kap. 1. Funktionen im Allgemeinen.

§. 1. Begriff der Funktionen, und Reduktion mehrerer Funktionen mehrerer Variabeln auf eine Funktion einer Variabeln.

348. Erklärung. Wenn eine Grösse u von einer oder mehreren Grössen x, y,··· in der Art abhängt, dass, ſo oft x, y,··· bestimmte Werthe annehmen, auch u einen bestimmten (eindeutigen) Werth annimmt, ſo nennen wir u eine Funktion von x, y,···.

Anm. Hier ist zu bemerken, dass die obige Definition auch gelten ſoll, wenn u, x, y,··· beliebige extenſive Grössen ſind. Ferner ist zu bemerken, dass die mehrdeutigen Funktionen, d. h. ſolche, wo für bestimmte Werthe der unabhängigen Variabeln x, y,··· die Grösse u mehrere verschiedene Werthe annehmen kann, ohne dass dieſe Verschiedenheit durch eine neue Variable bedingt ist, — hier gänzlich ausgeschlossen ſind; wie denn überhaupt alle in dieſem Sinne mehrdeutigen Grössen aus der Mathematik zu verbannen ſind, weil ſich auf ſie keine mathematische Formel mit Sicherheit anwenden lässt. Sobald die Beziehung zwischen den unabhängigen und der abhängigen Variabeln u vermittelst einer Gleichung gegeben ist, durch welche für bestimmte Werthe der ersteren die letztere u mehrere verschiedene Werthe annehmen kann, ſo kann man u anſehen als Funktion jener Variabeln und einer neuen r, welche eine bestimmte Werthreihe, etwa die der ganzen Zahlen durchläuft, ſo dass dann, wenn auch ausser den ursprünglichen Variabeln noch der Werth von r bestimmt ist, auch u eindeutig bestimmt ſei. Oder ſollte eine ſolche neue Variable r nicht ausreichen, ſo kann man mehrere ſolche zu Hülfe nehmen. Hat man z. B. die Gleichung $u^n = x$, so kann hier für jeden Werth von x die Grösse u noch n verschiedene Werthe annehmen. Einer derselben sei mit $x^{\frac{1}{n}}$ bezeichnet, so ist bekanntlich

$$u = (-1)^{\frac{2r}{n}} x^{\frac{1}{n}} = \left(\cos.\frac{2r\pi}{n} + \sqrt{-1}\,\sin.\frac{2r\pi}{n}\right) x^{\frac{1}{n}},$$

wo r nach und nach jeden ganzen Zahlwerth annehmen kann. Es ist also u auf diese Weise als Funktion von x und einer neuen Variablen r dargestellt, wodurch dann die Mehrdeutigkeit der Funktion verschwindet.

349. Erklärung. Zahlfunktion nenne ich eine Funktion, welche für beliebige Werthe der Variabeln, von denen sie abhängt, stets einen Zahlwerth (reellen oder imaginären, ganzen oder gebrochenen, rationalen oder irrationalen) annimmt. Extensive Funktion nenne ich eine Funktion, welche für alle (oder gewisse) Werthe der Variabeln einer extensiven Grösse gleich ist. Ich werde die Zahlfunktionen stets mit kleinen Buchstaben f, φ, ψ, $\cdots$, die extensiven Funktionen mit grossen Buchstaben F, Φ, Ψ, $\cdots$ bezeichnen.

Anm. Die imaginäre Zahlgrösse $p + q\sqrt{-1}$ steht auf der Gränze der extensiven Grössen; sie ist als extensive Grösse aufzufassen, sobald man für den Ausdruck der Zahlbeziehung zwischen mehreren Grössen, nur reelle Zahlkoefficienten zulässt, indem dann 1 und $\sqrt{-1}$ als Einheiten erscheinen, die in keiner Zahlbeziehung zu einander stehen, hingegen ist sie als Zahlgrösse aufzufassen, sobald auch imaginäre Zahlkoefficienten für den Ausdruck der Zahlbeziehung gestattet sind. Wenn daher die Funktion $y = fx$ für reelles x imaginäre Werthe, etwa $u + v\sqrt{-1}$ annimmt, so kann sie in dem ersten Sinne als extensive Funktion aufgefasst werden; doch wollen wir in der Funktionslehre den letzteren Sinn stets festhalten, also auch im Falle y imaginär wird, dennoch y als Zahlfunktion auffassen, wie es in der Erklärung geschehen ist.

350. Jede Zahlfunktion beliebig vieler Zahlgrössen lässt sich als Zahlfunktion einer einzigen extensiven Grösse darstellen, und zwar, wenn

$$y_1 = f(x_1,\ x_2, \cdots x_n)$$

ist, so ist dieser Ausdruck gleichbedeutend mit

$$y_1 = f((x|e_1),\ (x|e_2)\cdots,\ (x|e_n)) = \varphi(x),$$

wo $e_1, \cdots e_n$ ein einfaches Normalsystem (siehe 153) bilden, und

$$x = x_1 e_1 + x_2 e_2 + \cdots x_n e_n$$

ist.

Beweis. Wenn $x = x_1 e_1 + x_2 e_2 + \cdots x_n e_n$ ist und $e_1, \cdots e_n$ ein einfaches Normalſystem bilden, ſo iſt

$$[x|e_1] = [(x_1 e_1 + x_2 e_2 + \cdots x_n e_n)|e_1] = x_1,$$

da $[e_1|e_2], \cdots [e_1|e_n]$ (nach 188) null ſind und $[e_1|e_1] = 1$ iſt. Aus gleichem Grunde iſt

$$[x|e_2] = x_2, \cdots, [x|e_n] = x_n.$$

Alſo

$$y_1 = f(x_1, x_2, \cdots x_n) = f((x|e_1), (x|e_2) \cdots (x|e_n)),$$

wo alſo y_1 eine Funktion der extenſiven Grösse x iſt. Es ſei dieſe Funktion mit $\varphi(x)$ bezeichnet, ſo hat man

$$y_1 = \varphi(x).$$

351. Jedes Syſtem von Zahlfunktionen beliebig vieler Zahlgrössen lässt ſich als eine extenſive Funktion einer extenſiven Grösse darſtellen, und zwar, wenn

$$\begin{cases} y_1 = f_1(x_1, x_2, \cdots x_n) \\ y_2 = f_2(x_1, x_2, \cdots x_n) \\ \vdots \\ y_m = f_m(x_1, x_2, \cdots x_n) \end{cases}$$

iſt, ſo iſt dies Syſtem von Gleichungen gleichbedeutend der Gleichung

$$y = F(x),$$

wo

$$x = x_1 e_1 + \cdots x_n e_n$$
$$F(x) = e_1 \varphi_1(x) + e_2 \varphi_2(x) + \cdots e_m \varphi_m(x)$$
$$\varphi_r(x) = f_r([x|e_1], [x|e_2], \cdots [x|e_n])$$

iſt und $e_1, \cdots e_n$ und $e_1, \cdots e_m$ einfache Normalſyſteme bilden.

Beweis. Nach 350 iſt, wenn $x = x_1 e_1 + x_2 e_2 + \cdots x_n e_n$ geſetzt wird,

$$y_r = f_r(x_1, x_2, \cdots x_n)$$

gleichbedeutend mit

$$y_r = f_r([x|e_1], [x|e_2], \cdots [x|e_n]).$$

Dieſe Funktion von x ſei mit $\varphi_r(x)$ bezeichnet, alſo

$$y_r = \varphi_r(x) = f_r([x|e_1], [x|e_2], \cdots [x|e_n]).$$

Ferner iſt (nach 29) das Syſtem der Gleichungen

$$y_1 = \varphi_1(x), \; y_2 = \varphi_2(x) \cdots y_m = \varphi_m(x)$$

gleichbedeutend der Gleichung

$$y_1e_1 + y_2e_2 + \cdots y_me_m$$
$$= e_1\varphi_1(x) + e_2\varphi_2(x) + \cdots e_m\varphi_m(x),$$

d. h. der Gleichung

$$y = e_1\varphi_1(x) + e_2\varphi_2(x) + \cdots e_m\varphi_m(x).$$

Diefe Funktion von x fei mit F(x) bezeichnet, alfo

$$F(x) = e_1\varphi_1(x) + e_2\varphi_2(x) + \cdots e_m\varphi_m(x),$$

fo find die m gegebenen Gleichungen

$$y_1 = f_1(x_1, x_2, \cdots x_m) \text{ u. f. w.},$$

gleichbedeutend mit der Gleichung

$$y = F(x).$$

352. Jedes System von Funktionen beliebig vieler Variabeln lässt fich erfetzen durch eine Funktion einer Variabeln, vorausgefetzt, dass fich die unabhängigen Variabeln fämmtlich aus einem System von Einheiten numerisch ableiten lassen, und ebenfo die abhängigen.

Beweis 1. Für ein beliebiges System von Zahlfunktionen beliebig vieler Zahlgrössen ist der Satz in 351 bewiefen.

2. Nach 157 lassen fich alle aus einem System von n Einheiten numerisch ableitbare Grössen aus einem einfachen Normalfystem von n Grössen numerisch ableiten. Es bestehe das Normalfystem, aus welchem fich die unabhängigen Variabeln x, y, $\cdots$ ableiten lassen, aus den Grössen $e_1, e_2, \cdots e_n$, und diejenigen, aus welchen fich die abhängigen Variabeln u, v, $\cdots$ ableiten lassen, aus den Grössen $e^{(1)}, e^{(2)}, \cdots e^{(m)}$. Ferner fei

$$x = x_1e_1 + \cdots x_ne_n, \quad u = u_1e^{(1)} + \cdots u_me^{(m)}$$
$$y = y_1e_1 + \cdots y_ne_n, \quad v = v_1e^{(1)} + \cdots v_me^{(m)},$$
$$\vdots \qquad \vdots \qquad \vdots \qquad \vdots$$

wo alle Koefficienten Zahlgrössen find, und feien

$$u = F(x, y \cdot \cdot), \quad v = \Phi(x, y, \cdot \cdot), \cdots$$

die gegebenen Funktionen, fo erhält man, indem man hierin die obigen Werthe einfetzt,

$$u_1e^{(1)} + \cdots u_me^{(m)}$$
$$= F(x_1e_1 + \cdot \cdot x_ne_n, \; y_1e_1 + \cdots + y_ne_n, \cdots).$$

Hier ist die rechte Seite eine extenfive Funktion der Zahlgrössen $x_1, \cdots x_n$, $y_1 \cdots y_n, \cdots$. Diefe Funktion foll einer Grösse gleich fein, welche aus den Einheiten $e^{(1)}, \cdots e^{(m)}$ numerisch ableitbar ist, alſo muss ſie ſelbst aus ihnen numerisch ableitbar ſein, d. h. ſie muss in der Form $e^{(1)}\varphi_1 + \cdots e^{(m)}\varphi_m$ erscheinen, wo $\varphi_1, \cdots \varphi_m$ Zahlfunktionen von $x_1, \cdots x_n, y_1 \cdots y_n, \cdots$ ſind. Alſo erhält man

$$u_1 e^{(1)} + \cdots u_m e^{(m)} = e^{(1)}\varphi_1 + \cdots e^{(m)}\varphi_m.$$

Dieſe Gleichung, welche mit $u = F(x, y)$ gleichbedeutend ist, wird (nach 29) erſetzt durch das System der Zahlgleichungen

$$u_1 = \varphi_1,\ u_2 = \varphi_2, \cdots u_m = \varphi_m.$$

Auf gleiche Weiſe wird die Gleichung

$$v = \Phi(x, y)$$

erſetzt durch ein System von Zahlgleichungen von der Form

$$v_1 = \psi_1,\ v_2 = \psi_2, \cdots\ v_m = \psi_m,$$

wo $\psi_1, \psi_2, \cdots$ gleichfalls Zahlfunktionen der Zahlgrössen $x_1, \cdots x_n, y_1, \cdots y_n, \cdots$ ſind. Folglich werden die gegebenen Gleichungen

$$u = F(x, y \cdots),\ v = \Phi(x, y \cdots)$$

erſetzt durch das System der Zahlgleichungen

$$\begin{array}{llll} u_1 = \varphi_1, & u_2 = \varphi_2, \cdots & u_m = \varphi_m, \\ v_1 = \psi_1, & v_2 = \psi_2, \cdots & v_m = \psi_m, \\ \vdots & \vdots & \vdots & \vdots \end{array}$$

wo $\varphi_1 \cdots \varphi_m, \psi_1 \cdots \psi_m, \cdots$ Zahlfunktionen der Zahlgrössen $x_1 \cdots x_n, y_1 \cdots y_n, \cdots$ ſind. Aber nach 351 kann ein ſolches System erſetzt werden durch Eine Funktion Einer Grösse, folglich kann auch das gegebene System durch Eine ſolche Funktion Einer Grösse erſetzt werden.

Anm. Dieſe Zurückführung auf Eine Funktion Einer Variabeln ist auch für die Behandlung der Zahlfunktionen von Bedeutung, da die Sätze der Zahlfunktionen, der Differenzialrechnung, der Reihen, und auch mit gewissen Beschränkungen die der Integralrechnung ſich auf ſolche extenſiven Funktionen extenſiver Grössen, wie unten gezeigt werden ſoll, anwenden lassen. Namentlich ergeben ſich daraus die Jakobischen Sätze über Funktionaldeterminanten, ſo wie die von Jakobi in ſeiner berühmten Abhandlung angedeutete oder geahnte Uebereinstimmung dieſer Sätze mit den Sätzen der Differenziation einer einfachen Funktion einer Variabeln aufs leichteste und unmittelbarste.

§. 2. Ganze Funktionen und Darstellung derselben vermittelst lückenhaltiger Produkte.

353. Erklärung. Wenn $P_{a_1, a_2, \cdots a_n}$ ein beliebiges Produkt ist, in welchem die Grössen erster Stufe a_1, $a_2, \cdots a_n$ als Faktoren verkommen, fo verstehe ich unter

$$P_{l, l, \cdots l}(x_1 x_2 \cdots x_n),$$

wo $x_1 \cdots x_n$ beliebige Grössen erster Stufe find, das arithmetische Mittel zwischen den fämmtlicheu Ausdrücken, welche aus

$$P_{x_1, x_2, \cdots x_n}$$

hervorgehen, wenn man den Grössen x_1, $x_2, \cdots x_n$ alle möglichen verschiedenen Folgen giebt. Ich nenne hier den Ausdruck $P_{l, l, \cdots l}$ ein Produkt mit n Lücken.

So ist z. B.

$$P_{l, l, l}(xyz)$$
$$=(P_{x,y,z} + P_{x,y,z} + P_{y,x,z} + P_{y,z,x} + P_{z,x,y} + P_{z,y,x}):6.$$

Anm. Unter dem arithmetischen Mittel mehrer Grössen ist hier, wie fonst, die durch die Anzahl der Grössen dividirte Summe derfelben verstanden. Es versteht fich von felbst, dass wenn ein folcher Lückenausdruck noch mit andern Ausdrücken durch Multiplikation verbunden werden foll, er dann in Klammern zu schliessen ist. Noch ist zu bemerken, dass wir oben die in die Lücken eintretenden Grössen als Grössen erster Stufe gefetzt haben. Man fieht leicht, dass man diefen Begriff auch hätte erweitern und auch Lücken höherer Stufen hätte annehmen können, d. h. folche Lücken, in welche Grössen höherer Stufen eintreten follen. Doch kann man folche Fälle, in denen Lücken höherer Stufe vorkommen würden, fast überall vermeiden. Namentlich, was der häufigste Fall ist, wenn das Hauptgebiet von n-ter Stufe ist, und Grössen (n — 1)-ter Stufe in die Lücken eintreten follen, fo kann man diefe Grössen als Ergänzungen von Grössen erster Stufe alfo in der Form |a u. f. w. darstellen, und statt der Lücke (n — 1)-ter Stufe schreiben |l, wodurch dann die Lücke auf die erste Stufe reducirt ist, und der Definition in 353 unterliegt.

354. Es ist

$$P_{l, l, \cdots}(x_1 x_2 \cdots x_n) = \sum \overline{P_{x_r, x_s \cdots}} : (1 \cdot 2 \cdots n),$$

wo der Ausdruck $P_{l, l, \cdots}$ ein Produkt mit n Lücken ist, und x_r, $x_s, \cdots$ diefelben Grössen wie x_1, $x_2, \cdots x_n$ bezeichnen, nur in beliebig geänderter Folge, und wo die Summe fich auf alle verschiedenen Folgen bezieht. Ins Befondere ist

$$P_{l, l, \cdots} x^n = P_{x, x, \cdots}.$$

Beweis. Nach 353 ist $P1, 1, \cdots x_1, x_2, \cdots x_n$ das arithmetische Mittel der Ausdrücke $P x_r, x_s, \cdots$, welche aus $P x_1, x_2, \cdots x_n$ durch beliebige Anordnung der Grössen $x_1, \cdots x_n$ hervorgehen, d. h. gleich der Summe jener Ausdrücke, dividirt durch ihre Anzahl, alfo durch $1 \cdot 2 \cdots n$. Wenn ins Befondere $x_1 = x_2 = \cdots = x_n = x$ ist, fo werden alle jene Ausdrücke gleich $P x, x, \cdots$, alfo ist ihr arithmetisches Mittel gleich einem derfelben, alfo damit auch die Specialformel erwiefen.

355. Erklärung. Wenn P_m ein Produkt mit m Lücken, und $m > n$ ist, fo verstehe ich unter $P_m(x_1 \cdot x_2 \cdots x_n)$ den Ausdruck, welchen man erhält, wenn man den Ausdruck $P_m(x_1 \cdot x_2 \cdots x_m)$ (nach 353) entwickelt, und dann statt jeder der Grössen $x_{n+1}, x_{n+2}, \cdots x_m$ eine Lücke fetzt; z. B. ist

$$P1, 1, 1x = (Px, 1, 1 + P1, x, 1 + P1, 1, x) : 3;$$

$$P1, 1, 1(xy) = (Px, y, 1 + Py, x, 1 + Px, 1, y + Py, 1, x + P1, x, y + P1, y, x) : 6.$$

356. Wenn $P1, 1, \cdots$ ein Produkt mit m Lücken, und m grösser als n ist, fo ist

$$P1, 1, \cdots (x_1 x_2 \cdots x_n) = \frac{S}{m(m-1)\cdots(m-n+1)},$$

wo S die Summe aller Glieder ist, welche hervorgehen, wenn man $x_1, x_2, \cdots x_n$ auf alle möglichen verschiedenen Arten in die m Lücken von $P1, 1 \cdots$ vertheilt, ins Befondere ist

$$P1, 1 \cdots x = (Px, 1, \cdots + P1, x, \cdots + \cdots) : m.$$

Beweis. Es ist (nach 355) unter $P1, 1, \cdots x_1 \cdot x_2 \cdots x_n$ der Ausdruck verstanden, den man erhält, wenn man in $P1, 1, \cdots x_1 \cdot x_2 \cdots x_m$ statt jeder der Grössen $x_{n+1}, \cdots x_m$ eine Lücke fetzt. Nun ist (nach 354)

$$P1, 1 \cdots (x_1 x_2 \cdots x_m) = \sum \overline{P x_r, x_s, \cdots} : (1 \cdot 2 \cdots m).$$

Setzt man hierin statt $x_{n+1}, x_{n+2}, \cdots x_m$ Lücken, fo werden alle die Glieder gleich, welche fich nur durch die Reihenfolge der Grössen $x_{n+1}, x_{n+2}, \cdots x_m$ unterscheiden. Man kann alfo, statt diefe gleichen Glieder fo oft zu fetzen, als ihre Anzahl beträgt, eins derfelben mit diefer Anzahl, alfo mit $1 \cdot 2 \cdot 3 \cdots (m-n)$ multipliciren; fomit erhält man jedes der von einander verschiedenen Glieder mit $1 \cdot 2 \cdots (m-n)$

$:(1\cdot 2\cdots m)$ multiplicirt. Aber die Summe dieſer von einander verschiedenen Glieder ist S, alſo

$$P_{1,1,\cdots}(x_1 x_2 \cdots x_n) = \frac{S\cdot 1\cdot 2\cdots(m-n)}{1\cdot 2\cdots m} = \frac{S}{m(m-1)\cdots(m-n+1)}.$$

Da die Anzahl der in S enthaltenen Glieder gleich $m(m-1)\cdots(m-n+1)$ ist, ſo ist der Ausdruck rechts zugleich das arithmetische Mittel dieſer Glieder.

357. Erklärung. Wenn $A, B, \cdots A', B', \cdots$ Produkte mit je n Lücken, und $\alpha, \beta, \cdots \alpha', \beta', \cdots$ Zahlen ſind, ſo ſetze ich dann und nur dann

$$\alpha A + \beta B + \cdots = \alpha' A' + \beta' B' + \cdots,$$

wenn für jede Reihe von n Grössen erster Stufe $x_1, x_2, \cdots x_n$

$$\alpha A x_1 x_2 \cdots x_n + \beta B x_1 x_2 \cdots x_n + \cdots = \alpha' A' x_1 x_2 \cdots x_n + \beta' B' x_1 x_2 \cdots x_n + \cdots$$

ist. Wir nennen eine ſolche Vielfachenſumme von Lückenprodukten (mit je n Lücken) einen Lückenausdruck (mit n Lücken).

358. Jede ganze Zahlfunktion n-ten Grades von beliebig vielen (veränderlichen) Zahlgrössen lässt ſich in der Form

$$A x^n$$

darstellen, wo A ein Ausdruck mit n Lücken ist, und zwar ist

$$\sum \alpha_{\mathfrak{a},\mathfrak{b},\cdots} x_1^{\mathfrak{a}} x_2^{\mathfrak{b}} \cdots [\mathfrak{a}+\mathfrak{b}+\cdots =< n] = A x^n,$$

wo $x = e_0 + x_1 e_1 + x_2 e_2 + \cdots$

und $A = \sum \alpha_{\mathfrak{a},\mathfrak{b},\cdots} [l|e_0]^{\mathfrak{r}} [l|e_1]^{\mathfrak{a}} [l|e_2]^{\mathfrak{b}} \cdots [\mathfrak{r}+\mathfrak{a}+\mathfrak{b}+\cdots = n]$

ist, wo ferner $e_0, e_1, e_2, \cdots$ ein einfaches Normalſystem bilden, und die Summe ſich auf alle möglichen ganzen Werthe $\mathfrak{r}, \mathfrak{a}, \mathfrak{b}, \cdots$ bezieht, welche der in Klammern beigefügten Bedingung genügen, ohne negativ zu ſein.

Beweis. Nach der Annahme ist $x = x_0 e_0 + x_1 e_1 + x_2 e_2 + \cdots$, wo $x_0 = 1$ ist. Ferner da $x_0 = 1$ und $\mathfrak{a}+\mathfrak{b}+\cdots =< n$ ist, ſo ist

$$\sum \alpha_{\mathfrak{a},\mathfrak{b},\cdots} x_1^{\mathfrak{a}} x_2^{\mathfrak{b}} \cdots = \sum \alpha_{\mathfrak{a},\mathfrak{b},\cdots} x_0^{\mathfrak{r}} x_1^{\mathfrak{a}} x_2^{\mathfrak{b}} \cdots$$

mit der Bedingung, dass $\mathfrak{r}+\mathfrak{a}+\mathfrak{b}+\cdots = n$ ſei. Der gewonnene Ausdruck ist aber (nach 350)

$$= \sum \alpha_{\mathfrak{a}, \mathfrak{b}, \cdots} [x|e_0]^{\mathfrak{r}} [x|e_1]^{\mathfrak{a}} [x|e_2]^{\mathfrak{b}} \cdots$$

$$= A x^n \qquad [354],$$

wo A den im Satze angegebenen Lückenausdruck darstellt.

359. Jedes System von ganzen Funktionen n-ten Grades beliebig vieler Variabeln lässt ſich in der Form

$$A x^n$$

darstellen, wo A ein konstanter Lückenausdruck mit n Lücken ist.

Beweis folgt aus 358 vermittelst 352.

360. Statt einen Lückenausdruck mit einer Faktorenreihe (gemäss der Erklärung in 353) zu multipliciren, kann man ihn mit den Faktoren fortschreitend multipliciren, d. h.

$$A(x_1 x_2 \cdots x_n) = A x_1 x_2 \cdots x_n.$$

Beweis 1. Es bestehe A nur aus einem Produkt, und zwar enthalte dasſelbe m Lücken, ſo ist (nach 356)

$$* \quad A(x_1 x_2 \cdots x_n) = \frac{S}{m(m-1)\cdots(m-n+1)},$$

wo S die Summe aller Glieder ist, welche hervorgehen, wenn man auf alle möglichen verschiedenen Arten $x_1, x_2, \cdots x_n$ in die m Lücken von A vertheilt. Ebenſo ſei S_1 die Summe aller Glieder, welche hervorgehen, wenn man x_1 nach und nach in jede einzelne Lücke des Produktes A einſetzt; ferner gehe S_2 aus S_1 hervor, indem man in jedem Gliede von S_1 die Grösse x nach und nach in jede der $m-1$ Lücken einzeln einſetzt, und die ſämmtlichen ſo erhaltenen Glieder addirt, ſomit ist S_2 zugleich die Summe aller Glieder, welche hervorgehen, wenn man $x_1 x_2$ auf alle möglichen verschiedenen Arten in zwei der Lücken von A einfügt. Auf entsprechende Weiſe möge S_3 aus S_2 abgeleitet ſein u. ſ. w. Dann ist (nach 356)

$$A x_1 = \frac{S_1}{m_1}, \quad A x_1 x_2 = \frac{S_2}{m(m-1)}, \cdots$$

endlich

$$A x_1 x_2 \cdots x_n = \frac{S}{m(m-1)\cdots(m-n+1)} = A(x_1 x_2 \cdots x_n) \text{ [nach *]}.$$

2. Es ſei A ein beliebiger Lückenausdruck $= \sum \overline{P_{\mathfrak{a}}}$, wo jedes $P_{\mathfrak{a}}$ ein Produkt mit m Lücken ist, ſo ist

$$\begin{aligned} A(x_1x_2\cdots x_n) &= \sum \overline{P_a}(x_1x_2\cdots x_n) \\ &= \sum \overline{P_a(x_1x_2\cdots x_n)} && [357] \\ &= \sum \overline{P_a x_1x_2\cdots x_n} && [\text{Bew. 1}] \\ &= \sum \overline{P_a}\, x_1x_2\cdots x_n && [357] \\ &= A x_1x_2\cdots x_n. \end{aligned}$$

361. In dem Ausdrucke $Ax_1x_2\cdots x_n$, in welchem A ein beliebiger Lückenausdruck mit n oder mehr Lücken ist, kann man ohne Werthänderung eine beliebige Schaar der Grössen $x_1x_2\cdots x_n$ mit einer Klammer umschliessen.

Beweis aus 360.

362. Die Ordnung der Faktoren, welche in einen Lückenausdruck eintreten ſollen, ist gleichgültig für das Reſultat, d. h.

$$Ax_1x_2\cdots = Ax_rx_s\cdots,$$

wo $x_1x_2\cdots$ und $x_rx_s\cdots$ dieſelben Faktoren nur in verschiedener Ordnung enthalten ſollen, und A einen Lückenausdruck bezeichnet.

Beweis. Es ſei $A = \sum \overline{P_a}$, wo jedes P_a ein lückenhaltiges Produkt ist, ſo ist

$$\begin{aligned} Ax_1x_2\cdots &= A(x_1x_2\cdots) && [360] \\ &= \sum \overline{P_a(x_1x_2\cdots)} && [357]. \end{aligned}$$

Nun ist aber (nach 356) $P_a(x_1x_2\cdots)$ das arithmetische Mittel ſämmtlicher Ausdrücke, welche hervorgehen, wenn man x_1, x_2, $\cdots$ in allen möglichen Anordnungen in die Lücken von P_a hineinfügt, alſo ist es gleichgültig, in welcher Ordnung die Grössen x_1, x_2, $\cdots$ in dem Ausdrucke $P_a(x_1x_2\cdots)$ vorkommen, d. h. $P_a(x_1x_2\cdots) = P_a(x_rx_s\cdots)$, wenn $x_1x_2\cdots$ und $x_rx_s\cdots$ dieſelben Faktoren nur in veschiedener Folge enthalten ſollen. Alſo ist

$$\begin{aligned} Ax_1x_2\cdots &= \sum \overline{P_a(x_rx_s\cdots)} = \sum \overline{P_a}(x_rx_s\cdots) && [357] \\ &= A(x_rx_s\cdots) = Ax_rx_s\cdots. && [360] \end{aligned}$$

363. Wenn irgend einer der Faktoren, welche mit einem Lückenausdrucke multiplicirt ſind, eine Summe ist, ſo kann man statt der Summe die einzelnen Summanden ſetzen, und die ſo erhaltenen Lückenausdrücke addiren, d. h.

$$Ap(x + y + \cdots)q = Apxq + Apyq + \cdots,$$

wo p und q Faktorenreihen bezeichnen, und A einen Lückenausdruck.

Beweis. Nach 362 ist $Ap(x+y+\cdot\cdot)q = Apq(x+y+\cdot\cdot\cdot)$. Hier ist Apq wieder ein Lückenausdruck, und daher hat $Apq(x+y+\cdot\cdot)$ die Form einer Summe von Produkten, deren jedes $(x+y+\cdot\cdot)$ als einen Faktor enthält, also die Form $P\overline{x+y+\cdots}+Q\overline{x+y+\cdots}+\cdot\cdot$. Dies ist aber (nach 39) gleich $Px+Py+\cdots+Qx+Qy+\cdots = Px+Qx+\cdots+Py+Qy+\cdots = Apqx+Apqy+\cdots = Apxq+Apyq+\cdots$.

Anm. Es unterliegt hiernach das Produkt der Faktoren, welche in einen Lückenausdruck hineintreten sollen, ganz den Gesetzen algebraischer Multiplikation, und es bietet sich uns hier also die allgemeinere Aufgabe dar, diejenigen Produkte extensiver Grössen, welche den Gesetzen algebraischer Multiplikation unterliegen, zu behandeln, was der Gegenstand des folgenden §. sein soll.

§. 3. Algebraische Multiplikation.

364. Erklärung. Unter algebraischer Multiplikation verstehe ich diejenige Multiplikation, deren Bedingungsgleichungen sind:

$$e_r e_s = e_s e_r \text{ und } E(Fe_r) = EFe_r,$$

wo e_r, e_s ursprüngliche Einheiten und E, F algebraische Produkte ursprünglicher Einheiten sind. Ich bezeichne sie wie gewöhnliche Produkte der Algebra ohne umschliessende Klammer.

Anm. Name und Bezeichnung sind darin begründet, dass für diese Multiplikation, wie unten gezeigt wird, alle Gesetze der in der Algebra angewandten Multiplikation gelten und keine andern. In dem ersten Theile war diese Multiplikation nicht zu behandeln, da sie keine einfachen Grössen liefert, und mit der Funktionslehre aufs Engste zusammenhängt. Sie kann als die charakteristische Multiplikation dieses zweiten Theiles aufgefasst werden, während die den ersten Theil charakterisirende kombinatorische Multiplikation von jetzt an immer mehr zurücktritt.

365. In einem algebraischen Produkte zweier einfacher Faktoren kann man die Faktoren vertauschen, d. h. es ist

$$ab = ba.$$

Beweis. Es sei $a = \overline{\sum \alpha_a e_a}$, $b = \overline{\sum \beta_b e_b}$, so ist

$$ab = \sum \overline{\alpha_a e_a} \sum \overline{\beta_b e_b} = \sum \overline{\alpha_a \beta_b (e_a e_b)} \qquad [42]$$
$$= \sum \overline{\beta_b \alpha_a (e_b e_a)} \qquad [364]$$
$$= \sum \overline{\beta_b e_b} \sum \overline{\alpha_a e_a} \qquad [42]$$
$$= ba.$$

366. Statt einen einfachen Factor c dem zweiten Faktor eines algebraischen Produktes hinzuzufügen, kann man ihn dem ganzen Produkte hinzufügen, d. h.

$$A(Bc) = ABc.$$

Beweis. A und B ſind hier algebraische Produkte der aus den Einheiten $e_1, e_2, \cdots$ numerisch abgeleiteten Grössen, alſo (nach 45) darstellbar in den Formen

$$A = \sum \overline{\alpha_a E_a}, \quad B = \sum \overline{\beta_b F_b},$$

wo E_a, F_b algebraische Produkte der Einheiten ſind. Endlich ſei $c = \sum \overline{\gamma_c e_c}$, ſo hat man

$$A(Bc) = \sum \overline{\alpha_a E_a} (\sum \overline{\beta_b F_b} \sum \overline{\gamma_c e_c}) = \sum \overline{\alpha_a \beta_b \gamma_c E_a (F_b e_c)} \qquad [45]$$
$$= \sum \overline{\alpha_a \beta_b \gamma_c E_a F_b e_c} \qquad [364]$$
$$= \sum \overline{\alpha_a E_a} \sum \overline{\beta_b F_b} \sum \overline{\gamma_c e_c} \qquad [45]$$
$$= ABc.$$

Anm. Hierdurch ist die algebraische Multiplikation als lineale Multiplikation, d. h. als ſolche, deren Bedingungsgleichungen noch gelten, wenn man statt der Einheiten beliebig aus ihnen numerisch abgeleitete Grössen ſetzt, nachgewieſen.

367. Die Ordnung, in welcher man mit einfachen Faktoren fortschreitend multiplicirt, ist gleichgültig für das Reſultat, d. h.

$$Abcd \cdots = Acbd \cdots = \cdots.$$

Beweis. Es ist

$$Abc = A(bc) \qquad [366]$$
$$= A(cb) \qquad [365]$$
$$= Acb \qquad [366].$$

Alſo kann man in einem klammerloſen Produkt zwei auf einander folgende Faktoren vertauschen. Durch Wiederholung dieſes Verfahrens kann man jeden einfachen Faktor auf jede Stelle des Produktes bringen, alſo den fortschreitenden einfachen Faktoren beliebige Ordnung geben.

368. Statt mit mehreren einfachen Faktoren fortschreitend zu multipliciren, kann man mit ihrem Produkt multipliciren, d. h.

$$Abc\cdots\cdot = A(bc\cdots).$$

Beweis. Nach 366 ist

$$A(bc\cdots pq) = A(bc\cdots p)q = A(bc\cdots)pq \text{ u. f. w.}$$
$$= Abc\cdots pq.$$

369. Bei einem algebraischen Produkt von zwei beliebigen Faktoren kann man die Faktoren vertauschen, d. h.

$$AB = BA.$$

Beweis. Es fei $A = a_1\cdots a_m$, $B = b_1\cdots b_n$, fo ist

$$AB = A(b_1\cdots b_n) = Ab_1\cdots b_n \quad [368]$$
$$= b_1\cdots b_n a_1\cdots a_m \quad [367]$$
$$= b_1\cdots b_n(a_1\cdots a_m) \quad [368].$$

370. Bei einem algebraischen Produkt von drei beliebigen fortschreitenden Faktoren kann man den zweiten und dritten Faktor in eine Klammer schliessen, d. h.

$$ABC = A(BC).$$

Beweis. Es fei $B = b_1\cdots b_m$, $C = c_1\cdots c_n$, fo ist (nach 368)

$$A(BC) = A(B(c_1\cdots c_n)) = A(Bc_1\cdots c_n)$$
$$= Ab_1\cdots b_m c_1\cdots c_m$$
$$= A(b_1\cdots b_m)c_1\cdots c_m$$
$$= A(b_1\cdots b_m)(c_1\cdots c_m)$$
$$= ABC.$$

371. Wenn man aus den ursprünglichen Einheiten $e_1, \cdots e_n$ die Kombinationen mit Wiederholung zur m-ten Klasse bildet und jede diefer Kombinationen als algebraisches Produkt der darin enthaltenen Elemente fetzt, fo stehen diefe Produkte in keiner Zahlbeziehung zu einander, und jedes algebraische Produkt von m Grössen, die aus den Einheiten $e_1\cdots e_n$ numerisch abgeleitet find, lässt fich aus jenen Produkten numerisch ableiten.

Beweis. Nach der Definition in 364 follen die Gleichungen

$$e_r e_s = e_s e_r$$

und
$$E(Fe_r) = EFe_r$$

die vollständigen Bedingungsgleichungen der algebraischen Multiplikation ſein, d. h. es ſoll keine Beziehung zwischen den Einheitsprodukten stattfinden, als ſolche, welche ſich aus jenen Bedingungsgleichungen ableiten lassen. Jede aus ihnen ableitbare Gleichung muss alſo durch Anwendung jener Gleichungen identisch gleich null gemacht werden können. Da aber jene Fundamental-Gleichungen auf beiden Seiten stets dieſelben Einheiten enthalten, nur in anderer Folge oder Zuſammenfassung, ſo können durch Anwendung derſelben in ein Produkt keine neuen Einheiten als Faktoren hineingebracht werden. Dagegen kann man alle Glieder einer ſolchen abgeleiteten Gleichung (nach 367, 368) auf die Form bringen, dass ſie wohlgeordnete Kombinationen (mit gestatteter Wiederholung) aus den Einheiten $e_1 \cdots e_n$ werden. Nachdem dies geschehen ist, muss alſo die Gleichung identisch gleich null ſein, d. h. alle Koefficienten müssen null ſein, d. h. es findet keine Zahlbeziehung zwischen ihnen statt. Der zweite Theil des Satzes folgt unmittelbar aus 49.

Anm. Es bilden ſomit die Kombinationen mit Wiederholung aus den ursprünglichen Einheiten zu irgend einer (m-ten) Klasse, die Kombinationen als algebraische Produkte betrachtet, ein System von Einheiten höherer Ordnung, aus welchem ſich alle algebraischen Produkte zu m Faktoren, welche aus den ursprünglichen Einheiten numerisch abgeleitet ſind, wiederum numerisch ableiten lassen. Es lässt ſich ſehr leicht zeigen, dass dasſelbe auch noch gilt, wenn man statt der n ursprünglichen Einheiten n beliebige, aus ihnen numerisch abgeleitete, aber in keiner Zahlbeziehung zu einander stehende Grössen ſetzt. Indem ich jedoch dieſen Beweis dem Leſer überlasse, schreite ich ſogleich zu dem für die weitere Entwickelung unentbehrlichen Satze.

372. Wenn ein algebraisches Produkt null ist, ſo muss nothwendig einer ſeiner Faktoren null ſein, d. h. wenn

$$AB = 0, \quad A \gtrless 0$$

ist, ſo muss

$$B = 0$$

ſein.

Beweis. Im allgemeinsten Falle werden A und B Vielfachenſummen von algebraischen Produkten ſein, deren Faktoren aus den ursprünglichen Einheiten a, b, c, ⋯ numerisch abgeleitet ſind. Dann bilden (nach 371) die Kombinationen mit Wiederholungen aus a, b, c, ⋯, wenn jede dieſer Kombinationen als algebraisches Produkt der darin enthaltenen Einheiten geſetzt wird, die Einheiten aus denen A und B numerisch ableitbar ſind. Man stelle ſich vor, dass die Elemente jeder Kombination nach dem Alphabete geordnet ſind, und die Kombinationen ſelbst zunächst nach Klassen aufgestellt ſind, ſo dass jede niedere Klasse der höheren voran steht, und dass ferner innerhalb jeder Klasse die Kombinationen lexikographisch geordnet ſeien. Wir wollen dieſe Aufstellung die wohlgeordnete Aufstellung der Kombinationen nennen. Da A nach Hypotheſis von Null verschieden ist, ſo muss unter den Koefficienten, durch welche A aus jenen Kombinationen abgeleitet ist, nothwendig mindestens einer von null verschieden ſein. Es ſei E_1 unter allen Kombinationen, welche in dem Ableitungsausdrucke von A einen von Null verschiedenen Koefficienten haben, diejenige, welche in der wohlgeordneten Aufstellung die früheste Stelle einnimmt, ſo erscheint A in der Form

$$A = \alpha_1 E_1 + \alpha_2 E_2 + \cdots = \sum \overline{\alpha_{\mathfrak{a}} E_{\mathfrak{a}}},$$

wo α_1 von Null verschieden ist. Ferner ſeien F_1, F_2, ⋯ nach der Reihe die Kombinationen der obigen Aufstellung, und

$$B = \sum \overline{\beta_{\mathfrak{b}} F_{\mathfrak{b}}} = \beta_1 F_1 + \beta_2 F_2 + \cdots,$$

ſo ist

$$AB = \sum \overline{\alpha_{\mathfrak{a}} \beta_{\mathfrak{b}} E_{\mathfrak{a}} F_{\mathfrak{b}}} \qquad [42].$$

Jedes Produkt $E_{\mathfrak{a}} F_{\mathfrak{b}}$ liefert wieder ein algebraisches Produkt der ursprünglichen Einheiten, und wenn wir dieſe Produkte mit G_1, G_2, ⋯ bezeichnen, ſo wird AB eine Vielfachenſumme dieſer Einheitsprodukte; alſo da AB nach Hypotheſis null ist, ſo müssen alle Koefficienten dieſer Vielfachenſumme null ſein, d. h.

$$\sum \overline{\alpha_{\mathfrak{a}} \beta_{\mathfrak{b}}} [E_{\mathfrak{a}} F_{\mathfrak{b}} = G_m] = 0,$$

wo die in Klammer geschlossene Bedingung ausſagt, dass man die Summe aller der Produkte $\alpha_{\mathfrak{a}} \beta_{\mathfrak{b}}$ zu nehmen hat, deren zugehörige Einheitsprodukte $E_{\mathfrak{a}} F_{\mathfrak{b}}$ einen konstanten Werth G_m haben. Wir haben hier nur diejenigen Gleichungen dieſer Art zu betrachten, welche in irgend einem Gliede den Faktor

α_1 enthalten; diese Gleichungen können wir in der Form schreiben

$$0 = \alpha_1\beta_k + \sum \overline{\alpha_a\beta_b}[E_aF_b = E_1F_k],$$

wobei noch die Bedingung hinzuzufügen ist, dass unter den unter dem Summenzeichen stehenden Produkten keins mit $\alpha_1\beta_k$ identisch ist. Ich zeige nun, dass man diese Bedingung auch so ausdrücken könne: b müsse kleiner als k sein. In der That ergiebt sich zuerst, dass a nicht 1 sein kann; denn dann müsste das Produkt der beiden Kombinationen E_1 und F_b dieselbe Kombination liefern, wie das Produkt der beiden Kombinationen E_1 und F_k, d. h. F_b müsste mit F_k identisch sein, also $b = k$, dann wäre also $\alpha_a\beta_b$ mit $\alpha_1\beta_k$ identisch, was der vorausgesetzten Bedingung widerspricht. Also muss $a > 1$ sein, d. h. E_a muss in der wohlgeordneten Aufstellung der Kombinationen später vorkommen als E_1. Dies ist auf zwei Arten möglich; erstens auf die Art, dass E_1 weniger Elemente enthält als E_a, dann muss, da E_1F_k mit E_aF_b gleiche Kombination liefern soll, F_k mehr Elemente enthalten, als F_b, d. h. F_k muss in jener wohlgeordneten Aufstellung später folgen als F_b, d. h. $b < k$ sein. Oder zweitens, wenn E_1 und E_a gleich viel Elemente enthalten, so muss E_a in der lexikographischen Aufstellung später folgen als E_1. In dem Princip der lexikographischen Aufstellung von Kombinationen liegt es aber, dass das erste der Elemente a, b, ⋯, welches in 2 Kombinationen einen ungleichen Exponenten hat, in der später folgenden Kombination den kleineren Exponenten habe, so dass also, wenn dies Element in E_1 den Exponenten α, in E_a den Exponenten γ hat, $\gamma < \alpha$ sein muss. Ferner, aus der Bedingungsgleichung $E_aF_b = E_1F_k$ folgt, dass, wenn α, β, γ, δ die Exponenten sind, welche irgend ein Element beziehlich in den Kombinationen E_1, F_k, E_a, F_b hat, $\alpha + \beta = \gamma + \delta$ sein muss. Hieraus ergiebt sich unmittelbar, dass, wenn ein Element in E_1 denselben Exponenten hat wie in E_a, es auch in F_k denselben Exponenten haben muss, wie in F_b, und dass also das erste der Elemente a, b, ⋯ welches in E_a einen andern Exponenten hat als in E_1, auch das erste ist, welches in F_b einen andern Exponenten hat als in F_k; es mögen α, β, γ, δ ins

Besondere die Exponenten dieses Elementes in E_1, F_k, E_a, F_b sein, so sahen wir, dass $\gamma < \alpha$ sein muss; dann folgt aber aus der Gleichung $\alpha + \beta = \gamma + \delta$, dass $\delta > \beta$ sein muss, und dass also nach dem Princip der lexikographischen Aufstellung die Kombination F_b früher stehen muss als F_k, d. h. $b < k$ sein muss, da ja die Kombinationen F_1, F_2, $\cdots$ in jeder Klasse lexikographisch geordnet sein sollen. Somit haben wir gefunden, dass in den beiden möglichen Fällen $b < k$ sein muss. Wir haben also die Gleichung

$$* \quad 0 = \alpha_1\beta_k + \sum \overline{\alpha_a\beta_b}[E_aF_b = E_1F_k,\ b < k].$$

Es sei nun zuerst $k = 1$, so fällt die Summe $\sum \overline{\alpha_a\beta_b}$ ganz fort, da ihre Bedingung, $b < 1$ nicht erfüllt werden kann, also hat man $\alpha_1\beta_1 = 0$, und da α_1 nach der Voraussetzung $\gtrless 0$, und α_1 und β_1 Zahlen sind, so muss also

$$\beta_1 = 0$$

sein. Setzt man $k = 2$, so fällt, da $b < 2$ und $\beta_1 = 0$ ist, die Summe $\sum \overline{\alpha_a\beta_b}$ gleichfalls weg, und man erhält $\alpha_1\beta_2 = 0$, also

$$\beta_2 = 0.$$

Und aus gleichem Grunde ergiebt sich, dass $\beta_3 = 0$ ist u. s. w. Also ist auch B, was $= \beta_1F_1 + \beta_2F_2 + \cdots$ war, $= 0$.

373. Wenn zwei algebraische Produkte aus je zwei Faktoren gleich sind, und einen gleichen, von null verschiedenen Faktor haben, so muss auch der andere Faktor in beiden gleich sein, d. h. wenn

$$AB = CB, \text{ und } B \gtrless 0.$$

ist, so muss

$$A = C$$

sein.

Beweis. Aus $AB = CB$ folgt

$$0 = AB - CB = (A - C)B.$$

Also da $B \gtrless 0$ ist, so muss (nach 372) $A - C$ null sein, d. h. $A = C$.

374. Erklärung. Unter dem algebraischen Quotienten $A : B$ verstehe ich denjenigen Ausdruck, welcher mit B algebraisch multiplicirt A giebt, d. h.

$$(A : B) \cdot B = A.$$

375. Es ist

$$AB : B = A.$$

Beweis. Nach 374 ist, wenn man darin AB statt A ſetzt,

$$(AB : B)B = AB.$$

Alſo (nach 373)

$$AB : B = A.$$

376. Alle algebraischen Geſetze der Multiplikation und Diviſion gelten für die algebraische Multiplikation und Diviſion extenſiver Grössen.

Beweis. Denn alle dieſe Geſetze gründen ſich auf die Formeln

$$AB = BA$$
$$ABC = A(BC)$$
$$(A : B)B = A$$
$$AB : B = A$$

und auf die für alle Multiplikationsarten (nach 42, 45) geltenden Beziehungen zur Addition und Subtraktion.

Anm. Durch die Identität der Rechnungsgeſetze der ſo eben behandelten Multiplikation mit der gewöhnlichen Multiplikation der Algebra ist die Identität der Bezeichnung und Benennung gerechtfertigt. Der einzige Unterschied liegt in den verknüpften Grössen, welche dort Zahlen, hier beliebige extenſive Grössen, wie z. B. Punkte, Linien u. ſ. w. ſind. Es wäre verkehrt, wenn man dieſe Differenz der verknüpften Grössen auf die Bezeichnung oder Benennung der Verknüpfung ſelbst übertragen wollte, wodurch die Terminologie nutzlos anwachſen, und der Zuſammenhang verdunkelt werden würde. Auch diejenigen Eigenschaften dieſer Produkte, welche auf der beſonderen Eigenthümlichkeit extenſiver Grössen beruhen, finden ſich in der Algebra, und zwar in der Lehre von den ganzen Funktionen, wieder. So z. B. liefert der Satz, dass ſich jede ganze Funktion Einer Variabeln vom n-ten Grade in n lineare Faktoren zerlegen lässt, hier auf Strecken der Ebene angewandt, den Satz:

Jede Summe von algebraischen Produkten von je n Strecken Einer Ebene lässt ſich auf Ein ſolches Produkt reduciren.

Hierbei ist natürlich vorausgeſetzt, dass auch die Annahme inmaginärer Strecken verstattet ſei.

§. 4. Ganze Funktionen ersten Grades. Quotient.

377. Erklärung. Wenn $a_1, a_2, \cdots a_n$ Grössen erster (oder n — 1-ter) Stufe in einem Hauptgebiet n-ter Stufe ſind, die in keiner Zahlbeziehung zu einander stehen, ſo verstehe ich unter dem Bruche (Quotienten)

$$Q = \frac{b_1, b_2, \cdots b_n}{a_1, a_2, \cdots a_n}$$

den Ausdruck, welcher mit $a_1, a_2, \cdots a_n$ multiplicirt, beziehlich die Werthe $b_1, b_2, \cdots b_n$ liefert, ſo dass alſo

$$\frac{b_1, b_2, \cdots}{a_1, a_2, \cdots} a_r = b_r.$$

Ich nenne $a_1, a_2, \cdots a_n$ die Nenner des Bruches, $b_1, b_2 \cdots b_n$ ſeine entsprechenden Zähler, und ſetze zwei Brüche, oder zwei Ausdrücke, welche aus Brüchen numerisch abgeleitet ſind, dann und nur dann einander gleich, wenn ſie mit jeder Grösse erster Stufe multiplicirt Gleiches liefern. Wenn auch die Zähler Grössen 1-ter oder (n — 1)-ter Stufe ſind, und in keiner Zahlbeziehung zu einander stehen, ſo nenne ich den Bruch einen umkehrbaren, und bezeichne in dieſem Falle, wenn

$$Q = \frac{b_1, b_2, \cdots b_n}{a_1, a_2, \cdots a_n}$$

ist, mit $\frac{1}{Q}$ den umgekehrten Bruch, d. h. ich ſetze

$$\frac{1}{Q} = \frac{a_1, a_2, \cdots a_n}{b_1, b_2, \cdots b_n}.$$

Anm. Der Gedanke, welcher dieſer Erklärung zu Grunde liegt, ist leicht hindurchzuſehen. In der Algebra ist nämlich unter dem Quotienten $\frac{a}{b}$ der Ausdruck verstanden, welcher mit b multiplicirt a giebt, und dies genügt (wenn b nicht null ist) zur Definition des Zahlquotienten. Für die extenſiven Grössen genügt es nicht zu wissen, welches Reſultat die Multiplikation des Quotienten mit irgend einer (von Null verschiedenen) Grösse liefert, indem daraus nur die Multiplikation desselben mit ſolchen Grössen ſich bestimmt, welche aus jener Grösse numerisch ableitbar ſind. Man ſieht alſo, dass in einem Gebiete n-ter Stufe die Reſultate der Multiplikation eines Quotienten mit n in keiner Zahlbeziehung stehenden Grössen bestimmt ſein müssen, damit der Quotient vollständig bestimmt ſei. Der Quotient, in diesem Sinne aufgefasst, ist für die Differenzial- und Integral-Rechnung extensiver Grössen, so wie für die Behandlung der geometrischen Verwandtschaften unentbehrlich. Ich bemerke noch, dass man als Nenner des Quotienten auch beliebige Grössen höherer Stufen hätte gestatten können; doch würde man dann den wesentlichen Vortheil grösserer Einfachheit gegen den zweifelhaften Vortheil unfruchtbarer Allgemeinheit austauschen. Ich werde deshalb auch die Zähler, wenn nicht ausdrücklich anderes festgesetzt wird, stets als Grössen erster Stufe betrachten.

378. Zwei Brüche oder Vielfachensummen von Brüchen, welche mit n in keiner Zahlbeziehung zu einander stehenden Grössen erster Stufe multiplicirt, Gleiches liefern, sind einander gleich, vorausgesetzt, dass n die Stufe des Hauptgebietes ist.

Beweis. Es seien Q und Q_1 die beiden Brüche oder Vielfachensummen von Brüchen, welche mit n in keiner Zahlbeziehung zu einander stehenden Grössen erster Stufe $a_1 \cdots a_n$ multiplicirt, Gleiches liefern, also es sei

$$* \quad Qa_r = Q_1 a_r$$

für jeden Werth r zwischen 1 und n, so ist zu zeigen, dass $Q = Q_1$, d. h. (nach 377) dass Q und Q_1 mit jeder Grösse erster Stufe x multiplicirt Gleiches liefern. Nun lässt sich (nach 24) jede solche Grösse in einem Hauptgebiete n-ter Stufe aus n in keiner Zahlbeziehung zu einander stehenden Grössen, also aus $a_1, \cdots a_n$ numerisch ableiten. Es sei

$$x = x_1 a_1 + \cdots x_n a_n,$$

dann ist

$$\begin{aligned} Qx = Q(x_1 a_1 + \cdots x_n a_n) &= x_1 Q a_1 + \cdots x_n Q a_n \quad [44] \\ &= x_1 Q_1 a_1 + \cdots x_n Q_1 a_n \quad [*] \\ &= (x_1 a_1 + \cdots x_n a_n) Q_1 \quad [44] \\ &= Q_1 x. \end{aligned}$$

379. Einen Bruch multiplicirt man mit einer Zahl, indem man jeden Zähler mit dieser Zahl multiplicirt, und Brüche von gleichen Nennern addirt man, indem man die entsprechenden Zähler addirt, wobei die Nenner in beiden Fällen ungeändert bleiben, d. h., beides zusammengefasst,

$$\beta \frac{b_1, b_2, \cdots}{a_1, a_2, \cdots} + \gamma \frac{c_1, c_2, \cdots}{a_1, a_2, \cdots} + \cdots$$
$$= \frac{(\beta b_1 + \gamma c_1 + \cdots), (\beta b_2 + \gamma c_2 + \cdots), \cdots}{a_1 \qquad\qquad , a_2 \qquad\qquad , \cdots}.$$

Beweis. Zu zeigen ist (nach 378), dass beide Seiten der zu erweifenden Gleichung mit jeder der Grössen $a_1, \cdots a_n$ multiplicirt, gleiches Refultat liefern. Nun ist (nach 44)

$$\left(\beta\frac{b_1, b_2, \cdots}{a_1, a_2, \cdots} + \gamma\frac{c_1, c_2, \cdots}{a_1, a_2, \cdots} + \cdots\right)a_r$$

$$= \beta\frac{b_1, b_2, \cdots}{a_1, a_2, \cdots}a_r + \gamma\frac{c_1, c_2, \cdots}{a_1, a_2, \cdots}a_r + \cdots$$

$$= \beta b_r + \gamma c_r + \cdots \quad [377].$$

Ferner ist

$$\frac{(\beta b_1 + \gamma c_1 + \cdots), (\beta b_2 + \gamma c_2 + \cdots), \cdots}{a_1 \quad , a_2 \quad , \cdots}a_r$$

$$= \beta b_r + \gamma c_r + \cdots \quad [377].$$

Bezeichnen wir alfo der Kürze wegen die linke Seite der zu erweifenden Gleichung mit L, die rechte mit R, fo wird für jeden Index r

$$* \quad La_r = Ra_r.$$

Folglich $L = R$ (nach 378).

380. Jeden Bruch kann man auf die Form bringen, dass feine Nenner beliebige n in keiner Zahlbeziehung zu einander stehende Grössen erster Stufe find (wo n die Stufenzahl des Hauptgebietes ist), und zwar ist

$$\frac{b_1, b_2, \cdots}{a_1, a_2, \cdots} = \frac{\overline{\sum \alpha_{1,a} b_a}, \overline{\sum \alpha_{2,a} b_a}, \cdots}{\overline{\sum \alpha_{1,a} a_a}, \overline{\sum \alpha_{2,a} a_a}, \cdots}$$

wenn $\overline{\sum \alpha_{1,a} a_a}, \overline{\sum \alpha_{2,a} a_a}, \cdots$ n in keiner Zahlbeziehung zu einander stehende Grössen, und $\alpha_{r,s}$ Zahlen find.

Beweis. Es ist

$$\frac{b_1, b_2, \cdots}{a_1, a_2, \cdots}\overline{\sum \alpha_{r,a} a_a} = \overline{\sum \alpha_{r,a}\frac{b_1, b_2, \cdots}{a_1, a_2, \cdots}a_a} \quad [44]$$

$$= \overline{\sum \alpha_{r,a} b_a} \quad [377].$$

Aber auch

$$\frac{\overline{\sum \alpha_{1,a} b_a}, \overline{\sum \alpha_{2,a} b_a}, \cdots}{\overline{\sum \alpha_{1,a} a_a}, \overline{\sum \alpha_{2,a} a_a}, \cdots}\overline{\sum \alpha_{r,a} a_a} = \overline{\sum \alpha_{r,a} b_a} \quad [377].$$

Alfo liefern beide Ausdrücke mit $\overline{\sum \alpha_{r,a} a_a}$ multiplicirt, für jeden Werth von $1 \cdots n$ gleiches Refultat, find alfo, da $\overline{\sum \alpha_{1,a} a_1}$, $\overline{\sum \alpha_{2,a} a_2}, \cdots$ nach der Hypothefis in keiner Zahlbeziehung zu einander stehen, (nach 378) einander gleich.

381. Wenn $e_1, e_2, \cdots e_n$ die ursprünglichen Einheiten ſind, und mit $E_{r,s}$ der Kürze wegen der Bruch bezeichnet wird, dessen Nenner die ursprünglichen Einheiten ſind, und von dessen Zählern derjenige, welcher dem Nenner e_r entspricht, gleich e_s ist, während alle übrigen Zähler desſelben null ſind, d. h. wenn

$$* \; E_{r,s}e_r = e_s \text{ und } E_{r,s}e_t = 0 \; [t \gtrless r]$$

ist, ſo lassen ſich die n^2 Ausdrücke, welche aus $E_{r,s}$ hervorgehen, indem man statt r und s nach und nach beliebige der Zahlen $1 \cdots n$ ſetzt, als Brucheinheiten ſetzen, d. h. es lassen ſich alle Brüche aus ihnen numerisch ableiten, während ſie ſelbst in keiner Zahlbeziehung zu einander stehen, und zwar ist

$$\frac{\sum\overline{\alpha_{1,\mathfrak{b}}e_{\mathfrak{b}}},\ \sum\overline{\alpha_{2,\mathfrak{b}}e_{\mathfrak{b}}},\ \cdots}{e_1\ ,\ e_2\ ,\ \cdots} = \sum\overline{\alpha_{\mathfrak{a},\mathfrak{b}}E_{\mathfrak{a},\mathfrak{b}}}.$$

Beweis 1. Es ist

$$\frac{\sum\overline{\alpha_{1,\mathfrak{b}}e_{\mathfrak{b}}},\ \sum\overline{\alpha_{2,\mathfrak{b}}e_{\mathfrak{b}}},\cdots}{e_1\ ,\ e_2\ ,\cdots}e_r = \sum\overline{\alpha_{r,\mathfrak{b}}e_{\mathfrak{b}}} \qquad [177].$$

Ferner ist

$$\sum\overline{\alpha_{\mathfrak{a},\mathfrak{b}}E_{\mathfrak{a},\mathfrak{b}}}e_r = \sum\overline{\alpha_{\mathfrak{a},\mathfrak{b}}E_{\mathfrak{a},\mathfrak{b}}e_r} \qquad [44]$$

$$= \sum\overline{\alpha_{r,\mathfrak{b}}E_{r,\mathfrak{b}}e_r} = \sum\overline{\alpha_{r,\mathfrak{b}}e_{\mathfrak{b}}} \qquad [*],$$

indem nämlich $E_{\mathfrak{a},\mathfrak{b}}e_r = 0$ ist für $\mathfrak{a} \gtrless r$, und $F_{r,\mathfrak{b}}e_r = e_{\mathfrak{b}}$ ist. Alſo beide Ausdrücke, da ſie mit jeder der Grössen $e_1 \cdots e_n$ multiplicirt Gleiches liefern (nach 378) einander gleich.

2. Angenommen zweitens, es bestände zwischen den Grössen $E_{r,s}$ eine Gleichung der Form

$$\sum\overline{\alpha_{\mathfrak{a},\mathfrak{b}}E_{\mathfrak{a},\mathfrak{b}}} = 0,$$

ſo hätte man für jeden Index r

$$0 = \sum\overline{\alpha_{\mathfrak{a},\mathfrak{b}}E_{\mathfrak{a},\mathfrak{b}}}e_r = \sum\overline{\alpha_{\mathfrak{a},\mathfrak{b}}E_{\mathfrak{a},\mathfrak{b}}e_r} \qquad [44].$$

Alſo da $E_{\mathfrak{a},\mathfrak{b}}e_r = 0$ ist, wenn r von $\mathfrak{a}$ verschieden ist,

$$= \sum\overline{\alpha_{r,\mathfrak{b}}E_{r,\mathfrak{b}}e_r} = \sum\overline{\alpha_{r,\mathfrak{b}}e_{\mathfrak{b}}} \qquad [*].$$

Wenn aber

$$0 = \sum\overline{\alpha_{r,\mathfrak{b}}e_{\mathfrak{b}}} = \alpha_{r,1}e_1 + \alpha_{r,2}e_2 + \cdots,$$

ſo muss, da $e_1, e_2, \cdots$ in keiner Zahlbeziehung zu einander stehen, (nach 28) jeder der Koefficienten von $e_1, e_2, \cdots$ null ſein, d. h.

$$\alpha_{r,s} = 0$$

für jedes r und s, alſo ist die angenommene Gleichung identisch null, d. h. (nach 2) die Grössen $E_{r,s}$ stehen in keiner Zahlbeziehung zu einander.

382. Jeder Bruch lässt ſich als Lückenausdruck mit einfacher Lücke darstellen, und zwar ist, wenn die Nenner $a_1, \cdots a_n$ ein einfaches Normalſystem bilden,

$$\frac{b_1, b_2, \cdots}{a_1, a_2, \cdots} = [1|a_1]b_1 + [1|a_2]b_2 + \cdots.$$

Beweis. Zu zeigen ist, dass ſie mit jeder Grösse erster Stufe x multiplicirt Gleiches liefern. Nun ist, wenn $x = x_1a_1 + x_2a_2 + \cdots$ ist,

$$([1|a_1]b_1 + [1|a_2]b_2 + \cdots)x = [x|a_1]b_1 + [x|a_2]b_2 + \cdots \quad [353]$$
$$= x_1b_1 + x_2b_2 + \cdots \quad [153].$$

Aber auch

$$\frac{b_1, b_2, \cdots}{a_1, a_2, \cdots}x$$
$$= \frac{b_1, b_2, \cdots}{a_1, a_2, \cdots}(x_1a_1 + x_2a_2 + \cdots) = x_1b_1 + x_2b_2 + \cdots \quad [377].$$

Somit liefern beide Seiten der zu erweiſenden Gleichung mit jeder Grösse erster Stufe multiplicirt Gleiches, ſind alſo ſelbst gleich (nach 357, 377).

Anm. Es ist alſo der Bruch nur eine einfachere Form des Lückenausdruckes mit einer Lücke, und kann alſo auch jedes System beliebig vieler linearer Zahlfunktionen von beliebig vielen Zahlgrössen als Produkt eines Quotienten in eine extenſive Variable dargestellt werden.

383. Erklärung. Das bezügliche Produkt der Zähler eines Bruches, dessen Nenner das System der ursprünglichen Einheiten bilden, nenne ich den Potenzwerth des Bruches, und bezeichne den Potenzwerth des Bruches Q, wenn n die Anzahl der Nenner ist, mit $[Q^n]$, d. h. ich ſetze, wenn $Q = \frac{a_1, a_2, \cdots a_n}{e_1, e_2, \cdots e_n}$ ist, und $e_1, e_2, \cdots e_n$ das System der ursprünglichen Einheiten bilden,

$$[Q^n] = [a_1a_2 \cdots a_n].$$

Anm. Wenn jeder Zähler das p-fache des entsprechenden Nenners ist, ſo ist der Bruch vermöge der Definition gleich der Zahl p; das bezügliche Produkt der Zähler ist dann $[pe_1 \cdot pe_2 \cdots pe_n] = p^n [e_1 e_2 \cdots e_n]$, alſo da das bezügliche Produkt der ursprünglichen Einheiten 1 ist, $= p^n$, d. h. in einem Hauptgebiete n-ter Stufe ist der Potenzwerth einer Zahl p gleich p^n. Der tiefere Grund der gewählten Benennuug und Bezeichnung liegt in einer eigenthümlichen Verknüpfung der extenſiven Brüche, welche ganz der bezüglichen Multiplikation entspricht, und deren Weſen ich hier in mehr anschaulicher Form zu entfalten verſuchen werde. Ich gründe den Begriff dieſer Verknüpfung auf den des Lückenproduktes. Wenn nämlich $A, B, \cdots, A_1, B_1, \cdots$ Brüche ſind, deren Nenner etwa die ursprünglichen Einheiten ſein mögen, und $a, b, \cdots$ beliebige Grössen erster Stufe, l aber eine Lücke ist, in welche Brüche der genannten Art (alſo Grössen nullter Stufe) eintreten ſollen, ſo ſetze ich $[AB \cdots] = [A_1 B_1 \cdots]$ dann und nur dann, wenn in Bezug auf eine beliebige Reihe von Grössen erster Stufe $a, b, \cdots$, deren Anzahl gleich der Anzahl der Faktoren jener Produkte ist,

$$[la \cdot lb \cdots] AB \cdots = [la \cdot lb \cdots] A_1 B_1 \cdots$$

ist. Ich nenne das Produkt $[AB \cdots]$ ein (auf das Hauptgebiet) bezügliches Produkt der Brüche $A, B, \cdots$. Aus dieſem Begriffe folgt (nach 360) ſogleich, dass die Ordnung der Faktoren in dieſem Produkte für den Werth desſelben gleichgültig ist, ein Geſetz, welches mit dem in 58 ausgesprochenen in Uebereinstimmung ist, da die Brüche der genannten Art als Grössen nullter Stufe zu betrachten ſind. Ferner ergiebt ſich leicht, dass wenn in dem Produkte $[la \cdot lb \cdots]$ zwei der Faktoren, z. B. die beiden ersten, einander gleich ſind, allemal $[la \cdot lb \cdots] AB \cdots = 0$ ist. Denn es ist (nach 353) $[la \cdot la \cdot lc \cdots] ABC \cdots$ gleich einem Bruche, dessen Zähler die Summe aller der Ausdrücke ist, die man dadurch erhält, dass man $A, B, C, \cdots$ in allen möglichen Anordnungen in die Lücken eintreten lässt, und dessen Nenner die Anzahl dieſer Ausdrücke ist. Nun zeigt ſich, dass ſich die Glieder des Zählers paarweiſe aufheben. Denn wenn $PQR \cdots$ eine andere Ordnung der Faktoren $ABC \cdots$ darstellt, und zwar ſo, dass P in die erste Lücke eintreten ſoll, Q in die zweite u. ſ. w., ſo wird das daraus entspringende Glied gleich $[Pa \cdot Qa \cdot Rc \cdots]$. Vertauscht man P und Q, ſo geht aus dieſer Ordnung das Glied $[Qa \cdot Pa \cdot Rc \cdots]$ hervor, die Summe beider giebt aber null, da Pa und Qa Grössen erster Stufe ſind, und deren Vertauschung (nach 60) entgegengeſetzten Werth bedingt. Alſo heben ſich die Glieder im Zähler paarweiſe auf, d. h. der Zähler wird null, alſo der Bruch null. Dasſelbe gilt, wenn in dem Produkte $[la \cdot lb \cdots]$ beliebige zwei Faktoren gleich werden, ſo dass alſo in dieſem Falle stets $[la \cdot lb \cdots] AB \cdots = 0$ ist. Daraus folgt aber wiederum ſogleich, dass wenn ſich die Grössenreihe $a, b, \cdots$ lineal ändert, z. B. b in $b' = b + \alpha a$ ſich verwandelt, das Produkt [la·lb····]AB··· denſelben Werth behält, und hieraus (nach 76), dass wenn ſich a, b,··· beliebig, jedoch ſo ändern, dass ihr Produkt [ab····] konstant bleibt, auch [la·lb····]AB···· konstant bleibt. Wir können daher dieſen Ausdruck als Verknüpfung, und zwar als multiplikative Verknüpfung von [ab···] und [AB···] anſehen, und schreiben daher [la·lb····]AB··· = [ab···][AB···]. Hier hat [AB···], da es mit dem Produkte [ab····] verknüpft, wieder eine Summe von ſolchen Produkten derſelben Faktorenzahl, alſo eine Grösse derſelben Stufe liefert, ganz die Bedeutung eines extenſiven Bruches, aber eines ſolchen, der, wenn die Anzahl der Faktoren m ist, nur mit Grössen m-ter Stufe zuſammentritt. Es ſeien E_1, E_2,··· die Einheiten m-ter Stufe, und ſei E_1[AB···] = A_1, E_2[AB··] = A_2,···, ſo ist klar, dass [AB···] einem Bruche Q gleich ist, dessen Nenner E_1, E_2,···, und dessen entsprechende Zähler A_1, A_2,··· ſind. Denn es giebt jenes Produkt [AB···] mit den Einheiten m-ter Stufe, alſo auch mit jeder aus ihnen ableitbaren Grösse, d. h. mit jeder Grösse m-ter Stufe multiplicirt, dasſelbe Reſultat, wie dieſer Bruch Q auf gleiche Weiſe verknüpft liefert, d. h. es ist vermöge der Definitionen jenes Produktes und dieſes Quotienten [AB···] = Q, d. h. das bezügliche Produkt von m Brüchen, deren Nenner und Zähler von erster Stufe ſind, giebt einen Bruch, dessen Nenner und Zähler von m-ter Stufe ſind. Durch die Reciprocität zwischen Grössen erster und (n — 1)-ter Stufe (im Hauptgebiete n-ter Stufe) ergiebt ſich auch, dass das bezügliche Produkt von m Brüchen, deren Nenner und Zähler von (n — 1)-ter Stufe ſind, einen Bruch liefert, dessen Nenner und Zähler von (n — m)-ter Stufe ſind. Dies letztere Produkt würde daher als regressives, das erstere als progressives Produkt von Brüchen zu betrachten ſein. Wir bleiben hier bei dem ersteren, alſo dem progressiven Produkte der Brüche stehen, um namentlich noch die progressiven Potenzen der Brüche zu betrachten. Da das Produkt gleicher Faktoren eben nur Eine Anordnung dieſer Faktoren gestattet, ſo geht ſogleich aus dem Begriffe hervor, dass $[A^m]$[ab···] = [Aa·Ab····] ſei, vorausgeſetzt natürlich, dass die Anzahl der Faktoren a, b,··· auch m betrage. Setzen wir die ursprünglichen Einheiten e_1, e_2,··· als Nenner, und a_1, a_2,··· als entsprechende Zähler, d. h. $Ae_1 = a_1$ u. ſ. w., ſo ergiebt ſich unmittelbar, dass $[A^m]$ mit dem Produkte von m ursprünglichen Einheiten multiplicirt, das Produkt der m entsprechenden Zähler gebe, und dass alſo die Potenzen von A jede Grösse, welche aus den ursprünglichen Einheiten hervorgegangen ist, und welche den Exponenten jener Potenz als Stufenzahl hat, in diejenige Grösse verwandelt, welche aus den entsprechenden Zählern genau auf dieſelbe Weiſe hervorgeht. Betrachten wir ins Beſondere diejenige Potenz von A, deren Exponent mit der Stufenzahl n des Hauptgebietes gleich ist, alſo $[A^n]$, ſo ergiebt ſich $[A^n][e_1 e_2 \cdots e_n] = [a_1 a_2 \cdots a_n]$, d. h. gleich dem bezüglichen Produkte der Zähler, alſo (nach 383) gleich dem

Potenzwerthe von A. Aber da das bezügliche Produkt der n ursprünglichen Einheiten (nach 94) gleich 1 ist, so ist $[A^n]$ selbst diesem Potenzwerthe gleich, worin also die vollständige Begründung der oben gewählten Bezeichnung liegt.

384. Der Potenzwerth eines Bruches ist gleich dem bezüglichen Produkte der Zähler, dividirt durch das der Nenner, d. h. wenn

$$Q = \frac{a_1, a_2, \cdots}{b_1, b_2, \cdots} \text{ ist, so ist } [Q^n] = \frac{[a_1 a_2 \cdots]}{[b_1 b_2 \cdots]}.$$

Beweis. Es sei $Qe_r = c_r$ für jeden Index r von 1 bis n; so ist $Q = \frac{c_1, c_2, \cdots}{e_1, e_2, \cdots}$ (nach 380). Ferner seien $b_1, b_2, \cdots$ als Vielfachensummen der ursprünglichen Einheiten $e_1, e_2, \cdots$ ausgedrückt, und sei für jeden Index r von 1 bis n, $b_r = \sum \beta_{r,\mathfrak{a}} e_{\mathfrak{a}}$, so ist $a_r = Qb_r = \sum \beta_{r,\mathfrak{a}} Qe_{\mathfrak{a}} = \sum \beta_{r,\mathfrak{a}} c_{\mathfrak{a}}$. Somit ist

$$\frac{[a_1 a_2 \cdots]}{[b_1 b_2 \cdots]} = \frac{[\sum \beta_{1,\mathfrak{a}} c_{\mathfrak{a}} \cdot \sum \beta_{2,\mathfrak{a}} c_{\mathfrak{a}} \cdots]}{[\sum \beta_{1,\mathfrak{a}} e_{\mathfrak{a}} \cdot \sum \beta_{2,\mathfrak{a}} e_{\mathfrak{a}} \cdots]}$$

$$= \frac{\sum \beta_{1,\mathfrak{a}} \beta_{2,\mathfrak{b}} \cdots [c_{\mathfrak{a}} \cdot c_{\mathfrak{b}} \cdots]}{\sum \beta_{1,\mathfrak{a}} \beta_{2,\mathfrak{b}} \cdots [e_{\mathfrak{a}} \cdot e_{\mathfrak{b}} \cdots]} \qquad [45]$$

$$= \frac{\sum (-1)^r \beta_{1,\mathfrak{a}} \beta_{2,\mathfrak{b}} \cdots [c_1 c_2 \cdots]}{\sum (-1)^r \beta_{1,\mathfrak{a}} \beta_{2,\mathfrak{b}} \cdots [e_1 e_2 \cdots]} \qquad [57]$$

wo $\mathfrak{a}, \mathfrak{b}, \cdots$ alle möglichen verschiedenen Anordnungen der Zahlen 1, 2, $\cdots$ darstellen und r die Anzahl der Zahlenpaare ist, die in den beiden Zahlreihen

$$\mathfrak{a}, \mathfrak{b}, \cdots\cdot$$
$$1, 2, \cdots\cdot$$

entgegengesetzt geordnet sind. Hier heben sich nun die beiden Summen, und da $[e_1 e_2 \cdots] = 1$ ist, so erhält man

$$\frac{[a_1 a_2 \cdots]}{[b_1 b_2 \cdots]} = [c_1 c_2 \cdots\cdot] = [Q^n] \qquad \text{(nach 383).}$$

385. Wenn Q und Q_1 Brüche mit n Nennern sind, und zu einander in der Zahlbeziehung

$$Q = \alpha Q_1$$

stehen, so stehen ihre Potenzwerthe in der Zahlbeziehung

$$[Q^n] = \alpha^n [Q_1{}^n].$$

Beweis. Es sei

$$Q_1 = \frac{a_1, \cdots\cdot a_n}{e_1, \cdots\cdot e_n}, \text{ also } Q = \frac{\alpha a_1, \cdots \alpha a_n}{e_1, \cdots e_n},$$

so ist (nach 383)

$$[Q^n] = [\alpha a_1 \cdot \alpha a_2 \cdots \alpha a_n] = \alpha^n [a_1 a_2 \cdots a_n] \qquad [46]$$
$$= \alpha^n [Q_1{}^n] \qquad [383].$$

386. Wenn zwischen den Zählern eines Bruches eine Zahlbeziehung herrscht, so lässt sich der Bruch stets auf die Form bringen, dass einer oder mehrere seiner Zähler null werden, und zwischen den übrigen Zählern keine Zahlbeziehung stattfinde; und zwar wenn $e_1, \cdots e_n$ die Nenner, $a_1, \cdots a_n$ die Zähler des Bruches Q sind, und zwischen $a_1, \cdots a_m$ keine Zahlbeziehung stattfindet, aber die übrigen $n - m$ Zähler aus ihnen numerisch ableitbar sind, so dass

$$* \quad a_{m+r} = \alpha_{r,1} a_1 + \alpha_{r,2} a_2 + \cdots \alpha_{r,m} a_m$$

ist, so ist

$$Q = \frac{e_1, \cdots a_m, \quad 0, \quad 0, \quad \cdot\cdot, \quad 0}{e_1, \cdots e_m, \; c_{m+1}, \; c_{m+2}, \cdot\cdot, \; c_n}, \text{ wo}$$

$$c_{m+r} = \alpha_{r,1} e_1 + \alpha_{r,2} e_2 + \cdots \alpha_{r,m} e_m - e_{m+r}, \text{ d. h.}$$
$$= \frac{e_1, \cdots \cdot e_m}{a_1, \cdots \cdot a_m} a_{m+r} - e_{m+r}$$

ist. Und alle aus $c_{m+1}, \cdots c_n$ numerisch ableitbaren Grössen, aber auch keine andern geben mit Q multiplicirt, null.

Beweis. $$Q c_{m+r} = \alpha_{r,1} Q e_1 + \cdots \cdot \alpha_{r,m} Q e_m - Q e_{m+r}$$
$$= \alpha_{r,1} a_1 + \cdots \cdot \alpha_{r,m} a_m - a_{m+r},$$

da nach Hypothesis $a_1, \cdots a_n$ die zu den Nennern $e_1, \cdots e_n$ gehörigen Zähler des Bruches Q sind

$$= 0 \qquad [*].$$

Also sind die zu den Nennern $c_{m+1}, \cdots c_n$ gehörigen Zähler null. Ich zeige nun, dass zwischen den n Grössen $e_1, \cdots e_m$, $c_{m+1}, \cdots c_n$ keine Zahlbeziehung herrscht. Der Kürze wegen setze ich

$$\alpha_{r,1} e_1 + \cdots \alpha_{r,m} e_m = q_r,$$

so dass also $c_{m+r} = q_r - e_{m+r}$ ist, so ist

$$[e_1 \cdot e_2 \cdots \cdot e_m \cdot c_{m+1} \cdots \cdot c_n]$$
$$= [e_1 e_2 \cdots \cdot e_m (q_1 - e_{m+1}) \cdots (q_{m-n} - e_n)].$$

Da hier $q_1, q_2, \cdots$ aus $e_1, e_2, \cdots e_m$ numerisch abgeleitet sind, so können wir sie (nach 67) weglassen und erhalten das Produkt

$$= \mp [e_1 e_2 \cdots \cdot e_n],$$

alſo von Null verschieden; folglich stehen e_1, $e_2 \cdots e_m$, $c_{m+1}, \cdots c_n$ (nach 61) in keiner Zahlbeziehung; alſo lässt ſich (nach 380) Q in der im Satze angegebenen Weiſe als Bruch darstellen. Daraus nun, dass $c_{m+1}, \cdots c_n$ mit Q multiplicirt Null geben, folgt ſogleich, dass dies auch für jede Vielfachenſumme dieſer Grössen gilt. Aber auch umgekehrt muss jede Grösse p, welche mit Q multiplicirt null giebt, eine Vielfachenſumme von $c_{m+1}, \cdots c_n$ ſein. Denn wie auch p beschaffen ſei, immer muss es ſich (nach 24) aus $e_1, e_2, \cdots e_m$, $c_{m+1}, \cdots c_n$ ableiten, alſo ſich in der Form

$$p = \alpha_1 e_1 + \cdots \alpha_m e_m + q$$

darstellen lassen, wo q eine Vielfachenſumme von $c_{m+1}, \cdots c_n$ ist. Soll dann $pQ = 0$ ſein, ſo hat man, da $Qe_1 = a_1$, u. ſ. w., $Qc_{m+1} = 0$ u. ſ. w. ist,

$$0 = pQ = \alpha_1 a_1 + \cdots \alpha_m a_m,$$

alſo (nach 28) $\alpha_1, \alpha_2, \cdots \alpha_m = 0$, alſo $p = q$, d. h. eine Vielfachenſumme von $c_{m+1}, c_{m+2}, \cdots c_n$.

387. Erklärung. Wenn ein Bruch Q mit einer von Null verschiedenen Grösse erster Stuſe multiplicirt ein Vielfaches dieſer Grösse, etwa das ϱfache derſelben liefert, ſo dass alſo

$$Qx = \varrho x$$

ist, ſo nenne ich den Koefficienten ϱ (mag ϱ nun reell oder imaginär ſein) eine Hauptzahl des Bruches Q, und das Gebiet, welchem alle Grössen x angehören, welche jener Gleichung genügen, das zu der Hauptzahl ϱ gehörige Hauptgebiet.

388. Aufgabe. Die Hauptzahlen und die zugehörigen Hauptgebiete eines Bruches zu finden.

Auflöſung. Es ſei ϱ eine Hauptzahl eines Bruches Q mit n Nennern $e_1, e_2, \cdots e_n$; und ſei $x = \sum \overline{x_a e_a}$ eine von Null verschiedene Grösse, welche mit Q multiplicirt ihr ϱfaches liefert, ſo hat man

$$Qx = \varrho x, \text{ d. h. } (\varrho - Q)x = 0.$$

Setzt man hierin statt x ſeinen Werth, und ſetzt

$$\text{(a)} \quad (\varrho - Q)e_a = c_a,$$

ſo erhält man

$$\text{(b)} \quad 0 = \sum \overline{x_a c_a}.$$

Da nun x von Null verschieden ist, fo muss auch mindestens eine der Zahlen $x_1, \cdots x_n$ von Null verschieden fein, alfo (nach 16) zwischen $c_1, \cdots c_n$ eine Zahlbeziehung stattfinden, folglich (nach 61) ihr kombinatorisches Produkt null fein, alfo

(c) $0 = [c_1 c_2 \cdot \cdots c_n]$,

d. h. (nach 384) der Potenzwerth des Bruches $\varrho - Q$ muss null fein. Umgekehrt, wenn diefe Gleichung (c) erfüllt wird, fo gilt (nach 66) auch eine Gleichung der Form (b), alfo giebt es dann eine Grösse $x \gtrless 0$, welche der Gleichung $Qx = \varrho x$ genügt, d. h. ϱ ist dann eine Hauptzahl. Setzt man in der letzten Gleichung statt $c_1, c_2, \cdots$ ihre Werthe aus (a), fo erhält man

$$0 = [(\varrho e_1 - Qe_1)(\varrho e_2 - Qe_2) \cdot \cdots (\varrho e_n - Qe_n)],$$

oder indem man die Klammern löst

(d) $\alpha_0 \varrho^n - \alpha_1 \varrho^{n-1} + \alpha_2 \varrho^{n-2} - \cdots + (-1)^n \alpha_n = 0$,

wo α_r aus dem Produkte $[e_1 e_2 \cdots e_n]$ dadurch hervorgeht, dass man auf alle möglichen verschiedenen Arten r der Grössen $e_1, e_2, \cdots e_n$ in die entsprechenden Grössen $Qe_1, Qe_2, \cdots Qe_n$ umwandelt, während man die jedesmal übrigen unverändert lässt. Die n Wurzeln $\varrho_1, \cdots \varrho_n$ diefer Gleichung (d) find alfo die gefuchten Hauptzahlen; ihr Produkt ist nach dem Neutonschen Satze gleich $\alpha_n : \alpha_0$, d. h. gleich dem Potenzwerthe von Q (nach 384). Die Grössen x find dann durch die Gleichung (b) bestimmt. Nach diefer Gleichung stehen $c_1, c_2, \cdots c_n$ in einer Zahlbeziehung zu einander. Folglich lässt fich (nach 17) aus den Grössen $c_1, \cdots c_n$ ein Verein von weniger als n Grössen, etwa $c_1, c_2, \cdots c_m$, ausfondern, welcher keiner Zahlbeziehung unterliegt, und aus welchem die übrigen Grössen $(c_{m+1}, \cdots c_n)$ numerisch ableitbar find; dann aber lässt fich der Bruch $\varrho - Q$, dessen zu den Nennern $e_1, \cdots e_n$ gehörigen Zähler (nach a) $c_1, \cdots c_n$ find, (nach 386) auf die Form bringen, dass unter den Zählern $n - m$ derfelben null werden; die zugehörigen Nenner feien $a_{m+1}, \cdots a_n$; fo haben (nach 386) alle aus $a_{m+1}, \cdots a_n$ ableitbaren Grössen x, aber auch keine andern, die Eigenschaft, dass $(\varrho - Q)x = 0$ fei, d. h. dass $Qx = \varrho x$ wird, d. h. alfo, das Gebiet $a_{m+1} \cdots a_n$ ist das zu der Hauptzahl ϱ gehörige Hauptgebiet. Alfo:

„Jeder Bruch Q mit n Nennern hat n Hauptzahlen und zwar ſind dieſe die Wurzeln ϱ der gleichbedeutenden Gleichungen c oder d, das Produkt dieſer n Wurzeln ist gleich dem Potenzwerthe von Q, und das zu der Hauptzahl ϱ gehörige Hauptgebiet erhält man, indem man (nach 386) $\varrho - Q$ als einen Bruch darstellt, von dessen Zählern einer oder mehrere null ſind, während die übrigen Zähler in keiner Zahlbeziehung zu einander stehen; dann ist das Gebiet derjenigen Nenner dieſes Bruches $\varrho - Q$, deren entsprechende Zähler null ſind, das verlangte Hauptgebiet.“

389. Wenn die n Hauptzahlen $\varrho_1, \cdots \varrho_n$ eines Bruches Q alle von einander verschieden ſind, ſo ſind die n zugehörigen Hauptgebiete alle von erster Stufe und stehen in keiner Zahlbeziehung zu einander.

Beweis. Nach 388 lässt ſich zu jeder der Grössen $\varrho_1, \cdots \varrho_n$, z. B. zu ϱ_r, eine von Null verschiedene Grösse erster Stufe finden, welche mit Q multiplicirt ihr ϱ_r-faches liefert. Es ſeien $a_1, \cdots a_n$ dieſe Grössen, ſo dass $Qa_r = \varrho_r a_r$ ist. Angenommen nun, $a_1, \cdots a_n$ ständen in einer Zahlbeziehung, ſo müssten ſich aus ihnen (nach 17) m Grössen, etwa $a_1, \cdots a_m$, ausſondern lassen, die in keiner Zahlbeziehung zu einander ständen, und aus denen jede der übrigen, z. B. a_r, numerisch ableitbar wäre. Es ſei $a_r = \alpha_1 a_1 + \cdots \alpha_m a_m$, ſo muss, da a_r von Null verschieden ist, auch mindestens einer der Koefficienten $\alpha_1, \cdots \alpha_m$ von Null verschieden ſein. Es ſei dies z. B. α_1. Nun hat man

$$Qa_r = Q\sum\overline{\alpha_a a_a} = \sum\overline{\alpha_a Qa_a} = \sum\overline{\alpha_a \varrho_a a_a},$$

da nach der Vorausſetzung $Qa_r = \varrho_r a_r$ ist, alſo wird

$$\alpha_1\varrho_1 a_1 + \cdots \alpha_m\varrho_m a_m = Qa_r = \varrho_r a_r$$
$$= \varrho_r\alpha_1 a_1 + \cdots \varrho_r\alpha_m a_m,$$

folglich ſind (nach 29) die entsprechenden Koefficienten gleich, namentlich $\alpha_1\varrho_1 = \alpha_1\varrho_r$, d. h. da $\alpha_1 \gtrless 0$, ist $\varrho_r = \varrho_1$, was gegen die Vorausſetzung ist. Alſo können $a_1, \cdots a_n$ in keiner Zahlbeziehung zu einander stehen. Folglich kann auch keins der Hauptgebiete von höherer als erster Stufe ſein. Denn wäre z. B. das zu ϱ_1 gehörige Hauptgebiet von höherer Stufe, ſo müsste dies Gebiet mit dem Gebiete (n — 1)-ter Stufe der

Grössen $a_2 \cdots a_n$ (nach 26) mindestens ein Gebiet erster Stufe gemein haben. Es sei c eine (von Null verschiedene) Grösse dieses gemeinschaftlichen Gebietes, so wäre c aus $a_2, \cdots a_n$ numerisch ableitbar, und würde sich doch, da es in dem zu ϱ_1 gehörigen Hauptgebiete liegt, in sein ϱ-faches verwandeln, was als unmöglich nachgewiesen ist.

390. Aufgabe. Den Fall gleicher Hauptzahlen zu untersuchen.

Auflösung. Wenn man die Bezeichnungen der vorhergehenden Sätze festhält, so hat man (nach 388)

(a) $[c_1 c_2 \cdots c_n] = 0$, wo

(b) $c_r = (\varrho - Q)e_r$.

Es sind also $c_1, c_2, \cdots c_n$ die zu den Nennern $e_1, e_2, \cdots e_n$ gehörigen Zähler des Bruches $\varrho - Q$, und die Gleichung (a) sagt aus, dass das kombinatorische Produkt der n Zähler null sei, d. h. dass der Potenzwerth von $\varrho - Q$ null sei. Es behalten nach dem Obigen die Gleichungen (a) und (b) ihre Bedeutung, wenn man statt der Nenner $e_1, \cdots e_n$ beliebige n in keiner Zahlbeziehung zu einander stehende Grössen erster Stufe setzt. Die n Werthe von ϱ, welche der Gleichung a genügen, sind (nach 389) die n Hauptzahlen von Q. Wenn nun mehrere, etwa $\mathfrak{a}$, derselben gleich α sind, so heisst das also, dass die Gleichung (a) für ϱ im Ganzen $\mathfrak{a}$ Werthe darbiete, welche gleich α sind. Wenn aber ein Werth von ϱ gleich α ist, so lässt sich (nach 388) eine von Null verschiedene Grösse erster Stufe a_1 finden, welche mit Q multiplicirt ihr α-faches liefert. Es sei diese Grösse $a_1 = x_1 e_1 + \cdots x_n e_n$, so muss von den Koefficienten $x_1, \cdots x_n$ mindestens **einer** von Null verschieden sein, weil sonst, gegen die Annahme, a_1 selbst null wäre. Es sei x_1 von Null verschieden, so stehen (nach 19) $a_1, e_2, \cdots e_n$ in keiner Zahlbeziehung zu einander, können also nach dem Obigen statt $e_1, e_2, \cdots e_n$ in die Gleichungen (a) und (b) eingesetzt werden; dann wird $c_1 = (\varrho - Q)a_1 = \varrho a_1 - Qa_1 = \varrho a_1 - \alpha a_1$ (nach Annahme) $= (\varrho - \alpha)a_1$ und die Gleichung (a) verwandelt sich in

$$(\varrho - \alpha)[a_1 c_2 \cdots c_n] = 0.$$

Wir wollen annehmen, man habe, wenn die Gleichung

(a) im Ganzen $\mathfrak{a}$ Wurzeln $\varrho = \alpha$ hat, nach und nach die Gleichung (a) noch in die Formen

$$(\varrho - \alpha)^2[a_1 a_2 c_3 \cdots \cdot c_n] = 0$$

u. s. w., endlich in die Form

$$\text{(c)} \quad (\varrho - \alpha)^r[a_1 a_2 \cdots a_r c_{r+1} \cdots \cdot c_n] = 0$$

umwandelt, wo $r < \mathfrak{a}$ ist, und zwar so, dass

$$Qa_1 = \alpha a_1, [a_1 \cdot Qa_2] = \alpha[a_1 a_2] \text{ u. s. w., endlich}$$

$$\text{(d)} \quad [a_1 a_2 \cdots a_{r-1} \cdot Qa_r] = \alpha[a_1 a_2 \cdots \cdot a_r]$$

sei und die n Grössen $a_1, \cdots a_r, e_{r+1}, \cdots e_n$ in keiner Zahlbeziehung zu einander stehen, so lässt sich zeigen, dass man diese Umwandlungen auch so weit fortsetzen könne, bis endlich $r = \mathfrak{a}$ werde. In der That, so lange noch r kleiner ist als $\mathfrak{a}$, d. h. es noch mehr als r Wurzeln $\varrho = \alpha$ giebt, welche der Gleichung (c) genügen, so ist aus der Theorie der Gleichungen bekannt, dass, wenn man jene Gleichung durch $(\varrho - \alpha)^r$ dividirt, der Quotient noch eine Wurzel $\varrho = \alpha$ darbieten müsse, d. h. es muss noch

$$\text{(e)} \quad [a_1 \cdots \cdot a_r c_{r+1} \cdots \cdot c_n] = 0$$

sein, für $\varrho = \alpha$. Es seien $d_{r+1}, \cdots d_n$ die Werthe, in welche $c_{r+1}, \cdots c_n$ übergehen, wenn man in den letztern α statt ϱ setzt, so erhält man

$$\text{(f)} \quad [a_1 \cdots \cdot a_r d_{r+1} \cdots \cdot d_n] = 0, \text{ wo}$$

$$\text{(g)} \quad d_{r+1} = (\alpha - Q)e_{r+1}, \cdots, d_n = (\alpha - Q)e_n$$

ist. Diese Gleichung g sagt aus, dass zwischen den Grössen $a_1, \cdots a_r, d_{r+1} \cdots d_n$ eine Zahlbeziehung herrscht (nach 66). Es sei

$$\text{(h)} \quad \alpha_1 a_1 + \cdots \alpha_r a_r + \alpha_{r+1} d_{r+1} + \cdots \alpha_n d_n = 0$$

der Ausdruck dieser Zahlbeziehung, so muss einer der Koefficienten $\alpha_{r+1}, \cdots \alpha_n$ von Null verschieden sein; denn wenn sie alle Null wären, so würde zwischen $a_1, \cdots a_r$ eine Zahlbeziehung herrschen, was gegen die Voraussetzung streitet. Es sei etwa α_{r+1} von Null verschieden, und sei $\alpha_{r+1} e_{r+1} + \cdots \alpha_n e_n = a_{r+1}$ gesetzt, so stehen (nach 19) $a_1, \cdots a_{r+1}, e_{r+2}, \cdots e_n$ in keiner Zahlbeziehung zu einander, können also statt $e_1, \cdots e_n$ in die Gleichungen (a) und (b), oder statt $a_1, \cdots a_r, e_{r+1}, \cdots e_n$ in die Gleichungen (c) und (d) eingesetzt werden, so dass also nun $c_{r+1} = (\varrho - Q)a_{r+1}$ gesetzt werden kann. Ferner ist dann

$$(\alpha - Q)a_{r+1} = \alpha_{r+1}(\alpha - Q)e_{r+1} + \cdots + \alpha_n(\alpha - Q)e_n$$
$$= \alpha_{r+1}d_{r+1} + \cdots + \alpha_n d_n \qquad \text{[nach g]}$$
$$= -\alpha_1 a_1 - \cdots - \alpha_r a_r \qquad \text{[nach h]}.$$

Alſo ist

$$Qa_{r+1} = \alpha_1 a_1 + \cdots + \alpha_r a_r + \alpha a_{r+1}.$$

Folglich

$$[a_1 \cdots a_r \cdot Qa_{r+1}] = [a_1 \cdots a_r(\alpha_1 a_1 + \cdots \alpha_r a_r + \alpha a_{r+1})]$$
$$\text{(i)} \qquad = \alpha[a_1 \cdots a_r a_{r+1}] \qquad [67].$$

Nun ſollte, wie oben gezeigt,

$$c_{r+1} = (\varrho - Q)a_{r+1} = \varrho a_{r+1} - Qa_{r+1}$$

ſein, alſo wird

$$[a_1 \cdots a_r \cdot c_{r+1}]$$
$$= \varrho[a_1 \cdots a_r a_{r+1}] - [a_1 \cdots a_r \cdot Qa_{r+1}]$$
$$= \varrho[a_1 \cdots a_{r+1}] - \alpha[a_1 \cdots a_{r+1}] \qquad \text{[nach i]}$$
$$= (\varrho - \alpha)[a_1 \cdots a_{r+1}].$$

Setzt man dies in die Gleichung (c) ein, ſo erhält man

$$\text{(k)} \quad (\varrho - \alpha)^{r+1}[a_1 a_2 \cdots a_{r+1} c_{r+2} \cdots c_n] = 0,$$

d. h. die Gleichungen (c) und (d) bestehen noch fort, wenn man, ſo lange noch $r < \mathfrak{a}$ bleibt, in ihnen $r + 1$ statt r ſetzt, folglich bleiben ſie noch bestehen wenn $r = \mathfrak{a}$ wird, d. h.

„Wenn unter den Hauptzahlen des Quotienten Q mehrere, und zwar $\mathfrak{a}$ einander gleich und zwar $= \alpha$ ſind, ſo lassen ſich $\mathfrak{a}$ Grössen erster Stufe $a_1, \cdots a_{\mathfrak{a}}$ von der Art finden, dass dieſe mit $n - \mathfrak{a}$ der Grössen $e_1, \cdots e_n$, etwa mit $e_{\mathfrak{a}+1}, \cdots e_n$, in keiner Zahlbeziehung stehen, und

$$(*) \quad Qa_1 = \alpha a_1, [a_1 \cdot Qa_2] = \alpha[a_1 a_2] \text{ u. ſ. w., endlich}$$
$$[a_1 a_2 \cdots a_{\mathfrak{a}-1} \cdot Qa_{\mathfrak{a}}] = \alpha[a_1 a_2 \cdots a_{\mathfrak{a}}]$$

ſei, dann wird die Gleichung für die Hauptzahlen ϱ folgende:

$$(**) \quad (\varrho - \alpha)^{\mathfrak{a}}[a_1 a_2 \cdots a_{\mathfrak{a}} c_{\mathfrak{a}+1} \cdots c_n], \text{ wo}$$
$$(***) \quad c_r = (\varrho - Q)e_r$$

für jeden Index r von $\mathfrak{a} + 1$ an bis n ist."

Es kommt nun darauf an, die zu den Nennern $a_1, \cdots a_n$ gehörigen Zähler des Bruches Q zu finden. Zunächst ist der zu dem Nenner a_1 gehörige Zähler nach dem Obigen gleich αa_1. Es ſei der zu dem Nenner a_r gehörige Zähler x, d. h. $Qa_r = x$, ſo hat man (aus *)

$$[a_1 a_2 \cdots a_{r-1} x] = \alpha[a_1 a_2 \cdots a_r],$$

d. h. $[a_1 a_2 \cdots a_{r-1}(x - \alpha a_r)] = 0$,
alſo besteht (nach 66) zwischen den Grössen $a_1, a_2, \cdots a_{r-1}$, $x - \alpha a_r$ eine Zahlbeziehung, d. h. es ist

$$x - \alpha a_r = a'_r,$$

wo a'_r irgend eine aus $a_1, a_2, \cdots a_{r-1}$ numerisch ableitbare Grösse ist, und man erhält $x = \alpha a_r + a'_r$, d. h.

$$(1) \quad Qa_r = \alpha a_r + a'_r,$$

wo a'_r eine Vielfachenſumme von $a_1, a_2, \cdots a_{r-1}$ ist.

Es werde nun das Produkt von Q mit irgend einer aus $a_1, \cdots a_{\mathfrak{a}}$ numerisch ableitbaren Grösse p unterſucht, und zwar ſei $p = \alpha_1 a_1 + \cdots \alpha_r a_r$, wo $r = < \mathfrak{a}$, und $\alpha_r \gtrless 0$ ist, ſo hat man

$$Qp = Q(\alpha_1 a_1 + \cdots \alpha_r a_r)$$
$$= \alpha_1 Qa_1 + \cdots \alpha_r Qa_r$$
$$= \alpha_1 \alpha a_1 \cdots \alpha_r \alpha a_r + p' \qquad \text{[nach 1]},$$

indem p' eine Vielfachenſumme von $a_1, a_2, \cdots a_{r-1}$ darstellt,

$$= \alpha p + p', \text{ d. h.}$$

„Die durch die obige Gleichung (*) bestimmten Grössen $a_1, a_2, \cdots a_{\mathfrak{a}}$ haben die Eigenschaft, dass jede Vielfachenſumme derſelben der Gleichung

$$(^{****}) \quad Qp = \alpha p + p'$$

unterliegt, wo, wenn p aus den r ersten jener Grössen ableitbar ist, p' aus den (r — 1) ersten derſelben ableitbar ist.“

Es leuchtet unmittelbar ein, dass wenn von den Grössen $a'_2, a'_3 \cdots$ der Gleichung (1) mehrere, etwa die Grössen $a'_2, \cdots a'_r$, null ſind, dann jede Vielfachenſumme von $a_1, \cdots a_r$ ſich durch die Multiplikation mit Q in ihr α-faches verwandelt, und alſo das zu α gehörige Hauptgebiet von Q (ſiehe 387) von r-ter Stufe ist.

Wenn unter den Hauptzahlen von Q nicht nur $\mathfrak{a}$ derſelben vorkommen, welche gleich α, ſondern auch $\mathfrak{b}$, welche gleich β, $\mathfrak{c}$, welche gleich γ ſind u. ſ. w., wo $\alpha, \beta, \gamma, \cdots$ alle von einander verschieden ſind, ſo lassen ſich nach dem Obigen $\mathfrak{b}$ in keiner Zahlbeziehung zu einander stehende Grössen $b_1, \cdots b_{\mathfrak{b}}$ von der Art angeben, dass jede Vielfachenſumme q von $b_1, \cdots b_{\mathfrak{b}}$ der Gleichung $Qq = \beta q + q'$ genügt, wo, wenn q aus dem m ersten jener Grössen ableitbar ist, q' aus den (m — 1) ersten derſelben ableitbar ist, und ebenſo lassen ſich $\mathfrak{c}$ in keiner Zahlbeziehung zu einander stehende Grössen $c_1, \cdots c_{\mathfrak{c}}$ von der Art angeben, dass jede Vielfachenſumme r von $c_1, \cdots c_{\mathfrak{c}}$ der Gleichung $Qr = \gamma r + r'$ genüge, wo, wenn r aus den m ersten der Grössen $c_1, \cdots c_{\mathfrak{c}}$ ableitbar ist, r' aus den m — 1 ersten derſelben ableitbar ist u. ſ. w. Es lässt ſich zeigen, dass dann die Grössen $a_1, \cdots a_{\mathfrak{a}}$, $b_1, \cdots b_{\mathfrak{b}}$, $c_1, \cdots c_{\mathfrak{c}}$ in keiner Zahlbeziehung zu einander stehen, und alſo als Nenner des Bruches Q geſetzt werden können. In der That nehmen wir z. B. an, dass zwischen den Grössen $a_1, \cdots a_{\mathfrak{a}}$, $b_1, \cdots b_{\mathfrak{b}}$, $c_1, \cdots c_{m-1}$ noch keine Zahlbeziehung bestehe, aber nun zwischen diesen Grössen und der Grösse c_m eine Zahlbeziehung hervortrete, ſo wird dieſe die Form haben

$$\text{(m)} \quad p + q + r = 0,$$

wo p eine Vielfachenſumme von $a_1, \cdots a_{\mathfrak{a}}$, q eine Vielfachenſumme von $b_1, \cdots b_{\mathfrak{b}}$, r eine Vielfachenſumme von $c_1, \cdots c_m$ ist, alſo wird auch

$$0 = Q(p + q + r)$$

ſein. Dies ist aber, wie oben gezeigt,

$$= \alpha p + p' + \beta q + q' + \gamma r + r',$$

oder, indem wir statt r ſeinen Werth $= -p - q$ aus der Gleichung (m) ſetzen,

$$0 = (\alpha - \gamma)p + (\beta - \gamma)q + p' + q' + r'.$$

Da nach dem Obigen r' aus $c_1, \cdots c_{m-1}$ numerisch ableitbar ist, ſo ſind alle in dieſer letzteren Gleichung vorkommenden Grössen aus den nach der Annahme in keiner Zahlbeziehung zu einander stehenden Grössen $a_1, \cdots a_{\mathfrak{a}}$, $b_1, \cdots b_{\mathfrak{b}}$, $c_1, \cdots c_{m-1}$ numerisch ableitbar. Die rechte Seite der letzten Gleichung wird ſich alſo als Vielfachenſumme der letztgenannten Grössen darstellen lassen, und da die linke Seite null ist, ſo werden (nach 28) alle einzelnen Koefficienten dieſer Vielfachenſumme null ſein. Wenn nun p von Null verschieden, etwa $= x_1 a_1 + \cdots x_s a_s$ wäre, wo $x_s \gtrless 0$ ist, ſo würde p' nach dem Obigen aus $a_1, \cdots a_{s-1}$ numerisch ableitbar ſein, folglich würde a_s, da es auch in q, q', r', nicht enthalten ist, in jener gleich null geſetzten Vielfachenſumme nur einmal vorkommen, nämlich mit dem Koefficienten $(\alpha - \gamma)x_s$ verbunden; dieſer müsste alſo null ſein, was unmöglich ist, da x_s nach der Annahme ungleich null, und α ungleich γ ist. Folglich ist die Annahme, dass p von Null verschieden ſei, unmöglich, d. h. p ist gleich null, aus gleichem Grunde ist $q = 0$. Dann aber folgt aus der Gleichung (m), dass $r = 0$ ist. Da nun aber die Grössen $a_1, \cdots a_\mathfrak{a}$ in keiner Zahlbeziehung zu einander stehen, ſo folgt aus $p = 0$, dass alle Koefficienten des Ausdruckes, durch welchen p aus $a_1, \cdots a_\mathfrak{a}$ abgeleitet ist, null ſind, und dasſelbe folgt für q und r. Alſo enthält die Gleichung (m) gar keinen Ausdruck der Zahlbeziehung; es findet alſo eine ſolche zwischen den Grössen $a_1, \cdots a_\mathfrak{a}$, $b_1, \cdots b_\mathfrak{b}$, $c_1, \cdots c_\mathfrak{c}, \cdots$ gar nicht statt, was zu zeigen war. Alſo

„Wenn die Gleichung

$$[(\varrho e_1 - Qe_1)(\varrho e_2 - Qe_2) \cdots (\varrho e_n - Qe_n)] = 0,$$

welche in Bezug auf ϱ vom n-ten Grade ist, $\mathfrak{a}$ Wurzeln $= \alpha$, $\mathfrak{b}$ Wurzeln $= \beta$ u. ſ. w. darbietet, wo $\alpha, \beta, \cdots$ von einander verschieden ſind, ſo kann man n in keiner Zahlbeziehung zu einander stehende Grössen $a_1, \cdots a_\mathfrak{a}$, $b_2, \cdots b_\mathfrak{b}, \cdots$ von der Art angeben, dass wenn p eine Vielfachenſumme der m ersten unter den Grössen $a_1, \cdots a_\mathfrak{a}$, oder unter den Grössen $b_1, \cdots b_\mathfrak{b}$, oder unter den Grössen irgend einer folgenden Gruppe ist, dann Qp im ersten Falle $= \alpha p + p'$, im zweiten $= \beta p + p'$ u. ſ. w. ſei, wo p' aus den $m - 1$ ersten Grössen derſelben Gruppe numerisch ableitbar ist."

Anm. 1. Wenn unter den Wurzeln ϱ ein Paar oder mehrere Paare imaginärer Wurzeln vorkommen, ſo ändert das in den gewonnenen Reſultaten nichts, da die Beweisführung ebenſowohl für imaginäre wie für reelle Wurzeln gilt. Es hat überdies nicht die geringste Schwierigkeit, die aus imaginären Wurzelpaaren fliessenden Bestimmungen in reelle Form umzuſetzen, was ich daher dem Leſer überlasse.

Anm. 2. Die im Obigen entwickelten Geſetze ſind für die Theorie der geometrischen Verwandtschaften von Wichtigkeit. In der That stellt jeder Quotient, wenn er nicht mehr als vier Nenner enthält, geometrisch gedeutet eine bestimmte kollineare Verwandtschaft dar, in der Art, dass jedes Punktſystem mit dem Quotienten multiplicirt ein dem ersteren kollineares Punktſystem liefert, und umgekehrt lässt ſich jedes einem ursprünglichen Punktſystem kollinear verwandte Punktſystem aus jenem durch Multiplikation mit einem Quotienten ableiten. Der Quotient gewährt nun vor jeder andern analytischen

Einkleidung jener Verwandtschaft den Vortheil, dass ſich die weſentlichen Eigenthümlichkeiten der Verwandtschaft an ihm auf die einfachste Weiſe ſymbolisch darstellen. Sind z. B. die vier Hauptzahlen eines Quotienten mit vier Nennern alle reell und von einander verschieden, ſo bieten je zwei kollinear verwandte Punktſysteme im Raume, welche durch jene Quotienten dargestellt werden können, vier Punkte dar, von denen keine drei in einer Ebene liegen, und welche mit den ihnen entsprechenden zuſammenfallen, und ausser dieſen giebt es keinen fünften Punkt, welcher mit dem ihm entsprechenden Punkte des andern Systems zuſammenfällt. Ebenſo enthalten die vorhergehenden Sätze die beſonderen Beziehungen kollinearer Verwandtschaft für die Fälle, wo mehrere der Hauptzahlen des zugehörigen Quotienten einander gleich werden. Die speciellen geometrischen Verwandtschaften, welche der Kollineation untergeordnet ſind, gehen durch specielle Annahmen hervor. So z. B. die Affinität durch die Annahme, dass den unendlich entfernten Punkten jedes Systems auch unendlich entfernte Punkte des andern entsprechen. Ferner die Gleichheit durch die Annahme, dass ausserdem das Produkt der Hauptzahlen, d. h. der Potenzwerth des Quotienten gleich eins ſei, die Kongruenz durch die Annahme, dass die entsprechenden Strecken gleich lang ſein ſollen (d. h. entweder $=1$, oder $=-1$, oder $=\cos.a+i\sin.a$), die Kongruenz verwandelt ſich in die Symmetrie, wenn das Produkt der Hauptzahlen $=-1$ statt $+1$ wird. Endlich die Aehnlichkeit geht aus der Affinität hervor durch die Annahme, dass die entsprechenden Strecken numerisch in gleichem Verhältnisse stehen. Wir betrachten nun im Folgenden noch eine specielle Form des Quotienten, welche mit der Verwandtschaft der Reciprocität in engster Beziehung steht.

391. Wenn ein Bruch Q die Eigenschaft hat, dass für beliebige von Null verschiedene Grössen erster Stufe a und b

(a) $[Qa|b] = [Qb|a]$ und $[Qa|a] \gtrless 0$

ist, ſo lassen ſich stets n in keiner Zahlbeziehung zu einander stehende Grössen erster Stufe $c_1, \cdots c_n$ von der Art finden, dass

(b) $[Qc_r|c_s] = 0$

ist, ſobald r von s verschieden ist. Ferner ſind dann die n Hauptzahlen des Bruches Q alle reell, und unter ihnen ſo viel poſitive, als es unter den Produkten

(c) $[Qc_1|c_1], \cdots [Qc_n|c_n]$

poſitive giebt. Endlich lassen ſich stets n zu einander normale Grössen $e_1, \cdots e_n$ von der Art finden, dass jede derſelben mit Q multiplicirt ein Vielfaches derſelben liefert, alſo

(d) $Qe_r = \varrho_r c_r$, wo

(e) $[e_r|e_s] = 0$

für jedes von r verschiedene s.

Beweis. Ich zeige zuerst, dass ſich n Grössen $c_1, \cdots c_n$ der verlangten Art finden lassen. Es genügt zu zeigen, dass ſie der Gleichung (b) für den Fall genügen, dass $r < s$ ist, denn da nach der Vorausſetzung (a) $[Qc_r|c_s] = [Qc_s|c_r]$ ist, ſo folgt dann, dass die Bedingung auch bestehen bleibt, wenn umgekehrt der erste Index grösser ist als der zweite. Wir ſetzen der Kürze wegen $Qc_r = k_r$, ſo zeige ich zunächst, dass man n von null verschiedene Grössen erster Stufe $c_1, \cdots c_n$ finden kann, welche den Gleichungen $[k_r|c_s] = 0$, für jedes $r < s$ genügen. Nach 189 können wir dieſe Gleichungen auch schreiben $[c_s|k_r] = 0$. Zunächst wählen wir für c_1 eine beliebige (von Null verschiedene) Grösse (erster Stufe). Dann muss c_2 der Gleichung $[c_2|k_1] = 0$ genügen, d. h. c_2 muss zu k_1 normal ſein (nach 152), oder anders ausgedrückt, c_2 muss dem Gebiete $|k_1$, welches von $n - 1$-ter Stufe ist, angehören. Im Uebrigen ſei c_2 willkürlich. Ferner muss c_3 den Gleichungen $[c_3|k_1] = [c_3|k_2] = 0$ genügen, d. h. c_3 muss den Gebieten $|k_1$ und $|k_2$ angehören, alſo dem ihnen gemeinschaftlichen Gebiete, dieſes ist (nach 25) mindestens von $(n - 2)$-ter Stufe, in ihm ſei c_3 willkürlich. Aus gleichem Grunde muss c_4 den Gleichungen $[c_4|k_1] = [c_4|k_2] = [c_4|k_3] = 0$ genügen, alſo demjenigen Gebiete angehören, was den drei Gebieten $(n - 1)$-ter Stufe $|k_1$, $|k_2$, $|k_3$ gemeinschaftlich ist, dies Gebiet ist mindestens von $(n - 3)$-ter Stufe, in ihm ſei c_4 willkürlich, und ſo fahre man fort. Endlich c_n muss den Gleichungen

$$[c_n|k_1] = [c_n|k_2] = \cdots = [c_n|k_{n-1}] = 0$$

genügen, d. h. c_n muss den $(n - 1)$ Gebieten $(n - 1)$-ter Stufe $|k_1$, $|k_2, \cdots |k_{n-1}$ angehören, dieſe haben mindestens ein Gebiet erster Stufe gemeinschaftlich, in dieſem ſei c_n beliebig (aber von Null verschieden) angenommen. Somit haben wir jetzt n von Null verschiedene Grössen, welche den Gleichungen $[c_s|k_r] = 0$, d. h. $0 = [k_r|c_s] = [Qc_r|c_s]$ zunächst für jedes $r < s$ genügen, alſo auch nach Gleichung (a) für jedes von r verschiedene s. Es ist noch zu zeigen, dass $c_1, \cdots c_n$ in keiner Zahlbeziehung zu einander stehen. Angenommen, es herrschte zwischen ihnen die Zahlbeziehung $x_1c_1 + \cdots + x_nc_n = 0$, wo mindestens einer der Koefficienten, z. B. x_r von Null verschieden ist, ſo hätte man

$$0 = [Qc_r|(x_1c_1 + \cdots x_nc_n)] = x_r[Qc_r|c_r],$$

weil alle übrigen Produkte null ſind, alſo hätte man, da $x_r \gtrless 0$ ist, $[Qc_r|c_r] = 0$, was gegen die Vorausſetzung (in a) streitet, alſo ist es unmöglich, dass $c_1, \cdots c_n$ in einer Zahlbeziehung zu einander stehen. Nun ſei $[Qc_r|c_r] = \alpha_r$, und $a_r = c_r : \sqrt{\alpha_r}$ geſetzt. Dann bilden die Grössen $a_1, \cdots a_n$ einen Verein, welcher den Begingungen

$$\text{(f)} \quad [Qa_r|a_s] = 0,$$

wenn $r \gtrless s$, und

$$\text{(g)} \quad [Qa_r|a_r] = 1$$

unterliegt, und zwar ist a_r reell, wenn $[Qc_r|c_r]$ poſitiv ist; hingegen ist a_r einfach imaginär, d. h. als Produkt einer reellen Grösse und der Quadratwurzel aus -1 darstellbar, wenn $[Qc_r|c_r]$ negativ ist. Es ſind alſo unter den Grössen $a_1, \cdots a_n$ ſo viel reelle, als unter den Produkten $[Qc_1|c_1], \cdots [Qc_n|c_n]$ poſitive ſind. Ich will jeden ſolchen Verein $a_1, \cdots a_n$, welcher den Gleichungen f und g unterliegt, und in welchem jede der Grössen $a_1, \cdots a_n$ entweder reell oder einfach imaginär ist, der Kürze wegen einen konjugirten Verein nennen. Es zeigt ſich nun, dass ein ſolcher Verein bei circulärer Aenderung der darin vorkommenden Grössen wiederum ein ſolcher Verein bleibt, und zwar ſo, dass die Anzahl der reellen unter den n Grössen in dem einen Verein eben ſo gross ist wie in dem andern. Hierbei will ich unter circulärer Aenderung zweier Grössen a_1 und a_2, wenn beide reell, oder beide einfach imaginär ſind, den Uebergang derſelben in zwei andere Grössen b_1 und b_2 verstehen, von denen

$$\text{(h)} \quad b_1 = xa_1 + ya_2$$
$$b_2 = xa_2 - ya_1$$

ist, während x und y beide reell ſind, und die Summe ihrer Quadrate eins ist, alſo

$$x^2 + y^2 = 1.$$

Hingegen wenn von den beiden Grössen a_1 und a_2 die eine reell, die andere imaginär ist, ſo ſoll

$$b_1 = xa_1 + yia_2$$
$$b_2 = xa_2 - yia_2$$

ſein, wo $i = \sqrt{-1}$, x und y beide reell ſind, und $x^2 - y^2$, d. h. $x^2 + (yi)^2 = 1$ ist, oder anders ausgedrückt, die Gleichungen (h) stellen jede circuläre Aenderung von a_1 und a_2 dar, wenn x immer reell, y aber nur dann imaginär und zwar einfach imaginär ist, wenn von den Grössen a_1 und a_2 die eine reell und die andere einfach imaginär ist. Es leuchtet unmittelbar ein, dass auch b_1 und b_2 beide reell, oder beide einfach imaginär ſind, oder eine derſelben reell, die andere einfach imaginär ist, je nachdem dies für a_1 und a_2 der Fall war, und dass alſo die Anzahl der reellen Grössen des Vereins bei der circulären Aenderung dieſelbe bleibt. Ferner wird für jedes $r > 2$ vermöge der Gleichungen h

$$[Qb_1|a_r] = x[Qa_1|a_r] + y[Qa_2|a_r] = 0,$$

da $[Qa_1|a_r]$ und $[Qa_2|a_r]$ (nach f) null ſind, aus gleichem Grunde ist dann

$$[Qb_2|a_r] = 0.$$

Ferner ist

$$[Qb_1|b_2] = x^2[Qa_1|a_2] - y^2[Qa_2|a_1] + xy([Qa_1|a_1] - [Qa_2|a_2]),$$

oder da $[Qa_1|a_2] = [Qa_2|a_1] = 0$, und $[Qa_1|a_1] = [Qa_2|a_2] = 1$ ist,

$$[Qb_1|b_2] = 0.$$

Ferner ist

$$[Qb_1|b_1] = x^2[Qa_1|a_1] + y^2[Qa_2|a_2] + 2xy[Qa_1|a_2],$$

oder da $[Qa_1|a_2]$ null, $[Qa_1|a_1] = [Qa_2|a_2] = 1$, und $x^2 + y^2 = 1$ ist, ſo wird

$$[Qb_1|b_1] = 1,$$

und aus gleichem Grunde $[Qb_2|b_2] = 1$. Alſo genügt der Verein, welcher aus $a_1, a_2, \cdots a_n$ durch circuläre Aenderung zweier Grössen hervorgeht, noch immer den Gleichungen f und g, alſo auch jeder Verein, welcher aus $a_1, a_2, \cdots a_n$ durch wiederholte circuläre Aenderung hervorgeht.

Ich zeige nun, dass wenn irgend zwei der Grössen $a_1, \cdots a_n$, etwa a_1 und a_2 noch nicht zu einander normal ſind, man ſie durch circuläre Aenderung normal zu einander machen kann, und dass dabei das Produkt der numerischen Werthe dieser Grössen jedesmal abnimmt. In der That sollen b_1 und b_2 zu einander normal sein, d. h. (nach 152) $[b_1|b_2]=0$ sein, so hat man (nach h)

$$\begin{aligned} 0 &= [(xa_1+ya_2)|(xa_2-ya_1)] \\ &= x^2[a_1|a_2]-y^2[a_1|a_2]+xy(a_2^2-a_1^2) \\ &= x^2-y^2-2\gamma xy, \end{aligned}$$

wo $\gamma=(a_1^2-a_2^2):2[a_1|a_2]$ ist, hieraus folgt

$$\frac{x}{y}=\gamma\mp\sqrt{1+\gamma^2}.$$

Sind nun a_1 und a_2 beide reell oder beide einfach imaginär, so ist γ reell, also auch $\frac{x}{y}$ reell, also können wir dann x und y beide reell annehmen, und die Aenderung ist eine circuläre. Ist hingegen von den Grössen a_1 und a_2 die eine reell $=r$, die andere einfach imaginär $=r'i$ (wo $i=\sqrt{-1}$), so wird $\gamma = \mp(r^2+r'^2):2i[r|r']$, also

$$\begin{aligned} 1+\gamma^2 & \\ &= 1-\left(\frac{r^2+r'^2}{2[r|r']}\right)^2=\left(1+\frac{r^2+r'^2}{2[r|r']}\right)\left(1-\frac{r^2+r'^2}{2[r|r']}\right) \\ &= \frac{r^2+2[r|r']+r'^2}{2[r|r']}\cdot\frac{2[r|r']-r^2-r'^2}{2[r|r']} \\ &= -\frac{(r+r')^2(r-r')^2}{4[r|r']^2}, \end{aligned}$$

also ist $\sqrt{1+\gamma^2}$ einfach imaginär, aber auch γ, also auch ihre Summe, d. h. $x:y$; nehmen wir also x reell an, so wird y einfach imaginär, aber dies war gerade die Bedingung der circulären Aenderung für diesen Fall, also lassen sich in allen Fällen je zwei der Grössen des Vereins, die noch nicht normal zu einander sind, durch circuläre Aenderung normal zu einander machen. Es ist noch zu zeigen, dass bei dieser Aenderung das Produkt der numerischen Werthe der Grössen kleiner wird. Hierbei soll unter dem numerischen Werthe einer Grösse ri, wo r reell, und $i=\sqrt{-1}$ ist, der numerische Werth von r verstanden sein. In diesem Sinne seien α_1 und α_2 die numerischen Werthe von a_1 und a_2, und β_1 und β_2 die von b_1 und b_2, so ist (nach 156) $[a_1a_2]^2=[b_1b_2]^2$, aber (nach 198) ist $[a_1a_2]^2=(\alpha_1\alpha_2 \sin.\angle a_1a_2)^2$, wenn α_1 und

α_2 reell ſind; dasſelbe wird nun auch der Fall ſein, wenn a_1 und a_2 einfach imaginär, und unter $\angle a_1 a_2$ stets der Winkel zwischen den entsprechenden reellen Grössen verstanden ist; wenn hingegen eine der Grössen a_1 und a_2 reell, die andere einfach imaginär ist, ſo wird $[a_1 a_2]^2 = -(\alpha_1 \alpha_2 \sin . \angle a_1 a_2)^2$, aber dann auch $[b_1 b_2]^2 = -(\beta_1 \beta_2 \sin . \angle b_1 b_2)^2$, alſo da $[a_1 a_2]^2 = [b_1 b_2]^2$ ist, ſo ist in allen Fällen

$$(\alpha_1 \alpha_2 \sin . \angle a_1 a_2)^2 = (\beta_1 \beta_2 \sin . \angle b_1 b_2)^2.$$

Wenn nun a_1 und a_2 nicht zu einander normal, hingegen b_1 und b_2 zu einander normal ſind, ſo ist $(\sin . \angle a_1 a_2)^2 < 1$, $(\sin . \angle b_1 b_2)^2 = 1$, alſo $(\alpha_1 \alpha_2)^2 < (\beta_1 \beta_2)^2$, d. h. da α_1, α_2, β_1, β_2 poſitiv ſind, $\alpha_1 \alpha_2 < \beta_1 \beta_2$. Alſo wenn von den Grössen eines konjugirten Vereins irgend zwei noch nicht zu einander normal ſind, ſo lässt ſich der Verein circulär ſo umwandeln, dass das Produkt der numerischen Werthe aller Grössen des Vereins kleiner wird. Da es nun ein minimum für dies Produkt geben muss, und dies minimum nur eintreten kann, wenn alle Grössen des Vereins zu einander normal ſind, ſo muss ſich alſo durch (wiederholte) circuläre Aenderung aus dem Verein $a_1, a_2 \cdots a_n$ ein Verein ableiten lassen, von dessen n Grössen je zwei zu einander normal ſind. Es ſei $r_1, r_2, \cdots r_n$ dieſer Verein, ſo genügt derſelbe, da er aus dem Verein $a_1, a_2, \cdots a_n$ abgeleitet ist, wie oben bewieſen noch den Gleichungen f und g, und enthält eben ſo viele reelle Grössen, wie der letztere Verein, alſo eben ſo viele reelle Grössen, als unter den Produkten $[Qc_1|c_1], \cdots [Qc_n|c_n]$ poſitve Produkte vorkommen. Nun ſei $Qr_1 = x_1 r_1 + \cdots x_n r_n$, ſo verwandelt ſich die in der Gruppe f enthaltene Gleichung $0 = [Qr_1|r_2]$ in $0 = ([x_1 r_1 + x_2 r_2 + \cdots x_n r_n)|r_2] = x_2 [r_2|r_2]$, da alle übrigen Produkte $[r_1|r_2]$, $[r_3|r_2]$ u. ſ. w. wegen der normalen Beziehung (nach 152) null ſind. Da nun ferner r_2, alſo auch $[r_2|r_2]$ von Null verschieden ist, ſo folgt aus der Gleichung $0 = x_2 [r_2|r_2]$, dass $x_2 = 0$ ſei; auf gleiche Weiſe folgt $x_3 = 0, \cdots x_n = 0$, alſo $Qr_1 = x_1 r_1$. Dann verwandelt ſich die in der Gruppe g enthaltene Gleichung $1 = [Qr_1|r_1]$ in $1 = x_1 [r_1|r_1] = x_1 r_1^2$, d. h. x_1 ist $= 1 : r_1^2$, alſo

$$Qr_1 = \frac{1}{r_1^2} r_1,$$

und aus gleichem Grunde ist

$$Qr_2 = \frac{1}{r_2^2} r_2, \cdots Qr_n = \frac{1}{r_n^2} r_n.$$

Setzt man

$$\text{(i)} \quad \frac{1}{r_1^2} = \varrho_1, \quad \frac{1}{r_2^2} = \varrho_2, \cdots \frac{1}{r_n^2} = \varrho_n,$$

und fetzt $r_1, r_2, \cdots r_n$ als die Nenner des Bruches Q, fo werden alfo die zugehörigen Zähler $\varrho_1 r_1, \varrho_2 r_2, \cdots \varrho_n r_n$, und die Zähler des Bruches $\varrho - Q$ werden alfo $(\varrho - \varrho_1)r_1$, $(\varrho - \varrho_2)r_2$, $\cdots(\varrho - \varrho_n)r_n$, der Potenzwerth des Bruches $\varrho - Q$ ist (nach 383) gleich dem kombinatorischen Producte feiner Zähler dividirt durch das feiner Nenner, alfo gleich $(\varrho - \varrho_1)(\varrho - \varrho_2) \cdots (\varrho - \varrho_n)$. Die Gleichung aber, durch welche die Hauptzahlen ϱ eines Quotienten bedingt find, drückt aus, dass der Potenzwerth von $\varrho - Q$ null fei, alfo hat man

$$(\varrho - \varrho_1)(\varrho - \varrho_2) \cdots (\varrho - \varrho_n) = 0,$$

d. h. $\varrho_1, \cdots \varrho_n$ find die Hauptzahlen von Q, es waren diefelben (nach (i)) gleich $\frac{1}{r_1^2}, \frac{1}{r_2^2}, \cdots \frac{1}{r_n^2}$. Je nachdem nun r reell oder einfach imaginär ist, ist $\frac{1}{r^2}$ pofitiv oder negativ, alfo kommen unter den Hauptzahlen von Q fo viel pofitive vor, als unter den Grössen $r_1, r_2, \cdots r_n$ reelle vorkommen, d. h. wie oben gezeigt, als unter den Produkten $[Qc_1|c_1]$, $\cdots [Qc_n|c_n]$ pofitive vorkommen. Alfo ist der Satz vollständig erwiefen.

Anm. Die Hauptzahlen des Quotienten Q und die zugehörigen Grössen $r_1, r_2, \cdots r_n$ lassen fich durch das Verfahren in 388 unmittelbar finden; es kam hier nur darauf an, die befonders einfachen Beziehungen, welche unter der speciellen Vorausfetzung, die wir für Q gemacht hatten, zwischen jenen Grössen hervortreten, abzuleiten. Gelegentlich kommt in dem oben gegebenen Beweife der Beweis des fogenannten Trägheitsgefetzes quadratischer Formen vor; auch lässt fich aus ihm der Sturm'sche Satz über die Wurzeln algebraischer Gleichungen leicht ableiten. Auf die Geometrie angewandt, schliesst unfer Satz den Satz ein, dass jede algebraische Oberfläche zweiter Ordnung drei reelle Hauptaxen enthält, und der Satz 388 lehrt diefelben unmittelbar finden.

§. 5. Die Funktionen als extensive Grössen.

392. Erklärung. Ich ſage, eine Funktion f ſei aus einer oder mehreren Funktionen f_1, f_2, ··· numerisch ableitbar, wenn ſich f in der Form

$$f = \alpha_1 f_1 + \alpha_2 f_2 + \cdots$$

darstellen lässt, wo α_1, α_2, ··· Zahlgrössen ausdrücken, die entweder konstant oder doch von den Variabeln der Funktionen unabhängig ſind, und wo das Gleichheitszeichen die Gleichheit für beliebige Werthe dieſer letzteren Variabeln ausſagt.

Anm. Nachdem dieſe Definition festgestellt ist, beziehen ſich alle bisher aufgestellten Erklärungen und Sätze unmittelbar auch auf Funktionen, welche hiernach als extenſive Grössen erscheinen. Es ist dieſe Betrachtungsweiſe für die Funktionenlehre und daher auch für die Theorie der Kurven und Oberflächen von grosser Bedeutung, wie ſich unten zeigen wird. Auch kann ſie dazu dienen, um unabhängig von den früheren geometrischen Entwickelungen, den Begriff der Addition von Punkten, Linien, Flächen u. ſ. w. festzustellen. Für die Schärfe der Auffassung ist noch zu bemerken, dass stets festgestellt ſein muss, welches die Variabeln ſind, von denen die Funktionen abhängig gedacht werden ſollen, und auf die ſich ſomit auch die obige Definitionsgleichung bezieht. Um ein Beispiel für die beſondere Gestaltung der allgemeinen Begriffe zu geben, wenn Funktionen als Einheiten geſetzt werden, betrachte ich die 6 Funktionen x^2, y^2, xy, x, y, 1, in denen x und y die Variabeln ſind. Dieſe stehen in keiner Zahlbeziehung zu einander, da, wenn $ax^2 + by^2 + cxy + dx + ey + f = 0$ ſein ſoll, für jeden Werth von x und y, alle Koefficienten a, b, c, d, e, f null ſein müssen. Wir können alſo jene 6 Funktionen als ein System von Einheiten ſetzen. Die aus ihnen numerisch ableitbaren Funktionen ſind die Funktionen zweiten Grades mit zwei Variabeln. Dieſe bilden alſo ein Funktionsgebiet 6-ter Stufe. Aus 6 in keiner Zahlbeziehung zu einander stehenden Funktionen zweiten Grades mit 2 Variabeln lassen ſich alſo alle Funktionen zweiten Grades mit 2 Variabeln numerisch ableiten.

393. Erklärung. Es ſeien x und y die Koordinaten eines Punktes in der Ebene (oder x, y, z die Koordinaten eines Punktes im Raume), ferner ſeien f_1, f_2, ··· f_n n in keiner Zahlbeziehung zu einander stehende Funktionen dieſer Koordinaten und ſei

$$f = x_1 f_1 + x_2 f_2 + \cdots x_n f_n,$$

d. h. $x_1, \cdots x_n$ die Ableitzahlen, durch welche f aus $f_1, \cdots f_n$ ableitbar ist. Endlich herrsche zwischen diefen Ableitzahlen die Gleichung

$$(a) \quad \varphi(x_1, x_2, \cdots x_n) = 0,$$

fo nenne ich die Gefammtheit der Kurven (Oberflächen) $f = 0$, für welche die Ableitzahlen von f der Gleichung (a) genügen, ein zu diefer Gleichung gehöriges Kurvengebilde (Flächengebilde), und zwar ein Kurvengebilde (Flächengebiet) n-ten Grades, wenn die Gleichung (a) vom n-ten Grade ist. Sind ins Befondere f_1, f_2, f_3 Funktionen ersten Grades von x und y und

$$f = x_1 f_1 + x_2 f_2 + x_3 f_3,$$

fo bedingt die homogene Gleichung

$$\varphi(x_1, x_2, x_3) = 0$$

ein Liniengebilde in der Ebene, und find f_1, f_2, f_3, f_4 Funktionen ersten Grades von x, y, z, und

$$f = x_1 f_1 + x_2 f_2 + x_3 f_3 + x_4 f_4,$$

fo bedingt die homogene Gleichung

$$\varphi(x_1, x_2, x_3, x_4) = 0$$

ein Ebenengebilde im Raume.

Anm. Die ganze hier eingeleitete Idee ist nicht anders als die naturgemässe Erweiterung des Begriffs der Koordinaten, welche aus dem Wefen diefes Begriffs von felbst hervorgeht. Die Koordinaten find, auf ihre ursprüngliche Idee zurückgeführt, die Ableitzahlen einer Grösse, durch welche diefe Grösse aus mehreren in keiner Zahlbeziehung zu einander stehenden Einheiten hervorgeht. Substituiren wir nun diefen Einheiten Funktionen der ursprünglichen Koordinaten, fo geht der obige allgemeinere Begriff hervor. Diefe Funktionen, welche als Einheiten gefetzt find, werden dann in der Ebene jede durch eine Kurve und einen Koefficienten dargestellt, nämlich durch die Kurve, welche alle Punkte umfasst, deren ursprüngliche Koordinaten jene Funktion null machen, und durch den Koefficienten irgend eines von Null verschiedenen Gliedes der Funktion; wobei dann einerfeits durch diefe Funktion fowohl jene Kurve als jener Koefficient, andererfeits durch die letzteren die erstere bestimmt ist. Diefe Kurven felbst repräfentiren die räumliche Lage der Einheiten und diefe Koefficienten ihre metrischen Werthe. Ausser dem in dem Lehrfatze angedeuteten Falle, wo f_1, f_2, $\cdots$ Funktionen ersten Grades find, werde ich hier noch den Fall betrachten, wo f_1, $f_2, \cdots$ Kreisfunktionen find.

394. Erklärung. Die Funktion

$$x^2 + y^2 + \beta x + \gamma y + \delta$$

nenne ich eine einfache Kreisfunktion, die Funktion

$$\alpha(x^2 + y^2) + \beta x + \gamma y + \delta$$

eine α-fache Kreisfunktion. Und wenn $f(x, y)$ eine Kreisfunktion ist, fo nenne ich den Kreis, dessen Gleichung, bei rechtwinkligen Koordinaten,

$$f(x, y) = 0$$

ist, den zu diefer Funktion gehörigen Kreis.

395. Alle Kreisfunktionen find aus vier in keiner Zahlbeziehung zu einander stehenden Kreisfunktionen numerisch ableitbar.

Beweis. Jede Kreisfunktion ist aus den vier in keiner Zahlbeziehung zu einander stehenden Funktionen $x^2 + y^2$, x, y, 1 numerisch ableitbar. Folglich auch (nach **24**) aus beliebigen vier in keiner Zahlbeziehung zu einander stehenden, aus $x^2 + y^2$, x, y, 1 ableitbaren Funktionen, d. h. aus vier folchen Kreisfunktionen.

396. Der Doppelabstand (fiehe 345) eines Punktes (x', y') von einem Kreife, dessen Gleichung

$$f(x, y) = 0$$

ist, wo $f(x, y)$ eine einfache Kreisfunktion bezeichnet, ist gleich

$$f(x', y').$$

Anm. Der Beweis durch Koordinaten ist bekannt. Viel einfacher ist jedoch der auf dem Begriff extenfiver Grössen beruhende Beweis. Es gründet fich diefer darauf, dass, wenn p ein variabler Punkt, a der Mittelpunkt des Kreifes und a' fein Radius ist,

$$(p - a)^2 - a'^2 = 0$$

die Gleichung des Kreifes ist, und die linke Seite derfelben zugleich den Doppelabstand des Punktes p von dem Kreife darstellt, was beides unmittelbar im Begriffe liegt.

397. Drei Kreife stehen dann und nur dann in einer Zahlbeziehung zu einander, wenn fie alle drei durch diefelben zwei (reellen oder imaginären) Punkte gehen.

Beweis. Es feien f_1, f_2, f_3 drei Kreisfunktionen von x und y, k_1, k_2, k_3 die drei Kreife deren Gleichungen beziehlich

$$f_1 = 0, \; f_2 = 0, \; f_3 = 0$$

ſind. Es ſei zuerst eine Zahlbeziehung zwischen ihnen angenommen, etwa

$$(a) \quad f_3 = \alpha_1 f_1 + \alpha_2 f_2.$$

Die Durchschnittspunkte der Kreiſe k_1 und k_2 ſind nun diejenigen Punkte, für welche gleichzeitig f_1 und f_2 null ſind; dann ist aber vermöge der Gleichnng (a) auch f_3 null, d. h. dieſe Durchschnittspunkte liegen auch in dem Kreiſe k_3. Nun ſei umgekehrt angenommen, dass die Durchschnittspunkte von k_1 und k_2 auch in k_3 liegen. Für irgend einen dritten Punkt (x', y') in k_3 mögen, wenn man ſeine Koordinaten statt x und y in die Funktionen f_1 und f_2 einführt, dieſe beziehlich die Werthe α_1 und α_2 annehmen, ſo hat der Kreis, dessen Gleichung

$$\alpha_2 f_1 - \alpha_1 f_2 = 0$$

ist, mit k_3 ausser den obigen Durchschnittspunkten noch den Punkt (x', y') gemein, alſo drei Punkte, ist ihm alſo identisch, d. h. der Kreis k_3 ist aus k_1 und k_2 numerisch ableitbar.

Anm. Wenn die Durchschnittspunkte der Kreiſe k_1 und k_2 imaginär werden, ſo hat jeder Kreis, der dieſelben beiden imaginären Punkte enthält, die Eigenschaft, dass ſein Mittelpunkt mit den Mittelpunkten jener Kreiſe in gerader Linie liegt, und die drei Kreiſe dieſelbe Linie gleichen Doppelabstandes (gleicher Potenz nach Steiner) haben.

398. Zwei Kreiſe haben stets eine gerade Linie des gleichen Doppelabstandes und drei Kreiſe stets einen Punkt des gleichen Doppelabstandes und zwar wenn f_1, f_2, f_3 drei einfache Kreisfunktionen ſind, ſo ist

$$f_1 - f_2 = 0$$

die Gleichung für die gerade Linie des gleichen Doppelabstandes von den zu f_1 und f_2 gehörigen Kreiſen, und der Punkt, welcher durch die Gleichungen

$$f_1 - f_2 = 0, \; f_1 - f_3 = 0$$

bestimmt ist, ist der Punkt des gleichen Doppelabstandes von den drei zu f_1, f_2, f_3 gehörigen Kreiſen.

Beweis. Für die Punkte des gleichen Doppelabstandes der zu den einfachen Funktionen f_1, f_2 gehörigen Kreiſe hat man (nach 396)

$$f_1 = f_2, \text{ d. h. } f_1 - f_2 = 0.$$

Da aber f_1 und f_2 einfache Kreisfunktionen find, fo heben fich in der Differenz $f_1 - f_2$ die quadratischen Glieder auf und $f_1 - f_2$ wird eine lineare Funktion, alfo $f_1 - f_2 = 0$ die Gleichung einer geraden Linie. Für den Punkt P des gleichen linären Abstandes von den drei zu f_1, f_2, f_3 gehörigen Kreifen hat man aus gleichem Grunde $f_1 = f_2 = f_3$, d. h. $f_1 - f_2 = 0$ und $f_1 - f_3 = 0$; alfo ist P der Durchschnittspunkt der durch die letzten zwei Gleichungen dargestellten geraden Linien.

Anm. Für zwei concentrische Kreife wird jene Linie unendlich entfernt, für identische unbestimmt. Für drei Kreife, deren Mittelpunkte in gerader Linie liegen, wird der Punkt des gleichen Abstandes entweder unendlich entfernt, oder unbestimmt innerhalb einer geraden Linie oder ganz unbestimmt, je nachdem zwischen den drei Kreifen keine, eine, oder zwei Zahlbeziehungen herrschen, in welchem letztern Falle die drei Kreife identisch find.

399. Vier Kreife stehen dann und nur dann in einer Zahlbeziehung zu einander, wenn fie alle vier einen Punkt a des gleichen Doppelabstandes haben, und zwar stehen fie, wenn a endlich entfernt ist, in derfelben Zahlbeziehung zu einander wie ihre Mittelpunkte.

Beweis 1. Es feien f_1, f_2, f_3, f_4 vier einfache Kreisfunktionen, k_1, k_2, k_3, k_4 die zugehörigen Kreife. Es fei zuerst angenommen, dass jene vier Funktionen in einer Zahlbeziehung zu einander stehen, fo dass etwa

$$f_4 = \alpha_1 f_1 + \alpha_2 f_2 + \alpha_3 f_3$$

fei, fo muss, da alle vier Funktionen einfache Kreisfunktionen find, $\alpha_1 + \alpha_2 + \alpha_3 = 1$ fein. Für den Punkt a des gleichen Doppelabstandes von drei Kreifen k_1, k_2, k_3 hat man (nach 398) $f_1 = f_2 = f_3$, alfo wird für diefen Punkt

$$f_4 = (\alpha_1 + \alpha_2 + \alpha_3) f_1 = f_1,$$

da $\alpha_1 + \alpha_2 + \alpha_3 = 1$ ist, d. h. der Punkt a ist Punkt des gleichen Doppelabstandes von den vier Kreifen k_1, k_2, k_3, k_4.

2. Es fei umgekehrt angenommen, dass a ein endlich entfernter Punkt fei, welcher gleichen Doppelabstand von den vier Kreifen k_1, k_2, k_3, k_4 habe; es feien a_1, a_2, a_3, a_4 die von dem Punkte a nach den Mittelpunkten jener Kreife gezogenen Strecken, und r_1, r_2, r_3, r_4 die vier Radien, und p die variable von a nach einem beliebigen Punkte der Kreis-

umfänge gezogene Strecke, ſo nehmen f_1, f_2, f_3, f_4 die Form an

$$f_s = (p - a_s)^2 - r_s^2 = p^2 - 2[a_s|p] + \delta,$$

wo $\delta = a_s^2 - r_s^2$ ist. Nach 396 stellt zugleich δ den Doppelabstand des Punktes, für welchen $p = 0$ ist, d. h. des Punktes a, von dem Kreiſe k_s dar. Dieſer Doppelabstand ist nach der Vorausſetzung für die vier Kreiſe $k_1, \cdots k_4$ derſelbe. Ferner besteht (nach 233) zwischen den einfachen Mittelpunkten der Kreiſe $k_1, \cdots k_4$ eine Zahlbeziehung; dieſelbe Zahlbeziehung findet (nach 222) auch zwischen den Strecken statt, welche von einem beliebigen Punkte nach jenen Mittelpunkten gezogen ſind, alſo auch zwischen $a_1, \cdots a_4$. Es ſei

$$a_4 = \alpha_1 a_1 + \alpha_2 a_2 + \alpha_3 a_3$$

dieſe Zahlbeziehung, ſo muss, da die Mittelpunkte einfache Punkte ſind, $\alpha_1 + \alpha_2 + \alpha_3 = 1$ ſein; dann hat man

$$\begin{aligned} f_4 &= p^2 - 2[a_4|p] + \delta \\ &= p^2 - 2[(\alpha_1 a_1 + \alpha_2 a_2 + \alpha_3 a_3)|p] + \delta \\ &= (\alpha_1 + \alpha_2 + \alpha_3)(p^2 + \delta) - 2[(\alpha_1 a_1 + \alpha_2 a_2 + \alpha_3 a_3)|p] \\ &= \alpha_1 f_1 + \alpha_2 f_2 + \alpha_3 f_3. \end{aligned}$$

3. Ist der Punkt a des gleichen Doppelabstandes unendlich entfernt, ſo liegen (nach 398) die Mittelpunkte der vier Kreiſe in einer geraden Linie. Vier ſolche Kreiſe stehen aber stets in einer Zahlbeziehung zu einander; denn macht man dieſe gerade Linien zur Abscissenaxe (der x), ſo werden die vier Funktionen $f_1, \cdots f_4$ von der Form

$$f_s = x^2 + y^2 - 2\beta x + \delta_s,$$

indem das Glied mit y wegfällt. Es ſind alſo dann die Funktionen $f_1, \cdots f_4$ aus den drei Funktionen $x^2 + y^2$, x und 1 numerisch ableitbar, stehen alſo (nach 392) in einer Zahlbeziehung zu einander.

Anm. Wenn der Punkt a des gleichen Doppelabstandes von vier Kreiſen ausserhalb eines der Kreiſe liegt, ſo ist der Doppelabstand von dieſem Kreiſe, gemäss der Definition, poſitiv, alſo auch der Doppelabstand von den übrigen Kreiſen poſitiv, a liegt dann zugleich ausserhalb der übrigen Kreiſe. Zieht man von a die Tangenten an die vier Kreiſe, ſo müssen dieſe gleich ſein, weil für jeden Kreis das Quadrat der von einem äusseren Punkte gezogenen Tangente gleich dem Doppelabstande dieſes Punktes ist. Schlägt man alſo um a einen Kreis, dessen Radius gleich jenen Tangenten ist, ſo werden alle vier

Kreiſe von dieſem letztern Kreiſe ſenkrecht geschnitten. Liegt hingegen a innerhalb eines der Kreiſe, ſo muss es auch innerhalb der andern liegen. Zieht man dann von a in irgend einem der Kreiſe diejenige Sehne, die durch a halbirt wird, ſo ist das Quadrat der halben Sehne gleich dem Doppelabstande des Punktes a von dieſem Kreiſe, zieht man alſo in allen vier Kreiſen die durch a halbirten Sehnen, ſo müssen dieſe alle einander gleich ſein. Schlägt man endlich um a mit der halben Sehne s einen Kreis, ſo wird dieſer Kreis von jedem der vier Kreiſe im Durchmesser, d. h. ſo geschnitten, dass die beiden Durchschnittspunkte die Endpunkte eines und desſelben durch dieſen Kreis gezogenen Durchmessers ſind.

Man kann diesen in Durchmessern geschnittenen Kreis als einen ſenkrecht schneidenden betrachten, dessen Radius imaginär $= r\sqrt{-1}$ ist, während a der Mittelpunkt bleibt und erlangt dadurch den Vortheil eines gemeinschaftlichen Ausdrucks. Unſer Satz würde dann ſo lauten: Vier Kreiſe stehen dann und nur dann in einer Zahlbeziehung zu einander, wenn ſie von Einem Kreiſe ſenkrecht geschnitten werden, und zwar ist der Mittelpunkt dieſes Kreiſes der Punkt des gleichen Doppelabstandes von irgend dreien der vier Kreiſe, und der Radius gleich der Quadratwurzel dieſes Abstandes. Wir können dies auch ſo ausdrücken. Das aus drei Kreiſen ableitbare Gebiet ist die Geſammtheit der Kreiſe, welche von einem und demſelben Kreiſe ſenkrecht geschnitten werden. In dieſem Sinne stellt alſo der letztgenannte Kreis jenes Gebiet, d. h. das aus Kreiſen erzeugbare Gebiet dritter Stufe dar; während das Gebiet zweiter Stufe durch einen Verein zweier Punkte dargestellt wurde.

400. Aufgabe. Den Kreis zu finden, welcher aus n gegebenen einfachen Kreiſen durch n gegebene Zahlen ableitbar ist.

Auflöſung. Es ſeien $\alpha_1, \alpha_2 \cdots \alpha_n$ die n gegebenen Zahlen, ihre Summe α; ferner ſei ein beliebiger Punkt O als Anfangspunkt aller Strecken angenommen, und ſeien die von ihm nach den n Mittelpunkten gezogenen Strecken $a_1, a_2 \cdots a_n$, und die n Radien ſeien $\beta_1, \beta_2, \cdots \beta_n$; ferner ſei die von O nach dem variablen Punkte gezogene Strecke r, ſo ſind die n zu den Kreiſen gehörigen einfachen Funktionen

$$(r - a_a)^2 - \beta_a^2$$

für jeden Werth des Index a von 1 bis n. Alſo ist die geſuchte Kreisfunktion f,

$$f = \sum \alpha_a[(r - a_a)^2 - \beta_a^2] = \sum \alpha_a[r^2 - 2[r|a_a] + a_a^2 - \beta_a^2]$$
$$= \alpha r^2 - 2[r|\sum \alpha_a a_a] + \sum \alpha_a(a_a^2 - \beta_a^2),$$

weil $\sum \overline{\alpha_a} = \alpha$ angenommen ist. Da nun der Punkt O willkürlich ist, so können wir ihn, wenn α nicht null ist, so wählen, dass er aus den n Mittelpunkten durch die Zahlen $\alpha_1, \cdots \alpha_n$ numerisch ableitbar ist. Dann ist $\sum \overline{\alpha_a | a_a} = 0$ und das zweite Glied fällt weg. Dann wird

$$f = \alpha r^2 + \sum \overline{\alpha_a (a_a^2 - \beta_a^2)}.$$

Setzen wir $\sum \overline{\alpha_a (\beta_a^2 - a_a^2)} = \alpha \beta^2$, so wird

$$f = \alpha (r^2 - \beta^2),$$

d. h. „der Mittelpunkt des gesuchten Kreises ist, wenn die Summe der n gegebenen Zahlen nicht null ist, der aus den n Mittelpunkten der gegebenen Kreise durch die n gegebenen Zahlen ableitbare Punkt, und den Radius (β) desselben erhält man, wenn man die n Doppelabstände des gefundenen Mittelpunktes von den n gegebenen Kreisen beziehlich mit den n gegebenen Zahlen multiplicirt, die Summe dieser Produkte durch die Summe der n gegebenen Zahlen dividirt, den Quotienten mit -1 multiplicirt und aus diesem Produkte die Wurzel zieht."

Anm. Die Behandlung des Falles, wo $\alpha = 0$ wird, überlasse ich dem Leser.

§. 6. Verwandtschaften von dem Gesichtspunkte der Funktionsverknüpfung aus betrachtet.

401. Erklärung. Zwei Vereine von Grössen nenne ich verwandt, wenn jede Zahlbeziehung, welche zwischen den Grössen des ersten oder zweiten Vereines herrscht, auch zwischen den entsprechenden des andern stattfindet, d. h. wenn der Grösse

$$p = \alpha a + \beta b + \cdots$$

die Grösse

$$p_1 = \alpha a_1 + \beta b_1 + \cdots$$

entspricht und umgekehrt, wo nämlich a, b, $\cdots$ beliebige Grössen des ersten Vereins und a_1, b_1, $\cdots$ die entsprechenden des andern, und α, β, $\cdots$ beliebige Zahlen sind.

402. Wenn zwei Vereine von Grössen, in denen die Grössen eines jeden Vereins sich aus n in keiner Zahlbeziehung zu einander stehenden Grössen desselben numerisch ableiten lassen, einander verwandt sein sollen, so kann man beliebigen n in keiner Zahlbeziehung zu einander stehenden Grössen des einen Vereins beliebige n derselben Bedingung unterworfene Grössen des andern entsprechend fetzen; dann ist zu jeder Grösse eines jeden der beiden Vereine die entsprechende des andern genau bestimmt.

Beweis. Es feien a, b,··· n in beliebige, in keiner Zahlbeziehung zu einander stehende Grössen des einen, und a_1, b_1,··· n derfelben Bedingung unterworfene Grössen des andern Vereins, fo lässt fich nach der Vorausfetzung jede Grösse p des ersten Vereins aus a, b,··· numerisch ableiten. Es fei

$$p = \alpha a + \beta b + \cdots$$

der Ausdruck diefer Ableitung, fo find (nach 29) die Zahlen α, β,··· genau bestimmt, fobald p eine bestimmte Grösse ist. Sollen nun beide Vereine verwandt fein, fo muss (nach 400) der Grösse p eine Grösse

$$p_1 = \alpha a_1 + \beta b_1 + \cdots$$

entsprechen. Es ist alfo zu jeder Grösse des einen Vereins die entsprechende des andern genau bestimmt. Es ist noch zu zeigen, dass die fo gebildeten Vereine in der That einander verwandt find, d. h. dass jede Zahlbeziehung, welche zwischen den Grössen des ersten Vereins herrscht, auch zwischen den entsprechenden Grössen des zweiten herrsche und umgekehrt. Es fei

$$\text{(a)} \quad \varrho r + \sigma s + \cdots = 0$$

eine zwischen den Grössen r, s,··· des ersten Vereins herrschende Zahlbeziehung, und feien r_1, s_1,··· die den Grössen r, s,··· entsprechenden Grössen des zweiten Vereins, fo ist zu zeigen, dass auch

$$\varrho r_1 + \sigma s_1 + \cdots = 0$$

fei. Setzt man in (a) statt r, s,··· die Ausdrücke ihrer Ableitung aus a, b,····, löst die Klammern auf, und fasst die Glieder, welche a enthalten, in Ein Glied zufammen u. f. w., fo erhält man einen Ausdruck der Form

$$\alpha a + \beta b + \cdots = 0,$$

wo α, β,··· Funktionen der Zahlgrössen ϱ, σ,··· und der

Ableitungszahlen von r, s,··· ſind. Hieraus folgt, da a, b,··· in keiner Zahlbeziehung zu einander stehen, (nach 29)

$$\alpha = 0,\ \beta = 0, \cdots .$$

Wendet man nun dasſelbe Verfahren auf den Ausdruck $\varrho r_1 + \sigma s_1 + \cdots$ an, ſo erhält man, da die Ableitzahlen von $r_1, s_1, \cdots$ dieſelben ſind, wie die von r, s,···,

$$\varrho r_1 + \sigma s_1 + \cdots = \alpha a_1 + \beta b_1 + \cdots,$$

wo $\alpha, \beta, \cdots$ dieſelbe Bedeutung haben, wie oben. Da aber $\alpha, \beta, \cdots$ null ſind, ſo erhält man

$$\varrho r_1 + \sigma s_1 + \cdots = 0,$$

d. h. jede Zahlbeziehung, welche zwischen den Grössen des ersten Vereins herrscht, herrscht auch zwischen den entsprechenden des zweiten, und ebenſo umgekehrt, d. h. die beiden Vereine ſind verwandt.

403. Wenn man aus zwei verwandten Vereinen zwei neue Vereine dadurch ableitet, dass man jedem linealen Produkt P, was aus Grössen des ersten Vereines gebildet ist, dasjenige Produkt als entsprechend ſetzt, welches auf gleiche Weiſe aus den entsprechenden Grössen des zweiten Vereins gebildet ist, ſo ſind dieſe beiden neuen Vereine einander gleichfalls verwandt; d. h. wenn r, s,··· beliebige Grössen des einen und $r_1, s_1, \cdots$ die entsprechenden des verwandten Vereines ſind, und die linealen Produkte $P(r, s, \cdots)$ und $P(r_1, s_1, \cdots)$ einander entsprechend geſetzt werden, wie auch r, s,··· gewählt ſein mögen, ſo ſind auch die ſo erhaltenen Vereine einander verwandt.

B e w e i s. Es ſeien $a_1, a_2, \cdots a_n$ Grössen des ersten Vereins, welche in keiner Zahlbeziehung zu einander stehen, und aus welcher ſich alle Grössen des ersten Vereins numerisch ableiten lassen, und $b_1, b_2, \cdots b_n$ die entsprechenden des andern, welche alſo derſelben Bedingung unterworfen ſind, und ſei

$$r = \sum \overline{\varrho_a a_a} = \varrho_1 a_1 + \cdots \varrho_n a_n,\quad s = \sum \overline{\sigma_a a_a},\ \text{u. ſ. w.},$$

alſo (nach 400)

$$r_1 = \sum \overline{\varrho_a b_a},\quad s_1 = \sum \overline{\sigma_a b_a}, \cdots,$$

ſo wird

$$\left.\begin{aligned} P(r, s, \cdots) &= \sum \overline{\varrho_a \sigma_b \cdots P(a_a, a_b, \cdots)} \\ P(r_1, s_1, \cdots) &= \sum \overline{\varrho_a \sigma_b \cdots P(b_a, b_b, \cdots)} \end{aligned}\right\} \qquad [46].$$

Da nun die Produkte lineale ſind, ſo muss (nach 50) jede Bedingungsgleichung, welche zwischen den Produkten $P(a_\mathfrak{a}, a_\mathfrak{b}, \cdots)$ herrscht, auch bestehen bleiben, wenn man statt $a_1, a_2, \cdots a_n$ die Grössen $b_1, b_2, \cdots b_n$ ſetzt. Nun lassen ſich (nach 49), wenn p die Anzahl der verschiedenen Produkte von der Form $P(a_\mathfrak{a}, a_\mathfrak{b}, \cdots)$ und q die Anzahl der von einander unabhängigen Bedingungsgleichungen ist, die ſämmtlichen Produkte $P(a_\mathfrak{a}, a_\mathfrak{b}, \cdots)$ aus $p - q$ derſelben, welche in keiner Zahlbeziehung zu einander stehen, numerisch ableiten, und zwar ſo, dass, wenn dieſe $p - q$ Produkte bestimmt ſind, auch für jedes der übrigen Produkte die Ableitzahlen bestimmt ſind. Die Ausdrücke dieſer Ableitung ſind nur von den Bedingungsgleichungen abhängig. Setzt man daher statt $a_1, a_2, \cdots$ überall $b_1, b_2, \cdots$, ſo müssen, da die Bedingungsgleichungen bei dieſer Substitution noch geltend bleiben, auch die Ausdrücke jener Ableitung bestehen bleiben, d. h. wenn $A_1, A_2, \cdots$ die in keiner Zahlbeziehung zu einander stehenden Produkte ſind, aus welchen ſich alle übrigen Produkte der Form $P(a_\mathfrak{a}, a_\mathfrak{b}, \cdots)$ ableiten lassen, und

$$P(a_\mathfrak{a}, a_\mathfrak{b}, \cdots) = \alpha_{1,\, \mathfrak{a}, \mathfrak{b}, \ldots} A_1 + \alpha_{2,\, \mathfrak{a}, \mathfrak{b}, \ldots} A_2 + \cdots$$

ist, wenn ferner $B_1, B_2, \cdots$ diejenigen Produkte ſind, welche aus den Produkten $A_1, A_2, \cdots$ dadurch hervorgehen, dass man in dieſen $b_1, b_2, \cdots$ statt $a_1, a_2, \cdots$ ſetzt, ſo ist

$$P(b_\mathfrak{a}, b_\mathfrak{b}, \cdots) = \alpha_{1,\, \mathfrak{a}, \mathfrak{b}, \ldots} B_1 + \alpha_{2,\, \mathfrak{a}, \mathfrak{b}, \ldots} B_2 + \cdots.$$

Alſo

$$P(r, s, \cdots) = \overline{\sum \varrho_\mathfrak{a} \sigma_\mathfrak{b} \cdots (\alpha_{1,\, \mathfrak{a}, \mathfrak{b}, \ldots} A_1 + \alpha_{2,\, \mathfrak{a}, \mathfrak{b}, \ldots} A_2 + \cdots)}$$

$$P(r_1, s_1, \cdots) = \overline{\sum \varrho_\mathfrak{a} \sigma_\mathfrak{b} \cdots (\alpha_{1,\, \mathfrak{a}, \mathfrak{b}, \ldots} B_1 + \alpha_{2,\, \mathfrak{a}, \mathfrak{b}, \ldots} B_2 + \cdots)},$$

d. h. es ist $P(r, s, \cdots)$ durch dieſelben Zahlen aus $A_1, A_2, \cdots$ abgeleitet, wie das entsprechende Produkt $P(r_1, s_1, \cdots)$ aus den entsprechenden Produkten $B_1, B_2, \cdots$, d. h. (nach 401) es ist der Verein der Produkte $P(r, s, \cdots)$ verwandt dem Vereine der entsprechenden Produkte $P(r_1, s_1, \cdots)$.

404. Man kann in zwei Vereinen, deren jeder aus n Grössen desſelben ableitbar ist, und welche einander verwandt ſein ſollen, in jedem beliebige $n + 1$ Grössen annehmen, von denen keine n in einer Zahlbeziehung zu einander stehen, und festſetzen, dass den $n + 1$ Grössen des ersten Vereins

Grössen entsprechen ſollen, welche den n + 1 im zweiten Verein angenommenen Grössen kongruent ſind; dann ist zu jeder Grösse eines Vereines die entsprechende des andern, mit Ausnahme eines für alle gleichen Zahlkoefficienten, genau bestimmt.

Beweis. Es ſeien $a_1 \cdots a_{n+1}$ die Grössen des ersten und $b_1 \cdots b_{n+1}$ die des zweiten Vereins, welche der im Satze ausgesprochenen Bedingung unterworfen ſind, ſo wird ſich, gemäss dieſer Bedingung, jede der Grössen $a_1, \cdots a_{n+1}$ aus den übrigen durch Zahlen ableiten lassen, welche alle von Null verschieden ſind. Denn da der Verein aus n in keiner Zahlbeziehung zu einander stehenden Grössen ableitbar ſein ſoll, ſo muss er auch (nach 24) aus je n dieſer Bedingung unterworfenen Grössen ableitbar ſein, alſo auch jede der Grössen $a_1, \cdots a_{n+1}$ aus den übrigen, und ſollte von den Ableitzahlen irgend eine Null ſein, ſo würde zwischen den n übrigen, gegen die Vorausſetzung eine Zahlbeziehung herrschen. Dasſelbe gilt für die Grössen $b_1 \cdots b_{n+1}$. Nun ſei

$$(a)\quad \begin{cases} a_{n+1} = \alpha_1 a_1 + \cdots \alpha_n a_n \\ b_{n+1} = \beta_1 b_1 + \cdots \beta_n b_n, \end{cases}$$

alſo $\alpha_1, \cdots \alpha_n$, $\beta_1, \cdots \beta_n$ alle ungleich Null.

Ferner ſeien $c_1, \cdots c_{n+1}$ die Grössen, welche beziehlich den Grössen $a_1, \cdots a_{n+1}$ entsprechen und den Grössen $b_1 \cdots b_{n+1}$ kongruent ſein ſollen. Aus dieſen Kongruenzen folgt, dass für jeden Index r von 1 bis n + 1 ſich c_r als Produkt von b_r in eine Null verschiedene Zahl x_r muss darstellen lassen, alſo

$$(b)\quad c_r = x_r b_r.$$

Da ferner $c_1, \cdots c_{n+1}$ den Grössen $a_1, \cdots a_{n+1}$ ſo entsprechen ſollen, dass die Vereine verwandt ſind, ſo muss (nach 401)

$$(c)\quad c_{n+1} = \alpha_1 c_1 + \cdots \alpha_n c_n$$

ſein. Substituirt man in (c) die Werthe aus (b) und dividirt mit x_{n+1}, ſo erhält man

$$b_{n+1} = \frac{x_1 \alpha_1}{x_{n+1}} b_1 + \cdots \frac{x_n \alpha_n}{x_{n+1}} b_n.$$

Aber aus (a) hat man zugleich

$$b_{n+1} = \beta_1 b_1 + \cdots \beta_n b_n,$$

alſo muss (nach 29)

$$\frac{x_1\alpha_1}{x_{n+1}}=\beta_1,\cdots\frac{x_n\alpha_n}{x_{n+1}}=\beta_n.$$

Hierdurch bestimmen ſich alle Unbekannte bis auf eine. Setzen wir $x_{n+1}=\lambda$, ſo wird

$$\text{(d)}\quad x_1=\frac{\lambda\beta_1}{\alpha_1},\cdots,\ x_n=\frac{\lambda\beta_n}{\alpha_n},\ x_{n+1}=\lambda.$$

Wenn dieſe Bedingungen (d) erfüllt ſind, ſo wird auch umgekehrt die Gleichung c erfüllt. Dann ſind alſo die Vereine verwandt in Bezug auf die $n+1$ Grössen $a_1\cdots a_{n+1}$ und die ihnen entsprechenden $c_1\cdots c_{n+1}$ und jeder Grösse

$$p=u_1a_1+\cdots u_na_n$$

entspricht die Grösse

$$q=u_1c_1+\cdots u_nc_n,$$

oder, indem man statt $c_1\cdots c_n$ ihre Werthe aus (b) und dann statt $x_1\cdots x_n$ ihre Werthe aus (d) ſetzt,

$$q=\lambda\left(\frac{u_1\beta_1}{\alpha_1}b_1+\cdots\frac{u_n\beta_n}{\alpha_n}b_n\right),$$

d. h. q ist mit Ausnahme eines konstanten Faktors λ genau bestimmt.

Anm. Es lässt ſich die Verwandtschaft zweier Vereine, abgeſehen von den metriſchen Werthen der entsprechenden Grössen, auch in der Art bestimmen, dass man festſetzt, es ſollen jeden drei in einer Zahlbeziehung zu einander stehenden Grössen des ersten Vereins auch drei in einer Zahlbeziehung zu einander stehende Grössen des zweiten und umgekehrt entsprechen. Der Beweis der Identität dieſer Bestimmung mit der oben gegebenen (wenn man von den metriſchen Werthen der entsprechenden Grössen abſicht) ergiebt ſich leicht, wenn man die von Möbius in ſeinem barycentriſchen Calcul in §. 200—206 und beſonders in §. 203 gegebene vortreffliche Entwickelung der Collineation auf die hier betrachtete allgemeine Verwandtschaft überträgt.

405. Der Raum und die Ebene lassen ſich in der Art einander verwandt ſetzen, dass jedem Punkte im Raume ein Kreis in der Ebene entspricht und umgekehrt. Dann entsprechen den in Einer Ebene liegenden Punkten des Raumes ſolche Kreiſe, welche von Einem und demſelben Kreiſe ſenkrecht geschnitten werden. Und zwar kann man fünf beliebige Punkte des Raumes, von denen keine vier in Einer Ebene liegen, mit fünf beliebigen Kreiſen der Ebene, von denen keine vier von Einem Kreise senkrecht geschnitten werden, entsprechend setzen. Dann aber ist zu jedem Punkte des Raumes der entsprechende Kreis der Ebene und umgekehrt bestimmt. Jeder Satz der Stereometrie lässt sich in diesem Sinne auf Kreise der Ebene, und umgekehrt jeder Satz über Kreise der Ebene auf Punkte des Raumes übertragen.

Beweis. Nach 395 ist jede Kreisfunktion aus vier beliebigen in keiner Zahlbeziehung zu einander stehenden Kreisfunktionen numerisch ableitbar, und nach 232 ist jeder Punkt im Raume aus vier beliebigen in keiner Zahlbeziehung zu einander stehenden Punkten numerisch ableitbar. Folglich kann man (nach 404), wenn die Punkte des Raumes und die Kreise einer Ebene zwei verwandte Vereine bilden sollen, fünf beliebige Punkte des Raumes, von denen keine vier in einer Zahlbeziehung stehen, d. h. keine vier in Einer Ebene liegen, und fünf beliebige Kreise der Ebene, von denen keine vier in einer Zahlbeziehung stehen, d. h. keine vier von Einem Kreise senkrecht geschnitten werden, annehmen und festsetzen, dass jenen fünf Punkten des Raumes diese fünf Kreise entsprechen sollen, dann ist zu jedem Punkte des Raumes der entsprechende Kreis der Ebene und umgekehrt bestimmt. Ferner, da nach dem Begriffe der Verwandtschaft (401) jede Zahlbeziehung, welche zwischen den Grössen des einen Vereins herrscht, auch zwischen den entsprechenden Grössen des verwandten Vereins besteht, so folgt, dass wenn zwischen vier Punkten des Raumes eine Zahlbeziehung herrscht, auch zwischen den vier entsprechenden Kreisen eine solche herrschen muss, d. h. wenn die vier Punkte in Einer Ebene liegen, so müssen die vier entsprechenden Kreise von Einem Kreise senkrecht geschnitten werden. Endlich die Uebertragbarkeit der Sätze folgt daraus, dass jeder Satz des Raumes sich vermittelst der vier Ableitungszahlen, durch die jeder Punkt darstellbar ist, in einen analytischen Satz kleidet, und dieser sich wieder, indem man die vier Ableitzahlen als die Ableitzahlen des jenem Punkte entsprechenden Kreises setzt, in einen Satz über Kreise der Ebene verwandeln lässt, und ebenso umgekehrt.

406. Man kann in der Ebene zwei verwandte Vereine von Kreifen annehmen, und dabei fünf beliebige Kreife des einen fünf beliebigen Kreifen des andern Vereins entsprechend fetzen, vorausgefetzt, dass keine vier der in demfelben Vereine angenommenen fünf Kreife von einem und demfelben Kreife fenkrecht geschnitten werden, dann ist zu jedem 6-ten Kreife des einen Vereins der entsprechende des andern bestimmt, und jeden vier Kreifen des einen Vereins, die von Einem Kreife fenkrecht geschnitten werden, entsprechen vier Kreife des andern, die gleichfalls von Einem Kreife fenkrecht geschnitten werden.

Beweis ergiebt fich aus dem Obigen von felbst.

Anm. Wir nennen die fo eben behandelte Verwandtschaft die fyncyclische. Von befonderem Interesse ist der Fall, wo folchen Kreifen, die fich in Punkte zufammenziehen, auch in dem andern Vereine gleichfalls folche entsprechen.

407. Wenn der Kreis, dessen Gleichung

$$\text{(a)}\quad \alpha(x^2+y^2)+2\beta x+2\gamma y+\delta=0$$

ist; wo α, β, γ, δ reell find, fich in einen Punkt zufammenziehen foll, fo muss

$$\text{(b)}\quad \alpha\delta=\beta^2+\gamma^2$$

fein, umgekehrt, wenn die Gleichung (b) stattfindet und nicht alle Koefficienten null find, fo muss der durch (a) dargestellte Kreis fich entweder in einen Punkt zufammenziehen, oder in die unendlich entfernte Gerade umschlagen; letzteres, wenn α, β, γ zugleich null find.

Beweis. Aus der Gleichung (a) ergiebt fich, wenn α nicht null ist, für den Radius r des zu jener Gleichung gehörigen Kreifes

$$r^2=\frac{\beta^2+\gamma^2-\alpha\delta}{\alpha^2},$$

woraus das Uebrige hervorgeht. Wenn hingegen α null ist, fo wird die Gleichung (a) die Gleichung einer geraden Linie; aber dann folgt aus (b), dass $\beta^2+\gamma^2$ null fei, d. h. dass β und γ null feien; alfo ist dann die durch die Gleichung (a) dargestellte Linie die unendlich entfernte.

408. Nimmt man x und y als (rechtwinklige) Koordinaten eines Vereins von Kreifen und x′ und y′ als die eines andern, und fetzt den vier Funktionen

$$x^2 + y^2,\ x,\ y,\ 1$$

nach der Reihe die Funktionen

$$1,\ x',\ y',\ x'^2 + y'^2$$

entsprechend, fo dass alfo jedem Kreife, dessen Gleichung

$$\text{(a)}\quad \alpha(x^2 + y^2) + 2\beta x + 2\gamma y + \delta = 0$$

ist, derjenige Kreis entspricht, dessen Gleichung

$$\text{(b)}\quad \alpha + 2\beta x' + 2\gamma y' + \delta(x'^2 + y'^2) = 0$$

ist; fo entspricht jedem Punkte des ersten Vereines, mit Ausnahme des Anfangspunktes der Abscissen, ein Punkt des zweiten und umgekehrt; dem Anfangspunkte der Abscissen hingegen entspricht in dem andern Vereine jedesmal die unendlich entfernte Gerade.

Beweis. Wenn der Kreis, dessen Gleichung (a) ist, fich in einen Punkt zufammenzieht, fo ist $\alpha\delta = \beta^2 + \gamma^2$ (407). Wenn aber diefe Gleichung gilt, fo ist auch der Kreis, dessen Gleichung (b) ist (407), entweder ein Punkt (wenn $\delta \gtrless 0$) oder die unendlich entfernte Gerade, letzteres wenn β, γ, δ null find, d. h. wenn der Punkt des ersten Vereins durch die Gleichung $\alpha(x^2 + y^2) = 0$ bestimmt, alfo Anfangspunkt der Koordinaten ist.

409. Wenn bei zwei fyncyclisch verwandten Vereinen von Kreifen der unendlich entfernten Geraden jedes Vereins ein Punkt des andern entspricht, und allen übrigen Punkten jedes Vereines wiederum Punkte des andern entsprechen, fo kann man stets den (zu einander fenkrechten) Koordinatenaxen jedes Vereins eine folche Lage geben, und dem als Einheit genommenen Maasse der Längen einen folchen Werth, dass den vier Funktionen

$$x^2 + y^2,\ x,\ y,\ 1$$

des ersten Vereines nach der Reihe die vier Funktionen

$$1,\ x',\ y',\ x'^2 + y'^2$$

des andern entsprechen.

Beweis. Die unendlich entfernte Gerade wird durch eine Funktion dargestellt, welche bloss aus einer Konstanten besteht. Der Punkt, welcher in jedem Vereine der unendlich entfernten Geraden des andern Vereines entspricht, fei zum Anfangspunkte der Abscissen gemacht. Der Anfangs-

18*

punkt der Abscissen wird durch die Kreisfunktion $x^2 + y^2$ dargestellt. Dieſer Funktion entspreche in dem zweiten Vereine die Konstante a, durch welche die unendlich entfernte Gerade dargestellt; ebenſo entspreche der Funktion $x'^2 + y'^2$ des zweiten Vereins in dem ersten die Konstante b. Man ändere nun das als Einheit genommene Maass der Längen, ſo multipliciren ſich die Koordinaten mit einem konstanten Faktor λ, und es entsprechen ſich dann

$$\begin{array}{ll} \lambda^2(x^2 + y^2), & b \\ a, & \lambda^2(x'^2 + y'^2). \end{array}$$

Es werde λ^2 ſo bestimmt, dass $a : \lambda^2 = \lambda^2 : b$, d. h. $\lambda^4 = ab$ ſei. Setzen wir dann $\frac{a}{b} = \mu^2$, ſo entsprechen ſich

$$\begin{array}{ll} x^2 + y^2, & 1 \\ \mu, & \mu(x'^2 + y'^2). \end{array}$$

Nun werden aber die räumlichen Gebilde, welche durch Funktionen dargestellt werden, nicht verändert, wenn man dieſe alle mit einer konstanten Zahl, alſo hier mit μ dividirt, und wir können daher $x^2 + y^2$ und 1 mit 1 und $x'^2 + y'^2$ entsprechend ſetzen. Es möge ferner den Funktionen x und y des ersten Vereines die Funktionen f_1 und f_2, nämlich

$$f_1 = \alpha_1(x'^2 + y'^2) + \beta_1 x' + \gamma_1 y' + \delta_1$$
$$f_2 = \alpha_2(x'^2 + y'^2) + \beta_2 x' + \gamma_2 y' + \delta_2$$

entsprechen, ſo dass alſo den Funktionen

$$x^2 + y^2,\ x,\ y,\ 1$$

die Funktionen

$$1,\ f_1,\ f_2,\ x'^2 + y'^2$$

entsprechen. Aus den ersteren ſei durch die Koefficienten α, β, γ, δ eine Funktion f abgeleitet, ſo entspricht ihr im zweiten Vereine die Funktion f', welche durch dieſelben Koefficienten aus den vier letzten Funktionen abgeleitet ist. Die Bedingung dafür, dass die erstere Funktion f einen blossen Punkt darstellt, ist (nach 407)

$$\text{(a)}\quad 4\alpha\delta = \beta^2 + \gamma^2.$$

Für die zweite Funktion

$$\begin{aligned} f' &= \alpha + \beta f_1 + \gamma f_2 + \delta(x'^2 + y'^2) \\ &= (\delta + \beta\alpha_1 + \gamma\alpha_2)(x'^2 + y'^2) + (\beta\beta_1 + \gamma\beta_2)x' \\ &\qquad + (\beta\gamma_1 + \gamma\gamma_2)y' + \alpha + \beta\delta_1 + \gamma\delta_2 \end{aligned}$$

ist diefe Bedingung:

$$4(\delta+\beta\alpha_1+\gamma\alpha_2)(\alpha+\beta\delta_1+\gamma\delta_2)=(\beta\beta_1+\gamma\beta_2)^2+(\beta\gamma_1+\gamma\gamma_2)^2.$$

Führt man hier statt δ den Werth aus (a) ein, fo erhält man

$$(\beta^2+\gamma^2+4\alpha\beta\alpha_1+4\alpha\gamma\alpha_2)(\alpha+\beta\delta_1+\gamma\delta_2)$$
$$=\alpha(\beta\beta_1+\gamma\beta_2)^2+\alpha(\beta\gamma_1+\gamma\gamma_2)^2.$$

Diefe Gleichung muss für beliebige Werthe von α, β, γ gelten, alfo müssen die Koefficienten, die zu gleichen Potenzen diefer Grössen gehören, auf beiden Seiten gleich fein. Da die rechte Seite α nur in der ersten Potenz enthält, fo müssen die Koefficienten der Glieder, welche α^2 enthalten, und derer, welche α gar nicht enthalten, null fein, alfo find α_1, α_2, δ_1, δ_2 null, d. h. f_1 und f_2 stellen gerade Linien dar, welche durch den Anfangspunkt der Abscissen gehen. Legen wir die Abscissenaxe fo, dass fie mit der durch f_2 dargestellten Linie zufammenfällt, fo reducirt fich f_2 bloss auf das Glied, was y enthält, d. h. β_2 wird null. Dividiren wir dann noch die fo reducirte Gleichung durch α, fo geht fie über in

$$\beta^2+\gamma^2=\beta^2\beta_1{}^2+(\beta\gamma_1+\gamma\gamma_2)^2.$$

Da in der entwickelten Gleichung $2\gamma_1\gamma_2$ der Koefficient von $\beta\gamma$ ist, fo muss $\gamma_1\gamma_2=0$ fein; γ_2 kann nicht null fein, weil fonst f_2 identisch gleich null wäre, alfo muss γ_1 null fein. Dann erhält man

$$\beta^2(1-\beta_1{}^2)+\gamma^2(1-\gamma_2{}^2)=0,$$

alfo $\beta_1=\mp 1$, $\gamma_2=\mp 1$. Da auf jeder der beiden Koordinatenaxen die Seite, nach welcher die Koordinaten pofitiv genommen find, beliebig gewählt werden können, fo können wir β_1 und $\gamma_2=+1$ fetzen, und es wird dann $f_1=x'$, $f_2=y'$, und entsprechen alfo den Funktionen

$$x^2+y^2,\ x,\ y,\ 1$$

des ersten Vereins die Funktionen

$$1,\ x',\ y',\ x'^2+y'^2$$

des zweiten.

Anm. Die hier behandelte specielle Art der fyncyclischen Verwandtschaft ist zuerst von Möbius aufgestellt und von ihm Kreisverwandtschaft genannt worden; vergl. Möbius Ueber eine neue Verwandtschaft zwischen ebenen Figuren (in den Berichten der Königl. Sächs. Gefellsch. der Wiss., 5. Febr. 1853). Es ergiebt fich aus dem Obigen, dass derjenige Punkt in jedem der beiden kreisverwandten

Vereine als charakteristisch hervortritt, welchem im andern Vereine die unendlich entfernte Gerade entspricht. Es ſei dieſer Punkt Centralpunkt des Vereins genannt. Legt man nun die beiden Vereine ſo auf einander, dass die Centralpunkte, die x-Axen und die y-Axen ſich gegenſeitig decken, ſo deckt auch jede durch den Centralpunkt gehende gerade Linie, z. B. die gerade Linie $qx + ry = 0$ die entsprechende. Schlägt man nun noch um den Centralpunkt mit der Länge, welche als Maass der Koordinaten zu Grunde gelegt ist, einen Kreis, welcher Hauptkreis heisse, ſo stellt ſich die ganze Art des gegenſeitigen Entsprechens aufs Anschaulichste dar. Dann besteht die Peripherie des Hauptkreiſes aus den ſämmtlichen Punkten, welche ihre entsprechenden decken, jedem Punkt im Innern des Kreiſes entspricht im andern Vereine ein auf demſelben Radius liegender Punkt ausserhalb des Kreiſes, und zwar ſo, dass der Radius stets die mittlere Proportionale zwischen den Abständen der beiden entsprechenden Punkte vom Centrum ist. Letzteres folgt für einen Punkt der x-Axe ſogleich aus den entsprechenden Funktionen, denn die Kreis-Gleichung eines Punktes der x-Axe, dessen Abscisse $= c$ ist, ist $(x - c)^2 + y^2 = 0$, d. h. $x^2 + y^2 - 2cx + c^2 = 0$, alſo die des entsprechenden Punktes $1 - 2cx + c^2(x^2 + y^2) = 0$, d. h. $\left(x - \frac{1}{c}\right)^2 + y^2 = 0$, alſo ist der Abstand dieſes Punktes vom Centralpunkte $= \frac{1}{c}$, während die des entsprechenden Punktes c war, alſo ihr Produkt 1, d. h. die als Einheit genommene Länge die mittlere Proportionale zwischen den Abständen der entsprechenden Punkte auf der x-Axe. Da man nun jede durch den Centralpunkt gehende gerade Linie als x-Axe annehmen kann, ſo gilt jene Beziehung allgemein. Wenn man statt der Annahme, dass den unendlich entfernten Geraden ein Punkt entsprechen ſoll, die Annahme macht, dass in den beiden ſyncyclischen Vereinen ohne Ausnahme jedem Punkte des einen Vereins ein Punkt des andern entsprechen ſoll, ſo entspricht auch der unendlich entfernten Geraden des einen Vereins die unendlich entfernte des andern, und man gelangt zur Aehnlichkeit, welche ſich alſo auf dieſe Weiſe der Kreisverwandtschaft gegenüber stellt.

§. 7. Normale Einheiten der Funktionen, Stetigkeit der letzteren.

410. Erklärung. Normale Einheiten reeller Grössen. Für die reellen Zahlen ſetze ich 1 als normale Einheit, für die reellen extenſiven Grössen ſetze ich als normale Einheiten die ursprünglichen Einheiten $e_1, e_2, \cdots e_n$;

für die reellen extenſiven Grössen m-ter Stufe ferner die wohlgeordneten (multiplikativen) Kombinationen ohne Wiederholung zur m-ten Klasse aus den ursprünglichen Einheiten, für die reellen algebraischen Produkte von Grössen gleicher Stufe endlich die (wohlgeordneten) Kombinationen mit Wiederholung aus den normalen Einheiten der Faktoren (wobei jede dieſer Kombinationen als algebraisches Produkt der darin enthaltenen Elemente aufzufassen ist).

Anm. Es ſind hier nur die früher vereinzelt vorkommenden Bestimmungen zuſammengefasst. Es kommt noch darauf an, auch für die reellen Lückenausdrücke die normalen Einheiten festzustellen. Wir haben (in 363 Anm.) geſehen, dass das Produkt der Faktoren, welche die Lücken eines Lückenausdrucks ausfüllen ſollen, als ein algebraisches Produkt aufzufassen ist, mit welchem der Lückenausdruck multiplicirt werden ſoll. Folglich kommt es nur darauf an, welche Werthe der Lückenausdruck annimmt, wenn die normalen Einheiten jener algebraischen Produkte mit ihm multiplicirt werden. Es ſeien E_1, $E_2, \cdots$ die normalen Einheiten dieſer algebraischen Produkte und L der Lückenausdruck, ſo kommt es auf die Werthe LE_1, $LE_2, \cdots$ an. Dieſe Werthe können wieder extenſive Grössen ſein, die normalen Einheiten derſelben ſeien e_1, $e_2, \cdots$, ſo ergeben ſich als normale Einheiten von L diejenigen Lückenausdrücke, welche mit E_1, $E_2, \cdots$ multiplicirt irgend eine der Einheiten e_1, $e_2, \cdots$ liefern.

411. Erklärung. Normale Einheiten reeller Lückenausdrücke. Wenn E_1, $E_2, \cdots$ die normalen Einheiten derjenigen algebraischen Produkte ſind, deren Faktoren die Lücken eines reellen Lückenausdruckes L auszufüllen vermögen, und e_1, $e_2, \cdots$ die normalen Einheiten derjenigen Grössen ſind, in welche L nach Ausfüllung ſeiner Lücken übergeht, ſo ſetze ich diejenigen Lückenausdrücke $E_{r,s}$ als normale Einheiten von L, welche den Gleichungen

$$E_{r,s}E_r = e_s \text{ und } E_{r,s}E_t = 0\,[t \gtrless r]$$

genügen.

Anm. Es ist dieſe Erklärung in Uebereinstimmung mit der in 381 für die Einheiten des Quotienten, d. h. des Lückenausdruckes mit Einer Lücke gegebenen.

412. Jeder (reelle) Lückenausdruck lässt ſich aus den in 411 festgeſetzten normalen Einheiten desſelben numerisch ableiten, und dieſe letzteren stehen in keiner Zahlbeziehung zu einander.

Beweis wie in 381.

413. Erkl. Normale Einheiten einer Grössengattung. Als Grössen derfelben Gattung fetze ich alle diejenigen Grössen, welche nach dem Früheren zu einander addirt werden können. Die Anzahl der normalen Einheiten einer Grössengattung nehme ich stets als eine gerade an, indem die eine Hälfte derfelben reell ist, und die andere daraus durch Multiplikation mit $i = \sqrt{-1}$ hervorgeht. Die Ableitzahlen, durch welche eine Grösse aus ihren normalen Einheiten numerisch abgeleitet wird, nehme ich stets als reell an.

Anm. Für die allgemeinen Zahlgrössen find alfo 1 und $\sqrt{-1} = i$ die normalen Einheiten, für die allgemeinen Grössen erster Stufe $e_1, e_2, \cdots e_n, e_1 i, e_2 i, \cdots e_n i$, wo $e_1, e_2, \cdots e_n$ die ursprünglichen Einheiten find u. f. w.

414. Erkl. Numerischer Werth einer Grösse heisst die pofitive Quadratwurzel aus der Summe der Quadrate aller Zahlen, durch welche jene Grösse aus ihren normalen Einheiten ableitbar ist, d. h. wenn $E_1, E_2, \cdots$ die normalen Einheiten einer Grösse P find und

$$P = \alpha_1 E_1 + \alpha_2 E_2 + \cdots$$

ist, fo ist der numerische Werth von P gleich

$$\sqrt{\alpha_1^2 + \alpha_2^2 + \cdots}.$$

Anm. Diefe Definition ist in Uebereinstimmung mit der in 151 gegebenen. Der numerische Werth einer komplexen Zahlgrösse $p + qi$ ist hiernach gleich $\sqrt{p^2 + q^2}$.

415. Wenn der numerische Werth einer Grösse null ist, fo find alle Zahlen, durch welche diefe Grösse aus ihren normalen Einheiten abgeleitet ist, einzeln genommen null.

Beweis. Es feien $E_1, E_2, \cdots$ die normalen Einheiten der Grösse P und fei

$$P = \alpha_1 E_1 + \alpha_2 E_2 + \cdots.$$

Wenn nun der numerische Werth von P null fein foll, fo heisst das (nach 414)

$$\sqrt{\alpha_1^2 + \alpha_2^2 + \cdots} = 0, \text{ alfo}$$

$$\alpha_1^2 + \alpha_2^2 + \cdots = 0.$$

Da aber $\alpha_1, \alpha_2, \cdots$ (nach 413 Anm.) alle reell find, fo kann die Summe ihrer Quadrate nicht anders null fein, als wenn fie alle einzeln genommen null find, alfo

$$0 = \alpha_1 = \alpha_2 = \cdots.$$

416. Erklärung. Wenn der numerische Werth einer Grösse a kleiner ist als der einer Grösse b, fo fage ich, a fei numerisch kleiner als b und schreibe dies

$$a \text{ num.} < b.$$

417. Wenn $\alpha_1, \alpha_2, \cdots$ die Zahlen find, durch welche a aus feinen normalen Einheiten ableitbar ist, und ebenfo $\beta_1, \beta_2, \cdots$ die Zahlen, durch welche b aus feinen normalen Einheiten ableitbar ist, fo find die Vergleichungen

$$a \text{ num.} < b$$

und $$\alpha_1^2 + \alpha_2^2 + \cdots < \beta_1^2 + \beta_2^2 + \cdots$$

einander gleichbedeutend.

Beweis folgt unmittelbar aus 416 und 414.

418. Wenn p, q, $\cdots$ pofitive Zahlwerthe und a, b, $\cdots$ beliebige (aus denfelben normalen Einheiten ableitbare) Grössen von der Art find, dass

$$a \text{ num.} < p, \; b \text{ num.} < q, \cdots$$

fei, fo ist auch

$$a + b + \cdots \text{ num.} < p + q + \cdots.$$

Beweis 1 (für zwei Grössen). Es feien $e_1, e_2, \cdots$ die normalen Einheiten von a und b und fei

$$a = \alpha_1 e_1 + \alpha_2 e_2 + \cdots$$
$$b = \beta_1 e_1 + \beta_2 e_2 + \cdots$$

und fei α der numerische Werth von a, β der von b und γ der von $a + b$, fo ist $\alpha < p$, $\beta < q$, zu zeigen ist, dass $\gamma < p + q$ fei. Nach 414 ist

$$\alpha^2 = \alpha_1^2 + \alpha_2^2 + \cdots$$
$$\beta^2 = \beta_1^2 + \beta_2^2 + \cdots.$$
$$\gamma^2 = (\alpha_1 + \beta_1)^2 + (\alpha_2 + \beta_2)^2 + \cdots,$$

alfo (*) $$\gamma^2 = \alpha^2 + \beta^2 + 2(\alpha_1\beta_1 + \alpha_2\beta_2 + \cdots).$$

Nun können wir zeigen, dass $\alpha_1\beta_1 + \alpha_2\beta_2 + \cdots =< \alpha\beta$ fei. In der That ist

$$(\alpha\beta)^2 - (\alpha_1\beta_1 + \alpha_2\beta_2 + \cdots)^2$$
$$= (\alpha_1^2 + \alpha_2^2 + \cdots)(\beta_1^2 + \beta_2^2 + \cdots) - (\alpha_1\beta_1 + \alpha_2\beta_2 + \cdots)^2$$
$$= (\alpha_1\beta_2 - \alpha_2\beta_1)^2 + (\alpha_1\beta_3 - \alpha_3\beta_1)^2 + \cdots.$$

Die rechte Seite ist die Summe mehrerer Quadrate, alfo gleich oder grösser als Null, alfo auch die linke, d. h.

$$(\alpha\beta)^2 => (\alpha_1\beta_1 + \alpha_2\beta_2 + \cdots)^2,$$

alſo auch, da α und β poſitiv ſind,

$$\alpha\beta = > \alpha_1\beta_1 + \alpha_2\beta_2 + \cdots.$$

Wenden wir dieſe Vergleichung auf die Gleichung (*) an, ſo folgt

$$\gamma^2 = < \alpha^2 + \beta^2 + 2\alpha\beta, \text{ d. h. } \gamma^2 = < (\alpha + \beta)^2,$$

alſo, da γ und $\alpha + \beta$ poſitiv ſind,

$$\gamma = < \alpha + \beta;$$

aber da α und β (poſitive) Zahlen ſind, welche beziehlich kleiner als die poſitiven Zahlen p und q ſind, ſo ist

$$\alpha + \beta < p + q,$$

alſo $\gamma < p + q$,

d. h. der numerische Werth von a + b ist kleiner als p + q.

2. (für mehr Grössen). Da nun (nach Bew. 1) a + b num. < p + q und (nach Hypotheſis) c num. < r ist, ſo ist (nach Bew. 1) a + b + c num. < p + q + r u. ſ. w. für beliebig viele Grössen.

419. Wenn p und q poſitive Zahlwerthe und a und b beliebige (aus denſelben normalen Einheiten ableitbare) Grössen von der Art ſind, dass

$$a \text{ num.} < p, \; b \text{ num.} < q$$

ist, ſo ist auch

$$a - b \text{ num.} < p + q.$$

420. Erklärung. Ich ſage, eine Funktion f(q) einer poſitiven Zahlgrösse verschwinde mit q, wenn ſich zu jeder poſitiven Zahl p ein poſitiver Werth von q angeben lässt von der Art, dass

$$f(q) \text{ num.} < p$$

ſei, und auch bleibe, wenn q beliebig abnimmt, aber poſitiv bleibt. Wenn ausserdem $f(0) = 0$ ist, ſo ſage ich f(q) werde mit q null.

Anm. Beide Ausdrücke: Mit (poſitivem) q verschwinden und mit q null werden, ſind alſo nicht identisch; ſondern nur der zweite schliesst den ersten ein, nicht umgekehrt; denn es könnten für f(q) die Bedingungen des Verschwindens mit q erfüllt ſein, und könnte dennoch f(q) für $q = 0$ in einen iſolirten von Null verschiedenen Werth überspringen.

421. Wenn mehrere Funktionen $f_1(q)$, $f_2(q)$, $\cdot\cdot$, $f_n(q)$ einer poſitiven Zahlgrösse q mit q verschwinden, ſo verschwindet mit q auch

(a) $a_1 f_1(q) + a_2 f_2(q) + \cdots + a_n f_n(q)$,

wo $a_1, a_2, \cdots a_n$ endliche Zahlen, oder auch beliebige endliche Lückenausdrücke mit je einer Lücke ſind, welche durch $f_1 q$, $f_2 q$ u. ſ. w. ausgefüllt werden kann. (Und ebenſo wenn jene Funktionen mit q null werden, ſo wird auch dieſer letzte Ausdruck (a) mit q null.)

Beweis 1 (für Zahlen). Sollten von den Grössen $a_1, \cdots a_n$ einige null ſein, ſo kann man in dem Ausdrucke (a) die Glieder weglassen, in denen dieſe Koefficienten, welche gleich null ſind, vorkommen. Wir nehmen an, dies ſei schon geschehen, und es ſeien alſo $a_1, \cdots a_n$ lauter von Null verschiedene (endliche) Zahlen. Da nun (nach Hyp.) $f_1 q$ mit q verschwindet, ſo muss ſich (nach 420) zu jeder von Null verschiedenen Zahl, z. B. zu $\frac{p}{na_1}$, ein poſitiver Werth q_1 von der Art angeben lassen, dass $f_1(q_1)$ numerisch kleiner als $p : a_1 n$ ſei und auch bleibe, wenn q_1 beliebig abnimmt, aber poſitiv bleibt; aus gleichem Grunde wird man auch einen poſitiven Werth q_2 der Art angeben können, dass $f_2(q_2)$ numerisch kleiner als $p : a_2 n$ ſei und auch bleibe bei abnehmenden q_2, u. ſ. w. Wenn nun q ein poſitiver Werth ist, welcher noch kleiner als jede der Grössen $q_1, q_2, \cdots q_n$ ist, ſo ist auch $f_1 q$ num. $< p : a_1 n$ u. ſ. w. oder

$$a_1 f_1 q \text{ num.} < \frac{p}{n},\ a_2 f_2 q \text{ num.} < \frac{p}{n}, \cdots a_n f_n(q) \text{ num.} < \frac{p}{n};$$

folglich ist (nach 418) auch die Summe der linken Seiten numerisch kleiner als die der rechten, d. h.

$$a_1 f_1 q + a_2 f_2 q + \cdots + a_n f_n q \text{ num.} < p,$$

eine Vergleichung, die auch bestehen bleibt, wenn q beliebig abnimmt, aber poſitiv bleibt, d. h. es verschwindet der Ausdruck (a), wenn $a_1, \cdots a_n$ Zahlen ſind, mit q.

2. Es reducire ſich der Ausdruck (a) auf $a_1 f_1 q$, wo a_1 eine normale Einheit eines Lückenausdruckes ſei, dessen Lücke durch $f_1 q$ ausgefüllt werden kann; es ſeien ferner $e_1, e_2, \cdots$ die normalen Einheiten von $a_1 f_1 q$, und $E_1, E_2, \cdots$ die von $f_1 q$ und ſei

(b) $f_1 q = E_1 \varphi_1 q + E_2 \varphi_2 q + \cdots = \sum \overline{E_a \varphi_a q}$, ſo wird (nach 411) a_1 die Eigenschaft haben, dass es mit einer der Einheiten $E_1, E_2, \cdots$, z. B. mit E_r, multiplicirt, eine der Einheiten $e_1, e_2, \cdots$, z. B. die Einheit e_s, liefert, hingegen mit jeder der übrigen Einheiten $E_1, E_2, \cdots$ multiplicirt null giebt, ſo dass alſo dann

(c) $a_1 E_r = e_s$, $a_1 E_t = 0$, für $t \gtrless r$

ist. Dann erhalten wir

$$a_1 f_1 q = a_1 \sum \overline{E_a \varphi_a q} = \sum \overline{a_1 E_a \varphi_a q} \qquad [44]$$
$$= a_1 E_r \varphi_r q = e_s \varphi_r q \qquad [c].$$

Alſo ist (nach 414) der numerische Werth von $a_1 f_1 q$ gleich $\sqrt{(\varphi_r q)^2}$. Da nun (nach Hyp.) $f_1 q$ mit q verschwindet, ſo lässt ſich (nach 420) zu jeder poſitiven Zahl p ein Werth von q der Art angeben, dass $f_1(q)$ num. $< p$ ſei, und auch bei abnehmendem q bleibe, d. h. (nach 417), dass

$$(\varphi_1 q)^2 + (\varphi_2 q)^2 + \cdots < p^2$$

ſei und bei abnehmendem q bleibe. Da aber (nach 413) $\varphi_1 q$, $\varphi_2 q, \cdots$ reell, alſo $(\varphi_1 p)^2$, $(\varphi_2 q)^2, \cdots$ poſitiv ſind, ſo muss jedes dieſer Quadrate kleiner als p^2 ſein, alſo auch $(\varphi_r q)^2 < p^2$, d. h. $a_1 f_1 q$ num. $< p$, alſo verschwindet $a_1 f_1 q$ mit q.

3. Es ſeien endlich $a_1, a_2, \cdots$ beliebige Lückenausdrücke (mit je einer Lücke), und ſei

$$a_r = \sum \overline{\alpha_{r,\mathfrak{b}} E_{r,\mathfrak{b}}},$$

wo $E_{r,1}, E_{r,2}, \cdots$ die normalen Einheiten von a_r darstellen, ſo wird

$$a_1 f_1 q + a_2 f_2 q + \cdots = \sum \overline{\alpha_{\mathfrak{a},\mathfrak{b}} E_{\mathfrak{a},\mathfrak{b}} f_{\mathfrak{a}} q}.$$

Da nun (nach Bew. 2) $E_{\mathfrak{a},\mathfrak{b}} f_{\mathfrak{a}} q$ mit q verschwindet, ſo verschwindet (nach Bew. 1) auch die Vielfachenſumme dieſer Ausdrücke; alſo auch $a_1 f_1 q + a_2 f_2 q + \cdots$. Wenn ausserdem $f_1 q, f_2 q, \cdots$, für $q = 0$, auch null ſind, ſo gilt dasſelbe auch für $a_1 f_1 q + a_2 f_2 q + \cdots$, alſo, da ausserdem der letzte Ausdruck mit q verschwindet, ſo wird er nun auch mit q null.

422. Wenn zwei Funktionen $f_1 q$ und $f_2 q$ einer poſitiven Zahlgrösse q mit dieſer verschwinden (oder null werden), ſo muss mit ihr auch die Differenz $f_1 q - f_2 q$ verschwinden (oder null werden).

Beweis in 421.

423. Erklärung. Wenn fx für einen bestimmten Werth x die Eigenschaft hat, dass ſich allemal ein konstanter Werth c von der Art angeben lässt, dass $f(x + qdx) - c$ jedesmal mit dem poſitiven Zahlwerthe q verschwindet, was für eine endliche Grösse, die mit x von gleicher Gattung ist, auch unter dx verstanden ſein mag, ſo ſage ich, die Funktion fx konvergire um x nach c.

Anm. Es ist hier alſo unter dx vorläufig nichts weiter verstanden, als eine beliebige endliche Grösse, welche mit x von gleicher Gattung ist. Doch habe ich schon hier dieſe Bezeichnung gewählt, da ſie für das Folgende am bequemsten ist.

424. Wenn fx um x nach c konvergirt, ſo kann es um x nicht zugleich nach einem von c verschiedenen Werthe c_1 konvergiren.

Beweis. Denn ſollte beides zugleich der Fall ſein, ſo müssten (nach 423) $f(x + qdx) - c$ und $f(x + qdx) - c_1$ beide mit q verschwinden, alſo (nach 422) auch die Differenz beider, d. h. $c - c_1$, was unmöglich ist, da c und c_1 zwei verschiedene Konstanten ſind.

425. Erklärung. Eine Funktion fx heisst in x stetig, wenn fx um x nach dem Werthe konvergirt, den fx in x hat.

426. Wenn fx in x stetig ist, ſo verschwindet für jedes endliche dx die Differenz $f(x + qdx) - fx$ mit q.

Beweis unmittelbar aus 425, 423.

Anm. Wenn fx in x nicht stetig ist, ſo verschwindet nicht für jedes endliche a die Differenz $f(x+qdx) - fx$ mit q; ſondern es könnte $f(x + qdx)$ für verschiedene Grössen dx nach verschiedenen Gränzen konvergiren, oder, wenn es auch für alle endlichen Werthe dx nach ein und demſelben Werthe c konvergirte, alſo (nach 423) die Funktion fx ſelbst um x nach dieſem Werthe zu konvergirte, ſo würde doch (fx), wenn es in x unstetig ist, dort in einen von c verschiedenen Werth überspringen.

427. Erklärung. Wenn f_1x eine Zahlfunktion und fx eine beliebige Funktion ist, und beide für denſelben Werth von $x = a$ null werden, doch ſo, dass der Quotient $fx : f_1x$ um $x = a$ nach einem konstanten Werthe c konvergirt: ſo verstehe ich unter dem Bruche $\frac{fx}{f_1x}$ diejenige Funktion, welche im Uebrigen mit jenem Quotienten übereinstimmt, aber für

$x = a$ den Werth c annimmt, und bezeichne den Werth c, welchen dieſer Bruch für $x = a$ annimmt, mit

$$c = \left[\frac{fx}{f_1 x}\right](x = a).$$

Anm. Es ist dieſe Bestimmung, ebenſo wie die vorhergehenden, nicht bloss für die Funktionen extenſiver Grössen, ſondern auch für die gewöhnliche Funktionenlehre nothwendig. In der That, mag nun x eine extenſive Grösse oder eine Zahlgrösse, fx eine extenſive Funktion oder eine Zahlfunktion ſein, ſo wird, wenn der Bruch $\frac{fx}{f_1 x}$ wieder als eine Funktion behandelt werden ſoll, derselbe für jeden bestimmten Werth von x gleichfalls einen bestimmten Werth annehmen müssen (348). Dieſer Werth wird im Allgemeinen durch Diviſion der beſonderen Werthe, welche fx und $f_1 x$ dann annehmen, gefunden. Aber wenn für $x = a$ ſowohl fx als $f_1 x$ null werden, ſo wird der Quotient dieſer beſonderen Werthe vollkommen unbestimmt, eine Unbestimmtheit, welche für den Bruch $\frac{fx}{f_1 x}$ durchaus aufgehoben werden muss, falls man den Bruch Verknüpfungen unterwerfen will, die auch für den Fall, dass $x = a$ ſei, ihre Geltung haben ſollen. An und für ſich ist es möglich, in dieſem Falle für jenen Bruch einen beliebigen bestimmten Werth b festzustellen, allein dann müsste in die Bezeichnung des Bruches dieſe Bestimmung, dass derselbe für $x = a$ den bestimmten Werth b annehmen ſollte, mit aufgenommen werden. Dieſe willkürliche Bestimmung wird überflüssig, wenn der in der obigen Erklärung aufgestellte Begriff festgehalten wird, nach welchem jener Bruch in $x = a$ stetig geſetzt wird. Aber dieſer Begriff ſetzt voraus, dass jener Bruch um $x = a$ nach einem bestimmten Werthe c zu konvergirt. Ist dies nicht der Fall, ſondern konvergirt der Bruch $\frac{f(a + qb)}{f_1(a + qb)}$ beim Verschwinden der poſitiven Zahlgrösse q nach verschiedenen Gränzen zu, je nachdem b andere Werthe annimmt, z. B. bei Zahlgrössen, wenn b die Werthe $+1$, -1 oder $\cos. p + i \sin. p$ annimmt, ſo ist der oben gegebene Begriff nicht mehr anwendbar, und es bleibt nichts übrig, als dann eine willkürliche Bestimmung hinzuzufügen und mit in die Bezeichnung aufzunehmen. Die Verkennung aller dieſer Verhältnisse hat in die höhere Analyſis eine heilloſe Verwirrung gebracht, welche ſich häufig genug durch Widersprüche und fehlerhafte Reſultate verrieth. Um dieſen Irrthümern zu entgehen, hat man hier und da die Methode zu verbessern geſucht; namentlich ist es Cauchy's Verdienst, dass er durch einen unerschöpflichen Reichthum der genialsten Kunstgriffe die Methode überall, wo ſie schien zu Irrthümern führen zu können, gegen dieſelben ſicher zu stellen ſuchte. Aber auch er konnte damit nicht zum Ziele gelangen, weil er das Uebel nicht bei der Wurzel ergriff, und nicht die wefentlichen Begriffsbestimmungen hinzufügte, aus deren Mangel alle jene Verwirrung hervorging. Ich habe mich daher genöthigt gefehen, diefe Begriffsbestimmungen, fo weit fie für das Folgende nothwendig erschienen, hier nachzutragen, und, statt mich auf frühere Bearbeitungen der Differenzialrechnung, der Potenzreihen und der Integralrechnung berufen zu können, musste ich diefe Wissenschaften von vorne an aufbauen, um fie auch für extenfive Grössen mit Sicherheit anwenden zu können. Es wurde dadurch um fomehr geboten, mich nur auf das Nothwendigste zu beschränken. Ich bemerke hier noch, was fich aus dem oben Bemerkten leicht ergiebt, dass ähnliche Begriffsbestimmungen für alle die Fälle festzustellen find, wo die zu verknüpfenden Funktionen für gewisse Werthe der Variabeln in folche Ausdrücke übergehen, welche keinen Verknüpfungen (oder wenigstens nicht denen, durch welche jene Funktionen unter fich verbunden find) unterworfen werden dürfen, alfo namentlich, wenn eine oder mehrere derselben unendlich oder mehrdeutig werden. In allen diefen Fällen kann die Bestimmung ganz analog der fo eben mitgetheilten getroffen werden. Die Bezeichnung, welche ich oben hinzugefügt, indem ich hinter die Funktion den befonderen Werth der Variabeln in Parenthefe beifüge, um durch das Ganze den Werth auszudrücken, welchen die Funktion für diefen befonderen Werth der Variabeln annimmt, ist auch in vielen anderen Fällen mit Vortheil anwendbar, und zum Theil unvermeidlich.

Kap. 2. Differenzialrechnung.

§. 1. Differenzial erster Ordnung.

428. Erklärung. Wenn q eine reelle Zahlgrösse, dx aber eine beliebige endliche Grösse, welche mit x von gleicher Gattung ist, bezeichnet, fo verstehe ich unter der (nach der Veränderlichen x und dem Zahlfaktor q genommenen) Differenz der Funktion fx, geschrieben $d_{x,q}fx$, diejenige Funktion, welche der Gleichung

$$(a)\quad d_{x,q}fx = \frac{f(x+qdx)-fx}{q}$$

genügt (wobei die Divifion durch q in dem 427 bestimmten Sinne zu fassen ist).

429. Erklärung. Wenn der Ausdruck $d_{x,q}fx$ in $q=0$ und in x (425) stetig ist, fo bezeichne ich $d_{x,0}fx$ mit d_xfx

und nenne $d_x fx$ das nach x genommene Differenzial von fx, d. h. ich ſetze

$$d_x fx = d_{x,0} fx = \left[\frac{f(x + qdx) - fx}{q}\right](q = 0).$$

Wenn $d_{x,q} fx$ nicht die Eigenschaft hat, dass es in $q = 0$ und in x stetig ſei, ſo ſage ich, dass auch $d_x fx$ unstetig ſei. Wenn in einer Formel das vor eine Funktion geſetzte Differenzialzeichen d ohne jeden Index geschrieben ist, ſo ſoll das heissen, dass die Formel allgemein gelten ſoll, nach welcher Variabeln auch die dadurch ausgedrückte Differenziation genommen ſei, d. h. welchen Index man auch dem d hinzufügen mag, vorausgeſetzt nur, dass man dann in dieſer Formel jedem Differenzialzeichen d (was vor eine Grösse tritt) denſelben Index hinzufügt.

Anm. Es lässt ſich der Begriff des Differenzials auch für den Fall, dass dasſelbe unstetig wird, feststellen, und lassen ſich mit ſolchen Differenzialen unter gewissen Umständen noch gültige Verknüpfungen vornehmen. Doch ist es bei jeder Behandlung der Differenzialrechnung am zweckmässigsten, dieſen Fall zunächst ganz auszuschliessen, und namentlich den Fall, wo das Differenzial unendlich wird, im Zuſammenhange mit der allgemeinen Betrachtung unbegränzt wachsender Funktionen in einem eigenen, die ganze Analyſis des Unendlichen behandelnden Abschnitte nachzuholen. Aus dem vorliegenden Werke schliessen wir jedoch dieſe Betrachtung aus, und ſetzen im Folgenden bei jedem Differenzial voraus, dass es stetig ſei. Noch bemerke ich, das die Stetigkeit von $d_x fx$ vorausſetzt, dass $f(x + qdx) - fx$ um $q = 0$ gleichfalls null werde, d. h. dass auch fx stetig ſei.

430. Wenn $d_x fx$ stetig ist und $fx = y$ geſetzt wird, ſo ist

$$f(x + qdx) = fx + q(d_x fx + N)$$
$$= y + q(d_x y + N),$$

wo N mit der reellen Zahlgrösse q zugleich null wird.

Beweis. Man ſetze

$$\frac{f(x + qdx) - fx}{q} - d_x fx = N.$$

Da $d_x fx$ stetig ist (nach Hyp.), ſo ist (nach 429) auch der Quotient $\frac{f(x + qdx) - fx}{q}$ in $q = 0$ stetig, und dann $= d_x fx$, alſo wird N als die Differenz dieſer beiden Ausdrücke mit q zugleich null. Dann erhalten wir aber

$$f(x + qdx) = fx + q(d_x fx + N) = y + q(d_x y + N).$$

431. Wenn A ein konstanter Lückenausdruck mit n Lücken (in jedem Gliede) ist, in welche Grössen von der Gattung x eintreten sollen, so ist

(a) $d_x(Ax^n) = nAx^{n-1}dx$;

ins Besondere ist

(b) $d_x(Ax) = A$

(c) $d_x A = 0$.

Beweis. Da für die Produkte, deren Faktoren in die Lücken eines Lückenausdruckes eintreten sollen (nach 363), die gewöhnlichen Gesetze der Algebra gelten, so folgt, wie in der Algebra, dass

$$A(x + qdx)^n = Ax^n + nqAx^{n-1}dx + q^2\boldsymbol{B}$$

ist, wo $\boldsymbol{B}$ eine steigende Potenzreihe von q ist. Hieraus folgt unmittelbar, dass

$$\frac{A(x + qdx)^n - Ax^n}{q} = nAx^{n-1}dx + q\boldsymbol{B}$$

in $q = 0$ stetig ist, also ist (nach 429)

$$d_x(Ax^n) = nAx^{n-1}dx.$$

Hieraus folgen die Formeln b und c für $n = 1$ und 0.

432. Wenn $u_1, u_2, \cdots$ beliebige Funktionen einer beliebigen Variabeln x sind, so ist (wenn $du_1, du_2, \cdots$ stetig sind)

$$d(u_1 + u_2 + \cdots) = du_1 + du_2 + \cdots.$$

Beweis. Es sei $u_1 = f_1 x$, $u_2 = f_2 x$ u. s. w., so ist (nach 430)

$$f_1(x + qdx) = u_1 + q(du_1 + N_1),$$

wo N_1 mit q zugleich null wird, und so für jeden andern Index. Also

$$\sum \overline{f_a(x + qdx)} = \sum \overline{u_a + q(d_x u_a + N_a)}.$$

Also ist

$$\frac{\sum \overline{f_a(x + qdx) - u_a}}{q} = \sum \overline{d_x u_a + N_a}$$

$$= \sum \overline{d_x u_a} + \sum \overline{N_a}.$$

Da nun $N_1, N_2, \cdots$ mit q null werden, wie gezeigt, so wird auch (nach 421) ihre Summe $\sum \overline{N_a}$ mit q null, also

$$\frac{\sum \overline{f_a(x + qdx) - u_a}}{q}\,(q = 0) = \sum \overline{d_x u_a}.$$

Die linke Seite ist aber $d_x \sum \overline{f_\alpha x} = d_x \sum \overline{u_\alpha}$, alſo

$$d_x \sum \overline{u_\alpha} = \sum \overline{d_x u_\alpha},$$

oder da die Formel für jeden Index x gilt,

$$d \sum \overline{u_\alpha} = \sum \overline{du_\alpha}.$$

433. Wenn y und z beliebige Funktionen von x ſind, und [yz] ein beliebiges Produkt derſelben ist, ſo ist (vorausgeſetzt, dass dy und dz stetig ſind)

$$d[yz] = [dy \cdot z] + [y \cdot dz].$$

Beweis. Es ſei $y = fx$, $z = Fx$, ſo ist (nach 430)

$$f(x + qdx) = y + q(dy + N),$$
$$F(x + qdx) = z + q(dz + N'),$$

wo N und N′ mit q zugleich null werden. Somit ist

$$d_x[yz] = \frac{[f(x + qdx) \cdot F(x + qdx)] - [yz]}{q} (q = 0)$$
$$= [y \cdot (d_x z + N')] + [(d_x y + N)z] \text{ für } q = 0,$$

oder (nach 429) mit Weglassung des Index,

$$d[yz] = [y \cdot dz] + [dy \cdot z] + [y \cdot N'] + [N \cdot z] \text{ für } q = 0.$$

Da nun N und N′ mit q null werden, ſo wird (nach 421) auch $[y \cdot 1]N' + [1 \cdot z]N$, wo 1 eine Lücke, in welche N eintreten ſoll, bezeichnet, mit q null, d. h. $[y \cdot N'] + [N \cdot z]$ wird mit q null, alſo ist

$$d[yz] = [y \cdot dz] + [dy \cdot z].$$

434. Wenn y aus ſeinen normalen Einheiten $e_1, e_2, \cdots$ durch die Zahlgrössen $y_1, y_2, \cdots$ ableitbar ist, und $y_1, y_2, \cdots$ Funktionen einer beliebigen Variabeln x ſind, ſo ist (vorausgeſetzt, dass $dy_1, dy_2, \cdots$ stetig ſind)

$$dy = e_1 dy_1 + e_2 dy_2 + \cdots$$

Beweis. Da $y = e_1 y_1 + e_2 y_2 +$ ist (nach Hyp.), ſo ist

$$dy = d(e_1 y_1) + d(e_2 y_2) + \cdots \quad [432]$$
$$= e_1 dy_1 + e_2 dy_2 + \cdots \quad [433, 431 \text{ c.}].$$

Anm. Hierdurch lässt ſich das Differenzial einer extenſiven Funktion auf die Differenziale von Zahlfunktionen zurückführen.

§. 2. Differenzialquotient erster Ordnung.

435. Erklärung. Unter $\frac{d}{dx} fx$ oder unter $f'x$ verstehe ich (vorausgeſetzt dass $d_x fx$ stetig ſei), den Ausdruck, welcher, mit jeder Grösse dx (die mit x von gleicher Gattung ist) multiplicirt, $d_x fx$ liefert, d. h. welcher der Gleichung

$$\frac{d}{dx}fx \cdot dx = f'x \cdot dx = d_x fx = \left[\frac{f(x+qdx)-fx}{q}\right](q=0)$$

genügt. Ich nenne $\frac{d}{dx}fx$ den nach x genommenen Differenzialquotienten erster Ordnung von fx, und f'x die erste abgeleitete Funktion von fx.

436. Erkl. Wenn man die Differenzialquotienten einer Funktion $u = f(x, y, \cdots)$ mehrerer Veränderlichen x, y,··· auf die Weise bildet, dass man jedesmal den Differenzialquotienten nach einer dieser Veränderlichen nimmt, während man dabei die übrigen Veränderlichen wie Konstante behandelt, so nenne ich die so hervorgehenden Differenzialquotienten die zu dem Vereine der Veränderlichen x, y, ··· gehörigen partiellen Differenzialquotienten, und bezeichne dann den in diesem Sinne nach x genommenen Differenzialquotienten mit

$$\frac{d}{dx}u, \text{ oder } \frac{d}{dx}f(x, y, \cdot\cdot)$$

u. s. w.

Anm. Es ist bei den partiellen Differenzialquotienten unumgänglich nothwendig (worauf schon Jacobi in Crelle's Journal B. 22 S. 321 aufmerksam gemacht hat) den zugehörigen Verein der Veränderlichen anzugeben, also nicht bloss diejenige Veränderliche zu nennen, nach welcher der Differenzialquotient genommen werden soll, sondern auch diejenigen, welche bei der Bildung desselben als Konstante behandelt werden sollen. Denn wenn z. B. eine Gleichung zwischen x und y hervortritt, so lässt sich die Anzahl der Veränderlichen um eine vermindern; schafft man z. B. x weg, so bleiben nur y, z,··· übrig; und betrachtet man jetzt diese als den Verein der Veränderlichen bildend, so gewinnt $\frac{d}{dy}u$ jetzt eine ganz andere Bedeutung und im Allgemeinen einen ganz andern Werth als vorher. Aber es würde sehr unbequem sein, wenn man den ganzen Verein der Variabeln, zu welchem die partiellen Differenzialquotienten gehören, mit in die Bezeichnung derselben aufnehmen wollte. Man beugt allen Verwechselungen vor, wenn man den Verein der Veränderlichen jedesmal angiebt, und wenn man, sobald in einer zusammenhängenden Darstellung bei der Differenziation nach derselben Variabeln, z. B. nach x, das eine Mal andere Grössen als konstant behandelt werden sollen, als das andere Mal, ein neues, im Uebrigen willkürliches Zeichen statt $\frac{d}{dx}$ ſetzt, hat man dann die Bedeutung dieſes Zeichens angegeben, ſo ist eine Verwechſelung unmöglich. Die allgemeine Bezeichnung durch $\frac{d}{dx}u$, welche ich für die partiellen Differenzialquotienten nach x gewählt habe, bedarf, obwohl ſie ungebräuchlich ist, wohl kaum einer Rechtfertigung, indem ſie, ohne willkürlich zu ſein, äusserst bequem ist, und eine ſo ungehinderte Verwendung gestattet, wie keine andere.

437. Wenn $e_1, e_2, \cdots$ die normalen Einheiten von $x = x_1 e_1 + x_2 e_2 + \cdots$ ſind, und $\delta_1 fx, \delta_2 fx, \cdots$ die nach $x_1, x_2, \cdots$ genommenen Differenzialquotienten von x, welche zu dem Vereine der Veränderlichen $x_1, x_2 \cdots$ gehören, bezeichnen, ſo ist (vorausgeſetzt, dass $d_x fx$ stetig ist)

$$d_x fx = \delta_1 fx \cdot dx_1 + \delta_2 fx \cdot dx_2 + \cdots.$$

Beweis 1. Es ſeien die normalen Einheiten $e_1, e_2, \cdots$ in zwei Gruppen zerlegt, und y aus der einen Gruppe, z aus der andern numerisch abgeleitet, und zwar ſo, dass $x = y + z$ ſei, ſo zeige ich, dass $d_x fx = d_y fx + d_z fx$ ſei, wo bei den durch d_y, d_z bezeichneten Differenziationen y und z als den Verein der Variabeln bildend gedacht ſind. In der That, es ſei dy aus denſelben Einheiten ableitbar wie y, und dz aus denſelben wie z, und ſei $dy + dz = dx = e_1 dx_1 + e_2 dx_2 + \cdots$. Nun ist (nach Hypotheſis) $d_x fx$ stetig, d. h. es ist $\left[\frac{f(x+qdx)-fx}{q}\right]$ für jeden Werth dx (der aus $e_1, e_2, \cdots$ ableitbar ist) in $q = 0$ und in x stetig, alſo auch, wenn man dy statt dx ſetzt, d. h. es ist $\frac{f(x+qdy)-fx}{q}$ in $q = 0$ und in x stetig ferner ist

$$\frac{f(x+qdy)-fx}{q} = \frac{f(y+qdy+z)-f(y+z)}{q} = d_{y,q} fx,$$

alſo ist $d_y fx$ von $d_{y,q} fx$ verschieden um eine Grösse N, die mit q null wird, ſomit

$$d_y fx = \frac{f(x+qdy)-fx}{q} + N$$

und ebenſo

$$d_z fx = \frac{f(x+qdz)-fx}{q} + N_1,$$

wo N und N_1 mit q null werden, und die ersten Glieder in

$q = 0$ und in x stetig ſind. Wenn nun eine Funktion φx in x stetig ist, ſo heisst das (nach 425), es konvergire $\varphi(x + qdx)$, wo dx eine beliebige Grösse, die mit x von gleicher Gattung ist, und q eine reelle Zahl bedeutet, um $q = 0$ nach einem Werthe zu, den es in $q = 0$ erreicht, d. h. es lasse ſich $\varphi(x + qdx)$ in der Form $\varphi x + N_2$ darstellen, wo N_2 mit q null wird. Wenden wir dies auf $d_y fx$ an, und ſetzen, da in $\varphi(x + qdx)$ das dx willkürlich war, dafür das obige dz, ſo erhalten wir

$$d_y fx = \frac{f(x + qdz + qdy) - f(x + qdz)}{q} + N + N_2.$$

Hier ist $qdz + qdy = q(dz + dy) = qdx$, da wir oben $dy + dz = dx$ ſetzten, alſo

$$d_y fx + d_z fx$$
$$= \frac{f(x + qdx) - f(x + qdz) + f(x + qdz) - fx}{q} + N + N_1 + N_2.$$

Hier hebt ſich das zweite und dritte Glied im Zähler, und da $N + N_1 + N_2 = \mathit{N}$ (nach 421) mit q null wird, ſo erhalten wir

$$d_y fx + d_z fx = \frac{f(x + qdx) - fx}{q} + \mathit{N},$$

wo N mit q null wird, alſo

$$d_y fx + d_z fx = d_x f(x).$$

2. Da man nun ebenſo, wie man x in y und z zerlegte, wieder y oder z zerlegen kann, ſo gilt der Satz auch für beliebig viele Stücke, in die man x in der Art zerlegen kann, dass jedes Stück aus einer Gruppe der Einheiten $e_1, e_2, \cdots$ numerisch abgeleitet ist, und die verschiedenen Gruppen keine gleichen Einheiten enthalten; alſo namentlich, wenn $x_1 e_1 = y_1$, $x_2 e_2 = y_2, \cdots$ und demgemäss $dy_1 = e_1 dx_1$, $dy_2 = e_2 dy_2, \cdots$ ist, ſo ist

$$d_x fx = d_{y_1} fx + d_{y_2} fx + \cdots,$$

wo die durch d_{y_1} u. ſ. w. bezeichneten partiellen Differenziale ſich auf den Verein der Veränderlichen $y_1, y_2, \cdots$ beziehen.

3. Nun ist

$$d_{y_1} fx = \left[\frac{f(x + qdy_1) - fx}{q}\right](q = 0).$$

Aber $f(x + qdy_1) = f(x + qe_1 dx_1) = f(x_1 e_1 + z + qe_1 dx_1)$, wenn der Kürze wegen $x_2e_2 + x_3e_3 + \cdots$ mit z bezeichnet wird, alſo ist $f(x + qdy_1) = f[e_1(x_1 + qdx_1) + z]$, alſo

$$d_y fx = \frac{f[e_1(x_1 + qdx_1) + z] - f(e_1x_1 + z)}{q} \quad (q = 0)$$

$$= d_{x_1} fx = \frac{d}{dx_1} fx \cdot dx_1 \qquad \text{[nach 436]}$$

$$= \delta_1 fx_1 dx_1,$$

und ebenſo für die übrigen Indices. Setzt man dieſe Werthe in die vorhergefundene Gleichung ein, ſo erhält man

$$d_x fx = \delta_1 fx \cdot dx_1 + \delta_2 fx \cdot dx_2 + \cdots\cdot.$$

438. Wenn $d_x fx$ stetig ist, ſo ist $\frac{d}{dx} fx$ oder $f'x$ ein von dx unabhängiger Quotient, und zwar, wenn $e_1, e_2, \cdots$ die normalen Einheiten von $dx = e_1x_1 + e_2x_2 + \cdots$ ſind, ſo ist

$$f'x \cdot e_r = \frac{d}{dx_r} fx = \delta_r fx$$

und
$$f'x = \frac{\delta_1 fx,\ \delta_2 fx, \cdots}{e_1,\ e_2, \cdots},$$

wo $\delta_1, \delta_2, \cdots$ oder $\frac{d}{dx_1}, \frac{d}{dx_2}, \cdots$ die zu dem Verein der Veränderlichen $x_1, x_2, \cdots$ gehörigen Differenzialquotienten nach $x_1, x_2, \cdots$ bezeichnen.

Beweis. Wenn x eine Zahlgrösse ist, ſo ist (nach 428) auch dx eine Zahlgrösse und

$$\frac{d_{x,q} fx}{dx} = \frac{f(x + qdx) - fx}{qdx} = \frac{f(x + q') - fx}{q'},$$

wenn man qdx mit q' bezeichnet. Nun wird q' mit q null, alſo ist

$$\frac{d_x fx}{dx} = \frac{d_{x,0} fx}{dx} = \left[\frac{f(x + q') - fx}{q'}\right](q' = 0),$$

alſo da (nach Hyp.) $d_x fx$, alſo auch $\frac{d_x fx}{dx}$ (wenn dx $\gtrless$ 0 ist) stetig ist, ſo ist auch $\frac{f(x + q') - fx}{q'}$ in $q = 0$ stetig, d. h. (nach 427) es konvergirt dieſer Ausdruck, wenn x konstant ist, um $q' = 0$ nach einem konstanten (von q' unabhängigen)

Werthe, welchen er in $q'=0$ erreicht; dieser Werth ist also bei variablem x eine blosse Funktion von x, unabhängig von q', d. h. von qdx. Es sei diese Funktion φx, so ist

$$d_x fx = \varphi x \cdot dx,$$

also ist φx die Grösse, welche mit jedem dx multiplicirt, $d_x fx$ liefert, d. h. (nach 435) $\varphi x = \frac{d}{dx} fx$, also ist $\frac{d}{dx} fx$ von dx unabhängig.

2. Es sei $x = x_1 e_1 + x_2 e_2 + \cdots$, so ist (nach 437)

$$d_x fx = \delta_1 fx \cdot dx_1 + \delta_2 fx \cdot dx_2 + \cdots,$$

wo $\delta_1, \delta_2, \cdots$ die im Satze angegebene Bedeutung haben. Nun ist $f'x$ (nach 435) der Ausdruck, welcher mit jedem $dx = e_1 dx_1 + e_2 dx_2 + \cdots$ multiplicirt $d_x fx$ giebt, also hat man

$$f'x(e_1 dx_1 + e_2 dx_2 + \cdots) = \delta_1 fx \cdot dx_1 + \delta_2 fx \cdot dx_2 + \cdots,$$

also

$$f'x \cdot e_1 dx_1 + f'x \cdot e_2 dx_2 + \cdots = \delta_1 fx \cdot dx_1 + \delta_2 fx \cdot dx_2 + \cdots.$$

Nun sind nach Bew. 1 die Grössen $\delta_1 fx, \delta_2 fx, \cdots$ blosse Funktionen von x, also von $dx_1, dx_2, \cdots$ unabhängig; d. h. für jeden Werth x ist die rechte Seite obiger Gleichung eine Summe von Produkten der variabeln Zahlgrössen $dx_1, dx_2, \cdots$ mit Grössen, welche bei unverändertem x sich nicht ändern; also muss auch die linke Seite von gleicher Form, und müssen die entsprechenden Koefficienten gleich sein, d. h. es ist

$$f'xe_1 = \delta_1 fx, \quad f'xe_2 = \delta_2 fx, \cdots$$

und $f'x$ ist als derjenige Ausdruck bestimmt, welcher, mit $e_1, e_2, \cdots$ einzeln multiplicirt, beziehlich die Werthe $\delta_1 fx$, $d_2 fx, \cdots$ liefert, d. h. (nach 377) es ist

$$f'x = \frac{\delta_1 fx, \ \delta_2 fx, \cdots}{e_1, \ e_2, \cdots}.$$

Anm. Hierdurch ist die Differenziation nach einer extensiven Grösse x auf die partiellen Differenzialquotienten nach Zahlgrössen zurückgeführt, während in 434 das Differenzial der extensiven Funktion auf die Differenziale von Zahlfunktionen zurückgeführt war, wodurch also die Reduktion des nach einer extensiven Grösse genommenen Differenzialquotienten einer extensiven Funktion auf die nach Zahlgrössen genommenen Differenzialquotienten von Zahlfunktionen vollendet ist.

439. Wenn z eine beliebige endliche Grösse, welche mit x von gleicher Gattung ist, und q wie bisher eine reelle Zahlgrösse bezeichnet, ſo ist

$$f(x + qz) = fx + q(zf'x + N),$$

wo N mit q null wird (und vorausgeſetzt ist, dass $d_x fx$ stetig ist).

Beweis. Es ist für jede endliche Grösse dx, welche mit x von gleicher Gattung ist, (nach 430)

$$f(x + qdx) = fx + q(d_x fx + N),$$

wo N mit q null wird. Es ist aber dann (nach 435) $d_x fx = dx \cdot f'x$, alſo

$$f(x + qdx) = fx + q(dx \cdot f'x + N);$$

da aber z nach der Vorausſetzung dieſelbe Bedeutung hat wie dx, ſo können wir auch jenes für dieſes ſetzen und erhalten die zu erweiſende Gleichung.

440. Es ist

$$dfy = f'y \cdot dy = \frac{d}{dy} fy \cdot dy = d_y fy$$

auch dann, wenn y wieder Funktion einer beliebigen Grösse ist, auf welche ſich die durch das vorgeſetzte Zeichen d dargestellte Differenziation bezieht (vorausgeſetzt, dass dy und dfy stetig ſind).

Beweis. Es beziehe ſich die Differenziation auf x und ſei $y = \varphi x$, ſo ist (nach 430)

$$(*) \quad \varphi(x + qdx) = y + q(dy + N),$$

wo N mit q null wird und

$$dfy = df(\varphi x) = \frac{f[\varphi(x + qdx)] - fy}{q}(q = 0) \quad [429]$$

$$= \frac{f[y + q(dy + N)] - fy}{q}(q = 0) \quad [*]$$

$$= \frac{fy + q[(dy + N)f'y + N'] - fy}{q}(q = 0) \quad [439],$$

wo N′ mit q null wird,

$$= f'y(dy + N) + N' \text{ für } q = 0,$$

da nun N und N′ mit q null werden, ſo wird (nach 421) auch $f'yN + N'$ mit q null, und alſo ist

$$dfy = f'y \cdot dy.$$

441. Wenn x und $y = fx$ aus den n ursprünglichen Einheiten $e_1, e_2, \cdots e_n$ numerisch ableitbar ſind, und

$$x = x_1 e_1 + x_2 e_2 + \cdots + x_n e_n$$
$$y = y_1 e_1 + y_2 e_2 + \cdots + y_n e_n$$

ist, und $d_x y$ stetig ist, ſo ist der Potenzwerth des Quotienten $\frac{d}{dx}y$ gleich der Funktionaldeterminante von $y_1, y_2, \cdots$ nach $x_1, x_2, \cdots$, d. h. gleich der Determinante, welche aus den partiellen Differenzialquotienten der Funktionen $y_1, y_2, \cdots$ nach den Variabeln $x_1, x_2, \cdots$ gebildet wird, d. h.

$$[f'x]^n = \left[\frac{d}{dx}y\right]^n = \sum \mp \frac{d}{dx_1}y_1 \cdot \frac{d}{dx_2}y_2 \cdot \cdots \frac{d}{dx_n}y_n,$$

wo für jeden Index r von 1 bis n, das Zeichen $\frac{d}{dx_r}$ den partiellen Differenzialquotienten bezeichnet, welcher nach x_r ſo genommen ist, dass alle übrigen unter den Variabeln $x_1, \cdots x_n$ (ausser x_r) bei der Differenziation als konstant geſetzt ſind.

Beweis. Es ist, wenn das Zeichen $\frac{d}{dx_r}$ der Kürze wegen durch δ_r erſetzt wird, (nach 438)

$$f'x = \frac{\delta_1 y,\ \delta_2 y, \cdots, \delta_n y}{e_1,\ e_2, \cdots,\ e_n},$$

alſo (nach 383) der Potenzwerth

$$[f'x]^n = [\delta_1 y \cdot \delta_2 y \cdots \delta_n y].$$

Aber da $y = e_1 y_1 + e_2 y_2 + \cdots$ ist, ſo ist (nach 434) $\delta_1 y = e_1 \delta_1 y_1 + e_2 \delta_1 y_2 + \cdots$, alſo

$$[f'x]^n = [(e_1\delta_1 y_1 + e_2\delta_1 y_2 + \cdots)(e_1\delta_2 y_1 + e_2\delta_2 y_2 + \cdots) \cdots$$
$$(e_1\delta_n y_1 + e_2\delta_n y_2 + \cdots)]$$
$$= \sum \mp \delta_1 y_1 \cdot \delta_2 y_2 \cdot \cdots \cdots \delta_n y_n \qquad [63],$$

indem nämlich $[e_1 e_2 \cdots e_n]$ (nach 94) gleich 1 ist.

Anm. Der Begriff der Funktionaldeterminante, wie er von Jacobi in Crelle's Journal, Bd. 22, p. 319ff., zuerst aufgestellt wurde, tritt hier als Potenzwerth der abgeleiteten Funktion in ſeiner wahren Bedeutung hervor; und die dort nachgewieſenen Sätze ergeben ſich aus dieſer Bedeutung aufs leichteste; ich überlasse dieſe Ableitung daher dem Leſer.

442. Wenn u eine beliebige Funktion der veränderlichen Grössen $x, y, \cdots$ ist, ſo ist

$$du = \frac{d}{dx}u \cdot dx + \frac{d}{dy}u \cdot dy + \cdots$$
$$= d_x u + d_y u + \cdots,$$

wo $\frac{d}{dx}, \frac{d}{dy}, \cdots$ die zu dem Verein der Veränderlichen x, y, ⋯ gehörigen partiellen Differenzialquotienten und d_x, d_y, ⋯ in demſelben Sinne die partiellen Differenziale bezeichnen (und die letzteren als stetig vorausgeſetzt ſind).

Beweis. Es ſei x aus ſeinen normalen Einheiten durch die veränderlichen Zahlgrössen $x_1, x_2, \cdots$, ebenſo y aus ſeinen normalen Einheiten durch die veränderlichen Zahlgrössen y_1, $y_2, \cdots$ ableitbar u. ſ. w. Man bilde nun ein neues System normaler Einheiten $e_1, e_2, \cdots, f_1, f_2, \cdots, \cdots$, und ſetze $v = x_1 e_1 + x_2 e_2 + \cdots + y_1 f_1 + y_2 f_2 + \cdots + \cdots$, ſo wird u (nach 352) eine Funktion der einzigen Variabeln v und man erhält (nach 437)

$$d_v u = \frac{d}{dx_1}u \cdot dx_1 + \frac{d}{dx_2}u \cdot dx_2 + \cdots + \frac{d}{dy_1}u \cdot dy_1$$
$$+ \frac{d}{dy_2}u \cdot dy_2 + \cdots + \cdots,$$

wo $\frac{d}{dx_1}$ u. ſ. w. ſich auf den Verein der Variabeln $x_1, x_2, \cdots y_1, y_2, \cdots, \cdots$ beziehen. Da u eine Funktion von v ist, ſo können wir (nach 429) statt $d_v u$ auch du schreiben. Ferner ist, wenn man y, z, ⋯, d. h. $y_1, y_2, \cdots z_1, z_2, \cdots, \cdots$ konstant ſetzt (nach 437)

$$\frac{d}{dx}u \cdot dx = \frac{d}{dx_1}u \cdot dx_1 + \frac{d}{dx_2}u \cdot dx_2 + \cdots, \text{ und ebenſo}$$
$$\frac{d}{dy}u \cdot dy = \frac{d}{dy_1}u \cdot dy_1 + \frac{d}{dy_2}u \cdot dy_2 + \cdots$$

u. ſ. w. Alſo

$$du = \frac{d}{dx}u \cdot dx + \frac{d}{dy}u \cdot dy + \cdots.$$

§. 3. Differenziale höherer Ordnung.

443. Erklärung. Wenn u eine beliebige Funktion ist, und δ und δ_1 zwei beliebige Differenzzeichen ($d_{x,q}$, $d_{y,q}$)

oder Differenzialzeichen (d_x, d_y) ſind, bei denen ſich jedoch die Differenziation auf ein und denſelben Verein von Variabeln bezieht, deren Differenziale bei jeder Differenziation konſtant geſetzt werden, ſo verſtehe ich unter $\delta\delta_1 u$ den Ausdruck $\delta(\delta_1 u)$, und nenne $\delta\delta_1$ in dieſem Sinne ein Produkt von Differenzzeichen; und halte dieſe Beſtimmung auch dann noch feſt, wenn δ_1 ein Produkt von Differenzzeichen iſt, d. h. ich ſetze

$$\delta\delta_1 u = \delta(\delta_1 u)$$
$$\delta\delta_1\delta_2 u = \delta(\delta_1\delta_2 u) = \delta(\delta_1(\delta_2 u))$$

u. ſ. w.,

wo δ, δ_1, δ_2,·· ſich auf denſelben Verein von Variabeln beziehen, deren Differenziale konſtant geſetzt werden.

444. Erklärung. Wenn δ ein beliebiges Differenzzeichen ($d_{x,q}$) iſt, ſo ſetze ich

$$\delta^0 u = u$$
$$\delta^{n+1} u = \delta\delta^n u,$$

letzteres jedoch nur, wenn $n + 1$ eine ganze poſitive Zahl iſt.

Anm. Es läſst ſich auch dem negativen Exponenten eine Bedeutung beilegen, was jedoch erſt in der Integralrechnung klar werden kann.

445. Es iſt

(a) $d_{x,q}d_{y,q}f(x, y)$

$$= \frac{f(x+qdx, y+qdy) - f(x+qdx, y) - f(x, y+qdy) + fx}{q^2}$$

auch wenn $f(x, y)$ noch andere Veränderliche enthält, welche aber alle bei der Differenziation konſtant geſetzt werden, und ebenſo iſt

(b) $d_{x,q}d_{y,q}u = d_{y,q}d_{x,q}u$.

Beweis. Es iſt (nach 443)

$d_{x,q}d_{y,q}f(x, y)$

$$= d_{x,q}[d_{y,q}f(x,y)]$$
$$= d_{x,q}\frac{f(x, y+qdy) - f(x, y)}{q} \qquad [435]$$

und dies nach demſelben Satze

$$= \frac{f(x+qdx, y+qdy) - f(x+qdx, y) - f(x, y+dy) + f(x, y).}{q^2}$$

Alſo Formel a erwieſen. Aber aus dieſer Formel folgt ſogleich, dass $d_{y,q}d_{x,q}f(x, y)$ denſelben Ausdruck liefert, wie $d_{x,q}d_{y,q}f(x, y)$, alſo auch Formel b erwieſen.

Anm. Man hätte auch das zu y gehörige q von dem zu x gehörigen verschieden ſetzen und jenes etwa mit q_1 bezeichnen können, ſo wären die Formeln noch bestehen geblieben, eine Verallgemeinerung, die jedoch ohne beſonderen Nutzen ist.

446. Die Ordnung der auf einander folgenden Differenzzeichen ($d_{x,q}$ u. ſ. w.), unter denen die Differenzialzeichen mit einbegriffen ſind, ist gleichgültig für das Reſultat.

Beweis. Denn nach 445 b lassen ſich je zwei auf einander folgende Differenzzeichen vertauschen.

447. Wenn ein höheres Differenzial stetig ist, ſo ſind auch die niederen Differenziale, durch deren fortschreitende Differenziation jenes entstanden ist, stetig.

Beweis. Es ſei u ein beliebiges Differenzial, und ſei $d_x u$ stetig. Es wird u im Allgemeinen eine Funktion der Variabeln x, y,·· und ihrer Differenziale ſein. Allein da bei der Differenziation nach x alle übrigen Variabeln und ſämmtliche Differenziale als konstante behandelt werden, ſo genügt es für dieſe Differenziation, u als blosse Funktion von x zu betrachten. Es ſei in dieſem Sinne $u = fx$, ſo ist

$$d_x u = \left[\frac{f(x+qdx) - fx}{q}\right](q=0).$$

Da nun $d_x u$ stetig ist, ſo muss der in Klammer geschlossene Bruch um $q=0$ nach einer bestimmten endlichen Gränze konvergiren, die es in $q=0$ erreicht, alſo muss mit dem Nenner (q) auch der Zähler null werden, d. h. $f(x+qdx) - fx$ muss mit q null werden, d. h. (nach 425) fx ist in x stetig, alſo auch u. Durch Fortſetzung dieſer Schlussweiſe gelangt man zu dem allgemeinen Reſultate des Satzes.

448. Es ist, wenn A einen Ausdruck mit n Lücken von der Gattung x bezeichnet,

$$d_x^m(Ax^n) = \frac{n!}{(n-m)!}Ax^{n-m}dx^m.$$

Beweis 1. Der Satz gilt (nach 431) für $m=1$.

2. Wenn nun der Satz für irgend einen Werth m gilt, ſo gilt er auch für $m+1$; denn dann ist

$$d_x^{m+1}(Ax^n) = d_x(d_x^m Ax^n) \qquad [448]$$

$$= d_x\left[\frac{n!}{(n-m)!} Ax^{n-m} dx^m\right],$$

da nach der Annahme der Beweis für den angenommenen Werth m gilt; da nun (nach 443) dx bei der Differenziation als konstant betrachtet werden soll, und es mit x von gleicher Gattung ist, so ist $\frac{n!}{(n-m)!} A dx^m$ ein Ausdruck mit n — m Lücken, folglich erhalten wir (nach 431) den zuletzt gefundenen Ausdruck

$$= \frac{(n-m)n!}{(n-m)!} A dx^m x^{n-m-1} dx$$

$$= \frac{n!}{(n-m-1)!} Ax^{n-m-1} dx^{m+1},$$

d. h. der Satz gilt dann auch, wenn man m + 1 statt m setzt; da er nun (nach Bew. 1) für m = 1 gilt, so gilt er auch für m = 2, und weil für m = 2, so auch für m = 3, also für alle positiven Werthe.

449. Wenn $e_1, e_2, \cdots$ die normalen Einheiten von $x = x_1 e_1 + x_2 e_2 + \cdots$ sind, und $\delta_1, \delta_2, \cdots$ die zu dem Vereine der Veränderlichen $x_1, x_2, \cdots$ gehörigen partiellen Differenzialquotienten nach $x_1, x_2, \cdots$ bezeichnen, so ist (vorausgesetzt, dass $d_x^n u$ stetig sei)

$$d_x^n u = \sum \overline{\delta_a \delta_b \cdots \cdot u \cdot dx_a \cdot dx_b \cdots},$$

wo die Anzahl der Faktoren $dx_a dx_b \cdots$ in jedem Gliede n ist, und die Summe sich auf alle unter dieser Bedingung möglichen ganzen positiven Werthe $a, b, \cdots$ bezieht.

Beweis. Nach 437 ist

$$d_x u = \sum \overline{\delta_a u \cdot dx_a}.$$

Differenzirt man noch einmal nach x, so ist, da bei dieser Differenziation (nach 443) dx, also auch $dx_1, dx_2, \cdots$ konstant zu setzen sind, (nach 437)

$$d_x^2 u = \sum \overline{\delta_b \delta_a u \cdot dx_a dx_b} = \sum \overline{\delta_a \delta_b u \cdot dx_a dx_b} \qquad [446]$$

u. s. w.

450. Erklärung. Unter $\frac{d^n}{dx^n} fx$ oder unter $f^{(n)}x$ verstehe ich (vorausgesetzt, dass $d_x^n fx$ stetig ist) den Ausdruck, welcher mit dx^n multiplicirt, was auch dx für eine mit x gleichgattige Grösse ſein mag, $d_x^n fx$ liefert.

451. Wenn $d_x^n fx$ stetig ist, ſo ist $f^{(n)}x$ derjenige Ausdruck mit je n Lücken (in jedem Gliede), welcher die Eigenschaft hat, dass

$$\text{(a)}\quad f^{(n)}x(\overbrace{e_r e_s \cdots}^{n}) = \delta_r \delta_s \cdots \cdot fx$$

ist, für jede Reihe von n Indices r, s, ⋯, wobei die Bedeutung von $e_1, e_2, \cdots, \delta_1, \delta_2, \cdots$, dieſelbe ist, wie in 449.

Beweis. Nach 450 ist zu zeigen, dass allemal $f^{(n)}x \cdot dx^n = d_x^n fx$ ist, wenn $f^{(n)}x$ der Gleichung (a) genügt. Es ist dann

$$f^{(n)}x dx^n = f^{(n)}x(e_1 dx_1 + e_2 dx_2 + \cdots)^n$$

$$= \sum \overline{f^{(n)}x(\overbrace{e_a e_b \cdots}^{n})dx_a dx_b \cdots}$$

nach dem allgemeinen polynomischen Lehrſatze (oder auch nach 45)

$$= \sum \overline{\delta_a \delta_b \cdots \cdot fx \cdot dx_a dx_b \cdots} \qquad [a]$$

$$= d_x^n fx \qquad [449].$$

452. Erklärung. Wenn x, y, ⋯ Zahlgrössen und u eine Funktion derſelben ist, ſo verstehe ich, wenn $a + b + \cdots = n$ ist, unter $\frac{d^n}{dx^a dy^b \cdots} u$ den Ausdruck

$$\frac{d^n}{dx^a dy^b \cdots} u = \frac{d_x^a d_y^b \cdots u}{dx^a dy^b \cdots},$$

wo ſich die Differenziationen auf den Verein der Variabeln x, y, ⋯ beziehen, und dx, dy, ⋯ von Null verschieden angenommen ſind.

Anm. Die partiellen Differenzialquotienten nach verschiedenen extenſiven Variabeln können fast überall entbehrt werden, da man mehrere extenſive Variabeln stets auf eine einzige zurückführen kann (nach 352).

453. Wenn y noch wieder Funktion einer beliebigen Veränderlichen ist, ſo ist (die Stetigkeit der vorkommenden Differenziale vorausgeſetzt)

$$\frac{d^n fy}{n!} = \sum \overline{\frac{f^{(r)}y}{r!} \cdot \Big(\overbrace{\frac{d^a y}{a!} \cdot \frac{d^b y}{b!} \cdots}^{r}\Big)} (a + b + \cdots = n).$$

Beweis. Wie in der gewöhnlichen Analyſis.

Kap. 3. Unendliche Reihen.

§. 1. Die unendlichen Reihen im Allgemeinen.

454. Erklärung. Eine Reihe $u_0 + u_1 + u_2 + \cdots$ heisst ächt, wenn fich eine pofitive Zahl $T > 1$ finden lässt von der Art, dass u_0, $u_1 T$, $u_2 T^2, \cdots$ bis ins Unendliche hin endlich bleiben, d. h. dass fie numerisch kleiner bleiben als eine gewisse endliche Grösse M, fo dass alfo

$$u_r T^r \text{ num.} < M$$

bleibt für jeden Index r.

455. Zufatz. Setzen wir $\frac{1}{T} = t$, fo können wir die Bedingung der Aechtheit auch fo ausdrücken, dass fich zwei pofitive Zahlen t und M, von denen $t < 1$ ist, finden lassen, fo dass stets

$$u_r : t^r \text{ num.} < M$$

bleibe.

456. Jede ächte Reihe ist konvergent.

Beweis. Es fei $R = u_0 + u_1 + u_2 + \cdots$ eine ächte Reihe, fo giebt es (nach 455) eine pofitive Zahl < 1 von der Art, dass, für jeden Index r, $u_r : t^r$, was wir mit a_r bezeichnen wollen, numerisch kleiner als eine gewisse endliche (pofitive) Zahl M fei; dann wird

$$R = a_0 + a_1 t + a_2 t^2 + \cdots, \text{ wo } a_r \text{ num.} < M.$$

Der Rest ϱ_n diefer Reihe von dem Gliede $a_n t^n$ an ist

$$\varrho_n = a_n t^n + a_{n+1} t^{n+1} + \cdots.$$

Nun ist a_r num. $< M$, $a_r t^r$ num. $< Mt^r$, alfo (nach 418)

$$\begin{aligned} \varrho_n \text{ num.} &< Mt^n + Mt^{n+1} + \cdots \\ \text{num.} &< Mt^n(1 + t + t^2 + \cdots) \\ \text{num.} &< M\frac{t^n}{1-t}. \end{aligned}$$

Nun lässt fich hier n fo gross wählen, dass ϱ_n num. kleiner wird als eine beliebig gegebene pofitive Grösse k, und auch bleibt, wenn n noch wächst; dies wird nämlich erfüllt, wenn

$$n > \log. \frac{M}{k(1-t)} : \log. \left(\frac{1}{t}\right)$$

ist. Da alſo der Rest ϱ_n mit wachſendem n nach Null zu konvergirt, ſo ist die Reihe konvergent.

Anm. Um die Beziehung zwischen ächten, unächten, konvergenten und divergenten Reihen noch anschaulicher hervortreten zu lassen, will ich hier noch die unächten Reihen berühren. Wenn die ſämmtlichen Glieder einer unächten Reihe endlich bleiben, d. h. numerisch kleiner bleiben als eine endliche poſitive Zahl M, ſo will ich dieſe Reihe eine Uebergangsreihe nennen, wenn dagegen die Glieder einer Reihe unendlich werden, d. h. wenn es zu jeder poſitiven Zahl M Glieder der Reihe giebt, welche noch grösser als M ſind, ſo mag eine ſolche Reihe eine abſurde heissen. So z. B. ist die Reihe $t + \frac{1}{2}t^2 + \frac{1}{3}t^3 + \cdots$ eine ächte, wenn der numerische Werth der Zahlgrösse t kleiner als 1 ist; ſie wird eine Uebergangsreihe, wenn t numerisch gleich 1 wird, und zwar eine divergente Uebergangsreihe, wenn $t = 1$, eine konvergente, wenn $t = -1$ ist; ſie wird abſurd, wenn t num. > 1 wird. Eine ſolche abſurde Reihe ist stets zu verwerfen. Hingegen hat die Uebergangsreihe mit der ächten noch das gemein, dass ſie den Werth der Funktion, welche durch die Reihe dargestellt werden ſoll, wirklich ausdrückt, gleichviel ob ſie konvergirt oder divergirt. Im letzteren Falle zeigt ſie, falls ſie ſich dem Unendlichen nähert, dass für dieſen Fall in der That die Funktion unendlich wird; ſo z. B. ist die obige Reihe bekanntlich die Reihe für $-\log. (1 - t)$; dieſe Funktion wird mit $t = 1$ unendlich, ebenſo wie die Reihe $t + \frac{1}{2}t^2 + \frac{1}{3}t^3 + \cdots$; und dieſe stellt alſo auch für dieſen Fall noch den Werth jener Funktion dar. Oder, um ein einfacheres Beispiel zu wählen, die Reihe $1 + t + t^2 + \cdots$ wird für $t = \mp 1$ eine Uebergangsreihe; und zwar nimmt ſie für $t = 1$, entsprechend der Funktion $\frac{1}{1-t}$, deren Entwickelung ſie darstellt, unendlichen Werth an. — Wenn hingegen die divergente Uebergangsreihe ſich keinem unendlichen Werthe annähert, ſondern stets, wie weit man ſie auch verfolge, zwischen verschiedenen Werthen hin und her schwankt, wie z. B. die Reihe $1 + t + t^2 + \cdots$ bei dem Werthe $t = -1$, ſo lässt ſich dennoch ihr Werth aus der Gränze bestimmen, nach welcher jene Reihe konvergirt, wenn man t zuerst kleiner als 1 ſetzt und ſich dann t der 1 unbegränzt annähern lässt. Aber alle dieſe Uebergangsreihen, ſelbst wenn ſie konvergiren, dürfen nur mit Vorſicht angewandt werden; da die Rechnungsgeſetze ächter Reihen auf ſie nicht mehr anwendbar ſind.

457. Wenn a eine beliebige Grösse, b, c, $\cdots$ aber Zahlgrössen ſind, ſo ist der numerische Werth (ϱ) des Produktes ($abc\cdots$) dieſer Grössen, gleich dem Produkte ihrer numerischen Werthe (α, β, γ, $\cdots$); d. h.

$$\varrho = \alpha\beta\gamma\cdots.$$

Beweis 1. Für zwei Grössen. Es seien e_1, e_2, $\cdots$ die reellen, ie_1, ie_2, $\cdots$ $(i = \sqrt{-1})$ die imaginären Einheiten von a und sei $a = \sum \alpha_a e_a + i\gamma_a e_a$, wo die α_a und γ_a alle reell sind und sei $b = \delta + \varepsilon i$, so ist (nach 414) $\alpha^2 = \sum \alpha_a^2 + \gamma_a^2$, $\beta^2 = \delta^2 + \varepsilon^2$. Ferner ist

$$ab = \sum (\delta\alpha_a - \varepsilon\gamma_a)e_a + i(\delta\gamma_a + \varepsilon\alpha_a)e_a, \text{ also}$$

$$\varrho^2 = \sum (\delta\alpha_a - \varepsilon\gamma_a)^2 + (\delta\gamma_a + \varepsilon\alpha_a)^2$$

$$= \sum \delta^2\alpha_a^2 + \varepsilon^2\gamma_a^2 + \delta^2\gamma_a^2 + \varepsilon^2\alpha_a^2$$

$$= (\delta^2 + \varepsilon^2)\sum \alpha_a^2 + \gamma_a^2 = \beta^2\alpha^2,$$

also, da ϱ, α, β positiv sind,

$$\varrho = \alpha\beta, \text{ d. h. ab num.} = \alpha\beta.$$

2. Da nun (nach Bew. 1) ab num. $= \alpha\beta$ ist, so ergiebt sich (nach Bew. 1) abc num. $= \alpha\beta\gamma$ u. s. w.

458. Wenn a und a_1 beliebige Grössen, b, c, $\cdots$ b_1, c_1, $\cdots$ aber Zahlgrössen sind und

$$a \text{ num.} < a_1, \; b \text{ num.} < b_1, \; c \text{ num.} < c_1, \cdots$$

sind, so ist auch

$$abc\cdots \text{ num.} < a_1 b_1 c_1 \cdots.$$

Beweis. Denn es seien α, β, γ, $\cdots$, α_1, β_1, γ_1, $\cdots$ beziehlich die numerischen Werthe von a, b, c, $\cdots$, a_1, b_1, c_1, $\cdots$, so ist (nach 457) $\alpha\beta\gamma\cdots$ der numerische Werth von $abc\cdots$ und $\alpha_1\beta_1\gamma_1\cdots$ der von $a_1b_1c_1\cdots$. Da aber α, β, γ, $\cdots$, α_1, β_1, γ_1, $\cdots$ positive Zahlen sind und $\alpha < \alpha_1$, $\beta < \beta_1$, $\gamma < \gamma_1$, $\cdots$ ist, so ist auch $\alpha\beta\gamma\cdots < \alpha_1\beta_1\gamma_1\cdots$, d. h. $abc\cdots$ num. $< a_1b_1c_1\cdots$.

Anm. Diese zwei Sätze, welche systematischer nach 419 ständen, sind hier nachgeholt, um sie im Folgenden verwenden zu können.

459. Wenn mehrere Reihen ächt sind, so ist auch ihre Vielfachensumme ächt, d. h. wenn

$$R_1 = u_1 + u_1' + u_1^{(2)} + u_1^{(3)} + \cdots$$

$$R_2 = u_2 + u_2' + u_2^{(2)} + u_2^{(3)} + \cdots$$

$$\cdots\cdots\cdots\cdots\cdots\cdots\cdots\cdots$$

$$R_n = u_n + u_n' + u_n^{(2)} + u_n^{(3)} + \cdots$$

ächte Reihen sind, und α_1, α_2, $\cdots$ α_n beliebige endliche Zahlgrössen sind, so ist auch die Reihe

$$R = u + u' + u^{(2)} + u^{(3)} + \cdots,$$

wo für jeden Zeiger s

$$u^{(s)} = \alpha_1 u_1^{(s)} + \alpha_2 u_2^{(s)} + \cdots \alpha_n u_n^{(s)}$$

ist, eine ächte Reihe.

Beweis. Da R_1 eine ächte Reihe ist, fo giebt es (nach 454) zwei pofitive Zahlen T_1 und M_1, von denen die erstere > 1 ist, von der Art, dass für jeden Zeiger s

$$u_1^{(s)} T_1 \text{ num.} < M_1$$

fei. Ebenfo lassen fich für die übrigen Reihen $R_2, \cdots R_n$ folche pofitiven Zahlenpaare T_2, $M_2, \cdots T_n$, M_n finden, von denen die erste jedes Zahlenpaares > 1, und fo, dass

$$u_2^{(s)} T_2 \text{ num.} < M_2, \cdots u_n^{(s)} T_n \text{ num.} < M_n$$

ist. Es fei T die kleinste der Zahlen $T_1, \cdots T_n$, alfo noch $T > 1$, fo bleibt

$$u_1^{(s)} T \text{ num.} < M_1,\ u_2^{(s)} T \text{ num.} < M_2, \cdots u_n^{(s)} T \text{ num.} < M_n,$$

alfo auch (nach 458), wenn $\beta_1, \cdots \beta_n$ die numerischen Werthe von $\alpha_1, \cdots \alpha_n$ find,

$$\alpha_1 u_1^{(s)} T \text{ num.} < \beta_1 M_1, \cdots, \alpha_n u_n^{(s)} T \text{ num.} < \beta_n M_n;$$

folglich, da die rechten Seiten diefer Vergleichung pofitiv find, fo ist (nach 418)

$$\alpha_1 u_1^{(s)} T + \cdots + \alpha_n u_n^{(s)} T \text{ num.} < \beta_1 M_1 + \cdots + \beta_n M_n,$$

d. h.

$$u^{(s)} T \text{ num.} < M,$$

wenn $\beta_1 M_1 + \cdots \beta_n M_n$ mit M bezeichnet ist; folglich ist die Reihe R (nach 454) eine ächte.

§. 2. Die Reihen als Funktionen einer Zahlgrösse.

460. Der nach der Zahlgrösse x genommene Differenzialquotient einer ächten Reihe $R = a_0 + a_1 x + a_2 x^2 + \cdots = \sum \overline{a_a x^a}$ ist wieder eine ächte Reihe.

Beweis 1. Da R eine ächte Reihe ist, fo müssen fich (nach 455) zwei pof. Grössen t und M, von denen die erste < 1 ist, finden lassen, fo dass für jedes r

$$\frac{a_r x^r}{t^r} \text{ num.} < M$$

ist. Nun fei τ eine pofitive Zahl zwischen t und 1, d. h. $\tau > t$ aber < 1, fo zeige ich, dass alle Glieder der Reihe

$$\frac{d}{dx}R = \sum \overline{\alpha a_\alpha x^{\alpha-1}}$$

die Eigenschaft haben, dass für jeden Index r bis ins Unendliche hin der Ausdruck $\frac{ra_r x^{r-1}}{\tau^r}$ endlich sei. In der That ist

$$\frac{ra_r x^{r-1}}{\tau^r} = \frac{rt^r}{x\tau^r} \cdot \frac{a_r x^r}{t^r}.$$

Der zweite Faktor ist (nach Hypoth.) numerisch kleiner als M, also (nach 459) der ganze Ausdruck

$$\text{num.} < \frac{rt^r}{\tau^r} M_1,$$

wenn wir der Kürze wegen den numerischen Werth von $M : x$ mit M_1 bezeichnen. Nun sei $n > \frac{t}{\tau - t}$, was stets möglich ist, da τ grösser als t, also $\tau - t$ ungleich null ist. Dann wird $n > (n+1)\frac{t}{\tau}$, oder, indem wir mit $\frac{t^n}{\tau^n}$ multipliciren,

$$\frac{nt^n}{\tau^n} > \frac{(n+1)t^{n+1}}{\tau^{n+1}},$$ und aus gleichem Grunde

$$\frac{(n+1)t^{n+1}}{\tau^{n+1}} > \frac{(n+2)t^{n+2}}{\tau^{n+1}} > \ldots.$$

Nun werden aber die Ausdrücke

$$\frac{t}{\tau}, \frac{2t^2}{\tau^2}, \ldots \frac{nt^n}{\tau^n},$$

da ihre Anzahl endlich ist, und sie alle endliche Werthe haben, kleiner sein als eine gewisse positive endliche Grösse; diese heisse m. Da nun alle Ausdrücke $\frac{rt^r}{\tau^r}$ für jedes r, was grösser als n ist, wie eben bewiesen, kleiner als $\frac{nt^n}{\tau^n}$ sind, und dies letztere $< m$ ist, so werden alle jene Ausdrücke für jeden Werth von r kleiner als m sein, also auch

$$\frac{rt^r}{\tau^r} M_1 < mM_1.$$

Hier ist m eine endliche Grösse, aber auch M_1, wenn nicht etwa x gleich null ist, also auch mM_1 endlich, also auch $\frac{ra_r x^{r-1}}{\tau^r}$ numerisch kleiner als eine endliche Grösse, d. h. die

Reihe $\frac{d}{dx}R$ ist eine ächte, vorausgefetzt noch, dass $x \gtrless 0$ ist. Wenn aber $x = 0$ ist, fo ist $\frac{d}{dx}R = a_1$, alfo gewiss eine ächte Reihe.

2. Da nun $\frac{d}{dx}R$ eine ächte Reihe ist, fo ist (nach Beweis 1) auch dessen Differenzialquotient nach x, d. h. $\frac{d^2}{dx^2}R$ eine ächte Reihe u. f. w.

461. Wenn eine Reihe $a_0 + a_1x + a_2x^2 + \cdots$ für irgend einen Werth x′ der Zahlgrösse x ächt ist, fo ist fie es auch für jeden Werth der numerisch gleich oder kleiner als x′ ist.

Beweis. Denn wenn die Reihe für $x = x'$ ächt ist, fo müssen fich (nach 454) zwei pofitive Werthe T und M, von denen der erste > 1 ist, angeben lassen, fo dass für jedes r

$$a_r x'^r T^r < M$$

ist. Dann ist aber, wenn x num. $= < x'$ ist,

$$a_r x^r T^r \text{ num.} = < a_r x'^r T^r \qquad [458]$$
$$\text{num.} < M_1,$$

d. h. die Reihe $a_0 + a_1x + a_2x^2 + \cdots$ ist dann auch eine ächte (nach 454).

Anm. Es folgt hieraus fogleich (nach 360), dass auch die nach x genommenen Differenzialquotienten jener Reihe für jedes x, was numerisch gleich oder kleiner als x′ ist, ächte Reihen, alfo auch stetig fein müssen. Daraus folgt auch umgekehrt, dass wenn eine Funktion fx für irgend einen Werth von x, der numerisch kleiner als x′ ist, fich in einer ächten Reihe foll entwickeln lassen, nothwendig fx und feine Differenziale für jeden Werth, der numerisch gleich oder kleiner als x′ ist, auch stetig fein müssen. Und es kommt darauf an, ob diefe Bedingung der Stetigkeit ausreichend dafür ist, dass fich fx in einer ächten Reihe entwickeln lasse. Zu dem Ende kommt es darauf an, fx für die verschiedenen numerisch gleichen Werthe zu betrachten, namentlich für eine Reihe folcher Werthe, von denen jeder folgende aus dem vorhergehenden durch gleiche circuläre Aenderung hervorgeht. Nun hat Cauchy nachgewiefen, dass, wenn f′x stetig ist, das arithmetische Mittel aller Werthe, welche fx erhält, indem x fortschreitend einer konstanten circulären Aenderung unterworfen wird, bis x wieder zu dem ursprünglichen Werthe zurückkehrt, ein Ausdruck ist, welcher stets nach einer konstanten (von x unabhängigen)

Gränze konvergirt, fobald der Winkel der circulären Aenderung verschwindend klein wird. Er hat aus diefem Satze auf eine fehr finnreiche Weife die Bedingung abgeleitet, unter welcher eine Funktion fx fich in einer konvergenten (genauer in einer ächten) Reihe entwickeln lässt, worüber Moigno Leçons de calcul differentiel Tom. 1 p. 150 ss. zu vergleichen ist. Der Gang der folgenden Entwickelung ist im wefentlichen derfelbe, wie er in dem angeführten Werke gewählt ist; doch ist hier die Betrachtung verallgemeinert, in fofern fx als extenfive Grösse betrachtet wird, während x felbst eine Zahlgrösse bleibt.

462. Lehrfatz und Erklärung. Wenn f′x stetig ist für jede Zahlgrösse x, deren numerischer Werth zwischen den Gränzen a und b liegt, und Θ eine n-te Wurzel der abfoluten Einheit und zwar $\Theta = \cos.\frac{2\pi}{n} + i\,\sin.\frac{2\pi}{n}$ ist, fo konvergirt der Ausdruck

$$\frac{1}{n}\sum f(x\Theta^a) = \frac{f(x\Theta) + f(x\Theta^2) + \cdots + f(x\Theta^n)}{n}$$

mit unendlich wachfendem n nach einer konstanten (von x unabhängigen) Gränze. Diefe konstante Gränze fei das zu jenem Stetigkeitsgebiete gehörende konstante Glied der Funktion fx genannt und mit C(fx) bezeichnet.

Beweis des Lehrfatzes. Da f′x stetig ist, fo ist (nach 439)

$$f(x+q) - fx = q(f'x + N),$$

wo N mit q null wird. Da nun Θ^a numerisch gleich 1 ist, fo ist $x\Theta^a$ numerisch $= x$, alfo auch $f'(x\Theta^a)$ stetig. Setzt man nun in die obige Gleichung $x\Theta^a$ statt x, und $q = x\Theta^a(\Theta - 1)$; fo verwandelt fich $x + q$ in $x\Theta^{a+1}$ und wir erhalten, wenn wir noch dem N den Zeiger a beifügen,

$$f(x\Theta^{a+1}) - f(x\Theta^a) = x\Theta^a(\Theta - 1)[f'(x\Theta^a) + N_a].$$

Nun ist, wenn wir $\frac{d}{dx}$ mit δ bezeichnen, $\delta f(x\Theta^a) = \Theta^a f'(x\Theta^a)$ (nach 440); alfo wird

$$\frac{f(x\Theta^{a+1}) - f(x\Theta^a)}{x(\Theta - 1)} = \delta f(x\Theta^a) + N'_a,$$

indem wir statt $\Theta^a N_a$, welches mit N_a numerisch gleich ist, alfo, eben fo wie dies, mit q zugleich null wird, N'_a geschrieben haben.

Gehen wir nun zum arithmetischen Mittel über, so wird, wenn die folgenden Summen von $\alpha = 1$ bis n genommen werden,

$$\frac{1}{nx(\Theta-1)}\sum \overline{f(x\Theta^{\alpha+1}) - f(x\Theta^{\alpha})} = \delta \sum \frac{\overline{f(x\Theta^{\alpha})}}{n} + \frac{1}{n}\sum \overline{N'_{\alpha}}.$$

Die linke Seite ist null; denn die dort erscheinende Summe ist gleich

$$f(x\Theta^{n+1}) + f(x\Theta^{n}) + \cdots + f(x\Theta^{2}) - f(x\Theta^{n}) - \cdots - f(x\Theta^{2})$$
$$- f(x\Theta), \text{ also } = f(x\Theta^{n+1}) - f(x\Theta) = 0,$$

da $\Theta^n = 1$, also $x\Theta^{n+1} = x\Theta$ ist. Somit erhalten wir

$$\delta \sum \frac{\overline{f(x\Theta^{\alpha})}}{n} = -\frac{1}{n}\sum \overline{N'_{\alpha}}.$$

Aber $\frac{1}{n}\sum \overline{N'_{\alpha}}$ ist das arithmetische Mittel der Grössen $N'_1, N'_2, \cdots$, ist also, wie gross auch n sei, numerisch kleiner als der grösste numerische Werth dieser Grössen, den wir mit N' bezeichnen wollen. Wenn nun n unendlich wird, so konvergirt $\Theta = \cos.\frac{2\pi}{n} + i\sin.\frac{2\pi}{n}$ nach 1, also $\Theta - 1$ nach 0, also konvergirt auch $q = x\Theta^{\alpha}(\Theta - 1)$, was mit $x(\Theta - 1)$ numerisch gleich ist, nach 0, also auch $N'_1, N'_2, \cdots$, also auch N'; also auch $\delta \sum \frac{\overline{f(xN^{\alpha})}}{n}$, da sein numerischer Werth noch kleiner ist als der von N'. Setzen wir die Gränze, nach welcher $\sum \frac{\overline{f(x\Theta^{\alpha})}}{n}$ konvergirt $= \varphi x$, so haben wir also

$$\delta\varphi x = 0, \text{ d. h. } \varphi x = \text{Const.}$$

Anm. Ich habe hier den Satz, dass, wenn das Differenzial einer Funktion null bleibt, die Funktion konstant sei, als bekannt vorausgesetzt, um hier nicht die Entwickelung zu unterbrechen. Der Beweis dieses Satzes ist im Eingange des folgenden Kapitels (der Integralrechnung) nachgeholt, und zwar ohne dass in diesem Beweise auf irgend einen Satz des gegenwärtigen Kapitels zurückgegangen sei.

463. Das konstante Glied einer Vielfachensumme von Funktionen (deren erste abgeleitete Funktionen stetig sind), ist die entsprechende Vielfachensumme aus den konstanten Gliedern der Funktionen, d. h. (wenn f'_1x, f'_2x, $\cdots$ stetig sind, so ist)

$$C[\alpha_1 f_1 x + \alpha_2 f_2 x + \cdots] = \alpha_1 C(f_1 x) + \alpha_2 C(f_2 x) + \cdots.$$

Beweis. Wenn Θ dieselbe Bedeutung wie in 462 hat, so ist $C(f_1x)$ die Gränze, nach welcher $\frac{1}{n}\sum\overline{f_1(x\Theta^a)}$ mit unendlichem n konvergirt, d. h. es verschwindet $\frac{1}{n}\sum\overline{f_1(x\Theta^a)} - C(f_1x)$ mit $\frac{1}{n}$, ebenso $\frac{1}{n}\sum\overline{f_2(x\Theta^a)} - C(f_2x)$ u. s. w., also (nach 421) auch ihre Vielfachensumme, d. h.

$$\frac{1}{n}\sum\overline{\alpha_1 f_1(x\Theta^a) + \alpha_2 f_2(x\Theta^a) + \cdots} - \alpha_1 C(f_1x) - \alpha_2 C(f_2x) - \cdots,$$

d. h. es konvergirt

$$\frac{1}{n}\sum\overline{\alpha_1 f_1(x\Theta^a) + \alpha_2 f_2(x\Theta^a) + \cdots}$$

nach $\alpha_1 C(f_1x) + \alpha_2 C(f_2x) + \cdots\cdot$. Aber die Gränze, nach welcher jener Ausdruck konvergirt, ist (nach 462) mit $C(\alpha_1 f_1 x + \alpha_2 f_2 x + \cdots)$ bezeichnet, also

$$C(\alpha_1 f_1 x + \alpha_2 f_2 x + \cdots) = \alpha_1 C(f_1x) + \alpha_2 C(f_2x) + \cdots.$$

464. Wenn m eine ganze Zahl, aber ungleich null ist, so ist

$$C(x^m) = 0.$$

Beweis. $C(x^m)$ ist (nach 462) die Gränze, nach welcher $\frac{1}{n}\sum\overline{(x\Theta^a)^m}$ mit unendlich wachsendem n konvergirt. Es ist aber $\frac{1}{n}\sum\overline{(x\Theta^a)^m} = \frac{x^m}{n}\sum\overline{\Theta^{ma}}$. Nehmen wir n so gross an, dass m num. $<$ n ist, und setzen $\sum\overline{\Theta^{ma}} = s$, so ist

$$s = \Theta^m + \Theta^{2m} + \cdots + \Theta^{nm}$$
$$s = 1 + \Theta^m + \Theta^{2m} + \cdots + \Theta^{(n-1)m},$$

weil $\Theta^{nm} = 1$ ist. Es geht aber der obere Ausdruck aus dem unteren durch Multiplikation mit Θ^m hervor; also haben wir

$$s\Theta^m = s, \text{ d. h. } s(1 - \Theta^m) = 0.$$

Es ist aber (nach 462) $\Theta = \cos.\frac{2\pi}{n} + i\sin.\frac{2\pi}{n}$, also $\Theta^m = \cos.\frac{2m\pi}{n} + i\sin.\frac{2m\pi}{n}$; also da $\frac{m}{n}$ ein ächter Bruch ist, so ist $\Theta^m \gtrless 1$, also folgt aus der Gleichung $s(1 - \Theta^m) = 0$, dass s gleich null ist, alſo auch $\frac{x^m}{n}\sum \overline{\Theta^{m\alpha}}=0$, d. h. $\frac{1}{n}\sum \overline{(x\Theta^{\alpha})^m}=0$, ſobald $n > m$ ist, alſo die Gränze, nach welcher dieſer Ausdruck mit unendlich wachſendem n konvergirt, 0, d. h. $C(x^m)=0$.

Anm. In dieſen Sätzen liegt der Grund der obigen Benennung, indem, wenn fx eine beliebige (begränzte) Potenzreihe von x mit ganzen poſitiven oder negativen Exponenten und dem konstanten Gliede a ist, C(fx) gleich dieſem konstanten Gliede a ist.

465. Wenn x num. $>$ a ist, ſo ist

$$C\frac{x}{x-a}=1.$$

Beweis. Es ist

$$\frac{x}{x-a}=1+\frac{a}{x}+\frac{a^2}{x^2}+\cdots+\frac{a^{r-1}}{x^{r-1}}+\frac{a^r}{x^{r-1}(x-a)}.$$

Alſo (nach 463)

$$C\frac{x}{x-a}=1+C\left[\frac{a^r}{x^{r-1}(x-a)}\right].$$

Nun ist das letzte Glied der rechten Seite (nach 462) numerisch kleiner als der grösste der Ausdrücke, welche aus $\frac{a^r}{x^{r-1}(x-a)}$ hervorgehen, indem man statt x beliebige mit x numerisch gleiche Werthe ſetzt. Der grösste dieſer Ausdrücke ist, wenn A und X die numerischen Werthe von a und x ſind, $=\frac{A^r}{X^{r-1}(X-A)}$. Ist nun p eine beliebige poſitive Grösse, ſo kann man r stets ſo gross wählen, dass $\frac{A^r}{X^{r-1}(X-A)}$ num. $< p$ wird, und auch bleibt, wenn p noch wächst; alſo wird dann

$$C\left[\frac{x}{x-a}\right]-1 \text{ num.} < p,$$

d. h. numerisch kleiner als jede poſitive Grösse, d. h. $=0$, alſo

$$C\left[\frac{x}{x-a}\right]=1.$$

466. Wenn die zweite abgeleitete Funktion von fx stetig ist für jeden Zahlwerth x, der numerisch kleiner als x′ ist, ſo lässt ſich fx in einer ächten, nach Potenzen von x aufsteigenden Reihe entwickeln. Und zwar, wenn z num. $>$ x, aber num. $<$ x' ist und das Zeichen C ſich auf die Variable z bezieht, während x als konstant geſetzt wird, ſo ist

$$fx = C\left[\frac{zfz}{z-x}\right] = \sum x^a C\left[\frac{fz}{z^a}\right],$$

und wenn X und Z beziehlich die numerischen Werthe von x und z ſind, und F der grösste der numerischen Werthe ist, welche fz für die verschiedenen Werthe von z, welche numerisch $=$ Z ſind, annimmt, ſo ist jedes Glied der obigen Entwickelungsreihe von fx, und auch der Rest der Reihe numerisch kleiner als das entsprechende Glied und als der entsprechende Rest der nach Potenzen von X entwickelten Reihe

$$\frac{ZF}{Z-X} = F\sum\frac{X^a}{Z^a}.$$

Beweis. Es ſei zunächst für z nur vorausgeſetzt, dass es numerisch kleiner als x' ſei, ſo ist (nach Hyp.) f''z stetig, alſo (nach 447) auch f'z und fz. Nun ſei x als konstant betrachtet, und nur z als variabel, und ſei das konstante Glied der Funktion

$$* \quad \varphi z = \frac{z(fz - fx)}{z - x}$$

betrachtet; alſo zunächst die Stetigkeit von $\varphi'z$ unterſucht. Es ist zuerst für $z = x$ der Ausdruck $\frac{fz - fx}{z - x}$ (nach 429, wo man nur $dx = 1$, und $x + q = z$ zu ſetzen hat) $= f'x = f'z$, alſo in dieſem Falle $\varphi z = zf'z$, alſo $\varphi'z$ in dieſem Falle $= f'z + zf''z$, alſo stetig, da f'z und f''z es ſind. Ferner, wenn $z \gtrless x$, alſo $z - x \gtrless 0$ ist, ſo ist

$$\varphi'z = \frac{fz - fx}{z - x} + \frac{zf'z}{z - x} - \frac{z(fz - fx)}{(z - x)^2}.$$

Da nun fz, f'x, z stetig ſind, und $z - x \gtrless 0$ ist, ſo ist auch in dieſem Falle $\varphi'z$ stetig; alſo $\varphi'z$ ſo lange stetig, als z num. $<$ x' ist. Somit bleibt $C(\varphi z)$ (nach 462) von unverändertem Werthe, ſo lange z num. $<$ x' ist, aber für $z = 0$ wird (nach *) φz gleichfalls null, ſomit ist $C(\varphi 0) = 0$, alſo auch $C(\varphi z)$, alſo erhalten wir die Gleichung

$$C\left[\frac{z(fz - fx)}{z - x}\right] = 0.$$

Nehmen wir jetzt z numerisch $>$ x aber noch immer num. $<$ x' an, so ist $z - x \gtrless 0$ und es sind daher $\frac{zfz}{z-x}$ und $\frac{zfx}{z-x}$ so wie ihre Differenziale nach z stetig, also (nach 463)

$$C\left[\frac{zfz}{z-x}\right] - fxC\left[\frac{z}{z-x}\right] = 0.$$

Aber $C\frac{z}{z-x} = 1$ (nach 465, wo man nur z statt x, und x statt a zu schreiben hat), folglich hat man

$$fx = C\left[\frac{zfz}{z-x}\right].$$

Nun ist $\frac{z}{z-x} = 1 + \frac{x}{z} + \frac{x^2}{z^2} + \cdots + \frac{x^{r-1}}{z^{r-1}} + \frac{x^r}{z^{r-1}(z-x)}$, also (nach 463)

$$fx = C(fz) + xC\left(\frac{fz}{z}\right) + x^2C\left(\frac{fz}{z^2}\right) + \cdots$$
$$+ x^{r-1}C\left(\frac{fz}{z^{r-1}}\right) + C\frac{x^r fz}{z^{r-1}(z-x)}.$$

Hier ist das letzte Glied (nach 462) numerisch kleiner als der numerisch grösste der Ausdrücke, die man erhält, wenn man in $\frac{x^r fz}{z^{r-1}(z-x)}$ statt z alle möglichen mit ihm numerisch gleichen Werthe setzt. Der grösste der numerischen Werthe, die dabei fz annimmt, ist oben mit F bezeichnet, die numerischen Werthe von z und x aber mit Z und X; der numerisch grösste Werth, den $\frac{1}{z-x}$ annehmen kann, ist $\frac{1}{Z-X}$; also ist $C\frac{x^r fz}{z^{r-1}(z-x)}$ num. $< \frac{X^r F}{Z^{r-1}(Z-X)}$; und aus gleichem Grunde sind die übrigen Glieder, vom ersten anfangend, numerisch kleiner als F, $\frac{XF}{Z}$, $\frac{X^2F}{Z^2}$, $\cdots$ $\frac{X^{r-1}F}{Z^{r-1}}$; dies sind aber die entsprechenden Glieder und ersteres der entsprechende Rest der Reihe $\frac{FZ}{X-Z} = F\sum\frac{X^a}{Z^a}$. Da nun endlich die letztgenannte Reihe eine ächte ist, so ist auch die Reihe für fx, da ihre Glieder numerisch noch kleiner sind, als die Glieder dieser Reihe, eine ächte.

467. Der Taylor'sche und Maclaurin'sche Satz. Wenn $f''x$ stetig ist für jedes x, was numerisch kleiner als x' ist, fo ist in demfelben Umfange

$$fx = f(0) + xf'(0) + \frac{x^2}{2}f''(0) + \frac{x^3}{3!}f^{(3)}0 + \cdots$$
$$= \sum f^{(a)}0\frac{x^a}{a!}.$$

Beweis. Denn dann lässt fich fx (nach 466) in einer Reihe entwickeln. Es fei diefe Reihe

(*) $fx = \sum a_a x^a$,

fo ist

$$f^{(n)}x = \sum \frac{a!}{(a-n)!} a_a x^{a-n} \qquad [448],$$

alfo $f^{(n)}0 = n!\, a_n$, da alle übrigen Glieder null find, alfo

$$a_n = \frac{f^{(n)}0}{n!}.$$

Dies in (*) eingefetzt giebt die zu erweifende Gleichung.

Anm. Da $f(a + x)$ als Funktion von x betrachtet werden kann, fo ist es überflüssig, den Satz in zwei Sätze (den Taylor'schen und Maclaurin'schen) zu zertrennen.

§. 3. Entwickelung der Funktionen mehrerer Zahlgrössen oder Einer extensiven Grösse in Reihen.

468. Lehrfatz und Erklärung (Erweiterung von 462). Wenn $f(x_1, x_2, \cdots)$ eine Funktion mehrerer veränderlicher Zahlgrössen $x_1, x_2, \cdots$ ist, und die zu diefem Vereine gehörigen partiellen ersten Differenzialquotienten $\frac{d}{dx_1}f(x_1, x_2, \cdots)$, $\frac{d}{dx_2}f(x_1, x_2, \cdots), \cdots$ allemal stetig find, fobald gleichzeitig der numerische Werth von x_1 zwischen den Gränzen a_1 und b_1, der von x_2 zwischen den Gränzen a_2 und b_2 liegt u. f. w.; und wenn endlich $\Theta_1 = \cos.\frac{2\pi}{n_1} + i\,\text{fin}.\frac{2\pi}{n_1}$, $\Theta_2 = \cos.\frac{2\pi}{n_2} + i\,\text{fin}.\frac{2\pi}{n_2}, \cdots$, fo konvergirt der Ausdruck

$$\frac{1}{n_1 n_2 \cdots}\sum f(x_1\Theta_1^a, x_2\Theta_2^b, \cdots)$$

mit den unbegränzt wachſenden ganzen Zahlen n_1, $n_2, \cdots$ nach einer konſtanten (von x_1, $x_2, \cdots$ unabhängigen) Gränze. Dieſe konſtante Gränze ſei das zu jenem Stetigkeitsgebiete gehörende konſtante Glied der Funktion $f(x_1, x_2, \cdots)$ genannt und mit $C[f(x_1, x_2, \cdots)]$ bezeichnet. Dann iſt für 2 Variabeln

$$C[f(x_1, x_2)] = C_1(C_2[f(x_1, x_2)]),$$

wo C_2 ſich nur auf die Variable x_2 bezieht (x_1 als konſtant geſetzt) und C_1 ſich nur auf die Variable x_1 bezieht (x_2 als konſtant geſetzt); und entſprechend für mehr Variabeln.

Beweis 1 (für 2 Variabeln). Nach der Bedeutung der Summenbezeichnung iſt

$$\frac{1}{n_1 n_2}\sum \overline{f(x_1\Theta_1^{\mathfrak{a}}, x_2\Theta_2^{\mathfrak{b}})} = \sum \frac{1}{n_1}\sum \frac{1}{n_2} \overline{f(x_1\Theta_1^{\mathfrak{a}}, x_2\Theta_2^{\mathfrak{b}})},$$

wo die innere Summe ſich nur auf den Index $\mathfrak{b}$ bezieht, die äussere nur auf den Index $\mathfrak{a}$. Lassen wir nun zunächst n_2 unbegränzt wachſen, ſo konvergirt die innere Summe (nach 462) nach einer von x_2 unabhängigen Gränze, welche wir mit $C_2[f(x_1\Theta_1^{\mathfrak{a}}, x_2)]$ zu bezeichnen haben. Dieſe Gränze wird alſo nur noch eine Funktion von $x_1\Theta_1^{\mathfrak{a}}$ ſein, und ſei dieſelbe mit $\varphi(x_1\Theta_1^{\mathfrak{a}})$ bezeichnet; ſo iſt die Gränze, nach welcher der obige Ausdruck mit unbegränzt wachſendem n_2 konvergirt,

$$= \frac{1}{n_1}\sum \overline{\varphi(x_1\Theta_1^{\mathfrak{a}})};$$

wächst nun auch n_1 unbegränzt, ſo konvergirt (nach 462) dieſer Ausdruck nach der auch von x_1 unabhängigen Gränze $C_1[\varphi x_1]$. Nach dieſer Gränze konvergirt alſo der urſprüngliche Ausdruck, wenn in ihm ſowohl n_1 als n_2 unbegränzt wachſen; d. h. es iſt

$$C[f(x_1, x_2)] = C_1[\varphi x_1].$$

Aber es war $\varphi(x_1\Theta_1^{\mathfrak{a}}) = C_2[f(x_1\Theta_1^{\mathfrak{a}}, x_2)]$ geſetzt, alſo iſt (für $\mathfrak{a} = 0$), $\varphi x_1 = C_2[f(x_1, x_2)]$; alſo

$$C[f(x_1, x_2)] = C_1(C_2[f(x_1, x_2)]).$$

2. Dieſelbe Schlussreihe lässt ſich auf beliebig viele Veränderliche übertragen.

Anm. Es verſteht ſich von ſelbst, dass man auch $n_1 = n_2 = \cdots$, alſo auch $\Theta_1 = \Theta_2 = \cdots$ ſetzen kann, ohne dass der Satz aufhört richtig zu ſein.

469. (Erweiterung von 466). Wenn $f(x_1, x_2, \cdots)$ eine Funktion mehrerer veränderlichen Zahlgrössen $x_1, x_2, \cdots$ ist, und die zu dem Vereine dieſer Veränderlichen gehörigen partiellen zweiten Differenzialquotienten $\frac{d^2}{dx_1^2} f(x_1, x_2, \cdots)$, $\frac{d^2}{dx_2^2} f(x_1, x_2, \cdots), \cdots$ allemal stetig ſind, ſobald gleichzeitig x_1 numerisch kleiner als x'_1, x_2 numerisch kleiner als x'_2 ist u. ſ. w., ſo lässt ſich $f(x_1, x_2, \cdots)$ in einer nach ganzen homogenen Funktionen von $x_1, x_2, \cdots$ aufsteigenden ächten Reihe entwickeln. Und zwar wenn ſich das Zeichen C auf die Veränderlichen $z_1, z_2, \cdots$ bezieht, während $x_1, x_2 \cdots$ als konstant geſetzt werden, ſo ist

$$\text{(a)} \quad f(x_1, x_2, \cdot\cdot) = C\left[f(z_1, z_2, \cdot\cdot)\frac{z_1}{z_2 - x_2} \cdot \frac{z_2}{z_1 - x_1} \cdots\right]$$

$$\text{(b)} \quad = \sum x_1^{\mathfrak{a}}, x_2^{\mathfrak{b}}, \cdots C\left[\frac{f(z_1, z_2, \cdot\cdot)}{z_1^{\mathfrak{a}}, z_2^{\mathfrak{b}} \cdots}\right];$$

und wenn $X_1, Z_1, X_2, Z_2, \cdots$ beziehlich die numerischen Werthe von $x_1, z_1, x_2, z_2, \cdots$ ſind, und F der grösste der numerischen Werthe ist, welche $f(z_1, z_2, \cdots)$ für die verschiedenen Werthe von $z_1, z_2, \cdots$, welche beziehlich numerisch $= Z_1, Z_2, \cdots$ ſind, annimmt, ſo ist jedes Glied der obigen Entwickelungsreihe von $f(x_1, x_2, \cdots)$, ſo wie auch jede Summe jener Glieder und namentlich der mit dem homogenen Gliede eines beliebigen (n-ten) Grades beginnende Rest der Reihe numerisch kleiner als das entsprechende Glied, oder die entsprechende Summe oder der entsprechende Rest in der Reihe

$$F\frac{Z_1}{Z_1 - X_1} \cdot \frac{Z_2}{Z_2 - X_2} \cdots = \sum F \cdot \frac{X_1^{\mathfrak{a}}}{Z_1^{\mathfrak{a}}} \cdot \frac{X_2^{\mathfrak{b}}}{Z_2^{\mathfrak{b}}} \cdots.$$

B e w e i s 1 (für 2 Veränderliche). Betrachten wir zunächst x_1 als konstant, ſo ist (nach 466)

$$(*) \quad f(x_1, x_2) = C_2\left[\frac{z_2 f(x_1, z_2)}{z_2 - x_2}\right].$$

Der Ausdruck auf der rechten Seite ist nur noch eine Funktion von x_1 und x_2; dieſe Funktion ſei mit $\varphi(x_1, x_2)$ bezeichnet, ſo ist (nach 466)

$$f(x_1, x_2) = \varphi(x_1, x_2) = C_1\left[\frac{z_1}{z_1 - x_1}\varphi(z_1, x_2)\right],$$

wo C_1 ſich nur auf die Veränderliche z_1 bezieht. Setzen wir nun statt $\varphi(z_1, x_2)$ ſeinen Werth, welcher aus der rechten Seite der obigen Gleichung (*) dadurch hervorgeht, dass man z_1 statt x_1 ſetzt, ſo erhält man

$$f(x_1, x_2) = C_1\left(\frac{z_1}{z_1 - x_1} C_2\left[\frac{z_2}{z_2 - x_2} f(z_1, z_2)\right]\right).$$

Da C_2 ſich nur auf die Variable z_2 bezieht, alſo $\frac{z_1}{z_1 - x_1}$ in Bezug auf C_2 als konstant geſetzt wird, ſo können wir (nach 463) auch das Zeichen C_2 vor dieſen Faktor ſetzen und erhalten

$$f(x_1, x_2) = C_1\left(C_2\left[\frac{z_1}{z_1 - x_1} \cdot \frac{z_2}{z_2 - x_2} f(z_1, z_2)\right]\right)$$

$$= C\left[\frac{z_1}{z_1 - x_1} \cdot \frac{z_2}{z_2 - x_2} f(z_1, z_2)\right] \text{ [nach 468]},$$

alſo Formel (a) bewieſen. Es kommt nun darauf an, hier den in Klammern geschlossenen Ausdruck, in welchem wir der Kürze wegen f statt $f(z_1, z_2)$ schreiben wollen, in einer Reihe nach steigenden ganzen homogenen Funktionen von x_1 und x_2 zu entwickeln, und den zugehörigen Rest hinzuzufügen. Setzen wir $u_0, u_1, \cdots u_{n-1}$ als die n ersten Glieder und r_n als den zugehörigen Rest dieſer Reihe, alſo

$$** \quad \frac{z_1}{z_1 - x_1} \cdot \frac{z_2}{z_2 - x_2} \cdot f = u_0 + u_1 + \cdots + u_{n-1} + r_n,$$

ſo ist bekanntlich $u_0 = f$, $u_1 = \left(\frac{x_1}{z_1} + \frac{x_2}{z_2}\right)f$, und für jeden Index r

$$*** \quad u_r = \sum \frac{x_1^a x_2^b f}{z_1^a z_2^b} (a + b = r),$$

$$\text{und } r_n = \frac{z_1}{z_1 - x_1} \cdot \frac{z_2}{z_2 - x_2} u_n.$$

Dann ist alſo

$$f(x_1, x_2) = u_0 + C(u_1) + C(u_2) + \cdots C(u_{n-1}) + C(r_n).$$

Hier ist jedes Glied der rechten Seite (nach 462) numerisch kleiner als der numerisch grösste der Ausdrücke, die man erhält, wenn man in die in Klammer geschlossene Funktion von z_1 und z_2 statt dieſer Variabeln alle möglichen mit ihnen numerisch gleichen Werthe ſetzt. Der grösste der numerischen Werthe, die dabei f annimmt, ist oben mit F bezeichnet, die numerischen Werthe von z_1 und z_2, x_1 und x_2 mit Z_1 und Z_2, X_1 und X_2. Folglich ist

$$\frac{x_1^a x_2^b f}{z_1^a z_2^b} \text{ num.} < \frac{X_1^a X_2^b F}{Z_1^a Z_2^b};$$

alſo da der Ausdruck rechts poſitiv ist, ſo ist (nach 418) auch

$$\sum \frac{x_1^a x_2^b f}{z_1^a z_2^b} \text{ num.} < \sum \frac{X_1^a X_2^b F}{Z_1^a Z_2^b},$$

alſo auch (nach ***) für jeden Index r

$$u_r \text{ num.} < U_r,$$

wo U_r dasjenige bezeichnet, was aus u_r hervorgeht, wenn man darin X_1, Z_1, X_2, Z_2, F statt x_1, z_1, x_2, z_2, f ſetzt, ſo dass alſo

$$(****) \quad \frac{Z_1}{Z_1 - X_1} \cdot \frac{Z_2}{Z_2 - X_2} F = U_0 + U_1 + \cdots + U_{n-1} + R_n$$

wird, wo auch der Rest R_n aus r_n durch dieſelben Substitutionen hervorgeht. Dieſer Rest ist noch zu unterſuchen. Es ist, wie ſo eben gezeigt,

$$u_n \text{ num.} < U_n.$$

Ferner aber auch, da unter allen Werthen welche $z_1 - x_1$ annehmen kann, wenn statt z_1 und x_1 alle möglichen mit ihnen numerisch gleichen Werthe geſetzt werden, $Z_1 - X_1$ der numerisch kleinste ist, ſo ist

$$\frac{z_1}{z_1 - x_1} \text{ num.} < \frac{Z_1}{Z_1 - X_1}, \text{ und aus gleichem Grunde}$$

$$\frac{z_2}{z_2 - x_2} \text{ num.} < \frac{Z_2}{Z_2 - X_2}.$$

Alſo da die beiden letzten Vergleichungen nur Zahlgrössen enthalten, ſo ist (nach 458)

$$\frac{z_1}{z_1 - x_1} \cdot \frac{z_2}{z_2 - x_2} u_n \text{ num.} < \frac{Z_1}{Z_1 - X_1} \cdot \frac{Z_2}{Z_2 - X_2} \cdot U_n,$$

d. h. $\quad r_n \text{ num.} < R_n.$

Alſo ist auch (nach 462)

$$C(u_r) \text{ num.} < U_r, \quad C(r_n) \text{ num.} < R_n,$$

d. h. jedes Entwickelungsglied der Reihe für $f(x_1, x_2)$, und der Rest derfelben ist numerisch kleiner als das entsprechende Glied und als der entsprechende Rest der Entwickelungsreihe (****). Diefe letztere Reihe ist aber bekanntlich konvergent, d. h. ihr Rest R_n konvergirt mit unbegränzt wachfendem n nach null; alfo thut dies auch der Rest $C(r_n)$, da er noch numerisch kleiner als R_n ist, d. h. auch die Entwickelungsreihe für $f(x_1, x_2)$ ist konvergent, fo lange nämlich die Bedingung erfüllt wird, dass x_1 num. $< x'$ und x_2 num. $< x'_2$ bleibt. Die Reihe für $f(x_1, x_2)$ war aber, wenn wir den Rest, wie dies bei konvergenten Reihen gestattet ist, weglassen,

$$f(x_1, x_2) = u_0 + C(u_1) + C(u_2) + \cdots,$$

wo
$$C(u_r) = C \sum \frac{x_1^a x_2^b f}{z_1^a z_2^b} (a + b = r), \text{ d. h.}$$
$$= \sum x_1^a x_2^b C\left[\frac{f(z_1, z_2)}{z_1^a z_2^b}\right] (a + b = r),$$

womit die Formel (b) bewiefen ist. Es bleibt noch zu zeigen, dass die Reihe $f(x_1, x_2) = u_0 + C(u_1) + C(u_2) + \cdots$ nicht bloss eine konvergente, fondern auch eine ächte ist. Da x_1, x_2 num. $< x'_1, x'_2$ find, fo find $\frac{x'_1}{x_1}$ und $\frac{x'_2}{x_2}$ num. > 1; folglich muss es eine pofitive Zahl T geben, welche > 1 aber numerisch kleiner als $\frac{x'_1}{x_1}$ und $\frac{x'_2}{x_2}$ ist. Dann hat man $x_1 T$ num. $< x'_1$ und $x_2 T$ num. $< x'_2$, folglich muss die Reihe für $f(x_1, x_2)$ noch konvergent bleiben, wenn man $x_1 T$ statt x_1 und $x_2 T$ statt x_2 fetzt; dann verwandelt fich aber $C(u_r)$, da es eine homogene Funktion r-ten Grades von x_1, x_2 ist, in $T^r C(u_r)$, folglich bleibt die Reihe

$$u_0 + TC(u_1) + T^2 C(u_2) + \cdots$$

konvergent, alfo auch ihre Glieder bis ins Unendliche hin endlich, alfo (nach 454) die Reihe

$$u_0 + C(u_1) + C(u_2) + \cdots$$

eine ächte.

2. Der Beweis 1 ist überall fo geführt, dass er fich unmittelbar auf beliebig viele Variable übertragen lässt.

470. Der Taylor'sche Satz (467) gilt auch, wenn x eine beliebige extenſive Grösse ist; d. h. es ist auch in dieſem Falle

$$fx = f(0) + xf'0 + \frac{x^2}{2}f''0 + \cdots = \sum \frac{x^a}{a!}f^{(a)}0,$$

vorausgeſetzt, dass d^2fx für jeden Werth x, der numerisch kleiner als x' ist, stetig ſei.

Beweis. Es ſei $x = x_1e_1 + x_2e_2 + \cdots$, wo $e_1, e_2, \cdots$ die normalen Einheiten von x ſind, ſo ist (nach Hyp.) d^2fx stetig; aber (nach 449)

$$d_x^2fx = \delta_1^2 fx \cdot dx_1^2 + \delta_2^2 fx \cdot dx_2^2 + \cdots + 2\delta_1\delta_2 fx \cdot dx_1 dx_2 + \cdots,$$

wo $\delta_1, \delta_2, \cdots$ die zu dem Vereine der Variabeln $x_1, x_2, \cdots$ gehörigen partiellen Differenzialquotienten ſind. Dieſe Gleichung gilt für jede Werthreihe von $dx_1, dx_2, \cdots$, alſo namentlich, wenn man $dx_2, dx_3, \cdots$ null ſetzt. Dann aber wird $d^2fx = \delta_1^2fx \cdot dx_1^2$, alſo ist δ_1^2fx stetig, aus gleichem Grunde δ_2^2fx u. ſ. w.; alſo lässt ſich (nach 469) fx, als Funktion von $x_1, x_2, \cdots$ in einer ächten Reihe entwickeln, deren Glieder nach ganzen homogenen Funktionen von $x_1, x_2, \cdots$ fortschreiten, es ſei

$$fx = u_0 + u_1 + u_2 + \cdots$$

dieſe Reihe, wo

$$u_r = \sum a_{a,b,\ldots} x_1^a x_2^b \cdots (a + b + \cdots = r)$$

ist. Setzen wir hier

$$\sum a_{a,b,\ldots}[l|e_1]^a[l|e_2]^b \cdots (a + b + \cdots = r) = a_r,$$

wo l eine durch x ausfüllbare Lücke bezeichnet, ſo wird $u_r = a_r x^r$, und alſo

$$(*) \quad fx = a_0 + a_1x + a_2x^2 + \cdots.$$

Setzen wir hier $x = yz$, wo z eine Zahl ist; ſo wird

$$fx = f(yz) = a_0 + a_1y \cdot z + a_2y^2 \cdot z^2 \cdots = \sum a_a y^a \cdot z^a.$$

Alſo ſind (nach 460) die Differenzialquotienten dieſer Reihe nach z gleichfalls ächte Reihen, und es wird alſo

$$\frac{d^n}{dz^n}f(yz) = \sum \frac{a!}{(a-n)!} a_a y^a \cdot z^{a-n}.$$

Aber (nach 440) ist $\frac{d}{dz}f(yz) = f'(yz)\frac{d}{dz}(yz) = f'x \cdot y$, und ebenso $\frac{d^2}{dz^2}f(yz) = f''x \cdot y^2$ u. s. w., $\frac{d^n}{dz^n}f(yz) = f^{(n)}x \cdot y^n$. Also

$$f^{(n)}x \cdot y^n = \sum \frac{a!}{(a-n)!} a_a y^a \cdot z^{a-n}.$$

Setzt man nun $z = 0$, so wird auch $x = yz = 0$, also

$$f^{(n)}0 \cdot y^n = n! a_n \cdot y^n,$$

da alle übrigen Glieder der rechten Seite verschwinden. Somit, da diese Gleichung für jeden Werth y gilt, so ist, wie aus 357 leicht hervorgeht,

$$f^{(n)}0 = n! a_n, \text{ also } a_n = \frac{f^{(n)}0}{n!},$$

was, in die obige Gleichung (*) eingeführt, die zu erweisende Formel liefert.

Kap. 4. Integralrechnung.

§. 1. Integration von Differenzialausdrücken.

471. Wenn ft eine reelle Zahlfunktion der reellen Zahl-Grösse t ist, und die abgeleitete Funktion f't zwischen $t = t_1$ und t_2 stetig und positiv ist, so wächst zwischen denselben Gränzen ft mit t; wenn dagegen f't stetig und negativ ist, so nimmt ft ab, während t wächst.

Beweis. Es ist (nach 439, indem man hier t statt x, und $z = 1$ setzt)

$$f(t+q) = ft + q(f't + N),$$

wo N mit q verschwindet, also

$$f(t+q) - ft = q(f't + N).$$

Da N mit q verschwindet, so muss für gehörig kleine Werthe von q auch $f't + N$ mit f't gleichbezeichnet sein; also wenn q und f't gleichbezeichnete Grössen sind, so wird dann $q(f't + N)$ positiv, also auch $f(t+q) > ft$ sein; d. h. ft wächst mit t, wenn aber q und f't ungleichbezeichnete Grössen sind, so wird $q(f't + N)$ negativ, also $f(t+q) < ft$, d. h. ft nimmt ab wenn t wächst.

472. Wenn die reelle Zahlfunktion ft der reellen Zahl-Grösse t für $t = t_1$ denselben Werth annimmt, wie für $t = t_2$, wo $t_2 > t_1$ ist und f't für jeden Werth t, der zwischen t_1

und t_2 liegt, stetig ist, ſo muss für irgend einen Werth t, der zwischen t_1 und t_2 liegt, $f't = 0$ ſein.

Beweis. Wenn f't für jedes zwischen t_1 und t_2 liegende t von Null verschieden wäre, ſo müsste es fortdauernd poſitiv oder fortdauernd negativ ſein. Denn wäre f't für einige Werthe poſitiv, für andere negativ, ſo müsste es mindestens einen Werth geben, wo f't aufhörte poſitiv zu ſein und anfinge negativ zu werden oder umgekehrt; da aber f't (nach Hyp.) stetig ist, ſo müsste es bei dieſem Werthe von t nothwendig null werden. Wenn aber f't dauernd poſitiv wäre, ſo würde (nach 471) $ft_2 > ft_1$ ſein, was mit der Vorausſetzung, dass $ft_1 = ft_2$ ſei, streitet; es müsste alſo f't dauernd negativ ſein; allein dann wäre $ft_1 < ft_2$ (nach 471), was gleichfalls mit der Vorausſetzung streitet, alſo ist die Annahme, dass f'(t) für jedes zwischen t_1 und t_2 liegende t von Null verschieden ſei, unmöglich, d. h. f't ist für irgend ein zwischen t_1 und t_2 liegendes t null.

473. Wenn ft eine reelle Zahlſunktion einer reellen Zahlgrösse t ist, und f't für jedes zwischen t_1 und t_2 liegende t stetig ist, ſo muss für irgend ein zwischen dieſen Gränzen liegendes t

$$\frac{ft_2 - ft_1}{t_2 - t_1} = f't$$

ſein.

Beweis. Die Funktion

$$\varphi t = ft - \frac{ft_2 - ft_1}{t_2 - t_1}(t - t_1)$$

nimmt für $t = t_1$ den Werth ft_1, für $t = t_2$ denſelben Werth ft_1 an; da nun $\varphi' t = f't - (ft_2 - ft_1) : (t_2 - t_1)$ ist, ſo ist alſo auch $\varphi' t$ zwischen jenen Gränzen stetig, folglich giebt es (nach 472) einen zwischen denſelben Gränzen liegenden Werth t, für welchen $\varphi' t = 0$, d. h.

$$f't = \frac{ft_2 - ft_1}{t_2 - t_1}$$

ist.

474. Wenn ft eine beliebige Funktion der reellen Zahlgrösse t ist, ſo ist, ſo lange $f't = 0$ ist, auch ft nothwendig konstant.

Beweis 1. ft sei eine reelle Zahlfunktion. Angenommen, es habe ft für zwei verschiedene Werthe t_1 und t_2 ungleiche Werthe, also $ft_1 \gtrless ft_2$, während doch f't zwischen t_1 und t_2 null sei, so hätte man (nach 473) für irgend ein zwischen t_1 und t_2 liegendes t, $f't = \frac{ft_2 - ft_1}{t_2 - t_1}$ also ungleich null, was mit der Voraussetzung streitet; also ist die Annahme, dass ft für irgend zwei Werthe, welche noch innerhalb der Gränzen liegen, zwischen welchen $f't = 0$ ist, ungleiche Werthe annehme, unmöglich, d. h. ft ist innerhalb dieser Gränzen konstant.

2. Wenn ft eine beliebige Funktion ist, und $e_1, e_2, \cdots$ ihre normalen Einheiten und $f_1t, f_2t, \cdots$ die zugehörigen Ableitzahlen sind, also

$$ft = e_1 f_1 t + e_2 f_2 t + \cdots$$

ist; so ist (nach 434)

$$dft = e_1 df_1 t + e_2 df_2 t + \cdots, \text{ d. h.}$$

$$f't = e_1 f'_1 t + e_2 f'_2 t + \cdots.$$

Da nun vorausgesetzt war, dass $f't = 0$ sei, so sind (nach 28)

$$f'_1 t = f'_2 t = \cdots = 0,$$

also (nach Bew. 1, da f_1t u. s. w. Zahlfunktionen sind) $f_1t, f_2t, \cdots$ konstant, also auch $e_1f_1t + e_2f_2t + \cdots$ konstant, d. h. ft konstant.

475. Wenn $d_x fx$ innerhalb gewisser Gränzen, für jedes dx, null ist, so ist innerhalb derselben Gränzen fx konstant.

Beweis. Es seien $e_1, e_2, \cdots$ die normalen Einheiten, und $x_1, x_2, \cdots$ die zugehörigen Ableitzahlen von x, also $x = x_1e_1 + x_2e_2 + \cdots$, und seien die zu dem Vereine der Variabeln $x_1, x_2, \cdots$ gehörigen partiellen Differenzialquotienten nach $x_1, x_2, \cdots$ beziehlich mit $\delta_1, \delta_2, \cdots$ bezeichnet, so ist (nach 437)

$$d_x fx = \delta_1 fx \cdot dx_1 + \delta_2 fx \cdot dx_2 + \cdots.$$

Da nun $d_x fx$ (nach Hypoth.) für jedes dx null ist, also auch wenn $dx_1 \gtrless 0$, $dx_2, dx_3, \cdots$ null sind, so hat man $\delta_1 fx = 0$, also (nach 474) fx von x_1 unabhängig, und aus gleichem Grunde auch fx von $x_2, x_3, \cdots$ unabhängig, d. h. von x unabhängig, also konstant.

476. Wenn innerhalb gewisser Gränzen die Differenziale der Funktionen fx und φx fortdauernd gleich sind, und für irgend einen Werth x innerhalb jener Gränzen die Funktionen felbst einander gleich find, fo findet diefe Gleichheit auch für jeden andern zwischen jenen Gränzen liegenden Werth x statt.

Beweis. Es fei $Fx = fx - \varphi x$, fo hat man $dFx = dfx - d\varphi x$, alfo dFx innerhalb jener Gränzen, für welche die Vorausfetzung, dass $dfx = d\varphi x$ fei, statt fand, null; alfo (nach 475) innerhalb derfelben Gränzen Fx konstant, d. h. $fx - \varphi x = \text{Konst.}$ Da nun für einen gewissen Werth von x, nach der Vorausfetzung, $fx = \varphi x$ ist, fo ist die obige Konstante null, alfo für jeden Werth x innerhalb jener Gränzen $fx - \varphi x = 0$, d. h. $fx = \varphi x$.

477. Erklärung. Wenn t eine pofitive Zahl ist und die Funktion ft zwischen $t = 0$ und $t = t_1$ stetig ist, fo verstehe ich unter dem Integral von ftdt diejenige Funktion Ft, welche mit t null wird und deren nach t genommenes Differenzial für jedes t, welches zwischen jenen Gränzen liegt, gleich ftdt ist. Ich bezeichne dies Integral mit $d^{-1}ftdt$; d. h. es ist

$$d^{-1}ft \cdot dt = Ft,$$

wenn $d_tF(t) = ft \cdot dt$ und $F(0) = 0$ ist.

Anm. Die gewählte Bezeichnung gewährt vor der gewöhnlichen den Vorzug, dass fie nur als eine Erweiterung der für die Differenzialrechnung geltenden erscheint; eine neue Bezeichnung schien aber wünschenswerth, da der Begriff des Integrals, wie er oben aufgestellt ist, mit dem gewöhnlichen Begriffe desfelben nicht deckend ist. Wenn wir bei der gewählten Bezeichnung festfetzen, dass das Differenzial, auf welches fich die Integration bezieht (hier dt) stets an den Schluss des zu integrirenden Ausdruckes gestellt werde, fo können wir bei derfelben die Klammer, welche eigentlich den zu integrirenden Ausdruck umschliessen müsste, entbehren. Eben fo hat man nicht nöthig, die Grösse, nach welcher integrirt werden foll, dem Integrationszeichen beizufügen, da diefe gleichfalls durch das an den Schluss gestellte Differenzial schon bezeichnet ist. Allein dann muss man festhalten, dass man dann nicht für dies Differenzial einen ihm gleichen Ausdruck, welcher ein anderes Differenzial enthält, fetzen darf, wenn man nicht zuvor nachgewiefen hat, dass das Integral, wenn es fich auf dies neue Differenzial bezieht, denfelben Werth beibehält. Die Aenderung in dem Begriffe des Integrals, wie fie die obige Definition zeigt, besteht darin, dass die Unbestimmtheit, welche das fogenannte allgemeine Integral vermöge der willkürlich hinzuzufügenden Konstanten erhält, aufgehoben ist, indem das Integral nach dem aufgestellten Begriffe stets zwischen zwei genau festgestellten Gränzen genommen ist, indem nämlich als Anfangsgränze 0, als Endgränze der Werth der Variabeln ſelbst geſetzt ist. Das allgemeine Integral ist als für ſich bestehende Grösse aus der Mathematik aus demſelben Grunde gänzlich zu verbannen, wie alle andern mehrdeutigen Grössen und Grössenverknüpfungen, weil nämlich **kein** algebraisches Geſetz für ſolche mehrdeutigen Ausdrücke allgemeine Geltung behält. Es hat alſo nur das bestimmte Integral wissenschaftliche Berechtigung. Die gewählte Bezeichnung reicht aber aus, um jedes bestimmte Integral zu bezeichnen. Denn ſoll z. B. das Integral von $fz \cdot dz$ zwischen den Gränzen a und $a+b$ genommen werden, ſo hat man nur $z=a+t$ zu ſetzen und $d^{-1}f(a+t)dt$ zu nehmen und nach der Integration $t=b$ zu ſetzen. Noch bemerke ich, dass die Stetigkeit der zu intergrirenden Funktion im Folgenden **überall** vorausgeſetzt wird, auch wenn dieſe Bedingung nicht ausdrücklich hinzugefügt ist.

478. Zuſatz. Es ist

$$d_t(d^{-1}ft \cdot dt) = ft \cdot dt, \text{ und } [d^{-1}ftdt](t=0) = 0.$$

479. Wenn $f(0)=0$ ist, ſo ist für jedes t, was zwischen den Gränzen 0 und t′ liegt, zwischen welchen dft stetig ist,

$$d^{-1}dft = ft.$$

Beweis. Nach 478 ist, wenn alle Differenziale nach t genommen ſind,

$$d(d^{-1}dft) = dft \text{ und } [d^{-1}dft](t=0) = 0;$$

alſo haben die beiden Funktionen $d^{-1}dft$ und ft die Eigenschaft, dass für jedes zwischen 0 und t′ liegende t ihre Differenziale gleich ſind, und dass für $t=0$ beide Funktionen einander gleich, nämlich gleich null werden; denn für $d^{-1}dft$ haben wir es ſo eben bewieſen, und für ft ist es (nach Hyp.) der Fall. Alſo ſind (nach 476) beide Funktionen einander gleich.

480. Eine Summe integrirt man, indem man die Stücke integrirt, und ein Produkt, dessen einer Faktor konstant ist, integrirt man, indem man den variablen Faktor integrirt, und den konstanten unverändert lässt; oder beides zu einer allgemeineren Formel zuſammengefasst,

$$d^{-1}\sum \overline{a_a f_a(t) dt} = \sum \overline{a_a d^{-1} f_a(t) dt}.$$

Beweis. Nach 478 wird die Funktion $d^{-1}f_a(t)dt$ mit t null, alſo auch $a_a d^{-1}f_a(t)dt$, alſo auch die Summe dieſer Ausdrücke; folglich ist (nach 479)

$$\sum \overline{a_\alpha d^{-1} f_\alpha(t) dt} = d^{-1} d \sum \overline{a_\alpha d^{-1} f_\alpha(t) dt}$$
$$= d^{-1} \sum \overline{a_\alpha d d^{-1} f_\alpha(t) dt} \qquad [432, 433]$$
$$= d^{-1} \sum \overline{a_\alpha f_\alpha(t) dt} \qquad [478].$$

481. Wenn ft stetig ist für jede zwischen den Gränzen 0 und t′ liegende poſitive Zahlgrösse t, ſo ist für jedes ſolche t auch die Integration von ftdt ausführbar.

Beweis. Wenn ft eine reelle Zahlfunktion ist, ſo ist der Beweis bekannt (vergl. z. B. Moigno Calcul intégral p. 1 ss.). Wenn aber ft eine beliebige Grösse ist, und $e_1, e_2, \cdots$ ihre normalen Einheiten, $f_1 t, f_2 t, \cdots$ ihre Ableitzahlen ſind, alſo $ft = e_1 f_1 t + e_2 f_2 t + \cdots$ ist, ſo ist (nach 480)

$$d^{-1} ftdt = e_1 d^{-1} f_1 tdt + e_2 d^{-2} f_2 tdt + \cdots.$$

Da nun (nach 413) $f_1 t, f_2 t, \cdots$ reell ſind, ſo ſind, wie eben gezeigt, die Integrationen $d^{-1} f_1 tdt, d^{-1} f_2 tdt, \cdots$ ausführbar, alſo auch die Integration $d^{-1} ftdt$.

482. Wenn die poſitive Zahlgrösse $t = \varphi u$ Funktion einer andern poſitiven Zahlgrösse u ist, und φu mit u zugleich null wird, ſo ist

$$d^{-1} ft \cdot dt = d^{-1} ft \cdot \varphi' u \cdot du.$$

Beweis. Es ſei $d^{-1} ft \cdot dt = Ft$, d. h. $d_t Ft = ftdt$ und $F(0) = 0$. Da nun $d_t Ft = F' tdt$ ist, ſo folgt aus der ersteren Gleichung $F' t = ft$. Nun ist (nach 440)

$$d_u Ft = F' t \cdot d_u t = F' t \cdot d_u \varphi u$$
$$= F' t \cdot \varphi' u \cdot du \qquad [440].$$

Ferner ist, wie oben gezeigt, $F' t = ft$, und $Ft = F\varphi(u)$, alſo da φu mit u zugleich null wird, ſo wird Ft nicht bloss mit t, ſondern auch mit u null; und wir erhalten alſo

$$d_u F\varphi(u) = ft \cdot \varphi' u \cdot du \text{ und}$$
$$F\varphi(0) = 0,$$

alſo ist (nach 477) $F\varphi u = d^{-1} ft \cdot \varphi' u \cdot du$; aber es war auch $F\varphi u = Ft = d^{-1} ftdt$, alſo

$$d^{-1} ftdt = d^{-1} ft \cdot \varphi' u \cdot du.$$

483. Erklärung. Wenn x eine beliebige Grösse ist, deren numerischer Werth t ist, und $x : t$ mit e bezeichnet wird (wo alſo der numerische Werth von e gleich 1 und $x = et$ ist), ſo ſetze ich

$$d^{-1} fxdx = d^{-1} f(et) \cdot edt,$$

wo e bei der Integration als konstant gefetzt und vorausgefetzt wird, dass f(et) in t stetig ist, und auch bleibt, wenn t bis null hin abnimmt. Wenn fich eine mit x verschwindende Funktion von x finden lässt, deren nach x genommenes Differenzial fxdx ist, fo fagen wir, dass in diefem Falle fxdx allfeitig integrirbar fei.

Anm. Wir werden späterhin zeigen, dass jedesmal, wenn es eine Funktion Fx von der Art giebt, dass $d_x Fx = fxdx$, und $F0 = 0$ fei, dann auch für jedes x jene Funktion $Fx = d^{-1}fxdx$ fei, wobei $d^{-1}fxdx$ in dem oben gegebenen Sinne aufzufassen ist. Dagegen wird fich zeigen, dass es nicht zu jedem fxdx eine Funktion Fx von der genannten Eigenschaft giebt, während auf der andern Seite $d^{-1}fxdx = d^{-1}f(et) \cdot edt$ (nach 481) stets gefunden werden kann. Es ist alfo $d^{-}fxdx$ in der Weife, wie wir es oben definirt haben, als das allgemeine stets mögliche Integral von fxdx aufzufassen, welches fich nur in speciellen Fällen als Funktion von x in der Art darstellen lässt, dass das nach x genommene Differenzial diefer Funktion gleich fxdx fei.

484. Statt eine Summe zu integriren, kann man die Stücke einzeln integriren, d. h.

$$d^{-1}(f_1x + f_2x + \cdot\cdot)dx = d^{-1}f_1xdx + d^{-1}f_2xdx + \cdot\cdot$$

oder

$$d^{-1}\sum\overline{f_a x}\,dx = \sum\overline{d^{-1}f_a x \cdot dx}.$$

Beweis. Es fei $x = et$, wo t eine pofitive Zahlgrösse und e numerisch gleich 1 ist, fo ist

$$d^{-1}\sum\overline{f_a x}\,dx = d^{-1}\sum\overline{f_a x}\,edt \qquad [483]$$

$$= d^{-1}\sum\overline{f_a x \cdot e}\,dt \qquad [39]$$

$$= \sum\overline{d^{-1}f_a x \cdot edt} \qquad [480],$$

weil nämlich t eine pofitive Zahlgrösse ist,

$$= \sum\overline{d^{-1}f_a x \cdot dx} \qquad [483].$$

485. Statt ein Produkt zweier Faktoren, von denen der eine konstant ist, zu integriren, kann man den andern Faktor integriren, und den konstanten Faktor unverändert lassen, d. h.

$$d^{-1}afxdx = ad^{-1}fxdx,$$

wo fx im Allgemeinen einen Ausdruck mit zwei Lücken darstellt, von denen die eine durch a, die andere durch dx ausgefüllt werden foll. Bezeichnen wir die erstere Lücke durch l, die letztere durch l_1, und schreiben statt a und dx beziehlich $\frac{a}{l}$ und $\frac{dx}{l_1}$, um dadurch fymbolisch auszudrücken, dass a in die Lücke l, und dx in die Lücke l_1 eintreten ſoll, ſo können wir die obige Formel bezeichnender schreiben

$$d^{-1}\frac{a}{l}fx\cdot\frac{dx}{l_1}=\frac{a}{l}d^{-1}fx\cdot\frac{dx}{l_1}.$$

Beweis. Setzen wir $x=et$ (in dem Sinne von 483), ſo ist

$$\frac{a}{l}d^{-1}fx\cdot\frac{dx}{l_1}=\frac{a}{l}d^{-1}f(et)\cdot\frac{e}{l_1}dt \qquad [483]$$

$$=d^{-1}d\left[\frac{a}{l}d^{-1}f(et)\frac{e}{l_1}dt\right] \qquad [479]$$

$$=d^{-1}\frac{a}{l}dd^{-1}f(et)\frac{e}{l_1}dt \qquad [433, 431\,c]$$

$$=d^{-1}\frac{a}{l}f(et)\frac{e}{l_1}dt \qquad [478]$$

$$=d^{-1}\frac{a}{l}fx\cdot\frac{dx}{l_1} \qquad [483].$$

Anm. Es versteht ſich von ſelbst, dass, wenn eine der Grössen a oder x (alſo auch dx) eine Zahlgrösse ist, die zugehörige Lücke wegfällt und daher die Unterscheidung der Lücken überflüssig wird; ebenſo wenn die beiden Lücken vertauschbar ſind, d. h. wenn stets dasſelbe Reſultat hervorgeht, ſobald von zwei beliebigen Grössen (hier a und dx) die eine in die erste, die andere in die zweite Lücke eintritt, oder umgekehrt jene in die zweite, dieſe in die erste. Noch bemerke ich nachträglich, dass in dem ganzen vorhergehenden Abschnitte überall, wo von einem Lückenausdrucke mit n Lücken die Rede ist, ohne dass eine nähere Bestimmung hinzugefügt ist, stets die n Lücken als vertauschbar geſetzt ſind.

486. Es ist fxdx dann und nur dann allſeitig integrirbar, wenn die abgeleitete Funktion f′x entweder ein lückenloſer Ausdruck (d. h. x eine reelle Zahlgrösse) oder ein Ausdruck mit zwei vertauschbaren Lücken ist, nämlich ſo, dass es für das Reſultat gleichgültig ist, in welcher Vertheilung zwei Grössen in die beiden Lücken eintreten. Wenn dieſe Bedingung erfüllt ist und Fx die mit x verschwindende Funktion von x ist, deren nach x genommenes Differenzial fxdx ist, ſo ist allemal

$$Fx=d^{-1}fxdx.$$

Beweis 1. Wenn es eine mit x verschwindende Funktion Fx giebt, ſo dass $d_xFx=fxdx$ ist, ſo ist $F'x=fx$ (nach

435), also $F''x = f'x$ (nach 450). Aber $F''x$ ist (nach 451) ein Ausdruck mit zwei vertauschbaren Lücken, also auch das ihm gleiche $f'x$. Wenn die Lücken von nullter Stufe sind (d. h. x eine Zahlgrösse ist), so können die Lücken weggelassen werden, und wird dann $f'x$ ein lückenloser Ausdruck.

2. Es sei $x = yt$, wo y numerisch gleich 1 und t eine positive Zahl ist und sei vorausgesetzt, dass $f'x$ ein Ausdruck mit zwei vertauschbaren Lücken sei, so hat man (nach 483) $d^{-1}fxdx = d^{-1}f(yt)ydt$, wo bei der Integration y als konstant betrachtet wird. Es sei dies Integral gleich $F(y, t)$ gesetzt, d. h. es sei $d_t F(y, t) = f(yt) \cdot ydt$, und $F(y, 0) = 0$, so beweise ich, dass $d_x F(y, t) = fxdx$ sei. Da y und t von einander unabhängig sind, so ist, wenn d_y und d_t die auf den Verein dieser beiden Variabeln bezüglichen Differenziale sind, (nach 437)

$$d_x F(y, t) = d_y F(y, t) + d_t F(y, t) = d_y F(y, t) + f(yt) \cdot ydt.$$

Ferner ist (nach 446)

$$\begin{aligned} d_t[d_y F(y, t)] &= d_y[d_t F(y, t)] = d_y[f(yt) \cdot ydt] \\ &= f'(yt) \cdot tdy \cdot ydt + f(yt)dydt && [433] \\ &= d_t f(yt) \cdot tdy + f(yt)dtdy && [440] \\ &= d_t[f(yt) \cdot tdy] && [433]. \end{aligned}$$

Da nun, wie oben gezeigt, $F(y, 0) = 0$ ist für jedes y, so ist auch $d_y F(y, 0)$ gleich null, ebenso wird $f(yt) \cdot tdy$ mit t null, also ist (nach 479)

$$d_y F(y, t) = f(yt) \cdot tdy.$$

Indem wir nun diesen Werth in den oben für $d_x F(y, t)$ gefundenen Ausdruck einführen, erhalten wir

$$\begin{aligned} d_x F(y, t) &= f(yt) \cdot tdy + f(yt) \cdot ydt \\ &= f(yt) \cdot d(yt) = fx \cdot dx. \end{aligned}$$

Hier sind y und t Funktionen von x (nämlich $t = \sqrt{x^2}$, $y = x : \sqrt{x^2}$), also ist $F(y, t)$ auch als Funktion von x zu fassen und sei als solche mit Fx bezeichnet; so haben wir also in jedem Falle, wo $f'x$ ein Ausdruck mit zwei vertauschbaren Lücken ist (wohin auch der Fall gerechnet werden kann, wo $f'x$ ein lückenloser Ausdruck ist), eine mit $x = yt$ verschwindende Funktion Fx gefunden, deren nach x genommenes Differenzial gleich $fx \cdot dx$ ist; und zwar war diese Funktion gleich $d^{-1}fx \cdot dx$.

3. Ausser der Funktion $Fx = d^{-1}fxdx$ kann es keine andere Funktion φx geben, deren nach x genommenes Differenzial in demſelben Umfange, wie das von Fx, gleich fxdx ist, und welche mit x verschwindet; denn wenn $d_x Fx = d_x \varphi x$ und für irgend einen Werth (hier für $x = 0$) $Fx = \varphi x$ ist, ſo findet (nach 476) dieſe Gleichheit allgemein statt. Folglich, ſo bald $d_x Fx = fxdx$ und $F(0) = 0$ ist, muss auch $Fx = d^{-1}fxdx$ ſein.

487. Wenn x aus ſeinen normalen Einheiten $e_1, e_2, \cdots$ durch die Zahlen $x_1, x_2, \cdots$ ableitbar, alſo $x = x_1 e_1 + x_2 e_2 + \cdots$ ist, und wenn zugleich $fxdx = A_1 dx_1 + A_2 dx_2 + \cdots$ ist, wo $A_1, A_2, \cdots$ Funktionen von $x_1, x_2, \cdots$ ſind: ſo ist die Bedingung (allſeitiger Integrirbarkeit), dass f′x ein Ausdruck mit zwei vertauschbaren Lücken ſei, identisch der Bedingung, dass für je zwei Indices r und s

$$\delta_r A_s = \delta_s A_r$$

ſei, wo $\delta_1, \delta_2, \cdots$ die zu dem Vereine der Veränderlichen $x_1, x_2, \cdots$ gehörigen partiellen Differenzialquotienten nach $dx_1, dx_2, \cdots$ bezeichnen.

Beweis. Statt $A_1 dx_1 + Adx_2 + \cdots$ können wir, da (nach 142) $[e_r|e_r] = 1$, und $[e_r|e_s] = 0$ ist, wenn $r \gtrless s$ ist, schreiben $(A_1[l|e_1] + A_2[l|e_2] + \cdots)dx$. Alſo da, für jedes dx, $fxdx = (A_1[l|e_1] + A_2[l|e_2] + \cdots)dx$ ist, ſo ist (nach 357)

$$fx = A_1[l|e_1] + A_2[l|e_2] + \cdots = \sum \overline{A_\mathfrak{a}[l|e_\mathfrak{a}]}.$$

Nun ist (nach 437)

$$d_x fx = \sum \overline{\delta_\mathfrak{b} fx \cdot dx_\mathfrak{b}} = \sum \overline{\delta_\mathfrak{b} A_\mathfrak{a}[l|e_\mathfrak{a}]dx_\mathfrak{b}}$$

$$f'xdx = \sum \overline{\delta_\mathfrak{b} A_\mathfrak{a}[l|e_\mathfrak{a}][l_1|e_\mathfrak{b}]}\frac{dx}{l_1},$$

wo l_1 eine Lücke ist, in welche dx eintreten ſoll. Somit wird (nach 357)

$$f'x = \sum \overline{\delta_\mathfrak{b} A_\mathfrak{a}[l|e_\mathfrak{a}][l_1|e_\mathfrak{b}]}.$$

Sind nun l und l_1 vertauschbare Lücken, ſo hat man für je zwei Zeiger r und s

$$\sum \overline{\delta_\mathfrak{b} A_\mathfrak{a}[e_s|e_\mathfrak{a}][e_r|e_\mathfrak{b}]} = \sum \overline{\delta_\mathfrak{b} A_\mathfrak{a}[e_r|e_\mathfrak{a}][e_s|e_\mathfrak{b}]}.$$

Da aber $[e_r|e_s]$ null ist für je zwei verschiedene Zeiger r und s, und gleich 1 ist, für je zwei gleiche, ſo erhält man

$$\delta_r A_s = \delta_s A_r,$$

und ebenso geht umgekehrt aus diesen letzteren Gleichungen die vorletzte, welche die Vertauschbarkeit der Lücken aussagt, hervor.

488. Wenn fx innerhalb gewisser Gränzen, in denen auch $x = 0$ und $x = a$ liegt, stetig ist, und

$$F(x) = d^{-1}fxdx$$

ist, so ist auch, wenn $x = a + y$ ist,

$$F(a + y) - Fa = d^{-1}f(a + y)dy.$$

Beweis. Wenn $F(x) = d^{-1}f(x)dx$ ist, so ist $d_x Fx = fx \cdot dx$, d. h. $F'x = fx$; also $d_y[F(a + y) - Fa] = F'(a + y)dy$ [nach 440] $= f(a + y)dy$. Ferner ist $F(a + y) - Fa$ für $y = 0$ gleichfalls null, also (nach 487) $F(a + y) - Fa = d^{-1}f(a + y)dy$.

489. Es ist, wenn a einen Ausdruck mit n Lücken l und einer Lücke l_1 bezeichnet,

$$d^{-1}a\left(\frac{x}{l}\right)^n\frac{dx}{l_1} = \frac{1}{n+1}ax^{n+1}$$

Beweis. Es sei $x = et$, wo t der numerische Werth von x, und e numerisch gleich 1 ist, so ist

$$d^{-1}a\left(\frac{x}{l}\right)^n\frac{dx}{l_1} = d^{-1}a\left(\frac{e}{l}\right)^n\frac{e}{l_1}t^n dt.$$

Es sei ae^{n+1}, was wir, da in die Lücken l und l_1 in dem Ausdrucke $a\left(\frac{e}{l}\right)^n\frac{e}{l_1}$ dieselbe Grösse e eintritt, statt dieses Ausdruckes setzen können, mit b bezeichnet, so erhalten wir

$$d^{-1}a\left(\frac{x}{l}\right)^n\frac{dx}{l_1} = d^{-1}bt^n dt = \frac{1}{n+1}bt^{n+1},$$

da der letzte Ausdruck mit t verschwindet und nach t differenziirt $bt^n dt$ liefert, also

$$= \frac{1}{n+1}ae^{n+1}t^{n+1} = \frac{1}{n+1}ax^{n+1}.$$

490. Wenn die Reihe $\overline{\sum a_\alpha\left(\frac{x}{l}\right)^\alpha\frac{dx}{l_1}}$, in welcher a_α einen Ausdruck mit α Lücken l und einer Lücke l_1 darstellt, eine ächte ist, so ist

$$d^{-1}\overline{\sum a_\alpha\left(\frac{x}{l}\right)^\alpha\frac{dx}{l_1}} = \overline{\sum \frac{a_\alpha}{\alpha+1}x^{\alpha+1}}$$

Beweis. Man hat (nach 484)

$$d^{-1}\sum \overline{a_\alpha\left(\frac{x}{l}\right)^\alpha \frac{dx}{l_1}} = \sum \overline{d^{-1}a_\alpha\left(\frac{x}{l}\right)^\alpha \frac{dx}{l_1}}$$

$$= \sum \overline{\frac{a_\alpha}{\alpha+1}x^{\alpha+1}} \quad \text{(nach 489).}$$

Anm. Durch diese Formel, welche nur dann das allseitige Integral darstellt, wenn die Bedingung allseitiger Integrirbarkeit (486) erfüllt wird, ist die Aufgabe der Integration von Differenzialausdrücken allgemein gelöst. Da es uns hier nur auf die Darstellung der Integralrechnung in ihren wesentlichsten Zügen ankommt, so können wir mit dieser Lösung der Aufgabe uns hier begnügen.

§. 2. Integration von Differenzialgleichungen, wenn die unabhängige Variable eine Zahlgrösse ist.

491. Erklärung. Einen gegebenen Verein von Differenzialgleichungen (der aber auch aus einer einzigen Gleichung bestehen kann) vollständig integriren, heisst die sämmtlichen Vereine von Gleichungen finden, welche keine Differenziale mehr enthalten, und von denen jeder Verein die Eigenschaft hat, dass, wenn er erfüllt ist, auch der gegebene Verein erfüllt sei; jeder solche Verein heisst ein (den gegebenen Verein) integrirender Verein. Wenn also A ein Verein von Differenzialgleichungen und B ein ihn integrirender Verein ist, so heisst das 1) B enthält keine Differenziale mehr und 2) sobald die Gleichungen des Vereins B als richtig vorausgesetzt sind, so lassen sich daraus die Gleichungen des Vereines A als richtig nachweisen.

Anm. Es soll in diesem §. vorausgesetzt werden, dass, wenn alle Variabeln als veränderliche Zahlgrössen aufgefasst werden, von einer derselben (t) alle übrigen ($x_1, \cdots x_n$) abhängen. Soll diese Abhängigkeit durch die gegebenen Differenzialgleichungen so genau bestimmt werden, als dies überhaupt durch Differenzialgleichungen möglich ist, so müssen so viel (n) von einander unabhängige Differenzialgleichungen gegeben sein, als es abhängige Variabeln giebt. Ist t die unabhängige (variable) Zahlgrösse und sind $x_1, \cdots x_n$ die abhängigen Zahlgrössen, so können wir ein System von n Einheiten e_1, $e_2, \cdots e_n$ annehmen und $x_1e_1 + \cdots + x_ne_n = x$ setzen. Da t als die unabhängige Variable angenommen ist, so werden alle in den gegebenen Differenzialgleichungen vorkommenden Differenzialquotienten nach t genommen fein müssen. Wenn diefe Differenzialquotienten bis zur m-ten Ordnung aufsteigen, fo wird jede der n Gleichungen die Form haben, dass eine Zahlfunktion von t, x und den Differenzialquotienten von x bis zur m-ten Ordnung hin gleich 0 gefetzt ist. Sind nun $f_1 = 0$, $f_2 = 0, \cdots f_n = 0$ diefe n Gleichungen, fo fetze man $e_1 f_1 + \cdots e_n f_n = f$, fo haben wir eine Gleichung

$$f\left(t, x, \frac{d}{dt}x, \cdots \frac{d^m}{dt^m}x\right) = 0$$

aufzulöfen, in welcher t eine Zahlgrösse ist, hingegen x und die Funktion f aus n Einheiten numerisch ableitbar find. Die Löfung diefer Gleichung bildet alfo den Gegenstand diefes §. Zunächst behandeln wir die Differenzialgleichungen erster Ordnung, d. h. den Fall, wo $m = 1$ ist.

492. Aufgabe. Die Gleichung $f(t, x, \delta x) = 0$, in welcher t eine Zahlgrösse, x und $f(t, x, \delta x)$ Grössen find, die aus n Einheiten ableitbar find, und δx das Differenzial von x nach t bezeichnet, zu integriren; wobei vorausgefetzt wird, dass fich $f(t, x, \delta x)$ nicht aus weniger als n Einheiten ableiten lasse.

Auflöfung. Es feien $e_1, \cdots e_n$ die Einheiten, aus denen $x = x_1 e_1 + \cdots x_n e_n$ und $f = e_1 f_1 + \cdots e_n f_n$ numerisch abgeleitet find. Es wird vorausgefetzt, dass die Gleichungen $f_1 = 0, \cdots f_n = 0$, welche in $f = 0$ enthalten find, nicht von einander abhängig find, d. h. dass keine derfelben aus den übrigen fich mit Nothwendigkeit ergebe. Denn dann würde fich in der Gleichung $f = 0$, f aus weniger als n Einheiten numerisch ableiten lassen, was oben ausgeschlossen wurde. Es find hier $f_1, \cdots f_n$ Funktionen der Zahlgrössen, $t, x_1, \cdots x_n, \delta x_1, \cdots \delta x_n$. Man bestimme aus einer der Gleichungen $f_1, \cdots f_n$ eine der Unbekannten $\delta x_1, \cdots \delta x_n$ und fetze den gefundenen Werth in die übrigen Gleichungen ein, mit den fo erhaltenen, und überhaupt mit den jedesmal noch übrig bleibenden Gleichungen, fo fern fie noch eine der Variabeln $\delta x_1, \cdots \delta x_n$ enthalten, verfahre man ebenfo, fo erhält man zuletzt entweder aus der zuletzt übrig bleibenden Gleichung den Werth der letzten jener Unbekannten, und dadurch dann nach und nach alle jene Unbekannten $\delta x_1, \cdots \delta x_n$ als Funktionen von $t, x_1, \cdots x_n$, d. h. δx als Funktion von t und x, oder es find aus der letzten oder auch schon aus den letzten m Gleichungen die ſämmtlichen Grössen $\delta x_1, \cdots \delta x_n$ verschwunden. In dieſem Falle bleiben m Gleichungen übrig, welche nur Beziehungen zwischen $t, x_1, \cdots x_n$ ausdrücken, und zwar müssen dieſe Gleichungen alle von einander unabhängig ſein, weil im entgegengeſetzten Falle auch die n ursprünglichen Gleichungen von einander abhängig wären. Dieſe m Gleichungen bilden dann einen Theil der geſuchten Integralgleichungen. Durch ſie kann man m der Werthe $t, x_1, \cdots x_n$ durch die übrigen $n - m + 1$ ausdrücken, und dadurch reduciren ſich die $n - m$ ersten Differenzialgleichungen (vermittelst welcher man $n - m$ der Unbekannten $\delta x_1, \cdots \delta x_n$ ausdrückte) auf $n - m$ Gleichungen, in welchen ausser t nur $n - m$ der Grössen $x_1, \cdots x_n$ und die entsprechenden $n - m$ der Grössen $\delta x_1, \cdots \delta x_n$ vorkommen; und durch welche ſich dieſe letzteren als Funktionen der ersteren darstellen lassen. Somit kommt es nur auf die Integration der Gleichungen von der Form $\delta x = f(t, x)$, d. h. $dx = f(t, x)dt$ an. Dieſe Integration ſoll in den nächstfolgenden Nummern behandelt werden.

493. Wenn

$$dx = f(t)dt$$

ist, wo t eine Zahlgrösse und x eine aus einem Systeme von n Einheiten ableitbare Grösse ist, ſo ist

$$x = d_t^{-1} f(t)dt + c,$$

wo c eine (aus n Einheiten ableitbare) willkürliche Konstante ist.

Beweis. Es ſei $d^{-1}f(t)dt$ gleich y geſetzt, ſo ist (nach 478) $dy = f(t)dt$, alſo $dx - dy = 0$, d. h. (nach 484) $d(x - y) = 0$, alſo (nach 475) $x - y$ konstant. Dieſe Konstante, welche mit x von gleicher Gattung, alſo aus n Einheiten ableitbar ist, ſei c, ſo hat man $x = y + c = d^{-1}f(t)dt + c$.

494. Wenn

(a) $\delta x = f(x, t)$

ist, und man überall mit δ den allgemeinen Differenzialquotienten nach t (auch x als von t abhängig gedacht), hingegen unter $\frac{d}{dx}$, $\frac{d}{dt}$ die partiellen Differenzialquotienten in Bezug auf den Verein der Variabeln x, t, von denen die erste eine extenſive Grösse, die letztere eine Zahlgrösse darstellt, bezeichnet: ſo ist

$$\text{(b)} \quad \begin{cases} \delta^2 x = \frac{d}{dt}f + f\frac{d}{dx}f \\ \delta^3 x = \frac{d}{dt}(\delta^2 x) + f\frac{d}{dx}(\delta^2 x) \text{ u. ſ. w.} \\ \delta^{r+1} x = \frac{d}{dt}(\delta^r x) + f\frac{d}{dx}(\delta^r x), \end{cases}$$

und wenn man

$$\delta^{r+1} x = f_r(x, t)$$

ſetzt, ſo ist

$$\text{(c)} \qquad x = c + f(c, 0) \cdot t + f_1(c, 0)\frac{t^2}{2} + f_2(c, 0)\frac{t^3}{3!} + \cdots,$$

wo c eine willkürliche Konstante ist, nämlich der Werth, den x annimmt, wenn t null wird, und wo vorausgeſetzt wird, dass die Reihe auf der rechten Seite eine ächte ſei. Aus der Gleichung (d) findet man auch c als Funktion von x und t, nämlich:

$$\text{(d)} \qquad c = x - f(x, t)t + f_1(x, t)\frac{t^2}{2} - f_2(x, t)\frac{t^3}{3!} + \cdots.$$

Beweis. Die Formeln (b) ergeben ſich unmittelbar aus (a), indem, wenn φ eine beliebige Funktion von x und t ist, und x als von t abhängig gedacht wird, $d\varphi = \frac{d}{dx}\varphi \cdot dx + \frac{d}{dt}\varphi \cdot dt$, alſo $\frac{d\varphi}{dt}$, d. h. $\delta\varphi = \frac{d}{dx}\varphi \cdot \delta x + \frac{d}{dt}\varphi$ ist; es ist aber nach (a) $\delta x = f$, alſo erhält man $\delta\varphi = f\frac{d}{dx}\varphi + \frac{d}{dt}\varphi$, woraus die Formeln (b) hervorgehen, indem man statt φ nach und nach δx, $\delta^2 x, \cdots \delta^r x$ ſetzt. Dann aber ergiebt ſich die Formel (c) unmittelbar aus dem Taylor'schen (Maclaurin'schen) Satze (470). Setzen wir $x = F(t)$, ſo können wir den Taylor'schen Satz auch in der Form darstellen

$$F(t + \tau) = x + f(x, t)\tau + f_1(x, t)\frac{\tau^2}{2!} + \cdots,$$

oder, wenn wir $\tau = -t$ ſetzen,

$$F(0) = x - f(x, t)t + f_1(x, t)\frac{t^2}{2!} - f_2(x, t)\frac{t^3}{3!} + \cdots,$$

F(0) ist aber der Werth von $x = F(t)$ für $t = 0$, d. h. F(0) ist gleich c, somit auch Gleichung (d) bewiesen.

Anm. Es versteht sich von selbst, dass die willkürliche Konstante c mit x von gleicher Gattung ist, und also n numerische Konstanten einschliesst, wenn x aus einem Systeme von n Einheiten ableitbar ist. Die Integrationsgleichung in der Form (d) ist von besonderem Interesse, in so fern in ihr eine Funktion von x und t einer Konstanten gleich gesetzt ist, und zwar derjenigen Konstanten, welcher x gleich wird, wenn $t = 0$ wird, worauf wir im folgenden §. zurückkommen werden. Wir haben oben die Differenzialquotienten $\delta^2 x$, $\delta^3 x, \cdots$ fortschreitend jeden aus dem nächstvorhergehenden abgeleitet. Es ist von Interesse, auch eine unmittelbare Darstellung dieser Differenzialquotienten als Funktionen von x und t zu versuchen; was in dem folgenden Satze geschehen ist, dessen sich leicht ergebenden aber etwas umständlichen Beweis ich dem Leser überlasse.

495. Wenn in dem Sinne von 494

$$\delta x = f(x, t)$$

ist, so ist

$$\delta^{r+1} x = \sum \alpha_{a,\mathfrak{a},b,\mathfrak{b}\ldots} f^{\mathfrak{k}} \cdot \frac{d^{a+\mathfrak{a}}}{dt^a dx^{\mathfrak{a}}} f \cdot \frac{d^{b+\mathfrak{b}}}{dt^b dx^{\mathfrak{b}}} f \cdot \cdots,$$

wo sich die Summe auf alle möglichen ganzen, aber nicht negativen Werthe $a, \mathfrak{a}, b, \mathfrak{b}, \cdots \mathfrak{k}$ bezieht, welche den Bedingungen unterworfen sind, dass $\mathfrak{k} = 1 + (\mathfrak{a} - 1) + (\mathfrak{b} - 1) + \cdots$, dass ferner $a + \mathfrak{a} + b + \mathfrak{b} + \cdots = r$, und die Summen $a + \mathfrak{a}$, $b + \mathfrak{b}, \cdots$ alle grösser als null seien, und wo

$$\alpha_{a,\mathfrak{a},b,\mathfrak{b}..} = \frac{\mathfrak{a}(\mathfrak{a} + \mathfrak{b} - 1)(\mathfrak{a} + \mathfrak{b} + \mathfrak{c} - 2) \cdots}{(r - a)(r - a - b - 1)(r - a - b - c - 2) \cdots} \cdot \frac{n!}{a!\,\mathfrak{a}!\,b!\,\mathfrak{b}! \cdots}$$

ist.

496. Aufgabe. Die Gleichung

$$f(\delta^m x, \delta^{m-1} x, \cdots \delta^0 x, t) = 0,$$

wo x sowohl als f aus einem Systeme von n Einheiten ableitbar sind, t eine Zahlgrösse darstellt, δ der allgemeine Differenzialquotient nach t (x als von t abhängig gedacht) bezeichnet, und $\delta^0 x$ statt x geschrieben ist, zu integriren.

Auflösung. Man setze $\delta^0 x = p_0$, $\delta x = p_1, \cdots \delta^{m-1} x = p_{m-1}$, so wird $\delta^m x = \delta p_{m-1}$ und man hat die m Gleichungen:

$$\delta p_0 = p_1$$
$$\delta p_1 = p_2$$
$$\vdots$$
$$\delta p_{m-2} = p_{m-1}$$

und die Gleichung $f(\delta p_{m-1}, p_{m-1}, \cdots p_1, p_0, t) = 0$. Aus der letzten Gleichung bestimme man δp_{m-1}, es sei

$$\delta p_{m-1} = \varphi(p_0, p_1, \cdots p_{m-1}, t).$$

Nun nehme man ausser den n Einheiten $e_1, \cdots e_n$, aus denen x abgeleitet ist, noch m neue Einheiten $e^{(0)}, e^{(1)}, \cdots e^{(m-1)}$ an und multiplicire die obigen m Gleichungen beziehlich mit $e^{(0)}, e^{(1)}, \cdots e^{(m-1)}$ und addire. Man setze ferner

$$p_0 e^{(0)} + p_1 e^{(1)} + \cdots + p_{m-1} e^{(m-1)} = p$$

und

$$p_1 e^{(0)} + p_2 e^{(1)} + \cdots + p_{m-1} e^{(m-2)} + e^{(m-1)} \varphi(p_0, p_1, \cdots p_{m-1}, t) = F(p, t),$$

so sind p und F aus den nm Einheiten $e^{(r)} e_s$ (wo r jeden der m Werthe 0 bis $m-1$, und s jeden der n Werthe 1 bis n annehmen kann) ableitbar, und man erhält die Gleichung

$$\delta p = F(p, t).$$

Diese Gleichung ist nach der Methode von 496 zu integriren und liefert eine aus nm Einheiten $(e^{(r)} e_s)$ ableitbare willkürliche Konstante.

Anm. Hierdurch ist die für diesen §. vorgesteckte Aufgabe durch Anwendung unendlicher Reihen ganz allgemein gelöst, denn auch die sogenannten besonderen Auflösungen sind, wie dies schon die Allgemeinheit der angewandten Beweismethode zu erkennen giebt, in der oben mitgetheilten allgemeinen Auflösungsmethode vollständig mit eingeschlossen. Da jedoch diejenigen Differenzialgleichungen, welche in Bezug auf die abhängige Variable (x) und deren Differenziale von erstem Grade sind, und welche die unabhängige numerische Variable (t) nur in Gliedern enthalten, in denen jene Variable und deren Differenziale nicht vorkommen, durch Gleichungen von endlicher Form integrirbar sind, so will ich diesen Fall hier noch behandeln.

498. Die Gleichung

$$\text{(a)} \quad \delta x + Ax = 0,$$

in welcher δ und x die Bedeutung der vorigen Nummern haben, A aber einen Bruch mit n Nennern (377 ff.) darstellt, wird, wenn $m_1, \cdots m_n$, die wir alle von einander verschieden vorausſetzen, die n Hauptzahlen des Bruches A, und $a_1, \cdots a_n$ die zugehörigen Hauptgebiete erster Stufe (388, 389) ſind, integrirt durch die Gleichung

$$\text{(b)} \quad x = \sum \overline{\alpha_a a_a e^{-m_a t}},$$

wo e die Baſis des natürlichen Logarithmenſystems ist, und $\alpha_1, \cdots \alpha_n$ willkürliche konstante Zahlen bezeichnen, und die Summe ſich auf $a = 1$ bis n bezieht. Die n Werthe $m = m_1, \cdots m_n$ ſind durch die Gleichung n-ten Grades

$$\text{(c)} \quad [(A - m)^n] = 0$$

bestimmt und die n Grössen $a_1, \cdots a_n$ durch die Gleichung

$$\text{(d)} \quad a_r \equiv [(A - m_r)^{n-1}].$$

Beweis. Dass die n Hauptzahlen $m = m_1, m_2, \cdots m_n$ die n Wurzeln der Gleichung (c) und die n zugehörigen Hauptgebiete $a_1, \cdots a_n$ durch die Gleichung (d) bestimmt ſind, folgt ſogleich aus 388 und 389, womit noch die Anmerkung zu 383 zu vergleichen ist. Die Hauptgebiete $a_1, \cdots a_n$ haben (nach 389) die Eigenschaft, dass ſie in keiner Zahlbeziehung zu einander stehen und $Aa_r = m_r a_r$ ist. Es muss ſich alſo x aus $a_1, \cdots a_n$ numerisch ableiten lassen. Es ſei

$$(*) \quad x = \sum \overline{x_a a_a}$$

der Ausdruck dieſer Ableitung, ſo verwandelt ſich die Gleichung (a) in

$$0 = \sum \overline{a_a \delta x_a} + \sum \overline{A a_a \cdot x_a},$$

alſo da $Aa_r = m_r a_r$ ist, ſo erhalten wir

$$0 = \sum \overline{a_a(\delta x_a + m_a x_a)}.$$

Da hier $\delta x_a + m_a x_a$ eine Zahlgrösse ist, und $a_1, \cdots a_n$ in keiner Zahlbeziehung zu einander stehen, ſo hat man (nach 28) $\delta x_a + m_a x_a = 0$, d. h. $dx_a = - m_a x_a dt$, alſo

$$x_a = \alpha_a e^{-m_a t},$$

wo α_a eine willkürliche konstante Zahl ist. Setzen wir dieſen Werth in die obige Gleichung (*) ein, ſo erhalten wir

$$x = \sum \overline{\alpha_a e^{-m_a t} \cdot a_a}.$$

Anm. Es ſind hier die Hauptzahlen des Bruches A als verschieden von einander vorausgeſetzt. Sind einige derſelben gleich, ſo gelangt man leicht zu dem Reſultate, wenn man in bekannter Weiſe diejenigen unter ihnen, welche gleich werden ſollen, zunächst als unendlich wenig von einander verschieden ſetzt, dann x nach dem obigen Satze entwickelt, und endlich, nachdem man die unendlich kleinen Differenzen aus den Nennern weggeschafft hat, diefe Differenzen ganz verschwinden lässt. Ob Wurzeln imaginär werden oder nicht, ist für die ganze Behandlung gleichgültig; auch kann man die imaginären Formen der Endrefultate leicht in reelle Formen umfetzen.

499. Wenn

$$\text{(a)}\quad \delta x + Ax = f(t)$$

ist, wo δ, x, A, t die Bedeutung wie in 498 haben, fo wird die obige Gleichung, wenn man auch den Grössen $m_1, \cdots m_n$, $a_1, \cdots a_n$ diefelbe Bedeutung giebt, wie dort, und

$$\text{(b)}\quad f(t) = a_1 f_1 + a_2 f_2 + \cdots a_n f_n$$

ist, und $d^{-1} f_r e^{m_r t} dt = y_r$ gefetzt wird, integrirt durch die Gleichung

$$\text{(c)}\quad x = \sum \overline{(y_a + \alpha_a) e^{-m_a t} a_a},$$

in welcher $\alpha_1, \cdots \alpha_n$ willkürliche Konstanten find.

Beweis. Da $a_1, \cdots a_n$ (nach 389) in keiner Zahlbeziehung zu einander stehen, fo lassen fich fowohl f (wie oben geschehen), als auch x aus ihnen numerisch ableiten. Es fei

$$* \quad x = \sum \overline{a_a x_a},$$

fo hat man, da (nach 389) $Aa_a = m_a a_a$ ist, aus der Gleichung (a)

$$0 = \sum \overline{a_a(\delta x_a + m_a x_a - f_a)},$$

alfo (nach 28) $\delta x_a + m_a x_a - f_a = 0$, wo alle Grössen Zahlgrössen find, d. h. $dx_a + m_a x_a dt = f_a dt$. Setzt man hier $x_a = (y_a + \alpha_a) e^{-m_a t}$, wo y_a eine Funktion von t ist, die mit t verschwindet, und α_a konstant ist, fo erhält man, indem man dies in die vorige Gleichung einfetzt, $dy_a = f_a e^{-m_a t} dt$, alfo (nach 477) $y_a = d^{-1} f_a e^{-m_a t} dt$, wie oben. Setzt man dann statt x_a den gefundenen Werth in die Gleichung * ein, fo erhält man die zu erweifende Gleichung.

Anm. Die Integration einer Gleichung, welche Differenzialquotienten höherer Ordnung nach t enthält, im Uebrigen aber die Form der Gleichungen 498 und 499 hat, reducirt fich nach der Methode in 497 auf Gleichungen, welche ganz diefe Form der Gleichungen 498 und 499 haben, nur dass statt der n Einheiten $e_1, \cdots e_n$ hier, wenn die Differenzialgleichung von m-ter Ordnung ist, mn Einheiten hervortreten.

§. 3. Integration von Differenzialgleichungen, wenn die unabhängige Variable eine extensive Grösse ist.

500. Die Integration jeder beliebigen partiellen Differenzialgleichung erster Ordnung lässt fich zurückführen auf die Integration einer Differenzialgleichung der Form $Xdx = 0$, in welcher x eine extenfive Grösse, Xdx eine Zahlgrösse darstellt.

Beweis. Wenn $x_1, \cdots x_n$ die unabhängigen Variabeln und x_0 die von ihnen abhängige Variable ist, und $x_0, x_1, \cdots x_n$ Zahlgrössen find, fo wird jede partielle Differenzialgleichung erster Ordnung zwischen diefen Grössen fich in Form einer Gleichung darstellen lassen, welche zwischen den Grössen $x_0, x_1, \cdots x_n, \frac{d}{dx_1}x_0, \frac{d}{dx_2}x_0, \cdots \frac{d}{dx_n}x_0$ stattfindet. Bezeichnen wir die Grössen $\frac{d}{dx_1}x_0, \cdots \frac{d}{dx_n}x_0$ mit $p_1, \cdots p_n$, fo können wir vermittelst jener Gleichung eine der Grössen $p_1, \cdots p_n$, z. B. p_n, als Funktion der fämmtlichen Grössen $x_0, \cdots x_n, p_1, \cdots p_{n-1}$ darstellen, und alfo der zu integrirenden partiellen Differenzialgleichung die Form geben

$$(*)\quad p_n = f(x_0, x_1, \cdots x_n, p_1, p_2, \cdots p_{n-1}) = f.$$

Nun ist $dx_0 = p_1 dx_1 + p_2 dx_2 + \cdots p_n dx_n$. Und umgekehrt, wenn diefe Gleichung erfüllt ist, fo find $p_1, \cdots p_n$ die partiellen Differenzialquotienten von x_0 nach $x_1, x_2, \cdots x_n$. Setzt man daher in diefer Gleichung statt p_n feinen Werth aus der vorigen, fo ist, wenn die Gleichung

$$(**)\quad dx_0 = p_1 dx_1 + \cdots p_{n-1} dx_{n-1} + f dx_n$$

erfüllt ist, auch die gegebene erfüllt. Jeder Verein von Gleichungen alfo, welcher die letztere integrirt, erfüllt auch die erstere und es kommt alfo nur auf die Integration diefer letzteren an. Setzen wir nun $e_0, e_1, \cdots e_n$ als ein System von Einheiten und $x = x_0 e_0 + x_1 e_1 + \cdots x_n e_n$, alfo $dx = e_0 dx_0 + e_1 dx_1 + \cdots e_n dx_n$, und fetzen ferner, wenn l eine Lücke darstellt,

$$X = [l|e_0] - p_1[l|e_1] - p_2[l|e_2] - \cdots - p_{n-1}[l|e_{n-1}] - f[l|e_n],$$

ſo verwandelt ſich die Gleichung (**) in

$$Xdx = 0,$$

auf deren Integration es alſo nur ankommt.

Anm. Die Integration der Gleichung $Xdx = 0$, auf welche es hier ankommt, ist nach der berühmten Pfaff'schen Methode, wie ſie namentlich durch Jacobi (Crelle Journal B. 2, p. 347 und B. 17, p. 138) vereinfacht ist, vollständig zu löſen, oder genauer, auf die im vorigen §. behandelten Integrationen zurückzuführen. Die Darstellung und Ergänzung dieſer Methode durch Anwendung extenſiver Grössen, durch welche ſich die löſenden Formeln grösstentheils in einer erstaunenswerthen Einfachheit darstellen, ſollen den Hauptgegenstand der folgenden Entwickelung bilden. Doch wollen wir zuvor den aufgestellten Satz auch auf partielle Differenzialgleichungen höherer Ordnungen ausdehnen.

501. Die Integration jeder beliebigen partiellen Differenzialgleichung von höherer als erster Ordnung lässt ſich zurückführen auf die Integration einer Differenzialgleichung der Form $Xdx = 0$, in welcher ſowohl x als Xdx extenſive Grössen darstellen.

Beweis. Es ſei z die abhängige Variable und $y_1, \cdots y_n$ ſeien die unabhängigen Variabeln, wo $z, y_1, \cdots y_n$ Zahlgrössen darstellen. Um die partiellen Differenzialquotienten höherer Ordnung bequem bezeichnen zu können, nehmen wir zunächst ein System von n Einheiten $e_1, \cdots e_n$ an und ſetzen $y_1e_1 + y_2e_2 + \cdots + y_ne_n = y$, ſo werden die verschiedenen Differenzialquotienten bis zur m-ten Ordnung hin ſich darstellen lassen in der Form $\frac{d}{dy}z, \frac{d^2}{dy^2}z, \cdots \frac{d^m}{dy^m}z$. Hier stellt jeder dieſer Differenzialquotienten einen Ausdruck mit ſo viel (unter einander vertauschbaren) Lücken dar, als die Ordnung des Differenzialquotienten beträgt, und zwar in der Art, dass der Ausdruck nach Ausfüllung dieſer Lücken durch die Einheiten von y, einen Zahlausdruck liefert und zwar jedesmal einen der gewöhnlichen (numerischen) Differenzialquotienten; z. B. stellt $\frac{d^2}{dy^2}z$ einen Ausdruck mit zwei vertauschbaren Lücken dar und zwar ſo, dass $\frac{d^2}{dy^2}z \cdot e_1e_2 = \frac{d^2}{dy_1dy_2}z$ ist u. ſ. w. Es ſeien nun

$$\frac{d}{dy}z = p_1, \frac{d^2}{dy^2}z = p_2, \cdots \frac{d^m}{dy^m}z = p_m$$

gesetzt, so wird die partielle Differenzialgleichung in ihrer vollständigsten Allgemeinheit die Form annehmen

(*) $f(y, z, p_1, p_2, \cdots p_m) = 0$.

Von den hierin vorkommenden Variabeln ist nur z eine Zahlgrösse, alle übrigen sind extensive Grössen, und zwar enthält y, vermöge der ihm beigelegten Bedeutung, n veränderliche Zahlgrössen, und jede der Grössen $p_1, \cdots p_m$ so viel veränderliche Zahlgrössen, als es Kombinationen mit Wiederholung aus n Elementen zur so vielten Klasse giebt, als der Index jener Grösse beträgt. Die Anzahl der veränderlichen Zahlgrössen, welche in den sämmtlichen in der obigen Gleichung (*) vorkommenden Variabeln enthalten sind, sei r, so kann man vermöge der Gleichung (*) eine dieser Variabeln durch die übrigen $r - 1$ ausdrücken. Es bleiben also noch $r - 1$ Variabeln übrig. Jetzt erweitere man das System der n Einheiten $e_1, \cdots e_n$ so, dass es nun $r - 1$ Einheiten enthält und multiplicire mit jeder derselben eine der $r - 1$ veränderlichen Zahlgrössen, und setze die Summe dieser Produkte $= x$, so enthält x die sämmtlichen $r - 1$ veränderlichen Zahlgrössen. Nun hat man ferner vermöge der oben angegebenen Bedeutung der Grössen $p_1, \cdots p_m$

(**) $dz = p_1 dy, \; dp_1 = p_2 dy, \cdots \; dp_{m-1} = p_m dy$,

und wenn diese Gleichungen erfüllt sind, und zugleich vermittelst der Gleichung (*) eine der r veränderlichen Zahlgrössen, welche in jenen Gleichungen (**) enthalten sind, durch die $(r - 1)$ übrigen ausgedrückt sind, so ist damit die gegebene partielle Differenzialgleichung (*) erfüllt. Folglich kommt es nur darauf an, die Gleichungen (**) zu integriren. Von diesen ist nur die erste eine Zahlgleichung, die folgenden enthalten, da dp_1 mit p_1 von gleicher Grössengattung ist, u. s. w. jedesmal so viel Zahlgleichungen als in den Grössen $p_1, \cdots p_{m-1}$ veränderliche Zahlgrössen enthalten sind. Die Anzahl der sämmtlichen Zahlgleichungen, welche in den obigen Gleichungen (**) enthalten sind, sei s, so ist s kleiner als r (nämlich um so viel als die Anzahl der veränderlichen Zahlgrössen beträgt, welche in y und p_m zusammen enthalten sind). Man bringe diese Zahlgleichungen auf die Form, dass die rechte Seite null ist, und multiplicire sie nach der Reihe mit den Einheiten $e_1, \cdots e_s$, so werden sie die Form haben $e_1 X_1 dx = 0$, $e_2 X_2 dx = 0, \cdots, e_s X_s dx = 0$. Dann sind diese Gleichungen gleichbedeutend der einen Gleichung $e_1 X_1 dx + e_2 X_2 dx + \cdots + e_s X_s dx = 0$, d. h. $(e_1 X_1 + e_2 X_2 + \cdots e_s X_s) dx = 0$; setzt man also $e_1 X_1 + e_2 X_2 + \cdots e_s X_s = X$, so werden jene Gleichungen (**) gleichbedeutend der Gleichung

$$Xdx = 0,$$

auf deren Integration es also allein ankommt.

Anm. 1. Es ergiebt sich leicht, dass die Zahlen r und s von n und m auf die Weise abhängen, dass

$$r = n + \frac{(n+1)(n+2)\cdots(n+m)}{1 \cdot 2 \cdots\cdots m}, \quad s = \frac{(n+1)(n+2)\cdots(n+m-1)}{1 \cdot 2 \cdots\cdots m-1}$$

ist, ferner dass in dx, wie es in der Gleichung Xdx hervortritt, nicht die Differenziale aller r Unbekannten enthalten sind, sondern die Differenziale der zu p_m gehörigen veränderlichen Zahlgrössen in dx nicht erscheinen, die Zahl der numerischen Differenziale, die in dx hervortreten, ist $s + n$. Als Beispiel sei die partielle Differenzialgleichung 2-ter Ordnung mit zwei unabhängigen Variabeln gewählt. Man erhält damit, indem wir die Bezeichnung der Unbekannten ändern, drei Gleichungen der Form

$$dz = pdx + qdy$$
$$dp = rdx + sdy$$
$$dq = sdx + tdy,$$

welche die acht Variabeln z, x, y, p, q, r, s, t enthalten, von denen eine vermittelst der gegebenen partiellen Differenzialgleichung durch die übrigen ausgedrückt werden kann; ferner kommen in ihr fünf Differenziale vor (dx, dy, dz, dp, dq).

Anm. 2. Man sieht, dass die Integration der Gleichung Xdx, wenn dx und Xdx extensive Grössen darstellen, die allgemeinste, ja man kann sagen, die einzige Aufgabe der Integralrechnung ist, indem auch die in den früheren Abschnitten behandelten Aufgaben der Integralrechnung sich hierauf zurückführen lassen, und auch, da jede Zahlgrösse zugleich als specielle Gattung der extensiven Grössen erscheint, die vorher (in 500) behandelte Aufgabe in ihr enthalten ist. Mit der Lösung dieser Aufgabe wäre man also am Ziele der Integralrechnung angelangt. Allein die Pfaff'sche Methode ist für den Fall, wo auch Xdx eine extensive Grösse ist, d. h. wo mehrere numerische Differenzialgleichungen hervortreten, nicht mehr anwendbar, und die Methoden, welche man für die Auflösung der partiellen Differenzialgleichungen höherer Ordnungen anwendet, und welche auch für die Lösung dieser allgemeineren Aufgabe förderlich sein würden, haben nur eine äusserst beschränkte Sphäre. Daher werde ich nur den Fall ins Auge fassen, wo Xdx eine Zahlgrösse ist, und werde auf den allgemeineren Fall nur gelegentlich hindeuten.

502. Wenn die Gleichung

$$Xdx = 0,$$

(in welcher, wie im Folgenden überall, Xdx eine Zahlgrösse, X eine Funktion von x, und x aus einem Systeme von m Einheiten $e_1, \cdots e_m$ numerisch ableitbar ist) durch einen Verein von n Zahlgleichungen $u_1 = c_1, \cdots u_n = c_n$, wo $c_1, \cdots c_n$ konstant sind, integrirt wird, so lässt sich Xdx auf die Form

$$Xdx = U_1 du_1 + \cdots + U_n du_n$$

bringen.

Beweis 1. Es sei $x = x_1 e_1 + \cdots x_m e_m$, so sind $u_1, \cdots u_n$ als Funktionen von $x_1, \cdots x_m$ aufzufassen. Da nun die Gleichungen $u_1 = c_1, \cdots u_n = c_n$ einen die Gleichung $Xdx = 0$ integrirenden Verein bilden, so heisst das (nach 491), es muss sich aus jenen Gleichungen die letztere ableiten lassen, d. h. wenn man aus den Gleichungen $du_1 = 0, \cdots du_n = 0$, welche in Bezug auf die m Differenziale $dx_1, \cdots dx_m$ homogen vom ersten Grade sind, n dieser letzteren Grössen durch die übrigen ausdrückt, und diese Ausdrücke in Xdx einführt, so muss dadurch Xdx identisch gleich null werden, oder, was nach einem bekannten Satze aus der Theorie der Gleichungen dasselbe ist, es müssen sich Grössen $U_1, U_2, \cdots U_n$ finden lassen, welche die Gleichung

$$Xdx = U_1 du_1 + \cdots + U_n du_n$$

erfüllen.

2. (Ich füge einen zweiten Beweis hinzu, um zugleich die Grössen $U_1, \cdots U_n$ finden zu lehren.) Die Funktionen $u_1, \cdots u_n$ können als von einander unabhängig aufgefasst werden, weil sonst die gegebene Gleichung schon durch einen Theil derselben integrirt werden würde. Sind aber $u_1, \cdots u_n$ von einander unabhängige Funktionen von $x_1, \cdots x_m$, so lassen sich n dieser letzteren Grössen, z. B. $x_1, \cdots x_n$, als Funktionen der übrigen und der Grössen $u_1, \cdots u_n$ darstellen. Es sei $x_1 e_1 + \cdots + x_n e_n = y$, und $x_{n+1} e_{n+1} + \cdots + x_m e_m = z$ ge-

ſetzt, und ſeien die auf den Verein der Variabeln $u_1, \cdots u_n$, z bezüglichen partiellen Differenzialquotienten erster Ordnung nach der Reihe mit $\delta_1, \cdots \delta_n, \delta$ bezeichnet, von denen alſo der letzte nach der extenſiven Grösse z genommen ist, ſo wird

$$dy = \delta_1 y \cdot du_1 + \cdots + \delta_n y \cdot du_n + \delta y \cdot dz,$$

und alſo

$$\begin{aligned} Xdx &= X(dy + dz) \\ &= X\delta_1 y \cdot du_1 + \cdots + X\delta_n y \cdot du_n + (X\delta y + X)dz, \end{aligned}$$

oder wenn wir

$$X\delta_1 y = U_1, \cdots X\delta_n y = U_n$$

ſetzen, ſo wird

$$Xdx = U_1 du_1 + \cdots + U_n du_n + (X\delta y + X)dz.$$

Da nun, wenn man $u_1, \cdots u_n$ als konstant ſetzt, Xdx identisch gleich null werden muss, und da dann $du_1, \cdots du_n = 0$ ſind, ſo hat man $(X\delta y + X)dz = 0$, und alſo

$$Xdx = U_1 du_1 + \cdots + U_n du_n.$$

Anm. Es gilt dieſer Satz auch, wenn Xdx eine extenſive Grösse ist, und namentlich gilt der zweite der oben mitgetheilten Beweiſe unmittelbar auch für dieſen Fall.

503. Wenn ſich der Ausdruck Xdx (in dem Sinne von 502) auf n Glieder, nämlich auf $U_1 du_1 + \cdots + U_n du_n$ zurückführen lässt, aber nicht auf weniger als n ſolche Glieder, ſo wird die Gleichung

$$\text{(a)} \quad Xdx = 0$$

integrirt durch Vereine von je n von einander unabhängigen Gleichungen, und zwar bilden die folgenden Vereine von je n Gleichungen:

$$\text{(b)} \left\{ \begin{aligned} & u_1 = \varphi_1(u_{r+1}, \cdots u_n), \cdots, \; u_r = \varphi_r(u_{r+1}, \cdots u_n) \\ & U_1 \frac{d}{du_{r+1}} \varphi_1 + \cdots + U_r \frac{d}{du_{r+1}} \varphi_r + U_{r+1} = 0 \\ & \quad \vdots \qquad\qquad\qquad \vdots \qquad\qquad \vdots \\ & U_1 \frac{d}{du_n} \varphi_1 + \cdots + U_r \frac{d}{du_n} \varphi_r + U_n = 0, \end{aligned} \right.$$

wo r jeden der Werthe 0, 1, 2, $\cdots$ n annehmen kann, und $\varphi_1, \cdots \varphi_r$ willkürliche Funktionen bezeichnen, das vollständige System der integrirenden Vereine. Wenn ins Beſondere $r = 0$ ist, ſo hat man den Verein

(c) $U_1 = U_2 = \cdots = U_n = 0$,
und wenn $r = n$ ist, den Verein

(d) $u_1 = c_1$, $u_2 = c_2, \cdots, u_n = c_n$,
wo $c_1, \cdots c_n$ willkürliche Konstanten ſind.

Beweis. Die Gleichung Xdx kann nicht durch einen Verein von weniger als n Zahlgleichungen integrirt werden, weil ſonst (nach 502) Xdx auf weniger als n Glieder der Form Udu zurückgeführt werden könnte, was mit der Vorausſetzung streitet. Es kommt alſo darauf an, Vereine von n Gleichungen zu finden, welche die Gleichung $Xdx = 0$ integriren und zwar die ſämmtlichen möglichen Vereine dieſer Art. Es mögen die n von einander unabhängigen Gleichungen $v_1 = 0$, $v_2 = 0, \cdots$, $v_n = 0$ einen die Gleichung $Xdx = 0$ integrirenden Verein bilden, ſo lassen ſich die Funktionen $v_1, \cdots, v_n$, welche urſprünglich als Funktionen der m Varibeln $x_1, \cdots x_m$ angenommen ſein mögen, zugleich darstellen als Funktionen von $u_1, \cdots u_n$ und von $n - m$ der Grössen $x_1, \cdots x_m$, z. B. als Funktionen von $u_1, \cdots u_n, x_{n+1}, \cdots x_m$. Wenn alle jene Funktionen $v_1, \cdots v_n$ dann nur $u_1, \cdots u_n$ enthalten, aber von $x_{n+1}, \cdots x_m$ unabhängig ſind, ſo ergeben ſich $u_1, \cdots u_n$ als konstant, und es tritt der beſondere Fall (d) ein. Wenn aber mindestens eine der Funktionen $v_1, \cdots v_n$, z. B. v_n, noch mindestens eine der Variabeln $x_{n+1}, \cdots x_m$, z. B. x_m, enthält, ſo lässt ſich, vermittelst der Gleichung $v_n = 0$, x_m durch die übrigen $(u_1, \cdots u_n, x_{n+1}, \cdots x_{m-1})$ ausdrücken. Führt man dieſen Ausdruck in die übrigen Gleichungen $v_1 = 0, \cdots v_{n-1} = 0$ ein, ſo ist es möglich, dass in den ſo erhaltenen Gleichungen noch mindestens eine der Variabeln $x_{n+1}, \cdots x_{m-1}$ vorkommt, z. B. x_{m-1} in $v_{n-1} = 0$; in dieſem Falle drücke man x_{m-1} vermittelst dieſer Gleichung durch die noch übrigen Variabeln $u_1, \cdots u_n, x_{n+1}, \cdots x_{m-2}$ aus, und ſetze dieſen Ausdruck in die übrigen Gleichungen ein; und ſo fahre man fort, bis man endlich entweder alle Gleichungen $v_1 = 0, \cdots v_n = 0$ erschöpft hat, oder bis nur noch ſolche Gleichungen übrig bleiben, die nur $u_1, \cdots u_n$ enthalten. Im ersteren Falle muss (nach 491) der Ausdruck $U_1 du_1 + \cdots U_n du_n$ identisch $= 0$ werden, alſo $U_1 = 0, \cdots U_n = 0$, was den beſonderen Fall (c) liefert. Im letzteren Falle mögen zuletzt r Gleichungen $v_1 = 0, \cdots v_r = 0$ übrig geblieben ſein, welche nur die Variabeln $u_1, \cdots u_n$ enthalten, ſo können wir vermittelst dieſer Gleichungen r der Grössen $u_1, \cdots u_n$ als Funktionen der übrigen darstellen, z. B. $u_1, \cdots u_r$ als Funktionen von $u_{r+1}, \cdots u_n$. Der Verein wird in dieſem Falle stets ein integrirender ſein, wenn nur, von welcher Art auch jene r Funktionen ſein mögen, durch ſie der Ausdruck $U_1 du_1 + \cdots U_n du_n$ identisch gleich null gemacht wird. Da wir $u_1, \cdots u_r$ als Funktionen von $u_{r+1}, \cdots u_n$ dargestellt haben, ſo erhalten wir

$$\begin{cases} U_1 \frac{d}{du_{r+1}} u_1 + \cdots U_r \frac{d}{du_{r+1}} u_r + U_{r+1} = 0 \\ \vdots \qquad\qquad \vdots \qquad\qquad \vdots \\ U_1 \frac{d}{du_n} u_1 + \cdots\cdot U_r \frac{d}{du_n} u_r + U_n = 0, \end{cases}$$

als die nothwendigen, aber ausreichenden Bedingungen, damit in dieſem Falle $U_1 du_1 + \cdots U_n du_n$ identisch gleich null werde. Somit haben ſich die Vereine b (von welchen (c) und (d) nur specielle Fälle darstellen) als die ſämmtlichen möglichen Vereine ergeben, welche die Gleichung $Xdx = 0$ unter der Vorausſetzung des Satzes integriren.

Anm. Es ist dieſer Satz nach ſeiner einen Seite hin in der angeführten Abhandlung Jacobi's (Crelle Journal B. 2 p. 348) nachgewieſen. Aber es ist dort die wichtigste Seite unſeres Satzes, dass es nämlich ausser den Gleichungsvereinen (b) keinen Verein integrirender Gleichungen gebe, nicht nachgewieſen. Auch ist dort nicht gezeigt, worin der verschiedene Charakter der integrirenden Vereine (b) je nach dem Werthe des Index r bestehe, obgleich Jacobi mehrfach auf die Verschiedenheit dieſes Charakters hinweist. Offenbar war Jacobi auch mit dieſer Seite unſeres Satzes vollkommen vertraut, und es lag nur in dem beſonderen Zwecke jener Abhandlungen, dass er ſich darüber nicht weiter ausspricht. — Man ſieht aus dieſem und dem vorhergehenden Satze, dass es daſſelbe ist, zu ſagen, es lasse ſich $Xdx = 0$ durch Vereine von je n (und nicht weniger als n) Gleichungen integriren, oder zu ſagen, es lasse ſich Xdx (in dem Sinne von 502) auf eine Summe von n (und nicht weniger als n) Glieder der Form Udu zurückführen. Alſo kommt es darauf an, die Bedingungen aufzufinden, unter denen dieſe Reduktion möglich ist, und wenn dieſe Bedingungen erfüllt ſind, die Methode der Reduktion anzugeben. Um beides auf eine leichte Weiſe zu erreichen, wird es zweckmässig ſein, die folgenden Bestimmungen und Sätze über Lückenausdrücke mit nicht vertauschbaren Lücken aufzustellen. Noch bemerke ich, dass der vorstehende Satz nicht mehr gilt, wenn Xdx eine extenſive Grösse ist; und dass, wenn die Reduktion von Xdx auf die möglichst geringste Anzahl von Gliedern der Form Udu vollzogen ist, doch damit noch keineswegs die Integration der Gleichung Xdx = 0 gegeben ist. Aber aus 502 folgt, dass, wenn man die ſämmtlichen möglichen Reduktionen dieſer Art kennt, man auch die Gleichung Xdx = 0 zugleich vollständig integrirt habe. Und dieſe Betrachtung scheint mir den Weg anzugeben, auf welchem man hoffen kann, zu dieſem letzten Ziele der Integralrechnung zu gelangen.

504. Erklärung. Wenn L einen Ausdruck mit n Lücken gleicher Gattung darstellt, für welche jedoch nicht Vertauschbarkeit der Lücken vorausgeſetzt ist, ſo verstehe ich unter $[La_1a_2 \cdots a_n]$ den Ausdruck, welcher hervorgeht, wenn man $a_1, \cdots a_n$ in allen möglichen Ordnungen in die n Lücken von L eintreten lässt, den erhaltenen Ausdrücken das Zeichen + oder — vorſetzt, je nachdem das kombinatorische Produkt der Grössen, welche nach der Reihe in die n Lücken von L eintreten, dem Produkte $[a_1a_2 \cdots a_n]$ gleich oder entgegengeſetzt ist, und dann die Summe der ſo erhaltenen Glieder durch deren Anzahl dividirt. Wenn L weniger als n, z. B. nur n — r Lücken enthält, ſo verstehe ich unter $[La_1a_2 \cdots a_n]$ den Ausdruck, welcher hieraus hervorgeht, indem man dem L noch r Faktoren 1 voranstellt, von denen man jeden als Ausdruck mit einer Lücke betrachtet, indem nämlich, wenn man dieſe Lücke durch eine Grösse a ausgefüllt denkt, aus 1 die Grösse 1·a, d. h. a, hervorgeht. Hierdurch ist dieſer Fall auf den vorigen zurückgeführt. Wenn ins Beſondere L ein Ausdruck mit n — 1 Lücken ist, der durch Ausfüllung dieſer Lücken eine Zahlgrösse wird, ſo wird

$$[La_1 \cdots a_n] = \frac{1}{n}(a_1[LA_1] + \cdots a_n[LA_n]),$$

wo A_r (für jeden Index r) alle Grössen $a_1, \cdots a_n$, mit Ausschluss von a_r, als Faktoren enthält und $[a_rA_r] = [a_1a_2 \cdots a_n$ ist. Ich nenne auch dieſe Produkte (wie überhaupt alle welche durch die scharfe Klammer umschlossen ſind, ſ. 94) bezügliche Produkte, und zwar ſetze ich als das Hauptgebiet, auf welches ſie ſich beziehen, das Gebiet der Einheiten, aus welchen die ſämmtlichen Grössen, welche in die Lücken einzutreten fähig ſind, abgeleitet werden können.

505. Wenn L einen Ausdruck mit n Lücken bezeichnet, und

1) $[a_1 \cdots a_n] = [b_1 \cdots b_n]$

ist, ſo ist auch

$$[La_1 \cdots a_n] = [Lb_1 \cdots b_n],$$

und wenn

2) $[a_1 \cdots a_n] = 0$

ist, ſo ist auch

$$[La_1 \cdots a_n] = 0.$$

Beweis. Wenn zwei der Grössen $a_1, \cdots a_n$, z. B. a_r und a_s, einander gleich werden, ſo ordne man die Ausdrücke, welche (nach 504) bei der Entwickelung von $[La_1 \cdots a_n]$ dadurch hervorgehen, dass man $a_1, \cdots a_n$ in allen möglichen Folgen in die Lücken von L eintreten lässt, paarweiſe ſo, dass je zwei derſelben, bei denen ſich die Reihenfolge jener Grössen nur durch die gegenſeitige Stellung von a_r und a_s unterscheiden, ein Paar bilden. Dann werden die Ausdrücke jedes Paares (nach 504) entgegengeſetztes Vorzeichen haben; wenn nun a_r und a_s einander gleich werden, ſo werden dieſe Ausdrücke, abgeſehen von dem entgegengeſetzten Vorzeichen, identisch; alſo wird ihre Summe null, alſo in dieſem Falle auch $[La_1 \cdots a_n] = 0$.

2. Wenn $[a_1 \cdots a_n] = 0$ ist, ſo heisst das (nach 66), es stehen die Faktoren $a_1, \cdots a_n$ in einer Zahlbeziehung, d. h. (nach 2) eine derſelben, z. B. a_n, wird ſich als Vielfachenſumme der übrigen $a_1, \cdots a_{n-1}$ ausdrücken lassen. Führt man dieſen Ausdruck für a_n in $[La_1 \cdots a_{n-1} a_n]$ ein, und löst die dieſen Ausdruck umschliessende Klammer auf, ſo stellt ſich $[La_1 \cdots a_{n-1} a_n]$ als eine Vielfachenſumme von Ausdrücken dar, deren jeder zwei gleiche unter den Grössen $a_1, \cdots a_{n-1}$ enthält, alſo (nach Bew. 1) null ist. Alſo ist auch jene Vielfachenſumme, d. h. $[La_1 \cdots a_n]$, gleich null.

3. Wenn die Reihe der Grössen $a_1, \cdots a_n$ eine einfache lineale Aenderung erleidet (vergl. 71), z. B. a_r ſich in $a_r + \alpha a_s$ verwandelt, wo α eine Zahlgrösse ist, und r und s von ein-

ander verschieden ſind, ſo verwandelt ſich $[La_1 \cdots a_r a_{r+1} \cdots a_n]$ in $[La_1 \cdots\cdot a_r a_{r+1} \cdots\cdot a_n] + \alpha[La_1 \cdots\cdot a_{r-1} a_s a_{r+1} \cdots\cdot a_n]$; der zweite dieſer Ausdrücke enthält, da s von r verschieden ist, a_s zweimal, ist alſo (nach Bew. 1) gleich null, alſo bleibt der Ausdruck $[La_1 \cdots a_n]$ von unverändertem Werthe, wenn die Reihe der Grössen $a_1 \cdots a_n$ eine einfache lineale Aenderung erfährt, alſo auch, wenn ſie wiederholt eine einfache lineale Aenderung erfährt, d. h. (nach 71) wenn jene Reihe ſich überhaupt lineal ändert. Wenn nun $[a_1 a_2 \cdots a_n] = [b_1 b_2 \cdots b_n] \gtrless 0$ ist, ſo lässt ſich (nach 76) die Reihe $b_1, b_2, \cdots b_n$ aus der Reihe $a_1, a_2, \cdots a_n$ durch lineale Aenderung ableiten, wobei, wie eben bewieſen, der Werth von $[La_1 \cdots a_n]$ unverändert bleibt, d. h. es ist dann $[La_1 \cdots a_n] = [Lb_1 \cdots b_n]$.

506. Erklärung. Wenn ein Ausdruck L mit n Lücken die Eigenschaft hat, dass er mit je n Grössen $a_1 \cdots\cdot a_n$, die in die Lücken eintreten können, ein Produkt $[La_1 \cdots a_n]$ liefert, welches null ist, ſo ſetze ich $[L] = 0$. Wenn ferner ein Produkt $[a_1 \cdots a_n] = 1$ ist, und L n Lücken enthält, ſo ſetze ich $[L] = [La_1 \cdots a_n]$.

Anm. Es ist schon früher bei der Behandlung des Potenzwerthes eines Bruches Q (No. 383), obwohl nur gelegentlich, die hier gewählte Bezeichnung angewandt, indem, wenn $e_1, \cdots e_n$ die n Nenner ſind, deren Produkt $[e_1 \cdots e_n] = 1$ ist, und $a_1, \cdots a_n$ die zugehörigen Zähler, unter $[Q^n]$ das Produkt $[a_1 \cdots a_n]$ verstanden war. Da nun Q als Lückenausdruck mit einer Lücke aufgefasst werden kann, indem nämlich (für jeden Index r) $Qe_r = a_r$ ist, ſo wird Q^n ein Ausdruck mit n Lücken, und gehört alſo $[Q^n]$ zu den hier (in 506) definirten Ausdrücken. Man überzeugt ſich leicht, dass auch nach dieſer Definition (506) der Ausdruck $[Q_n] = [a_1 \cdot a_2 \cdots a_n]$ wird, und alſo beide Definitionen in vollkommener Uebereinstimmung stehen. Es hat ſich mir die Allgemeinheit der hier (in 504 und 506) aufgestellten Begriffe, und ihre weſentliche Bedeutung für die Analyſis erst während der Arbeit ergeben. Sonst würde ich dieſe Begriffe und die daraus fliessenden Sätze ſogleich an ihrer Stelle (im ersten Kapitel dieſes Theiles) behandelt haben. Da hier dieſe Sätze den Gang der Entwickelung unterbrechen, ſo beschränke ich mich auf diejenigen Sätze, welche für die folgende Darstellung unentbehrlich erscheinen.

507. Wenn L zwei oder mehrere vertauschbare Lücken enthält, ſo ist $[L] = 0$.

Beweis. Es ist zu zeigen, dass wenn von den n Lücken

von L auch nur zwei mit einander vertauschbar ſind, allemal $[La_1, \cdots a_n]$ null ist, was auch $a_1, \cdots a_n$ für Grössen ſein mögen. Denn es ſeien die übrigen Lücken durch beliebige jener Grössen ausgefüllt, ſo geht ein Ausdruck mit zwei vertauschbaren Lücken hervor, dieſer Ausdruck ſei P. Sind nun b und c zwei beliebige Grössen, welche in dieſe zwei Lücken eintreten können, ſo ist, da die Lücken vertauschbar ſind, $Pbc = Pcb$; aber $[Pbc] = \frac{1}{2}(Pbc - Pcb)$, alſo $= 0$, alſo auch $[La_1 \cdots a_n] = 0$, für beliebige Grössen $a_1, \cdots a_n$, d. h. (nach 506) $[L] = 0$.

508. Wenn $A_1, \cdots A_n$ Grössen mit je einer Lücke derſelben Gattung ſind, welche entweder alle, oder doch alle bis auf eine derſelben, nach Ausfüllung dieſer Lücken Zahlgrössen werden, und P ein Ausdruck mit beliebig vielen Lücken ist, ſo ist das Produkt

$$[A_1 \cdots A_n P]$$

ganz den Geſetzen der kombinatorischen Multiplikation (52 ff.) unterworfen und zwar in dem Sinne, dass $A_1, \cdots A_n$ als einfache kombinatorische Faktoren betrachtet werden, namentlich ſind zwei Produkte, welche ſich nur durch die gegenſeitige Stellung zweier dieſer Faktoren unterscheiden, einander entgegengeſetzt, d. h.

$$\text{(a)} \quad [A_1 \cdot\cdot A_r \cdot\cdot A_s \cdot\cdot A_n P] = [A_1 \cdot\cdot A_s \cdot\cdot A_r \cdot\cdot A_n P],$$

wo beide Seiten der Gleichung ſich nur durch die gegenſeitige Stellung der Faktoren A_r und A_s unterscheiden, und wenn zwei jener Faktoren gleich werden, ſo ist das Produkt null, d. h.

$$\text{(b)} \quad [A_1 \cdots A_r \cdots A_r \cdots A_n P] = 0.$$

Beweis. Betrachtet man z. B. nur die beiden ersten Faktoren A_1 und A_2 und nennt das Produkt der übrigen Q, und ſetzt $e_1, \cdots e_n$ als Einheiten, deren kombinatorisches Produkt 1 ist, ſo ist

$$[A_1 A_2 Q] = [A_1 A_2 Q e_1 e_2 e_3 \cdots e_n].$$

Hier ſollen (nach 504) die Faktoren $e_1 e_2 e_3 \cdots e_n$ in allen möglichen Ordnungen in die Lücken von $A_1 A_2 Q$ eintreten, und das Vorzeichen wird poſitiv, wenn $e_1, e_2, e_3, \cdots e_n$ entweder in dieſer Ordnung, alſo e_1 in A_1, e_2 in A_2 und die übrigen

$e_3 \cdots e_n$ nach der Reihe in Q, eintreten, oder in irgend einer andern Ordnung, welche durch eine gerade Anzahl von Versetzungen aus jener Ordnung hervorgeht; ganz dieselbe Bedeutung hat aber $[A_2 A_1 Q e_2 e_1 e_3 \cdots e_n]$, indem auch hier das Zeichen positiv wird wenn e_1 in A_1, e_2 in A_2, und $e_3, \cdots e_n$ in dieser Reihe in Q eintreten u. s. w., also ist $[A_1 A_2 Q e_1 e_2 e_3 \cdots e_n] = [A_2 A_1 Q e_2 e_1 e_3 \cdots e_n]$, letzteres ist aber, da (nach 55) $[e_2 e_1 e_3 \cdots e_n] = -[e_1 e_2 e_3 \cdots e_n]$ ist, (nach 505) gleich $-[A_2 A_1 Q e_1 e_2 e_3 \cdots e_n]$, also $[A_1 A_2 Q] = -[A_2 A_1 Q]$. Werden A_1 und A_2 einander gleich, so folgt aus dieser letzten Formel, dass dann $[A_1 A_2 Q]$ null wird. Dasselbe gilt nun aus demselben Grunde, wenn man statt der beiden ersten Faktoren des Ausdruckes $[A_1 A_2 \cdots A_n P]$ irgend zwei andere, A_r und A_s, betrachtet. Somit gelten die Formeln (a) und (b) und auf ihnen beruhen die übrigen Gesetze der kombinatorischen Multiplikation.

509. Wenn A ein Ausdruck mit einer Lücke und B ein Ausdruck mit $m-1$ Lücken derselben Gattung ist, und $a_1, \cdots a_m$ Grössen dieser Gattung sind, so ist

$$[ABa_1 \cdots a_m] = A[Ba_1 \cdots a_m] = \frac{1}{m}\sum \overline{Aa_\alpha [BA_\alpha]},$$

wo A_α alle Faktoren $a_1, \cdots a_m$, mit Ausnahme des Faktors a_α, enthält, und zwar so, dass $[a_\alpha A_\alpha] = [a_1 a_2 \cdots a_m]$ ist, und wo die Summe sich auf die Werthe $\alpha = 1, \cdots m$ bezieht.

Beweis 1. Um den Ausdruck $[ABa_1 \cdots a_m]$ zu entwickeln, muss man in die Lücken von AB nach und nach alle möglichen Anordnungen der Faktoren $a_1, \cdots a_m$ eintreten lassen; dabei muss also in A nach und nach jede der Grössen $a_1, \cdots a_m$ eintreten. Wenn nun zuerst in A die Grösse a_1 eintritt, so müssen in B die übrigen Faktoren, also die Faktoren von A_1 in allen möglichen Folgen und zwar gleichfalls mit dem Zeichengesetz eintreten, dass zwei so hervorgehende Ausdrücke gleiches oder entgegengesetztes Vorzeichen haben, je nachdem die beiden Reihenfolgen ein gleiches oder entgegengesetztes kombinatorisches Produkt liefern. Die so hervorgehenden Glieder werden also $\mp Aa_1[BA_1]$ liefern. Hier ist jedoch das $+$-Zeichen zu wählen, weil $[a_1 A_1] = [a_1 a_2 \cdots a_m]$ ist. Aus gleichem Grunde ist die Summe der Glieder, bei denen in A die Grösse a_2 eintritt, $= + Aa_2[BA_2]$ u. f. w.; alfo wird, da man diefe Summe noch durch die Anzahl ihrer Glieder dividiren muss,

$$[ABa_1 \cdots a_m] = \frac{1}{m}\sum \overline{Aa_a[BA_a]}.$$

2. Ferner ist (nach 504)

$$A[Ba_1 \cdots a_m] = \frac{1}{m} A \sum \overline{a_a[BA_a]}$$

$$= \frac{1}{m}\sum \overline{Aa_a[BA_a]} \qquad [39]$$

$$= [ABa_1 \cdots a_m] \qquad [\text{Bew. } 1].$$

510. Wenn C ein Ausdruck mit zwei Lücken gleicher Gattung ist, welcher durch Ausfüllung feiner Lücken eine Zahlgrösse wird, und a eine Grösse jener Gattung, B aber ein Produkt von 2n — 1 folchen Grössen, und 2n die Anzahl der Einheiten ist, aus welchen die Grössen diefer Gattung ableitbar find, fo ist

$$[Ca[C^{n-1}B]] = [C^n aB]$$
$$[C[C^{n-1}B]a] = [C^n Ba].$$

Beweis. $[C^n aB]$ drückt, da die n Faktoren C alle einander gleich find, und nach Ausfüllung ihrer Lücken Zahlfaktoren werden, alfo untereinander vertauschbar find, aus, dass a in eine Lücke eines der Faktoren, z. B. des ersten Faktors C, eintritt, während die 2n — 1 Faktoren von B in die andere Lücke jenes Faktors und in die übrigen Faktoren eintreten. Dasfelbe drückt aber die Formel $[Ca[C^{n-1}B]]$ aus, alfo find beide gleich. Auf gleiche Weife ergiebt fich die zweite Formel.

511. Wenn Xdx (in dem Sinne von 502) auf n Glieder der Form Udu zurückführbar fein foll, d. h.

$$Xdx = U_1 du_1 + \cdots U_n du_n$$

fein foll, fo muss nothwendig

$$\left[X\left(\frac{d}{dx}X\right)^n\right] = 0$$

fein.

Beweis. Es fei $U_1 du_1 + \cdots U_n du_n$ der Kürze wegen mit $\sum \overline{U_a du_a}$ bezeichnet, fo ist

$$\sum \overline{U_{\mathfrak{a}} du_{\mathfrak{a}}} = \sum \overline{U_{\mathfrak{a}} \frac{d}{dx} u_{\mathfrak{a}} dx},$$

alſo

$$X = \sum \overline{U_{\mathfrak{a}} \frac{d}{dx} u_{\mathfrak{a}}}.$$

Somit

$$\frac{d}{dx} X = \frac{d}{dx} \sum \overline{U_{\mathfrak{a}} \frac{d}{dx} u_{\mathfrak{a}}}$$

$$= \sum \overline{\frac{d}{dx} U_{\mathfrak{a}} \cdot \frac{d}{dx} u_{\mathfrak{a}}} + \sum \overline{U_{\mathfrak{a}} \frac{d^2}{dx^2} u_{\mathfrak{a}}}.$$

Da $\frac{d^2}{dx^2} u_{\mathfrak{a}}$ ein Ausdruck mit zwei vertauschbaren Lücken ist (451), ſo können wir bei der Substitution von $\frac{d}{dx} X$ in den Ausdruck $\left[X\left(\frac{d}{dx} X\right)^n\right]$ (nach 507) die Glieder $\sum \overline{U_{\mathfrak{a}} \frac{d^2}{dx^2} u_{\mathfrak{a}}}$ weglassen, und erhalten

$$\left[X\left(\frac{d}{dx} X\right)^n\right] = \left[\sum \overline{U_{\mathfrak{a}} \frac{d}{dx} u_{\mathfrak{a}}} \left(\sum \overline{\frac{d}{dx} U_{\mathfrak{a}} \frac{d}{dx} u_{\mathfrak{a}}}\right)^n\right]$$

$$= \sum \overline{\left[U_{\mathfrak{a}} \frac{d}{dx} u_{\mathfrak{a}} \cdot \frac{d}{dx} U_{\mathfrak{b}} \frac{d}{dx} u_{\mathfrak{b}} \cdot \frac{d}{dx} U_{\mathfrak{c}} \frac{d}{dx} u_{\mathfrak{c}} \cdots \right]},$$

wo die Anzahl der Indices $\mathfrak{a}, \mathfrak{b}, \mathfrak{c}, \cdots$ gleich $n + 1$ ist. Da aber u nur n verschiedene Indices hat, ſo müssen unter den Indices $\mathfrak{a}, \mathfrak{b}, \cdots$ nothwendig mindestens zwei gleiche vorkommen; alſo werden auch unter den Grössen $\frac{d}{dx} u_{\mathfrak{a}}$, $\frac{d}{dx} u_{\mathfrak{b}}$, $\frac{d}{dx} u_{\mathfrak{c}}, \cdots$ nothwendig zwei gleiche vorkommen, alſo ist (nach 508) jedes Glied der obigen Summe null, alſo die Summe ſelbst, d. h.

$$\left[X\left(\frac{d}{dx} X\right)^n\right] = 0.$$

Anm. Ich werde im Folgenden zeigen, dass dieſe Bedingungsgleichung zugleich die vollkommen ausreichende ist, ſo dass, wenn ſie erfüllt wird, auch allemal die Reduktion auf n Glieder der Form Udu, alſo auch (nach 503) die Integration durch Vereine von n Gleichungen möglich ist. Es ist daher dieſe in der That wunderbar einfache Formel von ſehr weitreichender Bedeutung. Der Beweis derſelben ist oben ſo geführt, dass auch die Art, wie dieſelbe gefunden ist, unmittelbar hindurchleuchtet. Auch hält es nicht schwer, die entsprechenden Formeln für den Fall zu entwickeln, dass Xdx eine extenſive Grösse ist; und ich habe dieſe letzteren Formeln hier nur deshalb nicht aufgestellt, weil, wie schon oben angedeutet, die Behandlung dieſes allgemeinen, die ganze Integralrechnung abschliessenden Falles hier unterbleiben musste. Dagegen werde ich die oben mitgetheilte Formel in der folgenden Nummer in die gewöhnliche Analyſis kleiden.

512. Aufgabe. Die Bedingungsgleichung aus 511, nämlich

$$\left[X\left(\frac{d}{dx}X\right)^n\right]=0$$

durch Zahlgleichungen zu erſetzen.

Auflöſung. Es ſei $x=x_1e_1+\cdots x_me_m$, wo $e_1,\cdots e_m$ das System der Einheiten bilden. Dann ist $dx=e_1dx_1+\cdots e_mdx_m$; und es wird $Xdx=Xe_1\cdot dx_1+\cdots Xe_mdx_m=X_1dx_1+\cdots X_mdx_m$, wenn wir die Zahlgrössen $Xe_1,\cdots Xe_m$ beziehlich mit $X_1,\cdots X_m$ bezeichnen. Die obige Bedingungsgleichung ſagt dann (nach 506), da X eine und $\frac{d}{dx}X$ zwei Lücken enthält, aus, dass

$$(*)\quad \left[X\left(\frac{d}{dx}X\right)^n e_1e_2\cdots e_{2n+1}\right]=0$$

ſei, und auch bleibe, wenn man statt $e_1, e_2,\cdots e_{2n+1}$ beliebige $2n+1$ unter den m Einheiten $e_1,\cdots e_m$ ſetzt. Ist $m=2n+1$, ſo tritt keine andere numerische Bedingungsgleichung als die Gleichung (*) hervor; ist $m<2n+1$, ſo tritt gar keine hervor, weil dann je $2n+1$ Grössen, mit denen $\left[X\left(\frac{d}{dx}X\right)^n\right]$ multiplicirt werden mag, in einer Zahlbeziehung stehen, alſo $\left[X\left(\frac{d}{dx}X\right)^n\right]$ dann mit ihnen multiplicirt (nach 505) null liefert, alſo (nach 506) ſelbst null ist. Wir nehmen daher jetzt an, dass $m=>2n+1$ ſei; und ſuchen unter dieſer Vorausſetzung in der Gleichung *, X und x durch die Zahlgrössen $X_1,\cdots X_m$, $x_1,\cdots x_m$ zu erſetzen. Nun ist nach dem Obigen

$Xe_r = X_r$, also $\frac{d}{dx} Xe_r e_s = \frac{d}{dx} X_r e_s = \frac{d}{dx_s} X_r$ (nach 451), folglich verwandelt sich die obige Formel (*) in

$$0 = \overline{\sum \mp X_1 \cdot \frac{d}{dx_3} X_2 \cdot \frac{d}{dx_5} X_4 \cdot \ldots \frac{d}{dx_{2n+1}} X_{2n}},$$

wo man die Indices auf alle möglichen Arten zu vertauschen und dem jedesmaligen Gliede das Zeichen + oder — vorzusetzen hat, je nachdem die Anzahl der Vertauschungen, durch die es hervorging, eine gerade oder ungerade war. Bezeichnen wir nach Jacobi's Vorgange (Crelle Journal 2, 351) $\frac{d}{dx_3} X_2 - \frac{d}{dx_2} X_3$ mit (2, 3) u. s. w., oder allgemein setzen wir

$$\frac{d}{dx_s} X_r - \frac{d}{dx_r} X_s = (r, s),$$

so können wir die vorige Formel auch schreiben

$$0 = \overline{\sum \mp X_1 (2, 3)(4, 5) \cdot \cdots \cdot (2n, 2n + 1)},$$

wobei die Vertauschungen je zweier in einer Klammer stehenden Indices ausgeschlossen bleiben. Ebenso können wir, ohne die Bedeutung der Gleichung zu ändern, festsetzen, dass der erste der beiden in Klammern geschlossenen Indices von einem Faktor zum nächstfolgenden nur wachse, nie abnehme. Denn da die Ordnung der Zahlfaktoren (2, 3) u. s. w. gleichgültig ist, so können wir ihnen immer jene Anordnung geben. Wir bezeichnen in diesem Sinne (mit Jacobi a. a. O. p. 355) die Summe $\overline{\sum \mp (2, 3) \cdot (4, 5) \cdot \cdots \cdot (2n, 2n + 1)}$ mit (2, 3, 4, 5, $\cdots$, 2n, 2n + 1), so verwandelt sich die obige Gleichung in

$$0 = \overline{\sum \mp X_1 (2, 3, \cdots 2n + 1)}, \text{ d. h.}$$

$$0 = X_1 (2, 3, \cdots 2n + 1) - X_2 (1, 3, \cdots 2n + 1) + X_3 (1, 2, 4, \cdots 2n + 1) - \cdots,$$

was Jacobi (a. a. O. p. 356) schreibt

$$(**) \quad 0 = \overline{\sum X_1, (2, 3, \cdots, 2n + 1)}.$$

Solcher Gleichungen giebt es so viele, als es Kombinationen ohne Wiederholung aus m Elementen zur (2n + 1)-ten Klasse giebt. Aber diese Gleichungen sind, wenn $m > 2n + 1$ ist, nicht unabhängig von einander. In der That können wir zeigen, dass wenn die Gleichung (*), deren Transformirte die

Gleichung (**) ist, für alle Kombinationen aus $e_1, \cdots e_m$ zur $(2n+1)$-ten Klasse, in denen eine Einheit e_r vorkommt, deren zugehöriges $Xe_r = X_r$ nicht null ist, als geltend angenommen wird, ſie auch für alle übrigen Kombinationen (in denen e_r nicht vorkommt) gelten muss. In der That, es ſei $X_1 \gtrless 0$, und gelte die Gleichung * für alle Kombinationen, in denen e_1 vorkommt, d. h. es ſei allemal

$$\left[X\left(\frac{d}{dx}X\right)^n e_1 E_r\right] = 0,$$

wenn E_r eine beliebige Kombination ohne Wiederholung aus $e_2, \cdots e_m$ zur $2n$-ten Klasse ist, ſo ist zu zeigen, es ſei auch allemal

$$\left[X\left(\frac{d}{dx}X\right)^n e_s E_r\right] = 0,$$

auch wenn e_s eine beliebige in E_r nicht vorkommende Einheit bezeichnet. In der That ist (nach 508) $\left[X^2\left(\frac{d}{dx}X\right)^n\right]$ allemal null, alſo ist (nach 506) auch $\left[X^2\left(\frac{d}{dx}X\right)^n e_1 e_s E_r\right] = 0$, d. h. es ist

$$\sum \mp Xe_1 \left[X\left(\frac{d}{dx}X\right)^n e_s E_r\right] = 0,$$

wo die Summe ſich auf die verschiedenen Glieder bezieht, welche aus dem unter dem Summenzeichen stehenden dadurch hervorgehen, dass man e_1 nach und nach mit jeder in $e_s E_r$ vorkommenden Einheit vertauscht (und das Vorzeichen ändert); allein alle dieſe Glieder ſind null, weil dann $\left[X\left(\frac{d}{dx}X\right)^n\right]$ mit einer Kombination von Einheiten multiplicirt ist, unter denen e_1 vorkommt, und dieſe Produkte nach der Vorausſetzung null ſind, alſo bleibt das unter dem Summenzeichen stehende Glied allein übrig, d. h. es ist

$$Xe_1 \left[X\left(\frac{d}{dx}X\right)^n e_s E_r\right] = 0.$$

Nun ist gleichfalls vorausgeſetzt, dass die Zahlgrösse $Xe_1 = X_1$ von Null verschieden ſei, alſo erhält man

$$\left[X\left(\frac{d}{dx}X\right)^n e_s E_r\right] = 0,$$

was zu zeigen war. Wir fassen nun das Refultat in einen Satz zufammen:

513. Wenn der Ausdruck $X_1dx_1 + \cdots X_mdx_m$, in welchem $X_1, \cdots X_m$ Funktionen der Variabeln $x_1, \cdots x_m$ find, fich auf n Glieder, nämlich auf $U_1du_1 + \cdots U_ndu_n$, foll reduciren lassen können, oder, anders ausgedrückt, wenn die Gleichung $X_1dx_1 + \cdots X_mdx_m = 0$, fich foll durch Vereine von je n Gleichungen integriren lassen können, fo muss erstens, wenn $m = 2n + 1$ ist, die eine Bedingungsgleichung

$$\sum X_1\overline{(2, 3, \cdots, 2n + 1)} = 0,$$

welche die in 512 beschriebene Bedeutung hat, erfüllt werden; wenn aber zweitens $m > 2n + 1$ ist, fo treten fo viele folcher Gleichungen hervor, als es Kombinationen aus m Elementen zur $(2n + 1)$-ten Klasse giebt, indem man nämlich statt der Indices $1, 2, \cdots, 2n + 1$ in obiger Gleichung jede andere Gruppe von ebenfo vielen Indices fetzen kann; doch reicht unter diefen Gleichungen schon eine geringere Anzahl aus, indem, wenn z. B. X_1 ungleich null ist, es ausreichend ist, wenn man in der obigen Gleichung statt der Gruppe der Indices $2, 3, \cdots 2n + 1$, jede andere Kombination aus den Indices $2, 3 \cdots m$ zur $2n$-ten Klasse fetzt. So bleiben nur foviel Bedingungsgleichungen übrig, als es Kombinationen ohne Wiederholung aus $m - 1$ Elementen zur $2n$-ten Klasse giebt.

Anm. Für den einfachsten Fall, wo $m = 2n + 1$ ist, hat Jacobi (a. a. O. p. 356) die Bedingungsgleichung aufgestellt. Für den Fall, wo $n = 1$ ist, erhält man die bekannten Bedingungsgleichungen der Integrabilität, welche (nach 511) in der Gleichung $\left[X \frac{d}{dx} X\right] = 0$ zufammengefasst erscheinen. Es kommt nun darauf an, die Zurückführung von Xdx auf n Glieder der Form Udu, fobald nur die Bedingungsgleichung (511) für die Möglichkeit diefer Zurückführung erfüllt ist, auch wirklich zu vollziehen. Zu diefem Ende löfen wir nach Pfaff's Vorgange die folgende Aufgabe:

514. Aufgabe. Die Zahlgleichung

(a) $Xdx = 0$,

in welcher X eine Funktion von x, und $x = x_1e_1 + \cdots x_me_m$ aus einem Systeme von m Einheiten abgeleitet ist, auf die Form zu bringen, dass die hervorgehende Gleichung nur $m - 1$ veränderliche Zahlgrössen enthalte.

Auflöſung. Es kommt zu dem Ende nur darauf an, x als Funktion einer aus m — 1 Einheiten ableitbaren Veränderlichen a, und einer veränderlichen Zahlgrösse t in der Art darzustellen, dass, wenn man dieſe Ausdrücke für x in die gegebene Gleichung einführt, dann der Koefficient von dt in der entwickelten Gleichung null wird, und der Koefficient von da entweder t gar nicht mehr enthält, oder nur in einem Zahlfaktor N, ſo dass, wenn man die Gleichung mit N dividirt, die ſo hervorgehende Gleichung t nicht mehr enthält. Bezeichnet man mit δ' das Differenzial nach a, wobei t konstant geſetzt ist, und mit δ den Differenzialquotienten nach t, wobei a konstant geſetzt ist, ſo erhält man $dx = \delta'x + \delta x \cdot dt$; folglich müssen, wenn die verlangte Aufgabe gelöst ſein ſoll, die beiden Gleichungen erfüllt werden

$$\text{(b)} \quad X\delta x = 0$$

$$\text{(c)} \quad \delta\frac{X\delta' x}{N} = 0,$$

indem die letztere ausdrückt, dass $X\delta'x : N$ nicht mehr von t abhängig ist. Die letzte dieſer Gleichung giebt, wenn man

$$\text{(d)} \quad \frac{\delta N}{N} = \lambda$$

ſetzt,

$$\text{(e)} \quad \lambda X\delta' x = \delta(X\delta' x) = \delta X \cdot \delta' x + X\delta\delta' x.$$

Differenziirt man auch die Gleichung (b) nach a, ſo erhält man

$$\text{(f)} \quad 0 \qquad = \delta' X \cdot \delta x + X\delta'\delta x.$$

Subtrahirt man die zweite dieſer Gleichungen von der ersten, ſo erhält man

$$\text{(g)} \quad \lambda X\delta' x = \delta X \cdot \delta' x - \delta' X \cdot \delta x$$

$$= \frac{d}{dx}X \cdot \delta' x \cdot \delta x - \frac{d}{dx}X \cdot \delta x \cdot \delta' x$$

$$\text{(h)} \quad \lambda X\delta' x = \left[\frac{d}{dx}X \cdot \delta' x \cdot \delta x\right].$$

Hier ist $\frac{d}{dx}X$ ein Ausdruck mit zwei Lücken; und zwar ist hier als erste Lücke, d. h. als diejenige Lücke, in welche der zuerst gestellte Faktor (im ersten Gliede $\delta'x$) eintreten ſoll, diejenige Lücke aufgefasst, welche in X enthalten ist, und als zweite die durch die Differenziation nach x und Diviſion mit dx hinzutretende. Die Gleichung (h) wird nun offenbar erfüllt ſein, wenn für jede Grösse c, die mit x (alſo auch mit $\delta'x$) von gleicher Gattung ist,

$$\text{(i)}\quad \lambda Xc = \left[\frac{d}{dx}X\cdot c\cdot\delta x\right]$$

ist. Ich zeige nun, dass, ſobald dieſe Gleichung (i) (für jede Grösse c) erfüllt ist, auch die beiden Gleichungen (b) und (c) erfüllt ſind, und alſo die verlangte Aufgabe gelöst ist, vorausgeſetzt, dass λ von Null verschieden ist. Es ist $\delta'x$ mit x von gleicher Grössengattung, muss alſo, wenn die Gleichung (i) allgemein gilt, in dieſer Gleichung statt c eingeſetzt werden können, wodurch man die Gleichung (h) erhält; alſo gilt auch die Gleichung (g), da ſie mit (h) gleichbedeutend ist. Ferner ist auch δx von gleicher Gattung mit x, kann alſo statt c in Gleichung (i) eingeſetzt werden. Dann wird aber die rechte Seite derſelben (nach 505) null, alſo erhält man $\lambda X\delta x = 0$, alſo da $\lambda \gtrless 0$ (nach Vorausſetzung), ſo ergiebt ſich $X\delta x = 0$, d. h. die Gleichung (b) gilt. Dann aber gilt auch die daraus abgeleitete (f). Durch Addition der Gleichungen (f) und (g) geht aber die Gleichung (e) hervor. Setzt man nun log. $N = d^{-1}\lambda dt$, ſo wird auch die Gleichung (d) erfüllt, und indem man den daraus fliessenden Werth von λ in (e) einſetzt, auch die Gleichung (c), und es wird dann $\frac{X\delta'x}{N} = 0$ die aus $Xdx = 0$ transformirte Gleichung, welche nur noch a, alſo eine aus m — 1 Einheiten ableitbare Grösse als Variable enthält, und die Aufgabe ist gelöst. Dies in einem Satze dargestellt:

„Wenn die Zahlgleichung

$$\text{(a)}\quad Xdx = 0,$$

in welcher X eine Funktion von x, und x aus m Einheiten ableitbar ist, angenommen wird, und man x als Funktion einer aus m — 1 ableitbaren Variabeln a und einer veränderlichen Zahl t ſo bestimmt, dass, wenn δ' das Differenzial nach a, wobei t konstant geſetzt ist, und δ den Differenzialquotienten nach t, wobei a konstant gefetzt ist, bezeichnen, und c eine beliebige mit x gleichgattige Grösse, λ aber eine noch unbekannte jedoch von Null verschiedene Zahlgrösse darstellt, die Gleichung

$$\text{(i)}\quad \lambda X c = \left[\frac{d}{dx}X \cdot c \cdot \delta x\right]$$

erfüllt fei, fo wird die Gleichung (a) erfetzt durch die Gleichung

$$\text{(k)}\quad \frac{X\delta' x}{N} = 0,$$

in welcher $\frac{X\delta' x}{N}$ nicht mehr von t abhängt, und

$$\text{(l)}\quad \log. N = d^{-1}\lambda dt$$

ist."

515. Fortfetzung. Es kommt zunächst darauf an, aus der gefundenen Gleichung 514 i die Grösse δx auf eine Seite allein zu schaffen. Wir thun dies zunächst unter der Vorausfetzung, dass $m = 2n$ fei. Jene Gleichung enthält, wenn man statt c nach und nach die Einheiten $e_1, \cdots e_{2n}$ fetzt, 2n Zahlgleichungen, durch welche fich die Grössen $\delta x_1, \cdots \delta x_{2n}$, welche in $\delta x = e_1 \delta x_1 + \cdots e_{2n} \delta x_{2n}$ enthalten find, im Allgemeinen ausdrücken lassen. Es gelingt dies auf eine fehr einfache Weife, fobald vorausgefetzt wird, dass

$$\text{(a)}\quad \left[X\left(\frac{d}{dx}X\right)^{n-1}\right] \gtrless 0$$

$$\text{(b)}\quad \left[\left(\frac{d}{dx}X\right)^{n}\right] \gtrless 0$$

feien. In der That hat man dann, um δx_r zu finden, nur in 514 i statt c den Werth $\left[\left(\frac{d}{dx}X\right)^{n-1} E_r\right]$ zu fetzen, wo $[e_r E_r] = 1$ ist und E_r als Faktoren die $2n - 1$ von e_r verschiedenen Einheiten enthält. Da nämlich $\left(\frac{d}{dx}X\right)^{n-1}$ im Ganzen $2n - 2$ Lücken enthält und E_r ein Produkt von $2n - 1$ Einheiten ist, fo wird (nach 504) $\left[\left(\frac{d}{dx}X\right)^{n-1} E_r\right]$ eine Vielfachenfumme der Einheiten, aus denen x abgeleitet ist, alfo mit x von gleicher Gattung und kann alfo statt c in die Gleichung 514 i eingefetzt werden. Dann verwandelt fich diefe in

$$\lambda X\left[\left(\frac{d}{dx}X\right)^{n-1}E_r\right]=\left[\frac{d}{dx}X\left[\left(\frac{d}{dx}X\right)^{n-1}E_r\right]\delta x\right].$$

Wandelt man die linke Seite dieſer Gleichung (nach 509) und die rechte (nach 510) um, indem man bedenkt, dass $\frac{d}{dx}X$ ein Ausdruck mit zwei Lücken ist, und ſowohl X als $\frac{d}{dx}X$ nach Ausfüllung ihrer Lücken Zahlgrössen werden, ſo verwandelt ſich jene Gleichung in

$$\lambda\left[X\left(\frac{d}{dx}X\right)^{n-1}E_r\right]=\left[\left(\frac{d}{dx}X\right)^{n}E_r\delta x\right].$$

Setzen wir hierin statt δx ſeinen Werth $e_1\delta x_1+\cdots e_{2n}\delta x_{2n}$, ſo bleibt, da $[E_re_s]$, wenn r von s verschieden ist, gleiche Faktoren enthält, alſo das Produkt $\left[\left(\frac{d}{dx}X\right)^{n}E_re_s\right]$ null wird, und da (nach 58) $[E_re_r]=-[e_rE_r]=-1$ ist,

$$\text{(c)}\quad \lambda\left[X\left(\frac{d}{dx}X\right)^{n-1}E_r\right]=-\left[\left(\frac{d}{dx}X\right)^{n}\right]\delta x_r.$$

Wenn nun die Vergleichungen (a) und (b) erfüllt ſind, und man

$$\text{(d)}\quad -2n\lambda:\left[\left(\frac{d}{dx}X\right)^{n}\right]=\mu$$

ſetzt, ſo erhält man

$$\text{(d*)}\quad \delta x_r=\frac{\mu}{2n}\left[X\left(\frac{d}{dx}X\right)^{n-1}E_r\right];$$

alſo wird

$$\delta x=\sum\overline{e_a\delta x_a}=\frac{\mu}{2n}\sum\overline{e_a\left[X\left(\frac{d}{dx}X\right)^{n-1}E_a\right]},$$

d. h. (nach 509)

$$\text{(e)}\quad \delta x=\mu\left[X\left(\frac{d}{dx}X\right)^{n-1}\right],$$

oder (nach 2)

$$\text{(f)}\quad \delta x\equiv\left[X\left(\frac{d}{dx}X\right)^{n-1}\right].$$

Es bleibt noch zu zeigen, dass der Werth δx aus der Gleichung (e), in welcher μ die durch (d) ausgedrückte Bedeutung hat, in die Gleichung 514 i eingeſetzt, dieſe für jeden beliebigen Werth c identisch macht. Setzt man zunächst statt c eine der Einheiten, z. B. e_r, ſo wird die rechte Seite der Gleichung 514 i

$$\left[\frac{d}{dx}Xe_r\delta x\right]=\mu\left[\frac{d}{dx}Xe_r\left[X\left(\frac{d}{dx}X\right)^{n-1}\right]\right].$$

Da $X\left(\frac{d}{dx}X\right)^{n-1}$ nach Ausfüllung ſeiner $2n-1$ Lücken eine Zahlgrösse wird, ſo können wir, ohne die Bedeutung desſelben zu ändern, ihm noch eine Lücke l hinzufügen (nach 504). Dieſe Lücke ſei mit den übrigen von gleicher Gattung, ſo wird (nach 504) $\left[X\left(\frac{d}{dx}X\right)^{n-1}\right]=\left[lX\left(\frac{d}{dx}X\right)^{n-1}\right]$ $=-\left[Xl\frac{d}{dx}X^{n-1}\right]$ (nach 508), und dies wieder (nach 509) $=-\frac{1}{2n}\sum Xe_a\left[l\frac{d}{dx}X^{n-1}E_a\right]$, wo E_a die von e_a verschiedenen Einheiten zu Faktoren hat, und $[e_aE_a]=1$ ist; alſo erhält man, da Xe_a eine Zahlgrösse ist, alſo in dem Produkte beliebig geſtellt werden darf,

$$\left[\frac{d}{dx}Xe_r\delta x\right]=-\frac{\mu}{2n}\sum Xe_a\left[\frac{d}{dx}Xe_r\left[l\left(\frac{d}{dx}X\right)^{n-1}E_a\right]\right]$$

$$=-\frac{\mu}{2n}\sum Xe_a\left[\left(\frac{d}{dx}X\right)^{n}e_rE_a\right] \qquad [510].$$

Da nun E_a alle von e_a verschiedenen Einheiten als Faktoren enthält, ſo enthält es, wenn a von r verschieden ist, auch e_r; dann aber ist $[e_rE_a]$ (nach 60) null, alſo auch (nach 505) der ganze Ausdruck, in welchem e_rE_a vorkommt, alſo reducirt ſich die obige Summe auf das Glied, für welches $a=r$ wird; da aber $[e_rE_r]=1$ ist, ſo erhält man dann den obigen Ausdruck

$$=-\frac{\mu}{2n}Xe_r\left[\left(\frac{d}{dx}X\right)^{n}\right].$$

Setzt man hierin statt μ ſeinen Werth aus (d), ſo wird der letzte Ausdruck

$$=\lambda Xe_r.$$

Somit gilt die Gleichung 514 i für jede Einheit e_r, die statt c geſetzt werden mag, alſo auch für jede Vielfachenſumme dieſer Einheiten, d. h. für jede Grösse c, die mit x von gleicher Gattung ist. Alfo ist bewiefen, dass der Ausdruck (e) für δx unter den gemachten Vorausfetzungen die Gleichung 514 i allgemein löst.

Anm. In der erwähnten Abhandlung hat Jacobi (Crelle 2, 354) die hier gemachten, durch die Vergleichungen (a) und (b) ausgedrückten Vorausfetzungen stillschweigend gleichfalls angenommen, und die übrigen Fälle, wo diefe Vorausfetzungen nicht eintreten, gar nicht behandelt. Die refultirenden Formeln (e) oder (f) liefern in Form der gewöhnlichen Analyfis gekleidet, diefelben Gleichungen, welche Jacobi dort (p. 354 ff.) aufstellt, ohne jedoch den Beweis mitzutheilen. Die Determinante, welche aus den in 514i enthaltenen 2n Zahlgleichungen direkt abgeleitet wird, enthält doppelt fo viel Faktoren, als die zur Löfung der Gleichungen dienenden Ausdrücke erfordern; es lässt fich diefe Determinante aber als Produkt eines Quadrates und einer neuen Determinante, welche nur die einfache Anzahl der erforderlichen Faktoren enthält, darstellen; jenes Quadrat fällt dann schliesslich aus den Ausdrücken für $\delta x_1, \cdots \delta x_{2n}$ hinweg, und diefe neue Determinante stimmt mit dem oben mitgetheilten Ausdrucke $\left[\left(\frac{d}{dx}X\right)^n\right]$ überein. Alle diefe Umgestaltungen find durch die oben angewandte Methode, welche fich von felbst darbietet, vermieden. Der Ausdruck für δx steht in einer merkwürdigen Beziehung zu der Bedingungsgleichung von No. 511, wofür fich der Grund weiterhin ergeben wird. Es bleibt noch übrig, die Methode für den Fall zu ergänzen, dass die durch die obigen Vergleichungen (a) und (b) dargestellten Vorausfetzungen nicht erfüllt werden.

516. Fortfetzung. Wenn zwar, wie in der vorigen Nummer,

$$\text{(a)} \quad \left[X\left(\frac{d}{dx}X\right)^{n-1}\right] \gtrless 0,$$

aber

$$\text{(b)} \quad \left[\left(\frac{d}{dx}X\right)^n\right] = 0$$

ist, fo liefert die Gleichung 516c, welche von den Vorausfetzungen 516a und b unabhängig ist, für λ den Werth null. Alfo haben wir nicht mehr auf die Gleichung 514 i zurückzugehen, da diefe nur für den Fall, dass $\lambda \gtrless 0$ fei, zu einer Löfung der Aufgabe führte. Es zeigt fich aber, dass dann die Gleichung

$$\text{(c)} \quad \delta x = \mu\left[X\left(\frac{d}{dx}X\right)^{n-1}\right],$$

wofür man auch die Kongruenz

$$\delta x = \left[X\left(\frac{d}{dx}X\right)^{n-1}\right]$$

ſetzen kann, die Auflöſung der Aufgabe 514 ergiebt, d. h. die Gleichungen 514 b und c identisch macht. Denn dann wird

$$X\delta x = \mu X\left[X\left(\frac{d}{dx}X\right)^{n-1}\right]$$

$$= \mu\left[X^2\left(\frac{d}{dx}X\right)^{n-1}\right] \qquad [509]$$

$$\text{(d)}\quad X\delta x = 0 \qquad [508].$$

Ferner wird aus gleichem Grunde, wie in 515,

$$\left[\frac{d}{dx}Xe_r\delta x\right] = -\frac{\mu}{2n}Xe_r\left[\left(\frac{d}{dx}X\right)^n\right] = 0$$

nach der erſten Vorausſetzung (a). Dieſe Gleichung gilt für jede Einheit $e_r = e_1, \cdots e_{2n}$, alſo auch für eine beliebige Vielfachenſumme dieſer Einheiten, alſo auch für $\delta' x$, da dies mit x von gleicher Gattung, alſo auch aus den Einheiten $e_1, \cdots e_{2n}$ numeriſch ableitbar iſt. Es wird alſo

$$\left[\frac{d}{dx}X\delta' x\delta x\right] = 0, \text{ d. h.}$$

$$\frac{d}{dx}X\delta' x\delta x - \frac{d}{dx}X\delta x\delta' x = 0.$$

Es iſt aber $\frac{d}{dx}X\delta x = \delta X$ und $\frac{d}{dx}X\delta' x = \delta' X$; alſo hat man

$$\delta X \cdot \delta' x - \delta' X \cdot \delta x = 0.$$

Differenziirt man nun die Gleichung (d) nach a, während t als konſtant geſetzt iſt, ſo erhält man, da δ' das zu dieſer Differenziation gehörige Zeichen war,

$$\delta' X \cdot \delta x + X\delta\delta' x = 0.$$

Addirt man dieſe Gleichung zu der vorigen, ſo hat man

$$\delta X \cdot \delta' x + X\delta\delta' x = 0, \text{ d. h.}$$

$$\text{(e)}\quad \delta(X\delta' x) = 0, \text{ d. h.}$$

es iſt $X\delta' x$ von t unabhängig, und alſo, da (nach 504) $Xdx = X\delta' x + X\delta x$ war, und $X\delta x = 0$ iſt,

$$Xdx = X\delta' x,$$

wo der letzte Ausdruck von t unabhängig iſt, alſo nur von $2n - 1$ Variabeln abhängt.

Anm. Die Gleichung (b) iſt alſo (unter der Vorausſetzung a) die Bedingungsgleichung dafür, dass der Ausdruck Xdx ſich unmittelbar (ohne Hinzutreten eines Faktors) in einen Ausdruck transformiren lasse, der nur noch $2n-1$ veränderliche Zahlgrössen enthält; wenn dagegen die Gleichung (b) nicht erfüllt ist, ſo gelang dieſe Transformation nur vermittelst eines veränderlichen Faktors, dessen reciproker Werth oben mit N bezeichnet war. Wenn ins Beſondere $n=1$ ist, d. h. Xdx die Form $X_1 dx_1 + X_2 dx_2$ hat, ſo ergiebt ſich die Gleichung $\left[\frac{d}{dx}X\right]=0$, als Bedingungsgleichung dafür, dass ſich $X_1 dx_1 + X_2 dx_2$ in einen Differenzialausdruck Udu mit nur einer veränderlichen Zahlgrösse (u) verwandeln, alſo ſich allſeitig integriren lässt. Die Gleichung $\left[\frac{d}{dx}X\right]=0$ ſagt aber aus, dass $\frac{d}{dx}X$ zwei vertauschbare Lücken enthält, was mit No. 486 stimmt. Ehe ich nun zeige, wie die Aufgabe zu löſen ist, wenn die Bedingungsgleichung (a) wegfällt, will ich noch durch Integration der Gleichung 515e die angedeutete Transformation wirklich vollziehen, wobei ich mich der Methode Jacobi's (in Crelle 17 p. 138) bediene.

517. Fortſetzung. Die Kongruenz oder Gleichung

$$\text{(a)}\quad \delta x \equiv \left[X\left(\frac{d}{dx}X\right)^{n-1}\right] \text{ oder } \delta x = \mu\left[X\left(\frac{d}{dx}X\right)^{n-1}\right]$$

bestimmt nur das Verhältniss der Differenzialquotienten $\delta x_1, \cdots \delta x_{2n}$; wir können alſo einen derſelben willkürlich annehmen, d. h. wir können t beliebig wählen. Setzen wir $t = x_{2n}$, ſo wird $\delta x_{2n} = 1$. Setzen wir dann für den Augenblick $x_1 e_1 + \cdots x_{2n-1} e_{2n-1} = y$, ſo wird $x = y + te_{2n}$ und $\delta x = \delta y + e_{2n}$, dann erhält man

$$\delta y = \mu\left[X\left(\frac{d}{dx}X\right)^{n-1}\right] - e_{2n}.$$

Hier bestimmt ſich μ aus der Vorausſetzung $\delta x_{2n} = 1$; ſetzt man hierin statt δx_{2n} ſeinen Werth aus 515d*, ſo erhält man zur Bestimmung von μ die Gleichung

$$1 = \frac{\mu}{2n}\left[X\left(\frac{d}{dx}X\right)^{n-1} E_{2n}\right],$$

wo $E_{2n} = -[e_1 e_2 \cdots e_{2n-1}]$ ist; ſomit erhalten wir

$$\delta y = 2n\left[X\left(\frac{d}{dx}X\right)^{n-1}\right] : \left[X\left(\frac{d}{dx}X\right)^{n-1} E_{2n}\right] - e_{2n}.$$

Hier ist die rechte Seite eine Funktion von x, alſo von y und t; und es kann daher dieſe Gleichung nach der Methode 494 integrirt werden. Es ergab ſich y (nach 494c) in der Form

$$y = a + t\varphi,$$

wo φ noch wieder eine Funktion von y und t, d. h. von x ist, und wo a der Werth ist, den y, und alſo auch x, für $t=0$ annimmt. Die Formel 494 d lehrte zugleich a als Funktion von y und t, d. h. hier als Funktion von x finden. Dann wird $\delta' x$, da δ' die Differenziation nach a, wobei t konstant war, bedeutet, gleich $\delta' y = da + t\delta'\varphi$. Alſo wird $X\delta' x : N$, was, wie gezeigt, von t unabhängig ist, gleich $X(da + t\delta'\varphi) : N$. Wenn wir daher statt X und N, um ſie als Funktionen von x zu bezeichnen, $X(x)$, $N(x)$ schreiben, ſo erhalten wir

$$\frac{X\delta' x}{N} = \frac{X(x)(da + t\delta'\varphi)}{N(x)}.$$

Da aber der Ausdruck links von t unabhängig ist, ſo muss es auch der Ausdruck rechts ſein, alſo muss er denſelben Werth behalten, den er für $t=0$ hat. Da in dieſem Falle $y=a$ wird, und alſo auch x ($= y + te_{2n}$) gleich a wird, ſo erhält man

$$\frac{X\delta' x}{N} = \frac{X(a)da}{N(a)}.$$

Nun war, da $X\delta x = 0$ ist, $Xdx = X\delta' x = 0$, alſo erhält man

$$X(a)da = 0,$$

als die Transformirte von $Xdx = 0$; und zwar ist in jener a aus den Einheiten $e_1, \cdots e_{2n-1}$ ableitbar, alſo nur von $2n-1$ veränderlichen Zahlgrössen abhängig, was verlangt war.

Anm. Wir hätten dem Satze in 494, den wir hier benutzten, für den hier vorliegenden Zweck auch die Form geben können: Wenn x aus mehreren (m) Einheiten ableitbar ist, und $dx \equiv f(x)$ gegeben ist, ſo wird dieſe Kongruenz integrirt durch eine Funktion (Fx) von x, welche einer aus $m-1$ Einheiten ableitbaren Konstanten a gleich geſetzt ist; und ins Beſondere kann man dieſer integrirenden Gleichung $Fx = a$ (welche $m-1$ Zahlgleichungen enthält) die Form geben, dass a derjenige Werth wird, welchen x für den Fall annimmt, dass eine der Ableitzahlen von x, z. B. x_m, null wird. In dieſer Form werde ich den Satz in der Folge benutzen, indem ja der Beweis des Satzes in dieſer veränderten Form, ganz in dem oben Geſagten enthalten ist. Um nun die vorliegende Aufgabe auch für den bisher ausgeschlossenen Fall löſen zu können, will ich noch einen Hülfsſatz voranstellen, welcher auch an ſich von Interesse ist.

518. Wenn $\left[X\left(\frac{d}{dx}X\right)^n\right]=0$ ist, so ist auch $\left[\left(\frac{d}{dx}X\right)^{n+1}\right]=0$.

Beweis 1. Die Lücken des ersteren dieser Ausdrücke werden durch $2n+1$, die des letzteren durch $2n+2$ Faktoren ausgefüllt. Ich zeige nun zuerst, dass der zweite Ausdruck nach Ausfüllung seiner Lücken durch beliebige $2n+2$ Faktoren $a_1 a_2 \cdots\cdot a_{2n+2}$ sich als Vielfachensumme von Ausdrücken der ersten Art darstellen lässt. Ich gehe, um beide Arten von Ausdrücken zu vermitteln, von dem Ausdrucke

$$Xa_1\left[\left(\frac{d}{dx}X\right)^{n+1} a_1 a_2 \cdots\cdot a_{2n+2}\right]$$

aus. Ich will zu dem Ende mit F_r das Produkt der von a_r verschiedenen Grössen $a_1, \cdots a_{2n+2}$ bezeichnen, und zwar dies Produkt so genommen, dass $[a_r F_r]=[a_1 a_2 \cdots\cdot a_{2n+2}]$ sei, und ebenso mit $F_{r,s}$ das Produkt der von a_r und a_s verschiedenen unter jenen Grössen und zwar so, dass $[a_r a_s F_{r,s}]=[a_1 a_2 \cdots a_{2n+2}]$ sei. Dann wird der obige Ausdruck

$$=Xa_1\left[\left(\frac{d}{dx}X\right)^{n+1} a_1 F_1\right].$$

Hierzu können wir, da $[a_1 F_{\mathfrak{b}}]$, wenn $\mathfrak{b} \gtrless 1$ ist, nothwendig den Faktor a_1 zweimal enthält, also in diesem Falle (nach 505) der obige Ausdruck null wird, sobald wir $a_1 F_{\mathfrak{b}}$ statt $a_1 F_1$ und gleichzeitig $Xa_{\mathfrak{b}}$ statt Xa_1 schreiben würden, noch beliebig viele Ausdrücke dieser Art hinzufügen; und wir erhalten den obigen Ausdruck

$$=\sum Xa_{\mathfrak{b}}\left[\left(\frac{d}{dx}X\right)^{n+1} a_1 F_{\mathfrak{b}}\right],$$

wo sich die Summe auf alle Werthe $\mathfrak{b}=1,\cdot\cdot 2n+2$ beziehen soll. Dieser Ausdruck ist aber (nach 509)

$$=\frac{1}{2n+1}\sum Xa_{\mathfrak{b}}\left[\frac{d}{dx}Xa_1 a_{\mathfrak{a}}\right]\left[\left(\frac{d}{dx}X\right)^n F_{\mathfrak{b},\mathfrak{a}}\right],$$

wenn $F_{\mathfrak{b},\mathfrak{a}}$ die oben angegebene Bedeutung hat, d. h. $[a_{\mathfrak{b}} a_{\mathfrak{a}} F_{\mathfrak{b},\mathfrak{a}}]=[a_1 a_2 \cdots a_{2n+2}]$, also $[a_{\mathfrak{a}} F_{\mathfrak{b},\mathfrak{a}}]=F_{\mathfrak{b}}$ ist, und also $\mathfrak{a}$ von $\mathfrak{b}$ verschieden ist und daher nur $2n+1$ verschiedene Werthe annehmen kann. Fassen wir jetzt (nach 509) den ersten und dritten der unter dem Summenzeichen stehenden Faktoren zusammen, so erhalten wir den gefundenen Ausdruck (nach 509)

$$= -\sum \left[\frac{d}{dx}Xa_1a_\mathfrak{a}\right]\left[X\left(\frac{d}{dx}X\right)^n F_\mathfrak{a}\right],$$

wo das Minus-Zeichen zu ſetzen ist, weil aus $[a_\mathfrak{b}a_\mathfrak{a}F_{\mathfrak{b},\mathfrak{a}}] = [a_1a_2\cdots a_{2n+2}]$ folgt, dass $[a_\mathfrak{a}a_\mathfrak{b}F_{\mathfrak{b},\mathfrak{a}}] = -[a_1a_2\cdots a_{2n+2}]$ ist, und alſo nach dem Princip der obigen Bezeichnung $F_\mathfrak{a} = -[a_\mathfrak{b}F_{\mathfrak{b},\mathfrak{a}}]$ ſein muss. Die gewonnene Formel ist, alſo

$$\text{(a)}\quad Xa_1\left[\left(\frac{d}{dx}X\right)^{n+1}a_1F_1\right] = -\sum \left[\frac{d}{dx}Xa_1a_\mathfrak{a}\right]\left[X\left(\frac{d}{dx}X\right)^n F_\mathfrak{a}\right],$$

wo nach dem Obigen $F_\mathfrak{a}$ ein Produkt ist, dessen Faktoren aus einer beliebig gewählten Faktorenreihe $a_1, a_2, \cdots a_{2n+2}$ genommen ſind, und zwar ſo, dass ausser $a_\mathfrak{a}$ alle Faktoren dieſer Reihe darin vorkommen und $[a_\mathfrak{a}F_\mathfrak{a}] = [a_1a_2\cdots a_{2n+2}]$ ist.

2. Wenn nun $\left[X\left(\frac{d}{dx}X\right)^n\right] = 0$ ist, ſo ist auch die rechte Seite der Formel (a) null, alſo auch die linke. Alſo müsste entweder Xa_1 oder $\left[\left(\frac{d}{dx}X\right)^{n+1}a_1F_1\right]$, d. h. $\left[\left(\frac{d}{dx}X\right)^{n+1}a_1a_2\cdots a_{2n+2}\right]$ null ſein. Sollte das erstere der Fall ſein, ſo könnte man statt a_1 irgend eine andere der Grössen $a_1, a_2, \cdots a_{2n+2}$ ſetzen; und wenn auch nur für eine derſelben a_r das Produkt $Xa_r \gtrless 0$ wird, ſo ergiebt ſich schon der zweite Faktor $\left[\left(\frac{d}{dx}X\right)^{n+1}a_1\cdots a_{2n+2}\right]$ gleich null. Sollten aber $Xa_1, Xa_2, \cdots Xa_{2n+2}$ ſämmtlich null ſein, ſo würde auch $\frac{d}{dx}Xa_r$ für jeden Index r null, alſo auch $\left[\frac{d}{dx}Xa_ra_s\right]$, alſo auch $\left[\left(\frac{d}{dx}X\right)^{n+1}a_1\cdots a_{2n+2}\right]$ gleich null. Dieſer Ausdruck ist alſo für jede Faktorenreihe $a_1, \cdots a_{2n+2}$ gleich null, alſo (nach 506) $\left[\left(\frac{d}{dx}X\right)^{n+1}\right]$ ſelbst gleich null.

519. Fortſetzung der Aufgaben 514—517. Es ſei, wie in 514, die Zahlgleichung

$$\text{(a)}\quad Xdx = 0$$

betrachtet, in welcher, wie dort, x aus einem Systeme von m Einheiten ableitbar ist. Immer wird ſich ein Werth n von der Art angeben lassen, dass

$$\text{(b)}\quad \left[X\left(\frac{d}{dx}X\right)^n\right] = 0$$

$$\text{(c)}\quad \left[X\left(\frac{d}{dx}X\right)^{n-1}\right] \gtrless 0$$

ſei. Denn die Vergleichung (c) wird immer erfüllt, wenn $n = 1$ ist, wo ſie ſich auf $X \gtrless 0$ reducirt; und die Gleichung (b) wird immer erfüllt wenn $2n + 1 > m$ ist; denn dann wird zwischen jeden $2n + 1$ Grössen, welche die Lücken des Ausdruckes $\left[X\left(\frac{d}{dx}X\right)^n\right]$ auszufüllen vermögen, eine Zahlbeziehung herrschen, weil ſie aus weniger als $2n + 1$, nämlich aus m Einheiten numerisch ableitbar wären, folglich giebt jener Ausdruck mit jeden $2n + 1$ Grössen, die ſeine Lücken füllen, multiplicirt (nach 505) null; alſo ist er ſelbst null (nach 506). Dies tritt alſo stets ein, wenn $2n + 1 > m$, d. h. $n > \frac{m-1}{2}$ ist, folglich muss es zwischen 1 und $\frac{m-1}{2}$ einen Werth n geben, für welchen die obigen Vergleichungen b und c erfüllt ſind. Dieſer Werth ſei für n angenommen. Nun kommt es (nach 514) darauf an, die Gleichung

$$\left[\frac{d}{dx}Xe_s\delta x\right] - \lambda Xe_s = 0$$

für jedes s von 1 bis m zu erfüllen; indem, ſobald dieſe erfüllt ist, und λ nicht null ist, die Gleichung (a) durch die Gleichung $\frac{X\delta' x}{N} = 0$, erſetzt wird, in welcher die linke Seite nicht mehr von t abhängt und N durch die Formel 514 (l) bestimmt ist. Bezeichnen wir der Kürze wegen mit G_s den Ausdruck

$$G_s = \left[\frac{d}{dx}Xe_s\delta x\right] - \lambda Xe_s,$$

ſo können wir die obigen Gleichungen schreiben

$$0 = G_1 = G_2 = \cdots = G_m.$$

Nun zeige ich, dass, wenn $m > 2n$ ist, zwischen jeden $2n + 1$ der Grössen $G_1 \cdots G_m$ eine Zahlbeziehung herrscht. Angenommen, es herrsche zwischen den 2n Grössen $G_1, \cdots G_{2n}$

noch keine Zahlbeziehung, ſo zeige ich, dass jede der übrigen Grössen, z. B. G_m ſich als Vielfachenſumme von $G_1, \cdots G_{2n}$ darstellen lasse. Bezeichnen wir mit E das Produkt $[e_1 e_2 \cdots e_{2n} e_m]$ und mit F_a das Produkt aller von e_a verschiedener Faktoren des Produktes E, und zwar in dem Sinne, dass $[e_a F_a] = E$ ſei, und bezeichnen wir endlich mit α_a den Ausdruck $\left[\left(\frac{d}{dx}X\right)^n F_a\right]$, ſo wird, wenn man die folgenden Summen auf die Werthe 1, 2 ⋯ 2n, und m, welche a nach und nach annehmen ſoll, bezieht,

$$\sum \alpha_a G_a$$
$$= - \sum \left[\frac{d}{dx}X\delta x e_a\right]\left[\left(\frac{d}{dx}X\right)^n F_a\right] - \lambda \sum X e_a \left[\left(\frac{d}{dx}X\right)^n F_a\right],$$

was nach dem Begriffe der durch die scharfen Klammern bezeichneten Produkte

$$= -(2n+1)\left[\left(\frac{d}{dx}X\right)^{n+1} E\right] - \lambda(2n+1)\left[X\left(\frac{d}{dx}X\right)^n E\right]$$

ist. Nun ist (nach b) $\left[X\left(\frac{d}{dx}X\right)^n\right] = 0$, und alſo (nach 518) auch $\left[\left(\frac{d}{dx}X\right)^{n+1}\right] = 0$, alſo wird die ganze rechte Seite gleich null, alſo auch

$$\sum \alpha_a G_a = 0,$$

d. h. zwischen den Grössen $G_1, \cdots G_{2n}$ und G_m und überhaupt zwischen jeden 2n + 1 der Grössen $G_1, \cdots G_m$ herrscht eine Zahlbeziehung. Es werden alſo unter ihnen 2n angenommen werden können, etwa $G_1, \cdots G_{2n}$, aus denen die übrigen numerisch ableitbar ſind. Wenn alſo die Gleichungen $G_1, G_2, \cdots G_{2n} = 0$ erfüllt ſind, ſo werden auch die übrigen bis $G_m = 0$ erfüllt. Alſo können wir auch von den Grössen $\delta x_1, \cdots \delta x_m$, deren Verhältnisse durch die Gleichungen $G_1, \cdots G_m = 0$ bestimmt ſind, die Grössen $\delta x_{2n+1}, \cdots \delta x_m$ willkürlich annehmen, z. B. alle gleich 0, d. h. wir können $x_{2n+1}, \cdots x_m$ in Bezug auf die durch δ ausgedrückte Differenziation als konstant anſehen. Dann haben wir alſo, immer unter der Vorausſetzung dass $\lambda \gtrless 0$ ſei, die Gleichungen $G_1 = 0, \cdots G_{2n} = 0$ mit nur 2n Variabeln (indem wir $x_{2n+1}, \cdots x_m$ noch als konstant ſetzen) und mit der Bedingung $\left[X\left(\frac{d}{dx}X\right)^{n-1}\right] \gtrless 0$. Dann erhalten wir alſo (nach 515)

$$\text{(d)}\quad \delta x \equiv \left[X\left(\frac{d}{dx}X\right)^{n-1} e_1 \cdots e_{2n}\right] \text{ oder}$$

$$\delta x = \mu\left[X\left(\frac{d}{dx}X\right)^{n-1} e_1 \cdots e_{2n}\right]$$

als eine Grösse, die die Gleichungen $G_1, \cdots G_{2n} = 0$, und alſo auch (wie ſo eben gezeigt) die Gleichungen $G_1, \cdots G_m = 0$ erfüllt, und alſo auch den Ausdruck $X\delta' x : N$ von t unabhängig, und $X\delta x$ null werden lässt. Integrirt man dieſe Kongruenz nach der Methode von No. 517 (vergl. Anm.) durch eine Gleichung von der Form $Fx = b$, wo b den Werth bezeichnet, welchen $x_1 e_1 + \cdots x_{2n-1} e_{2n-1}$ für $t = x_{2n} = 0$ annimmt, und ſetzt $a = b + x_{2n+1} e_{2n+1} + \cdots + x_m e_m$, ſo wird, da $x_{2n+1}, \cdots x_m$ von t unabhängig ſind, a der Werth den x für $t = 0$ annimmt; und da dann vermöge der Gleichungen $G_1 = \cdots = G_m = 0$, die Grösse $X\delta' x : N$ von t unabhängig wird, ſo erhält man aus demſelben Grunde, wie in 517, $X(a)da = 0$ als die Gleichung, welche die Gleichung $X \cdot dx = 0$ oder $X(x)dx = 0$ erſetzt, und welche nur noch von $m - 1$ veränderlichen Zahlgrössen, nämlich von den Zahlgrössen, durch welche a aus den Einheiten $e_1, \cdots e_{2n-1}, e_{2n+1}, \cdots e_m$ ableitbar ist, abhängt. Es war auch hier noch vorausgeſetzt, dass $\lambda \gtrless 0$ war. Dieſe Vorausſetzung können wir erſetzen durch die Vorausſetzung, dass $\left[\left(\frac{d}{dx}X\right)^n\right] \gtrless 0$ ſei. Nämlich, man kann aus den Gleichungen $G_1 = G_2 = \cdots G_{2n} = 0$, ganz wie in 515, die Gleichung (die dort mit c bezeichnet war nämlich)

$$\lambda\left[X\left(\frac{d}{dx}X\right)^{n-1} E_r\right] = -\left[\left(\frac{d}{dx}X\right)^n\right]\delta x_r$$

ableiten; ſetzt man ins Beſondere $r = 2n$, ſo wird $\delta x_r = \delta x_{2n} = 1$, und man erhält

$$\lambda\left[X\left(\frac{d}{dx}X\right)^{n-1} E_{2n}\right] = -\left[\left(\frac{d}{dx}X\right)^n\right].$$

Ist alſo $\left[\left(\frac{d}{dx}X\right)\right]^n$ von null verschieden, ſo muss auch λ von null verschieden ſein. Es ist alſo nur noch der Fall zu berückſichtigen, wo $\left[\left(\frac{d}{dx}X\right)^n\right] = 0$ ist. Ist aber dieſe Gleichung erfüllt, ſo ergiebt ſich leicht, dass die Gleichung (d) gleichfalls der Aufgabe genügt. Denn es ergiebt ſich dann, wie in 516d, dass $X\delta x = 0$ ſei, ebenſo ergiebt ſich:

$$\left[\frac{d}{dx}Xe_s\delta x\right] = \mu\left[\frac{d}{dx}Xe_s\left[X\left(\frac{d}{dx}X\right)^{n-1}e_1 \cdots e_{2n}\right]\right],$$

was ſich ganz, wie der entsprechende Ausdruck in 515, umwandelt in

$$= -\frac{\mu}{2n}\sum Xe_a\left[\left(\frac{d}{dx}X\right)^n e_s E_a\right],$$

wo $[e_a E_a] = [e_1 \cdots e_{2n}]$ und s jede der Zahlen $1 \cdots m$ ſein kann. Die rechte Seite ist nach der gemachten Vorausſetzung null. Alſo

$$\left[\frac{d}{dx}Xe_s\delta x\right] = 0,$$

wo statt e_s jede der Einheiten $e_1, \cdots e_m$, alſo auch jede Vielfachenſumme derſelben, alſo auch $\delta' x$ geſetzt werden kann, ſomit erhält man

$$\left[\frac{d}{dx}X\delta' x\delta x\right] = 0,$$

und hieraus ergiebt ſich, wie in 516, $\delta(X\delta' x) = 0$ und $Xdx = X\delta' x$. Alſo hat ſich der Satz ergeben:

„Wenn in der Zahlgleichung

(a) $Xdx = 0$,

in welcher X eine Funktion von x, und x aus den Einheiten $e_1, \cdots e_m$ durch die Zahlen $x_1, \cdots x_m$ ableitbar ist, die Grösse X die Eigenschaft hat, dass für irgend einen Werth n, der kleiner als $\frac{m}{2}$ ist,

(b) $\left[X\left(\frac{d}{dx}X\right)^n\right] = 0$

und (c) $\left[X\left(\frac{d}{dx}X\right)^{n-1}\right] \gtrless 0$,

ist, ſo lässt ſich jene Gleichung (a) erſetzen durch eine Gleichung

(e) $Ada = 0$,

in welcher a aus $m - 1$ Einheiten ableitbar ist, d. h. nur $m - 1$ veränderliche Zahlen einschliesst, und A dieselbe Funktion von a, wie X von x ist. Und zwar findet man die Grösse a durch Integration der Gleichung

$$\text{(d)} \quad \delta x = \mu\left[X\left(\frac{d}{dx}X\right)^{n-1} e_1 \cdots e_{2n}\right],$$

in welcher δ den Differenzialquotienten nach einer der Variabeln $x_1, \cdots x_{2n}$, z. B. nach x_{2n}, bedeutet, und also $\delta x_{2n} = 1$ ist, wodurch sich μ bestimmt, und in welcher $x_{2n+1}, x_{2n+1}, \cdots x_m$ als konstante Grössen behandelt werden. Wenn nun in diesem Sinne die Gleichung (d) durch eine Gleichung von der Form

(f) $Fx = b$

integrirt wird, wo b den Werth bezeichnet, den $x_1e_1 + \cdots x_{2n-1}e_{2n-1}$ für $x_{2n} = 0$ annimmt, so ist

$$\text{(g)} \quad a = Fx + x_{2n+1}e_{2n+1} + \cdots x_m e_m,$$

also a aus den Einheiten $e_1, \cdots e_{2n-1}, e_{2n+1}, \cdots e_m$ ableitbar.

520. Zusatz 1. Wenn in der vorigen Nummer nur die Gleichungen (a) und (b) erfüllt sind, aber nicht die Vergleichung (c), so lässt sich, mag nun $m = 2n$ oder $> 2n$ sein, gleichfalls die Gleichung (a) auf $m - 1$ veränderliche Zahlgrössen zurückführen und zwar auf eine Gleichung der Form $Ada = 0$, wo A dieselbe Funktion von a, wie X von x, und a aus $m - 1$ Einheiten ableitbar ist.

Beweis. Denn wenn auch $\left[X\left(\frac{d}{dx}X\right)^{n-1}\right] = 0$ sein sollte, so muss, da doch schliesslich $X \gtrless 0$ ist, sich ein Zahlwerth $n' > n$ finden lassen von der Art, dass die Vergleichungen (b) und (c) gelten, sobald man n' statt n setzt, da nun $m >$ oder $= 2n$ war, so ist m stets $> 2n'$, also kann man dann nach dem vorigen Satze die Gleichung $Xdx = 0$ gleichfalls auf $m - 1$ veränderliche Zahlgrössen zurückführen u. s. w.

521. Zusatz 2. Ins Besondere kann man, wenn $m = 2n$ ist, stets die Gleichung $Xdx = 0$ auf $m - 1$ veränderliche Zahlgrössen zurückführen.

Beweis. Denn dann gilt die Gleichung (b) stets (nach 519); und wenn dann auch die Vergleichung (c) gilt, so findet die Zurückführung (nach 517) statt; wenn jene Vergleichung aber nicht gilt, so geschieht sie nach 520.

522. Wenn die Gleichungen (a) und (b) in demselben Sinne wie in 519 gelten, so kann man die Gleichung

$$Xdx = 0$$

allemal auf $2n - 1$ veränderliche Zahlgrössen zurückführen, und zwar auf die Form

$$Ada = 0,$$

wo A dieselbe Funktion von a, wie X von x ist, und a aus $2n - 1$ Einheiten ableitbar ist, d. h. nur noch $2n - 1$ veränderliche Zahlgrössen einschliesst.

Beweis. Es soll hier nicht bloss der Satz erwiesen, sondern auch gezeigt werden, wie die neue Variable a als Funktion von x gefunden werden kann. Nach 520 kann man $Xdx = 0$ durch eine Gleichung von der Form $A_1 da_1 = 0$ ersetzen, wo a_1, was aus $m - 1$ Einheiten ableitbar ist, eine bekannte Funktion von x, und A_1 dieselbe Funktion von a_1 ist, wie X von x. Da nun die Gleichung (b) für jeden Werth von x gilt, also auch wenn man a_1 statt x setzt, so erhält man

$$\left[A_1\left(\frac{d}{da_1}A_1\right)^n\right] = 0.$$

Wenn also noch $m - 1$ (die Anzahl der Einheiten aus denen a_1 ableitbar ist) grösser als 2n ist, so kann man abermals die Methode in 519 oder 520 anwenden, und erhält dann eine Gleichung der Form $A_2 da_2 = 0$, wo a_2, was aus $m - 2$ Einheiten ableitbar ist, eine bekannte Funktion von a_1, also auch von x ist, und A_2 dieselbe Funktion von a_2, wie A_1 von a_1, also auch wie X von x ist. Auf diese Weise kann man fortfahren, so lange noch die Anzahl der übrig bleibenden veränderlichen Zahlgrössen grösser als 2n ist; ja (nach 521) auch noch, wenn diese Anzahl $= 2n$ ist. Wendet man dann dies Verfahren noch einmal an, so reducirt sich die Anzahl der veränderlichen Zahlgrössen auf $2n - 1$. Wenn dann die so resultirende Gleichung, die Gleichung $Ada = 0$ ist, so ist also a aus $2n - 1$ Einheiten ableitbar, und eine bekannte Funktion von x, und A ist dieselbe Funktion von a, wie X von x.

Anm. Diefer Satz enthält die allgemeinste Löfung der in 514 begonnenen Aufgabe der Zurückführung auf eine möglichst geringste Anzahl veränderlicher Zahlgrössen. Dass, wenn $\left[X\left(\frac{d}{dx}X\right)^{n-1}\right]$ ungleich null (519c) ist, fich auch Xdx nicht auf weniger als 2n — 1 veränderliche Zahlgrössen zurückführen lässt, werde ich unten gelegentlich beweifen. Noch bemerke ich, dass man, statt $t = x_{2n}$ zu fetzen, es auch gleich irgend einer Funktion der veränderlichen Zahlgrössen hätte fetzen können. Dann hätte man nur eine der letzteren, z. B. x_{2n}, durch t und die übrigen Variabeln auszudrücken und diefen Ausdruck in die gegebene Gleichung einzuführen, und dann ganz die vorher angegebene Methode zu befolgen. Ins Befondere kann man, wenn die Integration eine Funktion ergeben würde, die für $x_{2n} = 0$ unstetig wäre, $t = x_{2n} - c$ fetzen, wo c eine Konstante bezeichnet; indem dann für $t = 0$, $x_{2n} = c$ wird und c fo gewählt werden kann, dass jene Funktion in $t = 0$, d. h. in $x_{2n} = c$, stetig fei.

523. Aufgabe. Den numerischen Ausdruck Xdx, in welchem X eine Funktion der extenfiven Grösse x ist, unter der Vorausfetzung, dass

$$\text{(a)} \quad \left[X\left(\frac{d}{dx}X\right)^{n}\right] = 0$$

ist, auf die Form

$$Xdx = U_1 du_1 + \cdots U_n du_n,$$

wo $U_1, \cdots U_n$, $u_1, \cdots u_n$ Zahlgrössen find, zurückzuführen.

Auflöfung. Man kann (nach 522) die Gleichung Xdx = 0 auf 2n — 1 veränderliche Zahlgrössen zurückführen, welche bekannte Funktionen von x find. Eine beliebige diefer veränderlichen Zahlgrössen fei mit u_1 bezeichnet, fo ist u_1 gleichfalls eine bekannte Funktion von x. Nun fei u_1 konstant gefetzt, fo bleiben nur noch 2n — 2 veränderliche Zahlgrössen übrig. Folglich können wir (nach 521) die erhaltene Gleichung (welche nach den obigen Sätzen stets die Form Ada hat) auf 2n — 3 veränderliche Zahlgrössen zurückführen, welche bekannte Funktionen der obigen 2n — 1 Veränderlichen, und alfo auch bekannte Funktionen von x find; eine derfelben fei mit u_2 bezeichnet, und fei u_2 konstant gefetzt, fo hat man nur noch 2n — 4 veränderliche Zahlgrössen, welche fich auf 2n — 5 folche zurückführen lassen, u. f. w. Hat man diefe Methode r mal angewandt, fo nämlich, dass man nach und nach die Grössen $u_1, u_2, \cdots u_r$, welche fämmtlich bekannte

Funktionen von x ſind, konstant geſetzt hatte, ſo bleiben nur noch $2(n-r)-1$ veränderliche Zahlgrössen übrig. Setzt man alſo $r=n-1$, ſo bleibt nur noch eine veränderliche Zahlgrösse übrig und die reſultirende Gleichung hat die Form $U_n du_n = 0$, wo U_n nur von der variabeln Zahlgrösse u_n abhängt. Setzt man alſo auch u_n gleich einer Konstanten, ſo werden jetzt alle Differenzialgleichungen, alſo namentlich auch die erste $Xdx=0$ erfüllt, wenn die Funktionen $u_1, u_2, \cdots u_n$ Konstanten gleich geſetzt werden, alſo lässt ſich nach der Methode 502 Xdx in der Form

$$Xdx = U_1 du_1 + \cdots\cdot U_n du_n$$

darstellen, und die Aufgabe ist gelöst.

524. Der numerische Ausdruck Xdx, in welchem X eine Funktion der extenſiven Grösse x ist, ist dann und nur dann auf eine Summe von n Gliedern der Form Udu, wo U und u Zahlgrössen vorstellen, zurückführbar, wenn

$$\text{(a)} \quad \left[X\left(\frac{d}{dx}X\right)^n\right] = 0$$

ist.

Beweis. Wenn die Gleichung (a) erfüllt ist, ſo ist die genannte Zurückführung von Xdx auf n Gliedern der Form Udu (nach 523) ausführbar, und wenn umgekehrt dieſe Zurückführung möglich ist, ſo wird (nach 511) die Gleichung (a) erfüllt.

525. Zuſatz. Wenn x aus 2n Einheiten ableitbar ist, ſo lässt ſich Xdx allemal auf n Glieder der Form Udu, wo U und u Zahlen ſind, zurückführen.

Beweis. Denn wenn x aus 2n Einheiten ableitbar ist, ſo ist die Gleichung $\left[X\left(\frac{d}{dx}X\right)^n\right] = 0$ (nach 519) stets erfüllt, und alſo Xdx (nach 524) auf n Glieder der Form Udu zurückführbar.

Anm. Es folgt aus dieſen Sätzen ſogleich, dass wenn $\left[X\left(\frac{d}{dx}X\right)^{n-1}\right]$ von null verschieden ist, ſich auch die Gleichung $Xdx=0$ nicht auf weniger als $2n-1$ veränderliche Zahlgrössen zurückführen lasse. Denn liesse ſie ſich auch nur auf $2n-2$ ſolche zurückführen, und ſei $Ada=0$ die ſo erhaltene Gleichung, ſo liesse ſich (nach 525) Ada auf n — 1 Glieder der Form Udu zurückführen. Aber da die Gleichungen $Xdx = 0$ und $Ada = 0$ ſich gegenſeitig erſetzen, ſo können ſie ſich nur durch einen Zahlfaktor unterscheiden. Es ſei $Xdx = NAda$, ſo wird nun auch Xdx auf n — 1 Glieder der Form Udu zurückgeführt ſein; alſo (nach 511) $\left[X\left(\frac{d}{dx}X\right)^{n-1}\right] = 0$ ſein, was mit der Vorausſetzung streitet. Alſo lässt ſich unter der gemachten Vorausſetzung die Gleichung $Xdx = 0$ nicht auf weniger als $2n - 1$ veränderliche Zahlgrössen zurückführen. Es bildet dieſe Bemerkung eine schon oben angedeutete Ergänzung zu dem Satze 522.

526. Aufgabe. **Die Zahlgleichung $Xdx = 0$, in welcher X Funktion der extenſiven Grösse x ist, vollständig zu integriren.**

Auflöſung. Es lässt ſich (nach 519) stets ein Werth n von der Art angeben, dass

$$\left[X\left(\frac{d}{dx}X\right)^{n}\right] = 0, \left[X\left(\frac{d}{dx}X\right)^{n-1}\right] \gtrless 0$$

ſei. Dann lässt ſich (nach 523, 524) Xdx stets auf n (aber nicht auf weniger als n) Glieder der Form Udu (wo U und u Zahlen ſind) zurückführen. Es ſei

$$Xdx = U_1du_1 + \cdots U_ndu_n = 0,$$

ſo ſuche man zu der Gleichung $U_1du_1 + \cdots U_ndu_n = 0$ (nach 503) die ſämmtlichen integrirenden Vereine von je n Gleichungen, ſo integriren dieſe Vereine alſo die mit jener identische Gleichung $Xdx = 0$.

527. Zuſatz. **Die Gleichung $\left[X\left(\frac{d}{dx}X\right)^{n}\right] = 0$ ist die nothwendige aber auch ausreichende Bedingungsgleichung dafür, dass ſich die Gleichung $Xdx = 0$ durch Vereine von je n Gleichungen integriren laſſe.**

Anm. Nach 500 ist mit der vollständigen Integration der Zahlgleichung $Xdx = 0$ zugleich die der partiellen Differenzialgleichungen erster Ordnung vollendet; während die Integration der partiellen Differenzialgleichungen höherer Ordnung (nach 501) auf die Integration der extenſiven Gleichung $Xdx = 0$ zurückführte, welche wir hier ausgeschloſſen haben.

Alphabetisches Verzeichniss der gebrauchten Kunstausdrücke mit Angabe der Nummer, in welcher sie erklärt sind.

Druck von R. Grassmann in Stettin.

www.ingramcontent.com/pod-product-compliance
Lightning Source LLC
LaVergne TN
LVHW101130250826
846485LV00016B/82

* 9 7 8 1 4 1 8 1 6 7 8 5 1 *